SHIFA YANQI TUOLIU SHEJI
JI SHEBEI XUANXING SHOUCE

湿法烟气脱硫设计及设备选型手册

薛建明　王小明　刘建民　许月阳　编著

U0247712

中国电力出版社
CHINA ELECTRIC POWER PRESS

内 容 提 要

本书在广泛收集国内外最新技术资料文献的基础上，结合作者十多年来对火电厂烟气脱硫技术的研究及工程实践中积累的经验，从理论和工程应用所涉及的各个方面，对火电厂湿法烟气脱硫的设计及设备材料的选型，进行系统、全面的分析。

本书共五篇，第一篇阐述了湿法烟气脱硫工艺设计基础，包括燃煤二氧化硫生成及控制机理，烟气脱硫工艺选择，主要设计参数的选择及计算。第二篇介绍了湿法烟气脱硫工艺主体设备及选型，包括烟气系统设备及选型，吸收系统设备及选型，吸收剂制备系统设备及选型，石膏脱水系统设备及选型，废水处理系统设备及选型，电气控制系统设备及选型等。第三篇讨论了湿法烟气脱硫常见问题分析及处理对策，包括脱硫效率低的原因及处理，石膏品质影响因素分析及处理，运行控制问题分析及处理，脱硫烟囱的蓝烟/黄烟现象分析及处理。第四篇介绍了湿法烟气脱硫工艺结构材料的选择，介绍了主要的防腐材料。第五篇介绍了与湿法烟气脱硫相关的专题，包括湿法烟气脱硫新技术，GGH 适用条件及经济性，脱硫吸收剂，脱硫副产物等内容。

本书适用于广大从事火电厂烟气脱硫系统设计、脱硫系统运行维护、环境监测的工程技术人员及相关科研人员、管理人员阅读，也可供高等院校相关专业师生参考。

图书在版编目（CIP）数据

湿法烟气脱硫设计及设备选型手册/薛建明等编著．—北京：中国电力出版社，2011.10（2019.10 重印）
ISBN 978 – 7 – 5123 – 1820 – 5

Ⅰ.①湿… Ⅱ.①薛… Ⅲ.①火电厂 – 湿法 – 烟气脱硫 – 设计 – 手册②火电厂 – 湿法 – 烟气脱硫 – 设备 – 手册
Ⅳ.①X773.013

中国版本图书馆 CIP 数据核字（2011）第 117494 号

中国电力出版社出版、发行
（北京市东城区北京站西街 19 号　100005　http://www.cepp.sgcc.com.cn）
北京天宇星印刷厂印刷
各地新华书店经售

＊

2011 年 10 月第一版　2019 年 10 月北京第三次印刷
787 毫米×1092 毫米　16 开本　25 印张　567 千字　1 插页
印数 4501—5500 册　定价 89.00 元

前　言

　　石灰石—石膏湿法（以下简称"FGD"）烟气脱硫工艺是目前世界上应用最广泛、技术最成熟的SO_2脱除技术，约占已安装FGD机组容量的90%。该法是以石灰石为脱硫吸收剂，通过向吸收塔内喷入吸收剂浆液，使之与烟气充分接触、混合，并对烟气进行洗涤，使得烟气中的SO_2与浆液中的碳酸钙以及鼓入的强制氧化空气发生化学反应，最后生成石膏，从而达到脱除SO_2的目的。

　　该工艺具有脱硫效率高、运行可靠性高、吸收剂利用率高、能适应大容量机组和高浓度SO_2烟气条件、吸收剂价廉易得、钙硫比低（一般小于1.03）、副产品具有综合利用的商业价值等特点。

　　最近十年，随着对FGD工艺化学反应过程和工程实践的进一步理解以及设计的改善和运行经验的积累，石灰石—石膏湿法工艺得到了进一步发展，如单塔的使用、塔型的设计和总体布置的改进等，使得系统脱硫率提高到95%以上，运行可靠性和经济性有了很大改进，对电厂运行的影响已降到最低，脱硫设备可靠性提高，系统可用率达到98%。而且，随着脱硫系统的逐步简化，不但运行、维护更为方便，而且造价也有所下降。但该工艺系统复杂，占地较大，还会产生一定量的废水，脱硫副产品的利用还需要二次投资。因此对于现有机组的脱硫改造有一定的局限性。

　　我国湿法脱硫起步于20世纪90年代初的华能重庆珞璜发电厂$4\times360MW$燃煤发电机组，其首次从日本三菱公司引进了四套石灰石—石膏湿法脱硫工艺。2000年后陆续在杭州半山电厂、重庆电厂、北京东郊热电厂等先后建立脱硫示范工程。随着环保法律、法规的日趋严格，特别是"十五"期间二氧化硫排放总量约束性指标的强制实施，我国的脱硫产业在2000—2005年间得到了爆发式的发展。大型火电机组的脱硫基本上采用引进国外先进湿法脱硫技术的工程总承包，技术责任由国外技术所有方承担。

　　"十一五"期间，在《火电厂烟气脱硫关键技术与设备国产化规划要点》、《关于加快发展环保产业的意见》、《关于加快火电厂烟气脱硫产业化发展的若干意见》等国家政策的指导下，我国脱硫产业加快了"引进、消化、吸收和再创新、形成自主知识产权技术"等国产化进程。

　　到2009年底，我国燃煤电厂烟气脱硫机组容量达4.7亿kW，是2000年的90余倍，约占煤电机组总容量的76%，高于美国2008年水平34个百分点，已成为世界上脱硫装机容量最大、SO_2减排能力最大的国家。

　　在脱硫产业快速发展的同时，也出现了诸如引进脱硫技术与我国燃煤电厂复杂多变的工况尚不能完全适应，国内对核心技术消化不良，系统设计、设备选型、运行维护、管理培训亟待提高等问题，导致脱硫设施的运行状态不够理想，与设计要求尚有差距，环保功能还没有得到充分发挥。

为进一步提高脱硫设施的运行状态，实现在脱硫稳定达标前提下的高可用率、高节能和经济优化运行，针对我国目前石灰石—石膏湿法脱硫工艺约占92%的特点，本书作者在广泛收集国内外最新技术资料文献的基础上，结合十多年来对火电厂烟气脱硫技术的研究及工程实践中积累的经验，包括脱硫自有技术的研究开发、脱硫工程总承包建设、脱硫工程后评估、脱硫设施运行状态的技术评价及性能诊断、脱硫设施运行状态调研、核查、督查等，从理论和工程应用所涉及的各个方面，对火电厂湿法烟气脱硫的设计及设备材料的选型进行系统、全面的分析，主要内容包括：湿法烟气脱硫工艺设计基础、湿法脱硫主体设备及选型、湿法脱硫常见问题分析及处理、湿法烟气脱硫工艺结构材料的选择、湿法脱硫相关专题等。

衷心希望本书能为广大从事火电厂二氧化硫控制、其他工业废气二氧化硫治理及科研院所、大专院校等部门的工程技术人员、运行管理人员、科研人员、广大师生提供具有较强的实用性和参考价值的科技知识，为我国脱硫产业的健康发展尽微薄之力！

作者

2011 年 5 月

目 录 ————

前言

第一篇 湿法烟气脱硫工艺设计基础

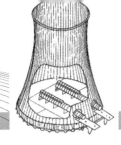

第一篇
湿法烟气脱硫工艺设计基础

第一章 燃煤 SO_2 生成及控制机理

第一节 燃煤中硫的形态

燃煤中的硫按形态可分为有机硫和无机硫两种。无机硫包括：① 硫化物硫，主要为黄铁矿硫（FeS_2），还有少量砷铁矿硫、白铁矿硫；② 元素硫；③ 硫酸盐硫，主要有石膏（$CaSO_4 \cdot 2H_2O$）、绿矾（$FeSO_4 \cdot 2H_2O$）等。有机硫（$C_xH_yS_z$）在煤中没有固定含量，一般含硫较低的煤所含硫主要为有机硫。其中黄铁矿硫、有机硫和元素硫是可燃硫，约占煤中硫成分的 90% 以上；硫酸盐硫是不可燃硫，约占 5% ~ 10%，是煤中灰分的组成部分。

煤燃烧过程中可能产生的硫氧化物，如 SO_2、SO_3、硫酸雾、酸性尘和酸雨等，不仅造成大气污染，而且会引起燃煤设备的腐蚀，还可能影响到氮氧化物的形成。因此，了解煤燃烧过程中硫的氧化及 SO_x 的生成过程，不仅有助于寻求控制 SO_x 排放的方法，而且对了解它们对其他污染物如 NO_x 的生成和控制的影响，以及各种污染物之间生成条件的相互关系也很重要。

第二节 燃煤 SO_2 的生成

一、不同形态 SO_2 的生成反应

1. 黄铁矿硫的氧化

在氧化性气氛下，黄铁矿硫（FeS_2）直接氧化生成 SO_2：

$$4FeS_2 + 11O_2 \rightarrow 2Fe_2O_3 + 8SO_2 \qquad (1-1-1)$$

在还原性气氛中，例如在煤粉炉为控制 SO_2 生成而形成的富燃料燃烧区中，将会分解为 FeS：

$$FeS_2 \rightarrow FeS + 1/2S_2(气体) \qquad (1-1-2)$$

$$FeS_2 + H_2 \rightarrow FeS + H_2S \qquad (1-1-3)$$

$$FeS_2 + CO \rightarrow FeS + COS \qquad (1-1-4)$$

FeS 的再分解则需要更高的温度：

$$FeS \rightarrow Fe + 1/2S_2 \qquad (1-1-5)$$

$$FeS + H_2 \rightarrow Fe + H_2S \qquad (1-1-6)$$

$$FeS + CO \rightarrow Fe + COS \qquad (1-1-7)$$

此外，在富燃料燃烧时，除 SO_2 外，还会产生一些其他的硫氧化物，如一氧化硫（SO）及二聚物 $(SO)_2$，还有少量一氧化物 (S_2O)，由于它们的反应能力强，因此仅在各种氧化反应中以中间体形式出现。

2. 有机硫的氧化

有机硫在煤中是均匀分布的，其主要形式是硫茂（噻吩），约占有机硫的60%，它是煤中最普通的含硫有机结构。其他的有机硫的形式是硫醇（R – SH）、二氧化物（R – SS – R）和硫醚（R – S – R）。低硫煤中主要是有机硫，约为无机硫的8倍；高硫煤中主要是无机硫，约为有机硫的3倍。

煤在加热热解释放出挥发分时，硫侧链（—SH）和环硫链（—S—）由于结合较弱，因此硫醇、硫化物等在低温（<450℃）时首先分解，产生最早的挥发硫。硫茂的结构比较稳定，要到930℃时才开始分解析出。在氧化气氛下，它们全部氧化生成 SO_2，硫醇 RSH 氧化反应最终生成 SO_2 和烃基 R，即

$$RSH + O_2 \rightarrow RS + HO_2 \qquad (1-1-8)$$
$$RS + O_2 \rightarrow R + SO_2 \qquad (1-1-9)$$

在富燃料燃烧的还原性气氛下，有机硫会转化成 H_2S 或 COS。

3. SO 的氧化

在还原性气氛中所产生的 SO 在遇到氧气时，会产生下列反应：

$$SO + O_2 \rightarrow SO_2 + O \qquad (1-1-10)$$
$$SO + O \rightarrow SO_2 + hr \qquad (1-1-11)$$

在各种硫化物的燃烧过程中，式（1 – 1 – 11）的反应是一种重要的反应中间过程，由于式（1 – 1 – 11）的反应使燃烧产生一种浅蓝色的火焰，因此燃烧时产生浅蓝色火焰也是燃料含硫的一种特征。

4. 元素硫的氧化

所有硫化物的火焰中都曾发现元素硫，对纯硫蒸汽及其氧化过程的研究表明，这些硫蒸汽分子是聚合的，其分子式为 S_8，其氧化反应具有连锁反应的特点：

$$S_8 \rightarrow S_7 + S \qquad (1-1-12)$$
$$S + O_2 \rightarrow SO + O \qquad (1-1-13)$$
$$S_8 + O \rightarrow SO + S + S_6 \qquad (1-1-14)$$

上面反应产生的 SO 在氧化性气氛中就会进行式（1 – 1 – 10）和式（1 – 1 – 11）的反应而产生 SO_2。

5. H_2S 的氧化

煤中的可燃硫在还原性气氛中均生成 H_2S，H_2S 在遇到氧时就会燃烧生成 SO_2 和 H_2O：

$$2H_2S + 3O_2 \rightarrow 2SO_2 + 2H_2O \qquad (1-1-15)$$

式（1 – 1 – 15）的反应，实际上是由下面的连锁反应组成的：

$$H_2S + O \rightarrow SO + H_2 \qquad (1-1-16)$$
$$SO + O_2 \rightarrow SO_2 + O \qquad (1-1-17)$$

$$H_2S + O \rightarrow OH + SH \qquad (1-1-18)$$

$$H_2 + O \rightarrow OH + H \qquad (1-1-19)$$

$$H + O_2 \rightarrow OH + O \qquad (1-1-20)$$

$$H_2 + OH \rightarrow H_2 + H \qquad (1-1-21)$$

上述反应中，当 SO_2 浓度减少、OH^- 的浓度达到最大值时，SO_2 达到其最终浓度，这是反应的第一阶段，此后，H_2 的浓度不断增加，使生成的 H_2O 浓度上升，最后使全部 H_2S 氧化生成 SO_2 和 H_2O。

6. CS_2 和 COS 的氧化

CS_2 的氧化反应是由下面一系列连锁反应组成的，而 COS 则是 CS_2 火焰中的一种中间体，此外，可燃硫在还原性气氛中也会还原成 COS，如式（1-1-4）和式（1-1-7）所示：

$$CS_2 + O_2 \rightarrow CS + SOO \qquad (1-1-22)$$

$$CS + O_2 \rightarrow CO + SO \qquad (1-1-23)$$

$$SO + O_2 \rightarrow SO_2 + O \qquad (1-1-24)$$

$$O + CS_2 \rightarrow CS + SO \qquad (1-1-25)$$

$$CS + O \rightarrow CO + S \qquad (1-1-26)$$

$$O + CS_2 \rightarrow COS + S \qquad (1-1-27)$$

$$S + O_2 \rightarrow SO + O \qquad (1-1-28)$$

在上面的反应中，COS 是 CS_2 燃烧连锁反应的中间产物，COS 本身的氧化反应，则是首先由光解诱发的下列连锁反应：

$$COS + hr \rightarrow CO + S \qquad (1-1-29)$$

$$S + O_2 \rightarrow SO + O \qquad (1-1-30)$$

$$O + COS \rightarrow CO + SO \qquad (1-1-31)$$

$$SO + O_2 \rightarrow SO_2 + O \qquad (1-1-32)$$

$$CO + 1/2O_2 \rightarrow CO_2 \qquad (1-1-33)$$

由以上的反应可见，COS 的氧化反应过程实际上包括了生成 SO_2 的反应和 CO 燃烧生成 CO_2 的反应，与 CS_2 相比，COS 的氧化反应通常较慢。

二、二氧化硫的排放

由上述可见，煤燃烧时可燃硫全部转化成 SO_2，这就为根据燃煤含硫量计算 SO_2 的排放提供了支持。

脱硫装置入口烟气中的 SO_2 含量可根据式（1-1-34）进行估算，即

$$M_{SO_2} = 2KB_g \left(1 - \frac{q_4}{100}\right) \frac{S_{ar}}{100} \qquad (1-1-34)$$

式中　M_{SO_2}——脱硫装置入口烟气中的 SO_2 含量，t/h；

　　　K——燃料燃烧中硫的转化率（煤粉炉一般取 0.8~0.9）；

　　　B_g——锅炉最大连续工况负荷时的燃煤量，t/h；

　　　q_4——锅炉机械未完全燃烧的热损失，%；

S_{ar}——燃料的收到基硫分,% 。

第三节　湿法脱硫控制机理

了解湿法脱硫控制机理,首先应了解气体吸收过程的机理,对于确定采取何种方式来提高吸收速率,理解一些重要的 FGD 工艺参数如何影响脱硫效率极为重要。本节先介绍有关气体吸收的一些基本概念,再讨论 SO_2 吸收过程的机理。

一、SO_2 扩散

在气体吸收过程中,被吸收的气体从气相转移到液相是通过扩散进行的。物质扩散的基本方式有两种:分子扩散和对流扩散。物质以分子运动的方式通过静止流体的转移过程称为分子扩散,此外,物质通过层流流体,且传质方向与流动方向垂直时,也属分子扩散。分子扩散是由分子的热运动引起的,推动力是浓度差。分子扩散是一种缓慢的过程,其速率主要取决于扩散物质和静止流体的温度及其他一些物理性质。而对流扩散的速率比分子扩散速率大得多,对流扩散速率主要取决于流体的湍流程度,也称湍流扩散。

对 SO_2 吸收来说,烟气中的 SO_2 首先从气相主体扩散到气液界面,然后由气液界面扩散到液相主体。烟气中 SO_2 的气相扩散系数可用修正的 Gilliland 方程表征:

$$D_{AB} = 1.8 \times 10^{-4} \frac{T^{0.5}}{[\overline{V}_A^{0.5} + \overline{V}_B^{0.5}]^2} \frac{M_A}{\rho_A} \left(\frac{1}{M_A} + \frac{1}{M_B} \right)^{0.5} (cm^2/s) \qquad (1-1-35)$$

式中　T——绝对温度, K;

M——气体摩尔质量;

$\overline{V}$——气体在沸点下呈液态时的摩尔体积, cm^3/mol;

ρ_A——气体密度, g/cm^3 。

二、亨利定律

在气体吸收过程中,当气、液两相达到平衡时,被吸收气体在气相中的组成与在液相中的组成之间有一定的关系。亨利定律指出,在一定温度下,对于气体总压 (p) 约小于 $5 \times 10^5 Pa$ 的稀溶液,被吸收气体在气相中的平衡分压 p_i 与该气体在液相中的摩尔分率 x_i 成正比, x_i = 溶解在液相中气体的物质的量/(溶质物质的量 + 溶解在液相中气体物质的量)。即

$$p_i = Hx_i \qquad (1-1-36)$$

式中　H——亨利系数, Pa 或 kPa、MPa 。

当平衡分压 p_i 一定时,亨利系数 H 越大, x_i 就越小。也就是说气体的亨利系数 H 值越大,表明该气体越难溶解。

三、双膜理论

气体吸收过程的机理有过各种不同的理论,其中应用最广泛且较为成熟的是"双膜理论"。下面将结合 SO_2 的吸收过程来解释双膜理论的基本要点,然后阐述 FGD 过程中的一些重要的工艺参数是如何影响 SO_2 的脱除效率的。

气体吸收的双膜理论模型如图 1-1-1 所示，这一模型的基本要点如下：

（1）假定在气—液界面两侧各有一层很薄的层流薄膜，即气膜和液膜，其厚度分别以 δ_g 和 δ_1 表示。即使气、液相主体处于湍流状况下，这两层膜内仍呈层流状。

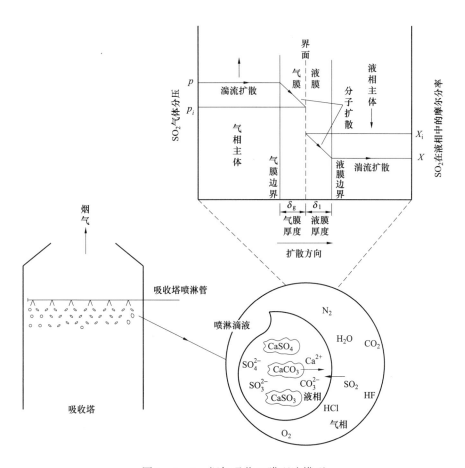

图 1-1-1 烟气吸收双膜理论模型

（2）在界面处，SO_2 在气、液两相中的浓度已达到平衡，即认为相界面处没有任何传质阻力。

（3）在两膜以外的气、液两相主体中，因流体处于充分湍流状态，所以 SO_2 在两相主体中的浓度是均匀的，不存在扩散阻力，不存在浓度差，但在两膜内有浓度差存在。SO_2 从气相转移到液相的实际过程是：SO_2 气体靠湍流扩散从气相主体到达气膜边界，靠分子扩散通过气膜到达两相界面；在界面上 SO_2 从气相溶入液相，再靠分子扩散通过液膜到达液膜边界；靠湍流扩散从液膜边界表面进入液相主体。

根据这一传质过程的描述可以认为，尽管气、液两膜均极薄，但传质阻力仍集中在这两个膜层中，即 SO_2 吸收过程的传质总阻力可以简化为两膜层的扩散阻力。换句话说，气液两相间的传质速率取决于通过气、液两膜的分子扩散速率，也即 SO_2 脱除速率受 SO_2 在气、液两膜中分子扩散速率的控制。

上述气—液界面可以是烟气与喷雾液滴表面的界面，也可以是烟气与被湿化的填料表面构成的界面。

运用上述双膜理论，可以用式（1-1-37）描述吸收塔的性能：

$$NTU = \ln(Y_{in}/Y_{out}) = \frac{KA}{G} \qquad (1-1-37)$$

式中　NTU（Number of Transfer Units）——传质单元数，无量纲；

$$Y_{in}——入口 SO_2 摩尔分率；$$

$$Y_{out}——出口 SO_2 摩尔分率；$$

$$K——气相平均总传质系数，kg/(g \cdot m^2)；$$

$$A——传质界面总面积，m^2；$$

$$G——烟气总质量流量，kg/s。$$

式（1-1-37）仅适用于溶解在洗涤液中的气体不产生阻滞进一步吸收的蒸汽压。当洗涤液由于吸收了气体会产生蒸汽压时，则要考虑被吸收气体产生的平衡分压。对于大多数湿法 FGD 装置来说，由于吸收液上方的 SO_2 平衡分压较之入口和出口 SO_2 浓度小得多，因此该式基本上是正确的。

将式（1-1-37）稍作改动，则得到以对数表示的 SO_2 脱除效率（η_{SO_2}）与 NTU 的关系式，即

$$NTU = \ln(Y_{in}/Y_{out}) = -\ln(Y_{out}/Y_{in}) = -\ln(1-\eta_{SO_2}) \qquad (1-1-38)$$

NTU 是影响 SO_2 脱除效率的所有参数的函数。不同洗涤效率所需 NTU 可以根据式（1-1-38）得出（见表1-1-1）。

表1-1-1   不同洗涤效率所需传质单元数

NTU	洗涤效率（%）	NTU	洗涤效率（%）
0.5	39.0	3	95.0
1	63.0	4	98.2
2	86.5	5	99.3
2.3	90.0	6	99.75

式（1-1-37）表明，在相同烟气流量（G）的情况下，增大 $K \cdot A$ 的值，将提高脱硫效率。A 是气—液接触总表面积，对于填料塔，A 等于填料被湿化的表面积加上从填料中下落的液滴表面积；对于喷淋空塔，A 应等于所有雾化液滴的总表面积；对于带有多孔筛盘的喷淋塔，A 既包括液滴的总表面积，还包括烟气通过筛盘上液层鼓起的气泡的表面积。通过提高喷淋流量（m³/h）、喷淋密度[m³/(m² · h)]、吸收区有效高度、填料表面积和降低雾化液滴平均直径，可以增大 A 值，提高脱硫效率。因此 A 是吸收塔结构设计的关键参数。

总传质系数 K 可以用吸收气体通过气膜和液膜的传质分系数 K_g 和 K_l 来表示，即

$$\frac{1}{K} = \frac{1}{K_g} + \frac{H}{K_l \Phi} \qquad (1-1-39)$$

$$K_g = D_g / \delta_g [m^3 / (m^2 \cdot s)]$$

$$K_l = D_l / \delta_l [m^3 / (m^2 \cdot s)]$$

式中 D_g、D_l——分别为气膜和液膜的扩散系数；

  Φ——液膜增强系数。

K_g、K_l 是 SO_2 扩散系数和一些影响膜厚的物理变量（如液滴大小、气液相对流速等）的函数。液膜增强系数 Φ 受浆液成分或碱度的影响，提高液体的碱度，Φ 值增大。因此，可以通过提高气—液之间的接触效果，例如加剧气—液之间的扰动来降低液膜厚度，或通过提高浆液的碱度来提高 K 值（即 SO_2 吸收速率）。

根据式（1-1-39），当用碱性吸收剂来洗涤易溶于水的气体时，H 很小，Φ 大，$H / K_l \Phi$ 一项可以忽略不计，则 $1 / K \approx 1 / K_g$，即 $K \approx K_g$，这说明吸收过程的总传质速率主要取决于气膜的扩散速率。在这种情况下，提高液相碱度对总传质系数 K 的影响不大。这种情况属于气膜控制过程，石灰石 FGD 基本上属于这种类型。而对于石灰石湿法 FGD 工艺，由于 $CaCO_3$ 极难溶于水，为提高 $CaCO_3$ 的溶解速度，液相为弱酸性，因此 Φ 值很小，式（1-1-39）中的 $H / (K_l \Phi)$ 不能忽略。实际上，除了上述的气—液界面外，还存在液—固界面，在非常复杂的气—液—固三相反应的过程中，$CaCO_3$ 的溶解速度控制了吸收过程的总速率，因此，石灰石 FGD 过程主要是液膜控制过程。

第四节　典型湿法烟气脱硫工艺原理

湿法烟气脱硫工艺是典型的气体化学吸收过程，是在洗涤烟气的过程中发生了复杂的化学反应，研究这些化学反应可以揭示化学吸收过程的本质。认识、了解并深刻理解这些基本的化学反应，对脱硫工艺选择、工程设计、设备选型、材料选择、运行优化及故障分析非常重要。从事烟气脱硫的工程技术人员、化学分析人员及运行操作人员应熟悉这方面的知识，以便分析系统运行过程中出现的现象，及时调整和优化工艺参数，解决生产中的实际问题。

一、SO_2 特性

二氧化硫又称亚硫酐，为无色、有强烈辛辣刺激味的不燃性气体，分子量为 64.07，密度为 2.3g/L，溶点为 -72.7℃，沸点为 -10℃，溶解度为 9.4g/100mL（25℃）。SO_2 易溶于水、甲醇、乙醇、硫酸、醋酸、氯仿和乙醚、有机胺类等，易与水混合生成亚硫酸（H_2SO_3），随后转化为硫酸。在室温及 392.266~490.332 5kPa（4~5kgf/cm²）压强下为无色液体。二氧化硫的特性对不同脱除工艺的吸收剂选择意义重大。

二、化学反应

从烟气中脱除 SO_2 的过程是在气、液、固三相中进行的，先后或同时发生了气—液反应和液—固反应，其主要步骤可用以下化学反应式来描述。

（1）吸收反应。其反应式为

$$SO_2(g) + H_2O \leftrightarrow H_2SO_3(l) \qquad (1-1-40)$$

$$H_2SO_3(l) \leftrightarrow H^+ + HSO_3^- \qquad (1-1-41)$$

$$HSO_3^- \leftrightarrow H^+ + SO_3^{2-} \tag{1-1-42}$$

（2）溶解和中和反应。其反应式为

$$CaCO_3(s) \rightarrow CaCO_3(l) \tag{1-1-43}$$

$$CaCO_3(l) + H^+ + HSO_3^- \rightarrow Ca^{2+} + SO_3^{2-} + H_2O + CO_2(g) \tag{1-1-44}$$

$$SO_3^{2-} + H^+ \rightarrow HSO_3^- \tag{1-1-45}$$

（3）氧化反应。其反应式为

$$SO_3^{2-} + 1/2O_2 \rightarrow SO_4^{2-} \tag{1-1-46}$$

$$HSO_3^- + 1/2O_2 \rightarrow SO_4^{2-} + H^+ \tag{1-1-47}$$

（4）结晶反应。其反应式为

$$Ca^{2+} + SO_3^{2-} + 1/2H_2O \rightarrow CaSO_3 \cdot 1/2H_2O(s) \tag{1-1-48}$$

$$Ca^{2+} + (1-x)SO_3^{2-} + xSO_4^{2-} + 1/2H_2O \rightarrow (CaSO_3)_{(1-x)} \cdot (CaSO_4)_{(x)} \cdot 1/2H_2O(s) \tag{1-1-49}$$

$$Ca^{2+} + SO_4^{2-} + 2H_2O \rightarrow CaSO_4 \cdot 2H_2O(s) \tag{1-1-50}$$

（5）总反应式。其反应式为

$$CaCO_3 + 1/2H_2O + SO_2 \rightarrow CaSO_3 \cdot 1/2H_2O + CO_2(g) \tag{1-1-51}$$

$$CaCO_3 + 2H_2O + SO_2 + 1/2O_2 \rightarrow CaSO_4 \cdot 2H_2O + CO_2(g) \tag{1-1-52}$$

式（1-1-49）中，x 为被吸收的 SO_2 氧化成 SO_4^{2-} 的摩尔分率。石灰石—石膏湿法脱硫工艺的脱硫反应速率主要取决于上述（1）~（4）这 4 个控制步骤。下面将分述这 4 个步骤的特点。

1. SO_2 的吸收反应

SO_2 是一种极易溶于水的酸性气体，在反应式（1-1-40）中，SO_2 经扩散作用从气相溶入液相中，与水生成亚硫酸（H_2SO_3），H_2SO_3 迅速离解成亚硫酸氢根离子（HSO_3^-）和氢离子（H^+）[见式（1-1-41）]。只有当 pH 值较高时，HSO_3^- 的二级电离才会产生较高浓度的 SO_3^{2-} [式（1-1-42）]。式（1-1-41）和式（1-1-42）都是可逆反应，要使 SO_2 的吸收不断进行下去，就必须中和式（1-1-41）中电离产生的 H^+，即降低吸收液的酸度。吸收剂的作用就是中和 H^+ [见式（1-1-44）]。当吸收液中的吸收剂反应完后，如果不添加新的吸收剂或添加量不足，吸收液的酸度将迅速提高，pH 值迅速下降，当 SO_2 溶解达到饱和后，SO_2 的吸收就告终止。

2. 吸收剂溶解和中和反应

上述一系列反应步骤中关键的是式（1-1-43）和式（1-1-44），即 Ca^{2+} 的形成。$CaCO_3$ 是一种极难溶的化合物，其中和作用实质上是一个向介质提供 Ca^{2+} 的过程，这一过程包括固体 $CaCO_3$ 的溶解 [式（1-1-43）] 和进入液相中的 $CaCO_3$ 的分解 [式（1-1-44）]。固体石灰石的溶解速度、反应活性及液相中 H^+ 浓度（pH 值）影响中和反应速度和 Ca^{2+} 的形成，氧化反应及其他一些化合物也会影响中和反应速度。

如上所述，在上述化学反应步骤中，Ca^{2+} 的形成是一个关键的步骤，之所以是关键，是因为 SO_2 正是通过 Ca^{2+} 与 SO_3^{2-} 或与 SO_4^{2-} 化合而得以从溶液中除去。

由反应式（1-1-44）生成的亚硫酸根（SO_3^{2-}）可以进一步中和剩余的 H^+［式（1-1-45）］，但反应式（1-1-47）是否发生取决于浆液的 pH 值。浆体液相中的 H_2SO_3、HSO_3^-、SO_3^{2-} 和 H^+（即 pH 值）浓度存在一个平衡关系，根据反应式（1-1-41）和式（1-1-42）可以计算出如图 1-1-2 所示的平衡关系曲线。图 1-1-2 显示了 H_2SO_3、HSO_3^-、SO_3^{2-} 相对含量与 pH 值的函

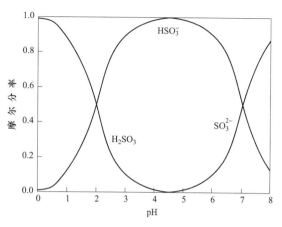

图 1-1-2 亚硫酸平衡曲线

数关系。当 pH 值低于 2.0 时，被吸收的 SO_2 大多以 H_2SO_3 的形成存在于液相中；随着 pH 值的升高，当 pH 值为 4~5 时，H_2SO_3 主要离解成 HSO_3^-；当 pH 高于 6.5 时，液相中主要是 SO_3^{2-}。在石灰石强制氧化 FGD 工艺中，pH 值通常控制在 6.2 以下，这有利于提高石灰石的溶解度和 HSO_3^- 的氧化。FGD 工艺更为典型的运行 pH 值是 5.0~6.0，因此溶解在循环浆液中的 SO_2 大多数是以 HSO_3^- 的形式存在，不会发生式（1-1-45）的反应。

3. 氧化反应

亚硫酸根的氧化是石灰石—石膏湿法烟气脱硫（FGD）工艺中另一重要的反应［见反应式（1-1-46）、式（1-1-47）］。SO_3^{2-} 和 HSO_3^- 都是较强的还原剂，在痕量过渡金属离子（如 Mn^{2+}）的催化作用下，液相中溶解氧可将它们氧化成 SO_4^{2-}。反应中的氧气来源于烟气中的过剩空气，在强制氧化工艺中，主要来源于喷入反应罐中的氧化空气。从烟气中洗脱的飞灰以及吸收剂中的杂质提供了起催化作用的金属离子。

4. 结晶析出

湿法 FGD 的最后一步是脱硫固体副产物的沉淀析出。在通常运行的 pH 值环境下，亚硫酸钙和硫酸钙的溶解度都较低，当中和反应产生的 Ca^{2+}、SO_3^{2-} 及氧化反应产生的 SO_4^{2-} 达到一定浓度后，这三种离子组成的难溶性化合物就将从溶液中沉淀析出。根据氧化程度的不同，沉淀产物或者是半水亚硫酸钙［式（1-1-48）］、亚硫酸钙和硫酸钙相结合的半水固溶体［式（1-1-49）］、二水硫酸钙（石膏）［式（1-1-50）］，或者是固溶体与石膏的混合物。

当控制被吸收的 SO_2 氧化成硫酸盐的氧化倍率［式（1-1-49）中的 x］不超过 0.15（即 15%）时，就可以形成半水亚硫酸钙与亚硫酸钙和硫酸钙相结合的半水固溶体的共沉淀，而始终不会形成硫酸钙的饱和溶液，也就不会形成二水硫酸钙硬垢，这是早期石灰石抛弃法防止结垢的原理。当上面提到的氧化倍率 x 大约超过 15% 时，固溶体对硫酸钙的溶解已达到饱和，氧化生成额外的硫酸钙将以二水硫酸钙（石膏）的形式沉淀析出，如反应式（1-1-50）所示。

对于强制氧化工艺，则几乎能全部氧化所吸收的 SO_2，避免或减少式（1-1-48）和

式（1-1-49）反应的发生。通过控制液相二水硫酸钙（$CaSO_4 \cdot 2H_2O$）的过饱和度，既可防止发生二水硫酸钙结垢，又可以生产出高质量的可商售的石膏［式（1-1-50）］。

式（1-1-51）和式（1-1-52）是 FGD 过程的总反应式，从这些反应式可看出，无论是何种脱硫产物，脱除 1mol SO_2 必须消耗 1mol $CaCO_3$。也就是说理论钙硫物质的量比（Ca/S）为1:1。

5. 烟气中 HCl、HF 在脱硫过程中发生的反应

烟气中含量较少的 HCl、HF，在被浆液洗涤过程中发生以下化学反应：

$$2HCl + CaCO_3 \rightarrow CaCl_2 + H_2O + CO_2(g) \tag{1-1-53}$$

$$2HF + CaCO_3 \rightarrow CaF_2 + H_2O + CO_2(g) \tag{1-1-54}$$

烟气中的 HCl 将优先与石灰石中酸可溶性碳酸镁反应生成 $MgCl_2$，如果有剩余的 HCl，再与 $CaCO_3$ 反应。

实际上，上述反应几乎是同时发生的。但是，SO_2 吸收总速率可能受其中一个或多个分步反应的制约。在石灰石工艺中，通常反应式（1-1-43）和式（1-1-44）的速度最慢，所以又称为"速率控制"步骤。也就是说，石灰石溶解速率对整个 SO_2 脱除速率有显著的影响。

三、吸收塔各区域的主要反应

上面描述了 SO_2 脱除过程中发生的主要化学反应，为了加深对 FGD 化学原理的理解，了解吸收塔模块各区域的作用，下面针对应用最广泛的湿法石灰石强制氧化工艺，以图 1-1-3 所示的逆流喷淋塔为例，按吸收塔模块的不同区域来介绍发生的主要化学反应。

1. 吸收区

吸收区主要发生的反应是

$$SO_2 + H_2O \rightarrow H_2SO_3$$
$$H_2SO_3 \rightarrow H^+ + HSO_3^-$$

吸收区部分发生的反应是

$$H^+ + HSO_3^- + 1/2O_2 \rightarrow 2H^+ + SO_4^{2-}$$
$$2H^+ + SO_4^{2-} + CaCO_3 + H_2O \rightarrow CaSO_4 \cdot 2H_2O + CO_2$$

烟气中的 SO_2 溶入吸收液的过程几乎全部发生在吸收区内，在该区域内仅有部分 HSO_3^- 被烟气中的 O_2 氧化成 H_2SO_4。由于浆液和烟气在吸收区的接触时间仅为数秒，浆液中的 $CaCO_3$ 仅能中和部分已氧化的 H_2SO_4 和 H_2SO_3。也就是说，吸收区浆液的 $CaCO_3$ 只有很少部分参与化学反应，因此液滴的 pH 值随着液滴的下落急剧下降，液滴的吸收能力也随之减弱。

由于吸收区上部浆液的 pH 值较高，浆液中 HSO_3^- 浓度很低，其接触的烟气 SO_2 浓度已大为减少，因此容易产生 $CaSO_3 \cdot 1/2H_2O$，尤其在浆液 pH 值过高的情况下。随着吸收浆液的下落，接触的 SO_2 浓度越来越高，不断吸收烟气中的 SO_2 使吸收区下部的浆液 pH 值较低，在吸收区上部形成的 $CaSO_3 \cdot 1/2H_2O$ 可能转化成 $Ca(HSO_3)_2$，因此，下落到吸收区下部的浆液中含有大量的 $Ca(HSO_3)_2$。

2. 氧化区

如图 1-1-3 所示，氧化区的范围大致为从反应罐液面至固定管网氧化装置喷嘴下方约 300mm 处。氧化区发生的主要化学反应是

$$H^+ + HSO_3^- + 1/2O_2(溶解氧) \rightarrow 2H^+ + SO_4^{2-}$$

$$CaCO_3 + 2H^+ \rightarrow Ca^{2+} + H_2O + CO_2$$

$$Ca^{2+} + SO_4^{2-} + 2H_2O \rightarrow CaSO_4 \cdot 2H_2O$$

过量氧化空气均匀地喷入氧化区的下部，将在吸收区形成的 HSO_3^- 几乎全部氧化成 H^+ 和 SO_4^{2-}，此氧化反应的最佳 pH 值为 4~4.5，氧化反应产生的 H_2SO_4 是强酸，能迅速中和洗涤浆液中剩余的 $CaCO_3$，生成溶解状态的 $CaSO_4$。当 Ca^{2+}、SO_4^{2-} 浓度达到一定的过饱和度时，结晶析出二水硫酸钙，即石膏固体副产物。

吸收浆液落入反应罐后缓缓通过氧化区，浆液中过剩 $CaCO_3$ 的含量也逐渐减

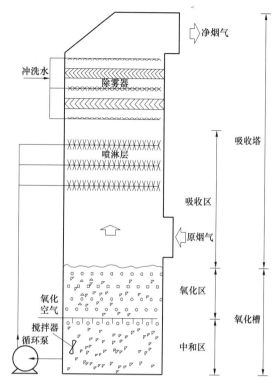

图 1-1-3　吸收塔模块典型分区图

少，当浆液到达氧化区底部时，浆液中剩余的 $CaCO_3$ 浓度降至最低值，从此处抽取浆液送去脱水系统，可获得较高品质的石膏副产物。对于有石膏纯度保证值要求的工艺来说，氧化区底部浆液中剩余 $CaCO_3$ 最高允许含量是一个重要的设计参数，也是 FGD 正常运行时需监测的重要工艺变量之一。

3. 中和区

氧化区的下面被视为中和区。进入中和区的浆液中仍有未中和完的 H^+，向中和区加入新鲜的石灰石吸收浆液，中和剩余的 H^+，提升浆液 pH 值，活化浆液，使之能在下一个循环中重新吸收 SO_2。该区发生的主要化学反应是

$$CaCO_3 + 2H^+ \rightarrow Ca^{2+} + H_2O + CO_2$$

$$Ca^{2+} + SO_4^{2-} + 2H_2O \rightarrow CaSO_4 \cdot 2H_2O$$

在有些 FGD 设计中，中和区并不像图 1-1-3 所示那样清晰，而是将氧化空气喷入反应罐的底部。此时，往往在吸收塔循环泵的入口加入新鲜石灰石浆液。在这种情况下，将循环泵入口到喷嘴之间的管道、泵体空间视为中和区。

避免将新鲜石灰石加入氧化区，不仅可防止过多的 $CaCO_3$ 进入脱水系统从而被带入石膏副产品中，影响石膏纯度和石灰石利用率，而且有利于 HSO_3^- 氧化。因为当存在过量的 $CaCO_3$ 时，浆液 pH 值升高，有助于 $CaSO_3 \cdot 1/2H_2O$ 的形成，溶解氧要氧化 $CaSO_3 \cdot 1/2H_2O$ 是很困难的，除非有足够的 H^+ 使其重新溶解成 HSO_3^-。另外，补充的新鲜石灰石浆液直

接进入吸收区将有利于浆液吸收 SO_2，避免浆液 pH 值过快下降。吸收区内大的气—液接触表面积，也有利于提高石灰石的溶解速度。

通过上面的讨论可知，除了 SO_2 的吸收和溶解几乎只在吸收区发生外，吸收区、氧化区和中和区都会不同程度地发生氧化反应、中和反应和结晶析出。由于浆液的吸收循环周期大致是数分钟，而浆液在吸收区的停留时间仅 4s 左右，因此大部分化学反应发生在反应罐内。

第二章 燃煤烟气脱硫工艺选择

火电厂在建设脱硫工程前期阶段，必须对适用的脱硫工艺进行科学、合理的选择，其选择的正确与否，直接关系到电厂的投资、今后的生产运行和社会、环境、经济效益。本章结合在工程实践中积累的经验，从技术、经济、环境等方面，对脱硫工艺选择的原则、指标体系和选择方法进行详细的分析、研究。

通过近 10 年对脱硫工艺化学反应过程和工程实践的进一步了解，脱硫工艺在脱硫效率、运行可靠性、运行成本等方面已取得了显著的改进，运行可靠性可达 95% 以上。目前，脱硫技术已经成熟，并全面步入实用化、商用化阶段。

脱硫工艺选择的复杂性主要体现在：

（1）脱硫工艺种类繁多，在火电厂应用过的有 200 多种，但能长期稳定运行，且技术成熟、经济合理的有 20 多种。

（2）决定一种脱硫工艺适应性的因素很多。每个工艺都有其自身的优缺点，这些优缺点是动态的，而不是静止不变的。一个工艺的特点对某个电厂而言是最大的优点，但对另一个电厂而言，可能就不是优点，或许就成为致命的缺点。因此，脱硫工艺的适应性在很大程度上取决于电厂的具体情况，其他电厂的经验教训只能作为参考。

（3）脱硫工艺的选择除了与脱硫工艺本身有关外，在很大程度上还取决于与之相配合的电厂及机组的具体情况，受到诸多因素的限制，如国家和地方的环保法规、电厂所在地的环境状况、环境容量和外部资源状况、脱硫机组的容量、燃煤硫分、机组寿命、机组年利用时间、副产品的处置、建设难度等，而且这些因素对每个具体电厂的重要性都是不同的。

因此，针对一个具体的电厂，必须根据建设项目的具体要求，因地制宜、因厂制宜，按照一定的准则，采用科学合理的方法选择在某种意义下"相对最优"的脱硫工艺，亦即不是去追求绝对最优的工艺，而是从非劣工艺中选择最满意、最适用的工艺。

第一节 工艺技术选择原则及影响因素

一、脱硫工艺选择的主要技术原则

（1）立足 SO_2 污染现状和环境的可容纳性，结合国家和地方环境法规的要求，提出合理、可行的控制目标，包括脱硫效率、SO_2 排放浓度和排放量。

（2）结合机组的现状，包括新机组或老机组、机组容量、机组剩余寿命、燃煤硫分等，充分考虑当地的资源条件、脱硫的建设条件，包括场地条件、施工条件、施工周期等，提出技术上是先进的、可行的，经济上是合理的，操作上是能控制的，在进度上是能实现的，在法律上是允许的，在政治上是能被各方接受的且有一定延伸性的脱硫工艺。

（3）脱硫工程实施后，在允许的时间内，在最大的投资允许限度内，能达到预期的、最终的技术目标和最终要实现的经济效益。

（4）脱硫工程实施后，应确保脱硫系统的安全可靠运行，且不会影响机组的正常运行和安全发电，努力构造资源节约型和环境友好型电厂。

（5）脱硫工程实施后，不能造成新的二次污染，或将二次污染尽可能降至最少，脱硫副产品要尽力实现"减量化、资源化、无害化"的目标。

二、影响脱硫工艺选择的综合因素

（1）脱硫工艺的环境影响问题。脱硫工程虽然属于环保工程，但作为一个建设项目也同样存在环境影响问题，如考虑不够周全，则脱硫工程建成投运后会产生新的环境污染。潜在的环境影响主要有4个方面：脱硫吸收剂制备系统的扬尘污染和噪声；脱硫副产品的处理，特别是副产品抛弃堆存时对环境的影响；脱硫废水对水体的影响；脱硫后的净烟气的抬升影响。

（2）电厂对脱硫工艺选择的要求。电厂应根据自身的利益，充分考虑自身的实际情况，对脱硫工艺的选择提出切合实际的原则性意见和具体要求。

（3）设计基础参数的可靠性问题。电厂提出的设计基础参数，必须尽可能准确可靠。

（4）性能要求问题。电厂对脱硫工程提出的性能要求，既要有先进性、适用性和前瞻性，更要切合实际。

第二节　外部条件要素

为确保脱硫工程建设的预期目标和环境、社会、经济效益的实现，选择脱硫工艺之前必须切实弄清电厂具备的内外部资源条件。

一、机组条件

新机组或老机组、机组容量、机组剩余寿命，以及燃煤硫分、含尘量、漏风率等设计输入参数，必须准确可靠。目前国内许多工程招投标，甚至在设计阶段通常还存在设计参数不正确或发生较大变动的现象，特别是老机组的技术改造项目，主要有以下几种情况：

（1）机组漏风，烟气量过大，导致脱硫投资增加；

（2）实际燃煤含硫量远超过设计输入值，不能全烟气脱硫；

（3）烟气含尘量过高，导致石膏品质不合格；

（4）业主刻意放大设计参数，导致机组设计余量过大，系统低负荷运行，功耗增加，可利用率不高。

为此，在选择脱硫工艺前，应对机组的自身条件及今后若干年燃煤情况进行评估，慎重确定设计参数。

二、资源条件

1. 脱硫剂

脱硫吸收剂的来源直接影响到脱硫工艺的选择。火电厂脱硫装置处理的烟气量非常大，通常年消耗的脱硫吸收剂量十分可观。因此，为降低脱硫吸收剂的供应成本，脱硫吸收剂的供应以电厂所在地附近区域为宜，运输半径的合理选择与当地的运输条件和运费有关。

目前，大部分脱硫工艺采用钙基化合物作为吸收剂，其主要原因是它们的储藏量丰富，价格低廉而且生成的脱硫产物十分稳定，不会对环境造成二次污染。除此之外，有些工艺还采用钠基化合物、氨水、海水等作为吸收剂。

主流脱硫工艺主要以钙基化合物包括石灰石、生石灰和消石灰作为脱硫吸收剂。石灰石价廉易得、有很好的可获得性和易处理性，应优先使用石灰石作为吸收剂，但在选择时，必须考虑其纯度即 $CaCO_3$ 的含量（90% 以上）和活性。石灰比石灰石有更高的活性，其单位质量的脱硫效果比石灰石高约 1 倍，因此，在有可靠的、高质量的石灰供应的地区，石灰也是一种可选的高效脱硫剂；但在选择时，通常要求石灰中 CaO 的纯度在80% 以上，其活性应为在 3min 内的温升达到 40℃ 以上，同时在设计中还应充分考虑运输、储存和输送的安全性。在选择消石灰作为吸收剂时，推荐利用石灰在现场进行消化，这样可以减少运输费用，增加吸收剂的活性。

其他非主流吸收剂，如钠基吸收剂、氨水等只有在特殊场合、选用特殊脱硫工艺（如电子束法、氨法）时使用。

2. 脱硫用水

脱硫用水作为脱硫吸收剂的载体，在脱硫工艺过程中起着重要的作用。不同的脱硫工艺对脱硫用水的要求各不相同，反过来说，脱硫用水的来源不同将直接影响到脱硫工艺的选择。

一般来说，以石灰石/石灰为脱硫吸收剂的湿法脱硫，对脱硫工艺水并无严格的要求。为了减少对喷嘴的磨损，对脱硫工艺水中的泥沙含量有一定的限制。当以回收脱硫石膏为目的时，脱硫石膏的质量必须满足一定的标准要求，为此石膏中氯离子的含量将受到严格的限制；因此，在此种条件下，不能使用未经处理的氯离子含量高的脱硫水。

海水脱硫使用的海水既是脱硫吸收剂，又是脱硫工艺水；因此，它对脱硫工艺起着至关重要的作用，其海水水质必须满足一定的要求。受淡水影响较大的河流入海口附近区域的海水往往不能满足这样的要求，利用这种海水进行一般意义上的海水脱硫将难以获得稳定的脱硫效率。

三、建设条件

建设条件包括场地条件、施工条件、施工周期等。脱硫装置的布置空间是脱硫工艺选择的一个重要条件。不同的脱硫工艺有不同的布置空间要求，只有能够满足其最小的布置空间，该脱硫工艺才能具备成立的条件。这一点对于老厂改造尤为重要。特别是老厂改造往往涉及地下管网、烟道、综合管架等系列改造问题，施工安装空间往往都有很大的问题。

在各种脱硫工艺中，湿法脱硫工艺的占地面积最大，半干法次之，干法最小。

现有电厂特别是老机组，在设计和建设时一般未考虑预留场地，其场地条件可能非常狭窄，因此脱硫工艺选择受场地空间限制较大。一般而言，石灰石—石膏湿法脱硫、氨法和电子束法脱硫所需的场地空间较大，较难适应老厂改造的条件；喷雾干燥法脱硫在考虑安装吸收塔后部烟气除尘装置时，其需要的脱硫场地也相当大；炉内喷钙炉后活化脱硫工艺除应具备脱硫装置的布置空间外，还应考虑在锅炉本体安装石灰石粉喷嘴的位置与空间。相对来说，烟气流化床及烟气悬浮吸收（GSA）脱硫工艺所需场地空间较小，特别是 GSA 脱硫工艺，由于其吸收塔烟气流速高，吸收塔直径小，可以利用有限的空间位置灵活布置，适用于空间限制条件严格的中小机组的脱硫改造。当电厂锅炉附近有安装湿法脱硫吸收塔等主要设备的空间时，石灰石—石膏湿法脱硫所需要的石灰制浆系统、石膏处理系统可以考虑布置在另外的场地（两地相距不宜超过 2000m），或对传统的石灰石—石膏湿法脱硫工艺进行简化，如脱硫石膏采取直接抛弃处理等。

第三节　技　术　选　择　要　素

一、工艺要素

1. 成熟程度和商用业绩

脱硫工艺的成熟程度是具体工程选择工艺的重要依据之一。任何一个电厂都不希望用商业化的价格购买一个试验装置。只有成熟的、已商业化运行的系统才有可能保障今后运行的可靠性。

为了使安装的脱硫装置将来能够安全、稳定、可靠地运行，脱硫工艺的选择必须考虑该脱硫工艺装置的商业运行经验，一般的要求是所选择的脱硫工艺装置在同类相当规模的机组上至少有两年及两台以上的商业运行经验。

2. 工艺流程的复杂程度

工艺流程的复杂与否，在很大程度上决定了系统投入运行后的可操作性、可靠性、可维护性及维修费用的高低。脱硫系统既是电厂的环保设备，又是生产设备，因此必须具有操作方便、可靠性高、不影响机组安全经济运行的特点。

典型的石灰石—石膏湿法工艺的机械设备总台数约 150 台（套），工艺流程最为复杂；喷雾干燥工艺流程的复杂程度为中等；CFB 工艺的流程相对简单。

二、性能指标

1. 脱硫效率

在进行烟气脱硫工艺选择时，首先应考虑的因素是 SO_2 排放的控制水平，即环境保护法规、标准、总量控制指标等对脱硫项目削减 SO_2 排放量的具体要求。有了 SO_2 削减量，进而可计算脱硫项目最低的脱硫效率。脱硫装置所采用的工艺系统与脱硫效率关系密切，要求达到的 SO_2 控制水平不同，其脱硫装置的选择结果差异较大。一般来说，要求达到的 SO_2 控制水平越高，即要求的脱硫效率越高，则可供选择的脱硫工艺种类越少。按脱硫工艺系统所能达到的脱硫效率，其适应性由高到低如表 1-2-1 所示。

表 1-2-1　　　　　　　　　常见几种工艺的比较

几种常见脱硫工艺	脱硫效率	几种常见脱硫工艺	脱硫效率
石灰石/石灰—石膏湿法	≥95%	海水脱硫	≥90%
氨法脱硫	≥95%	烟气循环流化床及气体悬浮吸收脱硫	≥90%

几种常见脱硫工艺	脱硫效率	几种常见脱硫工艺	脱硫效率
电子束法脱硫	80% 左右	炉内喷钙炉后增湿活化脱硫	≥70%
喷雾干燥法脱硫	75% 左右		

2. 钙硫比

钙硫比是用来表示达到一定脱硫效率时需要的钙基吸收剂的过量程度，它是影响脱硫效率的重要因素。一般来说，钙硫比越高，脱硫效率越高。但在脱硫效率相同时，钙硫比越高，脱硫工艺的运行费用也越高，因此在选择脱硫工艺或进行不同脱硫工艺的脱硫性能比较时，必须注意达到该脱硫效率所需的钙硫比。

3. 水、电、汽的消耗

不同工艺的脱硫系统，其水、电和蒸汽耗量相差很大。以 300MW 机组为例，表 1－2－2列出了几种工艺配套的 FGD 的各种动力消耗。

表 1－2－2　　　　　　　　　几种脱硫工艺的动力消耗

工艺	水耗（t/h）	蒸汽*（t/h）	电耗（kWh/h）	占电厂容量
石灰石—石膏法	45	2	5000	1.6%
喷雾干燥	40	—	3000**	1%
LIFAC	40		1500	0.5%
CFB	40	—	1200**	0.4%

*　蒸汽参数压力 0.9MPa，用于 GGH 清扫。

**　不包括新增加的静电除尘器的电耗。

就目前应用最广泛的石灰石—石膏湿法工艺而言，各大脱硫公司在技术上也各有千秋，如合理布置脱硫装置、优化风道和管路设计，可以减小系统阻力，降低增压风机、氧化风机、泵等大功率设备的扬程，从而减小设备功耗，实现节电的目的。

脱硫系统设备应尽可能采用风冷和机械密封，对各种密封水、轴封水均予以回收，除脱硫废水排出外，均可采用循环利用的方式，以实现节水降耗的目的。

三、三废处理

安装脱硫装置的目的是改善大气环境质量，因此，不允许由于使用了脱硫装置之后对周围环境造成的二次污染。为此，对脱硫装置产生的三废，应根据可资源化和达标排放的原则，进行合理的处理。

湿法脱硫工艺可能产生的环境问题主要有：

（1）噪声：增压风机、氧化风机及吸收剂制备过程中产生的噪声，可主要通过设备自带的隔音罩或设置隔声间等方式处理。

（2）粉尘：石灰石卸料口或粉仓扬尘基本可由布袋除尘器收集。

（3）废水：脱硫废水的处理一般有以下几种方法，一是用于干灰拌湿或与石膏混合后存放于灰场；二是将脱硫废水喷入空气预热器与静电除尘器之间，使其完全蒸发；三是建设废水处理车间，经中和、沉淀、混凝、澄清等工序处理合格后排放。

（4）脱硫副产品应立足于综合利用的原则，如果受到场地等客观条件的限制，脱硫副产品采用抛弃方式时，必须对堆放场地进行防渗处理，以防止地下水体被污染。

四、对机组影响和生产运行的适应性

1. 对锅炉和烟气系统的影响

不同工艺的脱硫设备对锅炉和烟气系统的影响也不同。

湿法脱硫工艺通常安装在除尘器的下游，因此对锅炉、除尘器等影响最小，但对出口烟道和烟囱有防腐处理要求。

半干法工艺和常规 CFB 烟气脱硫工艺如安装在电除尘器前，则对电除尘器的除尘性能及输灰系统的性能产生影响。虽然影响的综合结果对静电除尘器（ESP）通常是有利的，但由于入口烟尘浓度的成倍增加，烟尘排放浓度仍然超标，因此对电除尘器的除尘性能有更高的要求。

此外，脱硫工艺通常都需增置脱硫风机或提高现有引风机的功率，因此必须考虑增加的压头在瞬态变化过程中，对锅炉结构强度可能产生的影响。

2. 对机组运行的适应性

对于调峰机组，其负荷变动较大，因此选择脱硫工艺时，脱硫系统必须能适应这种经常启停的状况，能耐受经常性的热冲击；有良好的负荷跟踪特性；脱硫系统停运后的维护工作量要小。

由于我国火电厂燃煤的供应渠道复杂，燃煤来源多种多样，实际燃煤与设计条件有较大的偏差，特别是煤质含硫量变化较大，因此脱硫装置必须对燃煤变化有较好的适应性。

湿法脱硫工艺适合于大容量机组的带基本负荷的运行方式，对燃煤硫分的适应性强，从经济角度看，更适用于中、高硫煤。喷雾干燥脱硫工艺的负荷跟踪特性完全适用于调峰机组，但是其吸收剂制备和输送系统在停机后要保持运行，以防吸收剂沉积和结块。干法脱硫工艺的负荷跟踪特性很好，停机后的处理工作量最小，因此非常适用于调峰机组。干法和半干法脱硫工艺较适用于中、低硫煤。

第四节 经济选择要素

脱硫装置的投资费用与经济、社会效益是影响脱硫工艺选择的最主要因素之一，在进行经济评价时，应考虑的因素主要有投资费用、年运行费用、所取得的经济效益。很显然，脱硫装置的投资与运行费用越低，取得的效益越好。在技术性能相当或相差不多的条件下，经济性好的脱硫工艺必然是首选。

一、投资费用

脱硫装置的投资费用包括以下方面：

（1）脱硫设备购置费：指全部脱硫设备的购置费用。

（2）脱硫工程建筑工程费：指脱硫装置的土建工程费用。

（3）脱硫设备安装工程费：指脱硫装置的安装工程费用。

（4）脱硫设备进口费用：指需要进口脱硫设备的有关进口费用，包括设备进口关税、设备增值税、进出口公司手续费、财务费用、设备国内段运费等。

（5）脱硫工程其他费用：指脱硫工程征地拆建费用、脱硫工程管理费用、脱硫工程的前期费用、脱硫工程的设计和工程监理等技术服务费用、脱硫装置投产运行条件及调试试运行费用等生产准备费。

进行投资比较时，一般采用脱硫系统占机组总投资比例来衡量，如表1-2-3所示。

表1-2-3　　　　　　　　　不同脱硫工艺的投资比较

脱硫工艺	占机组总投资比例	脱硫工艺	占机组总投资比例
湿法脱硫	6% ~10%	LIFAC	3% ~6%
喷雾干燥工艺	4% ~8%	CFB	4% ~8%

二、年运行费用

脱硫装置年运行费用主要包括以下方面：

（1）脱硫装置运行的消耗性费用，指脱硫装置运行中需要的吸收剂费用、水费、电费、压缩空气费、蒸汽费用、运行人员工资及福利费用等。

（2）设备大修费用。

（3）还贷款费用（指脱硫工程投资费用的贷款利息及本金偿还）或折旧费。

补充脱硫成本的计算公式。

三、脱硫成本

脱硫成本是在FGD系统寿命期间所发生的，包括投资还贷、运行费用在内的一切费用与在此期间的脱硫总量之比，亦即寿命期间每脱除1t SO_2 所需要的费用。它综合、全面地反映了FGD工艺在电厂实施后的经济性。其计算公式为

$$脱硫成本（元/1t\ SO_2）= \frac{工程总投资 + 寿命 \times 年运行费用}{寿命 \times 年脱硫量}$$

四、单位容量造价

单位容量造价是根据工程总投资计算的每kW机组容量平均的投资费用。

五、改造因子

改造因子是现有机组经济性评估的重要参数，是表征现有机组FGD改造的投资费用与新建机组建设FGD投资费用相比的无量纲参数。它的大小在很大程度上取决于现场的建设条件和资源条件。同一FGD工艺在不同的电厂，它们的改造因子是不完全相同的，甚至有非常大的区别。如在甲电厂的改造因子为1.05，而在乙电厂的改造因子为1.35。根据NAPAP对美国200个电厂建设FGD投资情况的研究：现有机组加装FGD与新建机组同步建设FGD相比，改造因子的变化范围是1.19~3.0。对于一个中等改造难度的电厂或机组来说，其改造因子为1.3，亦即工程的总投资费用要增加30%。

在计算改造因子时，通常应考虑的因素有范围调整、工艺参数、场地条件、改造难度、价格调整、项目风险、工艺风险、通用设备建设要求、增加的设计和办公费率、建设期资金津贴、专利权的使用、再生成本和库存成本等。其中最主要的影响因素有以下四个：

（1）范围调整：是现有机组在新建机组设备的基础上增加的附加设备，可用来计算增加的投资费用。范围调整主要考虑因素包括：现有烟囱耐酸防护处理或增建新的耐酸烟囱；现有锅炉的结构改进；提高抗压力波动的能力或现有引风机控制系统的改进；原有设备的拆除或移位；新增加设备等。

（2）工艺因子：是由于现有机组实际的工艺参数区别于新建机组而引起投资费用调整的因子，其主要考虑的因素有机组容量、烟气流量、燃煤硫分、脱硫率和是否进行再热等。

（3）地点因子：是由于现场条件而引起投资费用调整的因子，其主要考虑的因素有地震烈度、土壤条件、气候条件、材料和劳力费用指数等。其中最重要的是材料和劳力费用指数，因为它直接影响设备的安装投资费。

（4）改造难度：是现有机组 FGD 改造的困难程度，主要包括：设备的进入及拥挤程度、地下障碍物、烟道接入的困难程度、吸收塔和废物处置区间的距离。其中道路、拥挤和烟道距离是最主要的因素。

六、效益

就中国目前情况而言，脱硫所取得的直接经济效益还难以准确计算。一般以脱硫装置脱除的 SO_2 量是否满足环境保护标准的要求进行比较。但就电厂而言，电价可以上调，并省了一笔排污费，如果脱硫副产品可综合利用，又可增加一笔收入。由于脱硫工程为非赢利的公益事业，脱硫工程投资的回收与其他工程项目不同，需要由社会公众分摊。目前尚没有统一的解决脱硫工程投资回收的方法，通常的做法是将脱硫装置的投资费用和运行费用分摊到发电机组或电网发电成本上。

工艺选择时，应综合考虑社会效益（达标）、经济效益（一次投资、运行费用、副产品收入、排污费等）和环境效益。

第五节 环境影响要素

脱硫工程虽然属于环保工程，但作为一个建设项目也同样存在环境影响问题，如考虑不够周全，则脱硫工程建成投运后会产生新的环境污染。潜在的环境影响主要有以下4个方面：脱硫吸收剂制备系统的扬尘污染和噪声；脱硫副产品的处理，特别是副产品抛弃堆存时对环境的影响；脱硫废水对水体的影响；脱硫后的净烟气的抬升影响。

湿法脱硫工艺可能产生的环境问题主要有：吸收剂制备过程中产生的噪声、粉尘、石灰石浆液槽冲洗废水；吸收塔和石膏制备系统的废水，主要是石膏脱水的溢流水和冲洗水，其超标项目有 pH 值、COD、悬浮物及汞、铜、镍锌等重金属，以及砷、氟等非金属和 COD 等。脱硫废水的处理一般采用以下 3 种方法：脱硫废水与石膏混合后存放灰场；将脱硫废水喷入空气预热器与静电除尘器之间，使其完全蒸发；建设废水处理车间，经中和、沉淀、混凝、澄清等工序处理合格后排放。如副产品采用抛弃处理，则还需注意堆放场地的防渗处理，防止地下水体的污染。

以石灰为吸收剂的喷雾干燥和常规 CFB 工艺可能产生的环境问题主要有：在运输、制备、储存和输送过程中的安全和环境问题；系统停用时，吸收剂罐槽的冲洗水含有石灰，对环境和周围水体有污染；副产物在堆放时产生的环境影响，副产物的主要成分是 $CaSO_3$、$CaSO_4$、$Ca(OH)_2$、CaO、$CaCO_3$ 等。

在脱硫工艺选择时，一定要对脱硫装置建设进行环境影响评估，以确保脱硫工程建设的环境效益。

第六节　选　择　方　法

国电环境保护研究院根据我国脱硫产业发展的需要，在总结国内外脱硫工艺选择方法的基础上，开发了一种综合的选择方法。为达到预期的选择目标，对脱硫工艺进行选择的依据是建立科学、合理的选择指标体系。选择指标体系主要包括技术、经济和环境 3 要素。

在选择时，首先分别对脱硫工艺在具体的条件下，将技术、经济和环境 3 个方面相应的若干个选择指标进行量化，然后分别进行要素评估，最后再加以综合，以量化的生成数据来评定脱硫工艺综合性能的优劣。

该选择体系以决策理论、信息论和系统方法论等现代软科学为基础，将软科学研究人员与领域专家、定性分析与定量分析、经验决策与计算机辅助决策融为一体，并以动态的思想和方法构造了脱硫工艺选择的物理模型、数学模型和判断准则，使得脱硫工艺的选择更科学、更合理。脱硫工艺选择体系如下：

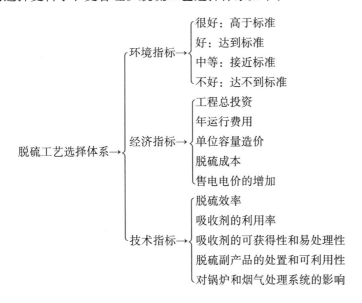

$$脱硫工艺选择体系 \rightarrow 技术指标 \rightarrow \begin{cases} 对机组运行方式的适应性 \\ 对周围环境和生态的影响 \\ 占用场地和空间的大小 \\ 工艺流程的复杂程度 \\ 能源消耗 \\ 工艺的成熟程度和商用业绩 \\ 施工的可行性 \end{cases}$$

　　脱硫工艺的选择是火电厂脱硫工程建设的关键，为此从条件、技术、经济和环境四个方面，提出应重点考虑的选择原则、指标体系和选择方法，对新建、扩建或改建脱硫工程在建设时根据工程具体的建设要求和条件，科学合理地选择切合实际的脱硫工艺具有指导价值。

第三章　典型湿法烟气脱硫工艺

第一节　概　　述

根据美国环保署专家的统计：到 2008 年底全世界脱硫装机容量为 7.97 亿 kW，其中中国为 3.63 亿 kW，约占 45.5%，美国约 1 亿 kW，中国已经成为世界上脱硫装置容量最大，SO_2 减排能力最大的国家。

到 2010 年底，我国电力行业建设烟气脱硫装置容量约 5.6 亿 kW，占火电容量比例的 85%，SO_2 排放绩效为 2.7g/kWh，低于美国 2009 年的水平（3.48g/kWh）。

石灰石—石膏湿法烟气脱硫工艺是目前在我国应用最广泛、技术最成熟的 SO_2 脱除技术，约占已安装 FGD 机组容量的 90%。该法是以石灰石为脱硫吸收剂，通过向吸收塔内喷入吸收剂浆液，使之与烟气充分接触、混合，并对烟气进行洗涤，使得烟气中的 SO_2 与浆液中的碳酸钙及鼓入的强制氧化空气发生化学反应，最后生成石膏，从而达到脱除 SO_2 的目的。

1. 工艺特点

该工艺具有脱硫效率高、运行可靠性高、吸收剂利用率高、能适应大容量机组和高浓度 SO_2 烟气条件、吸收剂价廉易得、钙硫比低（一般小于 1.03）、副产品具有综合利用的商业价值等特点。

最近 10 年，随着对 FGD 工艺化学反应过程和工程实践的进一步理解及设计和运行经验的积累和改善，石灰石—石膏湿法工艺得到了进一步发展，如单塔的使用、塔型的设计和总体布置的改进等，使得系统脱硫效率提高到 95% 以上，运行可靠性和经济性有了很大改进，对电厂运行的影响已降到最低，设备可靠性提高，系统可用率达到 95%（不设 GGH 时可达 98%）。而且，随着系统的逐步简化，国产化程度及装备水平提高，不但运行、维护更为方便，而且造价也有所下降。但该工艺占用场地较大，会产生一定量的脱硫废水，部分地区脱硫副产品的利用率不高。

目前，应用此法进行烟气脱硫最多的国家是中国、美国、德国、日本，单机容量最大达 1000MW。尤其是 2003 年以后，我国脱硫产业得到了迅猛发展，石灰石—石膏湿法已经成为烟气脱硫的主流工艺。

2. 工艺流程

典型的石灰石—石膏湿法脱硫系统的工艺流程见图 1 - 3 - 1。该系统主要由吸收剂制备与供应、SO_2 吸收、烟风道、脱硫副产物的处理、废水处理、电气和自动控制等系统组成。

3. 主要化学反应过程

该工艺以石灰石为吸收剂时的主要化学反应过程是：

吸收：$SO_2(g) \rightarrow SO_2(l) + H_2O \rightarrow H^+ + HSO_3^- \rightarrow H^+ + SO_3^{2-}$

溶解：$CaCO_3(s) + H^+ \rightarrow Ca^{2+} + HCO_3^-$

中和：$HCO_3^- + H^+ \rightarrow CO_2(g) + H_2O$

氧化：$HSO_3^- + 1/2O_2 \rightarrow SO_3^{2-} + H^+$

$\qquad SO_3^{2-} + 1/2O_2 \rightarrow SO_4^{2-}$

结晶：$Ca^{2+} + SO_3^{2-} + 1/2H_2O \rightarrow CaSO_3 \cdot 1/2H_2O(s)$

$\qquad Ca^{2+} + SO_4^{2-} + 2H_2O \rightarrow CaSO_4 \cdot 2H_2O(s)$

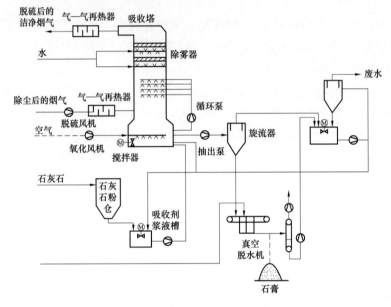

图 1-3-1 典型石灰石—石膏湿法脱硫系统

4. 脱硫吸收塔的形式

该脱硫工艺的核心部分是脱硫吸收塔。目前，世界上石灰石—石膏湿法脱硫工艺吸收塔的型式多种多样，在国内外应用较成功的主要有以下4种，即逆流喷淋空塔、塔内布置格栅、射流鼓泡塔和液柱喷射塔。它们的技术分析见表1-3-1。

表1-3-1　　　　　　　　　不同脱硫吸收塔的技术比较

项目	逆流喷淋式	格栅式	鼓泡式	液柱式
原理	吸收剂浆液在吸收塔内经喷嘴喷淋雾化，在与烟气接触过程中，吸收并去除SO_2	吸收剂浆液在吸收塔内沿格栅填料表面下流，形成液膜并与烟气接触去除SO_2	吸收剂浆液以液层形式存在，而烟气以气泡形式通过，吸收并去除SO_2	吸收剂浆液由布置在塔内的喷嘴垂直向上喷射，形成液柱并在上部散开落下，在高效的气液接触中，吸收去除SO_2
脱硫效率	>95%（逆流接触）	>95%	90% 左右	>95%
运行	喷嘴易磨损、堵塞	格栅易结垢、堵塞，系统阻力较大	系统阻力较大，无喷嘴堵塞问题	能有效防止喷嘴堵塞和结垢问题
维护	喷嘴易损坏，需要定期检修更换	经常清洗除垢	运行较稳定可靠	运行较稳定可靠
自控水平	高	高	较高	较高

续表

项目	逆流喷淋式	格栅式	鼓泡式	液柱式
运行经验	国内外已有许多大容量机组的商用业绩，已积累了丰富的运行经验，而且，制造商也比较多，业主选择的余地较大	国内外已有若干商用业绩，积累了一定的运行经验，仅有几个有经验的供货商	国外已有若干商用业绩，积累了一定的运行经验，仅有一个有经验的供货商	国内外已有若干商用业绩，积累了一定的运行经验，仅有几个有经验的供货商

第二节　逆流喷淋塔

喷淋塔是气液反应系统中的常用设备。用于脱硫工程的喷淋吸收塔如图 1 - 3 - 2 所示。石灰石浆液通过循环泵送至塔中不同高度布置的喷淋层的喷嘴。喷嘴采用耐磨材料制成，吸收剂浆液从喷嘴向下喷出形成分散的小液滴并往下掉落，同时，烟气逆流向上流动，在此期间，气液充分接触并对二氧化硫进行洗涤。工艺上要求喷嘴在满足雾化细度的条件下尽量降低压损，同时喷出的浆液应能覆盖整个吸收塔截面，以达到吸收的稳定性和均匀性。在塔底一般布置氧化池，用专门的氧化风机往里面鼓空气，而除雾器则布置在烟气出口之前的位置。

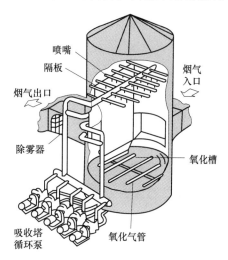

图 1 - 3 - 2　喷淋脱硫反应塔

在烟气脱硫技术的发展过程中，喷淋塔是最早采用的脱硫反应装置。它的优点是能够形成较大的气液接触面积，同时系统可采用较小的液气比。但是，为了保证良好的雾化效果，将浆液喷射形成均匀微小的液滴，循环泵必须能够提供足够的压力，浆液中吸收剂颗粒的尺寸不能太大，否则喷头容易被堵塞，这就要求吸收剂在磨制的过程中必须达到一定的颗粒度（250 目左右）。因此，该装置对吸收剂的磨制过程及循环泵的性能要求都比较高。

目前，世界上运行的脱硫装置中有相当大的一部分为此种喷淋塔，从近 10 年的实际运行来看，该工艺技术最成熟，定期维护即能保证装置的运行稳定。国内引进的大型电站脱硫装置中也有不少采用该种反应塔型，如德国 Steinmuller 公司在北京第一热电厂、半山电厂和重庆电厂以及日本川崎重工在南宁化工有限公司采用的都是喷淋塔技术。而日本三菱公司在太原第一热电厂采用了平流式简易湿法，这种技术的脱硫浆液依然以喷淋形式与烟气接触，但烟气横向通过垂直喷淋区域，由于气液接触形式不同，脱硫效率只能达到 80% 左右。

有些制造商为了提高脱硫效率，对逆流喷淋塔作了一些改进，例如美国 Babcock & Wilcox 的托盘式吸收塔（见图 1 - 3 - 3）和德国 Noell 公司的双回路吸收塔（见图 1 - 3 - 4）。

托盘式吸收塔在反应区中安装了一个带孔的托盘，用机械方式保证烟气在抬升中分布很均匀，以利烟气和浆液更有效地接触。

双回路塔则用一个漏斗体将塔分隔成冷却段和吸收段两个部分，每个部分有不同的 pH 值以适应各自的最佳反应条件。

逆流喷淋塔的优点：无内部构件，结垢可能性小；运行阻力相对较低；负荷跟踪特性比填料塔好。

它的缺点是体积较填料塔大。

近年来，德国鲁奇能捷斯比晓夫公司（简称 LLB）对核心设备的吸收塔作了多项改进（见图 1 – 3 – 5），其主要特点如下。

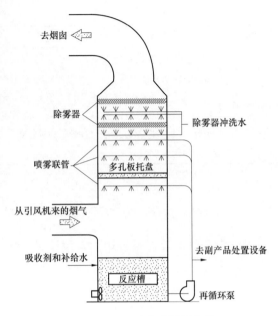

图 1 – 3 – 3　逆流喷淋托盘塔

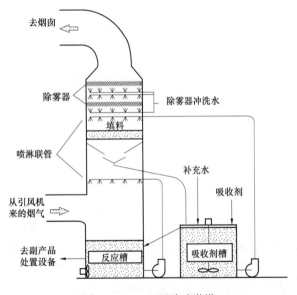

图 1 – 3 – 4　双回路喷淋塔

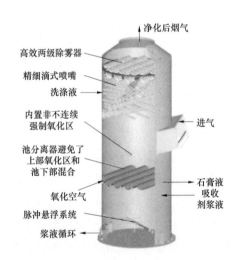

图 1 – 3 – 5　LLB 公司的吸收塔

（1）喷淋层均采用离心中空喷嘴，除最上层外，其余各层喷嘴均为双向喷淋，使得吸收剂浆液的喷淋密度更趋均匀，从而提高了液、气接触反应的几率。

（2）采用分隔器（公司的专利技术）将吸收塔下部的循环浆池分成氧化段和结晶段两个部分：氧化段的 pH 值控制在 4 ~ 4.5，有利于氧化反应，并可减少氧化空气的耗量，使得氧化率接近 100%；结晶段的 pH 值控制在 5.5 ~ 6.5，有新的石灰石浆液加入，再泵送到喷淋层，有利于提高脱硫效率，同时在较高的 pH 值条件下，有利于生成石膏的稳定性。亦即在常规的单回路系统上实现了双回路系统的优点。

（3）采用脉冲悬浮系统（公司的专利技术）替代了传统的循环浆池的搅拌机。由于浆池内无任何转动部件，从而大大提高了系统运行的可靠性，既克服了机械搅拌机的叶片磨损、轴封漏浆、转轴弯曲断裂、搅拌不均匀、池内尤其是池中央留有沉淀死区的缺点，又降低了电耗。

第三节　格栅脱硫塔

化学工业的填料塔一般采用特殊几何形状的填料环杂乱堆放。而脱硫塔最初的填料塔形式为 TBC（turbulent bed contactor），使用聚乙烯球或腈泡沫球作为填料，由于磨损腐蚀及耐热性的原因，填料常常被破坏并堵塞浆体输运管道，系统无法长期稳定运行。近年来，湿法脱硫填料塔采用特殊的格栅作为填料，因此这种塔也称为格栅塔（gridtower），它类似于将规则的填料整齐地排放。

图 1–3–6 为典型的顺流式格栅吸收塔，塔顶喷淋装置将脱硫浆液均匀地喷洒在格栅顶部，然后自塔顶淋在格栅表面上并逐渐下流，这样能够形成比较稳定的液膜。气体通过各填料之间的空隙下降与液体作连续的顺流接触。气体中的二氧化硫不断地被溶解吸收。处理过的烟气从塔底氧化池上经过，然后进入除雾器。

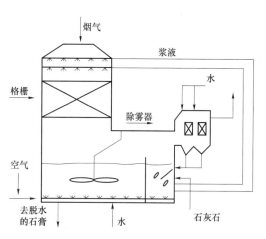

图 1–3–6　格栅脱硫反应塔

格栅塔要求脱硫浆液能够比较均匀地分布于填料之上，而且，在格栅表面上的降膜过程要求连续均匀；格栅必须具有较大的比表面积，较高的空隙率，较强的耐腐蚀性，较好的耐久性和强度以及良好的可湿润性；价格不能太昂贵。和喷淋塔一样，格栅塔也要求脱硫剂具有一定的颗粒度（250 目左右）。在目前的应用中，填料中的结垢堵塞问题还未彻底解决，该系统需要较高的自控能力，保证整个反应在合适的状态下运行，以尽量降低结垢的风险。日本三菱公司在重庆珞璜电厂一期的石灰石—石膏湿法工艺中采用填料塔，同时配套了复杂的自控系统以防止结垢。

第四节　鼓泡脱硫塔

喷射鼓泡脱硫塔（bubbling reactor，简称"JBB"）属于鼓泡反应器，反应器的核心区为射流沸腾反应器。如图 1–3–7 所示，反应器常常布置在锅炉除尘器之后，烟气经过特殊的气体分配设备，垂直鼓入脱硫剂浆液面以下，形成两相射流后产生沸腾状气泡并浮出浆液。在此过程中，烟气中的 SO_2 与浆液充分接触反应生成亚硫酸钙，氧化空气从鼓泡反应器的底部进入，经分配管线均匀分配到浆液中，使亚硫酸钙氧化为硫酸钙。该工艺对烟气含尘量的

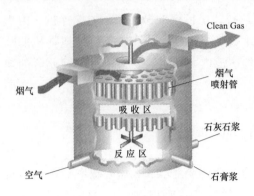

图 1 - 3 - 7 鼓泡脱硫反应塔

要求较低，在高粉尘浓度条件下，也能够较好地运行并获得较高的脱硫效率。

与以上各种脱硫塔不同，该装置省略了再循环泵、喷嘴，将氧化区和脱硫反应区整合在一起，整个设计较为简洁，降低了投资成本。同时，气相高度分散在液相当中，具有较大的液体持有量和相间接触面，传质和传热效率高。该脱硫工艺存在的主要问题有：

（1）吸收过程动力消耗过大。由于接触吸收是鼓泡反应方式，因此会加大反应塔的压力损失，尤其在为了获得较高的脱硫效率时，更是如此。这样，与传统的 FGD 系统相比，就明显地增加了吸收工序的动力消耗。

（2）烟气温度降低太多。由于气体是从液体中涌出，因此净化后烟气的温度低，需要安装烟气再热装置，以满足烟气温度的抬升高度及防止烟囱的腐蚀。

（3）设备需做防腐处理。由于反应塔处于低 pH 值运行状态，因此需加装防腐内衬。

（4）反应器的占地面积也比其他方法大。

（5）维修比较困难。

目前，日本千代田公司在重庆长寿化工总厂的脱硫工程中采用了该种装置。

第五节 液柱脱硫塔

液柱塔的结构如图 1 - 3 - 8 所示。烟气从脱硫反应塔的下部径向进入反应塔，烟气在上升的过程中与脱硫剂循环液相接触，其中的 SO_2 与脱硫剂发生反应而除去。脱硫后的烟气经过高效除雾器，除去其中的液滴和细小浆滴，然后从脱硫反应塔排出进入气—气交换器或烟囱。脱硫剂循环液由布置在烟气入口下面的喷嘴向上喷射，液柱在达到最高点后散开并下落。在浆液喷上并落下的过程中，能够形成高效率的气液接触。

和鼓泡塔一样，该方法对烟气含尘浓度要求不高，而且此方法本身还具有比较高的粉尘脱除率。当用户要求保证石膏副产物的纯度时，则需要和高效除尘器相搭配。由于液柱塔采用了空塔液柱喷射方式，喷头孔径大，因此不易堵塞，而且系统能够在比较大的范围内调节，因此对控制水平和脱硫剂粒度要求不高。

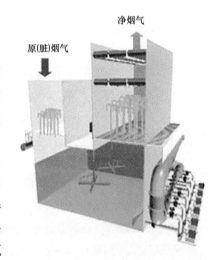

图 1 - 3 - 8 液柱脱硫反应塔

日本三菱公司在重庆珞璜电厂二期 2 台 360MW 燃煤机组和山东潍坊化工厂的燃煤发电机组中采用了液柱塔。

第四章　主要设计参数的选择及计算

　　典型湿法烟气脱硫工艺的主要设计参数有烟气流量（Q）、烟气流速（μ）、原烟气 SO_2 浓度、液气比（L/G）、浆液 pH 值、钙硫比（Ca/S）、循环浆液固体物浓度、固体物停留时间、吸收区高度、塔内流速、浆液在吸收区的停留时间、浆液雾化粒径等。按参数用途可以分为设计输入参数、工艺设计参数、性能指标参数、设备选型参数、运行控制参数五类。

　　图 1-4-1 为石灰石—石膏烟气脱硫工艺物流方框图，下面将依次介绍这些参数的选择、计算以及对脱硫性能的影响。

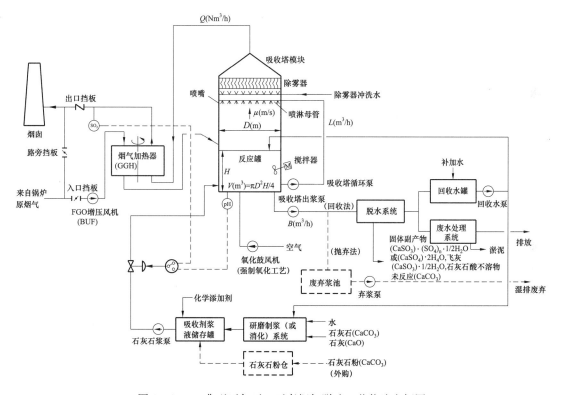

图 1-4-1　典型石灰石—石膏烟气脱硫工艺物流方框图

第一节　设计输入参数

　　设计输入参数主要包括烟气流量，入口烟气 SO_2 浓度，烟气温度，烟气烟尘浓度，HCl、HF、SO_3 浓度等；其中最关键的是烟气流量和入口烟气 SO_2 浓度。

　　一、烟气流量（Q）

　　1. 烟气流量的选择及计算

　　烟气流量即单位时间排放或通过的烟气的体积，烟气流量有许多表示方法，以用于不同设备的选型计算。

Q（工况，全烟气），m^3/h

Q（标况，干基，实际 O_2），m^3/h

Q（标况，湿基，实际 O_2），m^3/h

Q（标况，干基，$6\% O_2$），m^3/h

Q（标况，湿基，$6\% O_2$），m^3/h

工况烟气流量常用于烟道尺寸及吸收塔塔径的计算，液气比计算采用实际标况下烟气量，二氧化硫浓度计算采用标况、干基、$6\% O_2$ 的烟气流量计算，在具体工程计算时往往需要换算。对于脱硫烟气的烟气流量，不管以何种表示方法，均取决于锅炉燃烧实际烟气的发生量。

烟气脱硫装置的设计工况宜采用锅炉最大燃烧工况（BMCR）、燃用设计煤种下的烟气条件，校核工况采用 BMCR、燃用校核煤种下的烟气条件。已建电厂加装烟气脱硫装置时，应根据实测烟气参数与设计值对比后确定烟气脱硫装置的设计工况和校核工况，并充分考虑煤源变化趋势。脱硫装置入口的烟气设计参数均应采用脱硫装置与主机组烟道接口处的数据。

对于新建、改建、扩建机组，应根据煤质并结合锅炉选型理论计算确定烟气流量，而现有机组的脱硫，应按照锅炉实测烟气量结合煤种预测情况并考虑一定的设计裕度。

2. 烟气流量、流速对脱硫性能的影响

对于某吸收塔，在其他条件不变的情况下，增加烟气流量 Q，根据式（1-1-37）可知，NTU 将减小，也即 SO_2 脱除效率（η_{SO_2}）将下降。相反，随着 Q 的降低，η_{SO_2} 将提高。在这种情况下，Q 与 η_{SO_2} 典型关系的示意如图 1-4-2 所示。Q 影响 η_{SO_2} 的主要因素是吸收液提供的传质表面积 A。

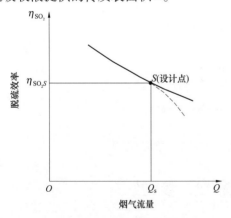

图 1-4-2 烟气流量与脱硫效率的示意关系

此外，如图 1-4-2 所示，当烟气流量超过设计点 S，强制氧化空气喷入流量也随之增加，η_{SO_2} 将沿图中实线下降。但当喷入反应罐中的氧化空气流量达到氧化风机额定功率后不能再增加时，η_{SO_2} 将沿虚线急剧下降。在这种情况下，对 η_{SO_2} 的影响迭加了氧化过程对 η_{SO_2} 的控制。对于已建的 FGD 系统，如要增加烟气流量，这是一个需要考虑的情况。

增加烟气流量引发的另一个问题是提高了吸收塔内烟气流速，这有利于减少液膜的厚度，对逆流喷淋塔还有助于提高吸收区液滴密度和停留时间，从而提高了传质系数，增大了 SO_2 吸收量，这样可以减少循环浆液量，降低循环泵的电耗。另外，对于单位横断面处理烟气量大的吸收塔，可以降低吸收塔的投资成本。但是，实际上，烟气设计流量在很大程度上受制于所采用的吸收塔的类型。石灰/石灰石 FGD 逆流喷淋塔通常设计烟气流速范围是 3~5m/s。如前所述，尽管提高烟气流速可以提高传质系数 K，但流速太高，易造成烟气带浆，对吸收塔下游的设备造成腐蚀和堵塞。因此，对逆流喷淋空塔，其烟气流速不宜过高；对一般的逆流吸收塔，建议其设计流速不超过 3.5m/s。

有些逆流喷淋塔中装有一个或多个多孔塔盘以提高 SO_2 的吸收效率，但这种吸收塔中最佳烟气流速要根据多孔塔盘水力设计特性来确定。如果烟气流速太低，塔盘上聚积不了浆液。如果烟气流速太高，浆液无法从塔盘上流下来，将造成塔盘上浆液"泛滥"，使烟气压损增大。

对于石灰石顺流填料塔，由于其主要不是依靠液滴，而是依赖湿化填料表面来获得传质所需的表面积，因此可以采用较高的烟气流速，在除雾器不过载和不造成逃逸过量液滴的情况下，一般流速可达 5~7m/s，但目前除海水脱硫外，国内燃煤电厂烟气脱硫基本不采用填料塔。

有些洗涤器（例如液柱塔）设计成先顺流再逆流的组合双塔的流程，顺流塔采取高烟气流速（例如顺流液柱塔取 10m/s），进入逆流塔后再降低流速，这样可以充分利用顺、逆流塔在烟气流速方面的特点，并且可以降低塔高，解决单个液柱塔喷嘴无重叠度的问题。

二、烟气 SO_2 浓度（c_{SO_2}）

1. SO_2 浓度计算及选择

烟气 SO_2 浓度（c_{SO_2}）指单位体积二氧化硫的量，单位为 mg/m^3。国内工程设计及日常统计中，烟气二氧化硫浓度一般指标况、干基、6% O_2 条件下，单位体积烟气中二氧化硫的含量，单位为 mg/m^3，即

$$c_{SO_2} = M_{SO_2}/Q$$

式中 M_{SO_2}——单位时间内 SO_2 排放量。

M_{SO_2} 根据 DL/T 5196—2004 式（1）计算，新建机组 Q 按照锅炉计算值考虑 20% 的裕度，对现有机组按照实测值放大 20% 的裕度考虑。

考虑系统设备可靠性，c_{SO_2} 选择时应结合电厂煤质，预期考虑 20%~50% 的裕度。

2. SO_2 浓度对脱硫效率的影响

当燃料含硫量增加时，排烟 SO_2 浓度随之上升。在 FGD 工艺中，在其他运行条件不变的情况下，脱硫效率将下降（见图 1-4-3）。这是因为入口 SO_2 浓度较高时能更快地消耗液相中可供利用的碱量，造成液膜吸收阻力增大。由于火电厂排烟 SO_2 浓度通常都较低，随着入口 SO_2 浓度升高，脱硫效率下降的幅度较小。甚至当入口 SO_2 浓度特别低时，在一定范围内，增加 SO_2 浓度，还会出现脱硫效率上升的现象。这是因为，在这种情况下入口 SO_2 浓度上升对吸收浆液中碱度的降低不大，但增大了入口 SO_2 浓度与达到吸收平衡时塔内 SO_2 平衡蒸汽的浓度差，此差值越大，气膜吸收的推动力越大，而气膜吸收速率与气膜吸收推动力成正比，因此反使脱硫效率略有升高。

此外，当吸收塔入口 SO_2 浓度增加较大，而鼓入反应罐的氧化空气量未随之增加，特别是当 SO_2 浓度超过设计值，氧化空气量不能再增加时，由于严重氧化不足，浆液中会出

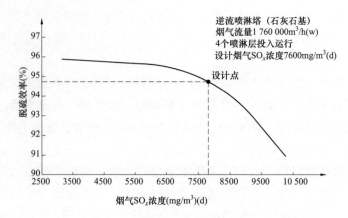

图 1 - 4 - 3 烟气 SO_2 浓度与脱硫效率的关系

现过量 HSO_3^-，甚至超过其饱和度，因而阻止反应式（1 - 1 - 40）、式（1 - 1 - 41）向右进行。另外，过量的 HSO_3^- 会降低 $CaCO_3$ 的溶解度。这样，会出现如图 1 - 4 - 2 以及图 1 - 4 - 3 所示的脱硫效率急剧下降的现象。

入口 SO_2 浓度变化对采用强碱性吸收剂 ［如 $Ca(OH)_2$ 和 $NaOH$ 等］ 的脱硫效率的影响要小得多。

第二节 工 艺 设 计 参 数

工艺设计参数主要包括液气比、钙硫摩尔比、烟风系统阻力等，其中最核心的是液气比和 Ca/S。

一、液气比（L/G）

1. 液气比的计算及选择

在石灰石—石膏湿法 FGD 工艺中，液气比（L/G）表示洗涤单位体积饱和烟气 ［m^3（STP）］的吸收塔循环浆液体积 ［以升（L）为单位］，即

$$L/G = \frac{V_L \times 10^3}{V_G}$$

式中 V_L——循环浆液体积，L；

V_G——烟气体积（标态），m^3。

烟气标准状态是 1 个大气压（atm）、273.15K（0℃）。

国际上有些 FGD 装置供应商取 $1000m^3$ ［latm, 298.15K（15℃）］ 作为烟气体积的基数，以洗涤此 $1000m^3$ 烟气所需浆液量的体积（以 L 为单位）来表示液气比，即用 $V_L/1000m^3$（STP、latm、298.15K）来表示液气比。

美国则经常用浆液加仑数/1000 实际立方英尺烟气（gal/1000acf）来表示液气比，这里的“实际烟气”是指吸收塔入口的烟气。

与液气比有关的另一个问题是烟气干、湿状态。在 FGD 装置设计中，液气比的计算是取吸收塔出口标准状态下的饱和湿烟气流量，但有些资料中则取吸收塔入口湿基或干

基烟气流量。因此，在提到液气比时应明确烟气的状态。

利用液气比可以确定吸收剂的单位用量。如汽化损失为常数，则液气比也可间接作为衡量物质交换面积的一个尺度。根据烟气的 SO_2 浓度，也可借助液气比调节单位洗涤液的 SO_2 浓度。所以液气比是决定脱硫效率的一个主要参数。石灰石洗涤塔的液气比一般在 8～25 之间。

2. 液气比的作用和影响

液气比是湿法 FGD 系统设计和运行的重要参数之一，液气比的大小反映了吸收过程推动力和吸收速率的大小，对 FGD 系统的技术性能和经济性具有重要的影响，是必须合理选择的一个重要设计参数。液气比直接决定了循环泵的数量和容量，也决定了氧化槽的尺寸，对脱硫效果、系统阻力、设备一次投资和运行能耗等影响很大。

（1）液气比的第一个作用是增大吸收表面积。在大多数吸收塔设计中，循环浆液量决定了吸收 SO_2 可利用表面积的大小［即式（1-1-37）中的 A 值］，喷淋塔和喷淋/托盘塔尤其如此。逆流喷淋塔喷出液滴的总表面积基本上与喷淋浆液流量成正比，当烟气流量一定时，则与液气比成正比。图 1-4-4 示出了我国某电厂石灰石湿法烟气脱硫逆流喷淋塔液气比与脱硫效率的关系，在其他条件不变的情况下，增加吸收塔循环浆流量即增大液气比，脱硫效率则随之提高。因此，对于一个特定的吸收塔，在烟气流量和最佳烟气流速确定以后，液气比是达到规定脱硫效率的重要设计参数。由于喷淋液滴的大小、液滴的密度、液滴停留时间以及填料类型和高度等因素也会影响 A 值，因此液气比的确定还应考虑上述因素。

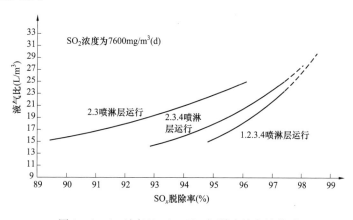

图 1-4-4　液气比（L/G）与脱硫效率的关系

（2）液气比的第二个作用是降低 SO_2 洗涤负荷，利于其被吸收。液气比提高，降低了单位浆液洗涤 SO_2 的量，不仅增大了传质表面积，而且中和已吸收 SO_2 的可利用的总碱量也增加了，即 Φ 值增大，因此也提高了式（1-1-37）中的总体传质系数 K。

（3）液气比的第三个作用是控制浆液的过饱和度，防止结垢。当浆液中 $CaSO_4 \cdot 2H_2O$ 的过饱和度高于 1.3 时，将产生石膏硬垢。在循环浆液固体物浓度相同时，单位体积循环浆液吸收的 SO_2 量越低，石膏的过饱和度就越低。有资料指出，当浆液含固量的质量浓度不低于 5%，循环浆液吸收 SO_2 量小于 10m mol/L 时，有助于防止石膏硬垢的形成,因此高液气比将有利于防止结垢。当依据脱硫效率和防止结垢选择的液气比不相同时,应选择其中较大的液气比作设计值。另外,吸收塔吸收区中的 SO_3^{2-} 和 HSO_3^{2-} 的自然氧化率与浆液中溶解氧量密切相关,高液气比将有利于循环浆液吸收烟气中的氧气。再者,来自反应罐的循环浆液本身也含有一定的溶解氧,循环浆液流量大,含氧量也就多。因此,提高液气比将有助于提高吸收区的自然氧化率,减少强制氧化负荷。

二、钙硫摩尔比(Ca/S)

钙硫摩尔比(Ca/S)又称吸收剂耗量比或化学计量比,定义为每脱除 1mol SO_2 需加入 $CaCO_3$ 或 CaO 的摩尔数,即

$$Ca/S = \frac{耗钙基的摩尔数}{脱除的 SO_2 摩尔数}$$

理论计算 $Ca/S = 1$,但在实际运行中,Ca/S 的典型范围是 1.01 ~ 1.10。国内标准设计中,当石灰石品质即 $CaCO_3$ 有效含量大于 90% 时,要求 Ca/S 不超过 1.03。Ca/S 还表示浆液中过量吸收剂的数量,Ca/S 是吸收剂利用率(η_{Ca})的倒数,即 $Ca/S = 1/\eta_{Ca}$,例如 $Ca/S = 1.05$,等同于吸收剂的利用率为 95.2% 。

第三节 性 能 指 标 参 数

性能指标参数主要包括脱硫效率、装置可用率、吸收剂利用率、排放浓度、物料消耗、电耗等。排放浓度基本根据排放标准确定,物料消耗、电耗取决于工艺技术、物料平衡及设计优化。这里重点介绍脱硫效率、装置可用率、吸收剂利用率。

一、脱硫效率

脱硫效率指由脱硫装置脱除的 SO_2 量与未经脱硫前烟气中所含 SO_2 量的百分比。即

$$脱硫效率 = \frac{c_1 - c_2}{c_1} \times 100\%$$

式中 c_1——脱硫前烟气中 SO_2 的折算浓度(对燃煤机组,过剩空气系数取 1.4;对燃油、燃气机组,过剩空气系数取 1.2),mg/m^3;

c_2——脱硫后烟气中 SO_2 的折算浓度(对燃煤机组,过剩空气系数取 1.4;对燃油、燃气机组,过剩空气系数取 1.2),mg/m^3。

脱硫效率的选择应考虑排放浓度、年度总量分配指标和经济性综合确定。

二、装置可用率

装置可用率是指脱硫装置每年正常运行时间与发电机组每年总运行时间的百分比,即

$$可用率 = \frac{A - B}{B} \times 100\%$$

式中 A——发电机组每年的总运行时间,h;

B——脱硫装置每年因脱硫系统故障导致的停运时间,h。

脱硫装置可用率的选择应满足国家及行业标准,一般脱硫系统设 GGH 时装置可用率

不低于 95%，不设 GGH 时装置可用率不低于 98%。

三、吸收剂利用率 （η_{Ca}）

吸收剂利用率 （η_{Ca}）等于从烟气中吸收的 SO_2 摩尔数除以加入系统的吸收剂中钙的总摩尔数，即

$$\eta_{Ca} = \frac{\text{已脱除的 } SO_2 \text{ 摩尔数}}{\text{加入系统中的 Ca 摩尔数}} \times 100\%$$

吸收剂利用率 （η_{Ca}）也可以理解为在一定时段内参与脱硫反应的 $CaCO_3$ 的数量 （单位可以是 kg、t 或 mol）占加入系统中的 $CaCO_3$ 总量 （取相同单位）的百分比。

第四节　设备选型参数

一、固体物停留时间 （τ_t）

1. τ_t 的计算及选择

浆液在氧化槽中的停留时间 （τ_t）又称固体物停留时间 （单位，h），为氧化浆池排空时间。τ_t 对浆液排空泵的选择有影响，其等于吸收塔氧化槽中浆液体积 （V）除以吸收塔排浆泵流量 （B），即

$$\tau_t = \frac{V}{B}$$

固体物停留时间也等于氧化槽中存有固体物的质量 （kg）除以固体副产物的产出率 （kg/h），也等于氧化槽中浆液体积除以输送至脱水系统的浆液平均流量。按后一种方法计算时，应从输送出浆液平均流量中扣除从旋流器返回氧化槽的浆液流量。按上述两种方法计算出的 τ_t 可能有差异，这种差异出在氧化槽排浆流量的取值上。

τ_t 值实际是浆液固体物在氧化槽的平均停留时间，反映氧化槽有效浆液体积的大小。石灰石 FGD 工艺中典型的 τ_t 值是 12 ~ 24h，通常不应低于 15h。

2. τ_t 对脱硫工艺性能的影响

τ_t 是石灰石 FGD 系统设计的一个重要参数，适当的 τ_t 值有利于提高吸收剂的利用率和石膏纯度，有利于石膏结晶和脱水。但是 τ_t 过大，则氧化槽体积较大，会增加投资成本。另外，若固体物在氧化槽中的停留时间过长，由于大型循环泵和搅拌器对石膏结晶体有破碎作用，对石膏脱水会产生不利影响。

石灰石利用率 η_{Ca} 与 τ_t 的关系可用下式表示，两者的关系曲线如图 1 - 4 - 5 所示。

$$\eta_{Ca} = \frac{K_{Ca} \cdot \tau_t}{1 + K_{Ca} \cdot \tau_t}$$

式中　K_{Ca}——石灰石反应速率常数 （与石灰石的化学成分、粒度和浆液 pH 值有关）。

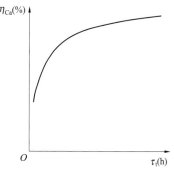

图 1 - 4 - 5　石灰石利用率与
固体物停留时间的关系

从图1-4-5可看出，对于特定的石灰石吸收剂，随着 τ_t 的增大，亦即反应罐体积的增大，石灰石利用率提高；氧化槽体积增大到一定程度后继续再增大，η_{Ca} 增加很缓慢。因此，氧化槽体积的确定需根据吸收剂的反应活性，综合考虑投资成本和氧化槽体积对工艺性能的影响。

二、浆液循环停留时间（τ_c）

1. τ_c 的计算

与 τ_t 类似的另一参数是浆液循环停留时间（τ_c），它是确定吸收塔氧化槽的容积和尺寸的关键参数。

浆液循环停留时间（τ_c）表示氧化槽内浆液全部循环洗涤一次的平均时间，此时间等于氧化槽浆液体积（V）除以循环浆液流量（L），即

$$\tau_c(\min) = \frac{60V}{L}$$

式中　V——氧化槽正常运行时的浆液体积，m^3；

　　　L——循环浆液流量，m^3/s。

从上式可看出，τ_c 越大，氧化槽浆液体积（m^3）就越大，τ_c 增大，因此 τ_c 是一个与 τ_t 有关的参数。但当氧化槽浆液体积一定时，τ_c 则随循环浆液总流量（m^3/h）的增大而减小，也就是说 τ_c 与液气比有关。

2. τ_c 的选择

石灰石—石膏脱硫工艺的 τ_c 一般为 3.5~7min，典型的 τ_c 为 5min 左右。提高 τ_c 值有利于在一个循环周期内，在氧化槽中完成氧化、中和和沉淀析出反应，有利于 $CaCO_3$ 的溶解和提高石灰石的利用率。

三、吸收区高度

吸收区高度有不同的定义，一般是指烟气入口烟风道中心线到顶部两层喷淋层竖向中间点的距离。但有时也有从浆池下表面开始计算的。

吸收区高度一方面决定了烟气与脱硫剂的接触时间，另一方面也决定了接触反应区内水滴的停留时间。这两个时间均对脱硫效率起有利作用。

吸收区高度一般在 5~15m 之间，所以，如按塔内烟气流速为 3m/s 计算，则接触反应时间约为 2~5s，吸收区高度决定了循环泵的扬程，因而除了喷嘴和管道阻力损失外，也决定了泵的功耗。

四、吸收塔塔内流速

1. 吸收塔塔内流速（μ）计算

吸收塔烟气流速 μ，即空塔烟气平均流速，是吸收塔内饱和烟气的表观平均流速，其计算式为

$$\mu(m/s) = 4Q_V/(\pi D^2 \times 3600) \text{ 或 } Q_V/(ab \times 3600)$$

式中　Q_V——饱和烟气的体积流量，m^3/h（STP）；

　　　D——空塔内径，m；

　　a、b——分别为方塔断面长和宽，m。

2. 烟气流速的选择

烟气在塔内的流速一般为 2.5~3.8m/s（逆流式脱硫塔），顺流塔带淋水填料时，烟气流速可以达到 4m/s 以上。提高流速有利于提高脱硫效率，因为一方面通过湍流过程可加强传质，另一方面在逆流塔上可将更多的水滴保持在悬浮状态（流化床效应）。同样，从由此而减小脱硫塔直径的角度考虑也是有利的，其不利之处是烟气侧阻力损失会增加。因为喷嘴出口水滴速度高达 10m/s，对烟气起阻挡作用。但在顺流塔上不存在这一缺点。

五、浆液雾化粒径

在喷淋塔上利用喷嘴形成雾状液滴。喷嘴形式和喷淋压力对液滴直径都有明显影响。图 1-4-6 给出了喷嘴结构及液滴直径的举例。如图 1-4-6 所示，最大概率粒径在 2.0~2.5mm 之间。减小水滴直径可以增加传质表面积，延长液滴在塔内的停留时间。两者均对脱硫效率起积极作用。但是提高液滴粒径细度必然要求提高喷嘴前压力，从而会增加能耗。

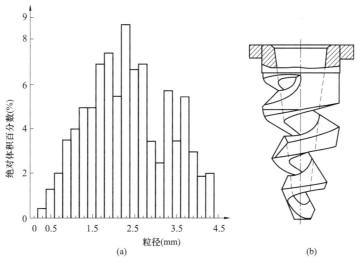

图 1-4-6　喷嘴结构及液滴直径的举例
（a）一台脱硫塔实测的液滴粒径分布；（b）喷嘴结构

六、浆液液滴在吸收区的停留时间

浆液在吸收区的停留时间是指浆液形成的液滴与烟气接触的时间，主要是指浆液液滴在烟气中的悬浮时间。除建筑高度外，液滴在塔内的停留时间也与液滴直径、喷嘴出口速度和流动方向以及烟气流速有关。大液滴的停留时间在 1~10s 之间（参见图 1-4-7），小液滴在一定条件下甚至处于悬浮状态。在有填料的脱硫塔内，液滴的停留时间一般为 10s。因烟气中浆液液滴状况比较复杂，难以考量，所以设计中很少采用。

七、氧化风机选型参数

1. 氧化率（η_{O_2}）

氧化率（η_{O_2}）等于吸收塔中氧化成硫酸盐的 SO_2 摩尔数除以已吸收的 SO_2 总摩尔数，即

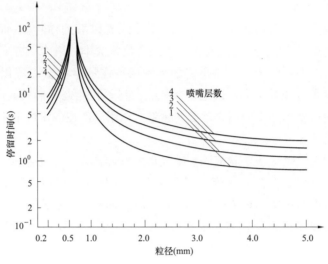

图 1-4-7　浆液液滴粒径与停留时间

$$\eta_{O_2} = \frac{已氧化的 SO_2}{已吸收的 SO_2}$$

2. 氧化空气利用率（η_{oa}）

氧化空气利用率是指氧化已吸收的 SO_2 理论上所需要的氧化空气量与强制氧化实际鼓入的氧化空气量之比，也可指理论上需要的 O_2 量与实际鼓入的 O_2 量之比。

3. 氧化倍率（O_2/SO_2）

氧化倍率（O_2/SO_2）是氧化空气利用率的另一种表示方法，是指氧化 1 mol SO_2 实际鼓入的 O_2 的物质的量。理论上，0.5 mol O_2 可氧化 1 mol SO_2 ［见式（1-1-46）和式（1-1-47）］，如果强制氧化 1 mol SO_2 实际鼓入的空气中的 O_2 为 1.5 mol，那么，氧硫比 $O_2/SO_2 = 1.5$，氧化空气或 O_2 的利用率 $\eta_{oa} = 0.5/1.5 = 33.3\%$。因此，$\eta_{oa} = \dfrac{0.5}{氧硫比} \times 100\%$。

第五节　运 行 控 制 参 数

一、循环浆液固体物浓度

在一个设计合理的工艺过程中，吸收 SO_2 最终形成的产物应在循环浆液中的固体颗粒表面上不断地沉淀析出。当沉淀物在溶液中的溶解量超过其溶解饱和度时，沉淀将发生，但当沉淀物在溶液中的过饱和度高于某一定值时，就可能在吸收塔内部构件表面上产生结垢。保持循环浆液中有足够的晶体固体物和充裕的反应时间是防止形成过饱和状态的措施之一。此外，石灰石的溶解也需要有足够的时间。

通常以浆液密度或浆液中质量百分含固量（wt%）来表示工艺过程中维持浆液中晶体固体物的数量。就提供适当的晶种防止结垢而言，最低浆液含固量不应低于 5%（wt%）。但是，石灰石工艺浆液含固量通常是 10%～15%（wt%），也有的高达

20%～30%（wt%）。维持较高的浆液浓度有利于提高脱硫效率和石膏纯度。前面已提到循环浆液中未溶解 $CaCO_3$ 含量高有利提高脱硫效率，当浆液固体物中石灰石/石膏的质量比相同时，副产物石膏中石灰石百分含量大致相同，但固体物浓度高的浆液中 $CaCO_3$ 总量较高，浆液的缓冲容量大，因此有利于提高脱硫效率。如果单位质量浆液中具有相同的 $CaCO_3$ 含量，浓度高（即含固量高）的浆液中石灰石/石膏的比率小，这有利提高固体副产品石膏质量。但是，高含固量浆液会对浆泵、搅拌器、管道和阀门产生较大的磨损。因此，浆液含固量浓度的上限应不使浆泵等的磨损有明显加剧。

反应罐浆液浓度也是工艺过程要控制的参数，通常是通过保持反应罐的产出平衡，控制反应罐的浆液排出流量，从而大致地控制浆液浓度。同时根据浆液浓度（或密度）调节从水力旋流器返回反应罐的溢流和底流浆液量来稳定反应罐浆液浓度。保持浆液浓度稳定对于稳定脱硫效率、石膏质量和防止结垢是有利的。

二、浆液 pH 值

1. 浆液 pH 值的作用

循环浆液 pH 值表示浆体液相中 H^+ 浓度，是 FGD 工艺控制的一个重要参数，pH 值的高低直接影响包括脱硫效率在内的系统多项性能。循环浆液 pH 值也是湿法 FGD 系统运行中的一个主要控制参数。测定浆液 pH 值的位置多数在从反应罐氧化区底部抽出浆液至脱水系统的管道上，也有在混合了新鲜吸收剂浆液的循环浆管上。前一种测得的浆液 pH 值比后一种约低 0.2 左右。

在烟气脱硫过程中，通过自动调节回路控制加入工艺过程中的吸收剂浆量，使浆液的 pH 值等于设定值，并使脱硫效率达到要求值。

2. 浆液 pH 值与脱硫效率的关系

图 1 - 4 - 8 所示为某电厂石灰石基湿法 FGD 填料塔和液柱塔浆液 pH 值与脱硫效率的关系（设计性能）。可以看出，浆液 pH 值对脱硫效率的影响最为显著，在一定范围内两者之间呈线性或几乎呈线性关系。浆液 pH 值是通过式（1 - 1 - 39）中的液膜增强系数 Φ 来影响脱硫效率，Φ 值随 pH 的提高而增大，从而使总传质系数 K 也增大。浆液 pH 值通过以下两个途径来影响 Φ 值：首先，提高浆液 pH 值就意味着增加了可溶性碱性物质的浓度，例如提高了亚硫酸根离子浓度，而亚硫酸根离子具有中和吸收 SO_2 后产生的 H^+ 的作用；其次，浆液中未溶解的吸收剂在浆液吸收 SO_2 的过程中具有缓冲作用，提高浆液 pH 值就增加了循环浆液中未溶解的石灰或石灰石的总量（即提高了钙硫比 Ca/S），当循环浆体液滴在塔内下落过程中吸收 SO_2 碱度降低后，液滴中有较多的吸收剂可供溶解，可以显著地减缓液滴 pH 值的下降。

图 1 - 4 - 9 所示为某电厂浆液中未溶解石灰石对脱硫效率的影响的测试结果，表明随着浆液中未溶解石灰石含量的增加，脱硫效率得到提高，但当未溶解石灰石含量增加到一定值后，脱硫效率的提高变缓慢。浆液 pH 值与脱硫效率也有上述类似的关系，通过对 FGD 系统中石灰石溶解平衡的计算表明，石灰石 FGD 系统 pH 值最高限值为 6.0～6.1，当 pH 值高于 5.7 后石灰石的溶解速率急剧下降，脱硫效率的提高趋于缓慢。因此，当 pH 值控制得较高时，要求浆液在反应罐中有较长的停留时间，才能在提高脱硫效率的同

时，提高吸收剂的利用率。

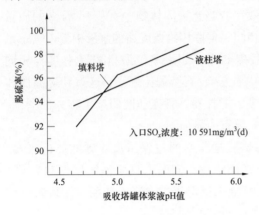

图 1 - 4 - 8　浆液 pH 值与脱硫效率的关系　　　图 1 - 4 - 9　浆液中未溶解石灰石对脱硫效率的影响

　　增加浆液中未溶解吸收剂的含量可以提高脱硫效率，但过高的吸收剂含量不仅不经济而且会降低石膏纯度。较低的浆液 pH 有助于提高石灰石的溶解速度，降低 Ca/S，提高石灰石的利用率。因此，浆液 pH 值的控制应在达到要求的脱硫效率的前提下，谋求最佳 Ca/S。最佳 Ca/S 的确定还需要考虑吸收剂的费用、投资成本以及提高 L/G 造成的能耗成本。但当石膏纯度是系统性能保证值时，最大 Ca/S 往往受石膏纯度的限制。

第五章　工艺计算及案例

第一节　工艺计算相关常识

图1-5-1为经典石灰石—石膏湿法脱硫工艺进出脱硫系统的气、液、固三相物料动态平衡的汇总图。本节将介绍相关物料衡算的常识。

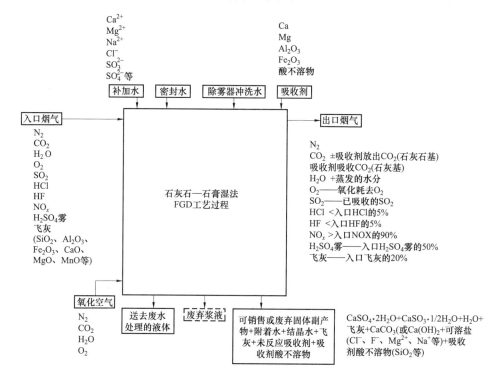

图1-5-1　湿法FGD工艺总物料平衡图

一、吸收剂消耗量计算

在FGD系统中，烟气中的大部分SO_2和部分O_2被吸收进入浆液。在石灰石—石膏脱硫工艺中每吸收1mol SO_2，理论上要消耗1mol $CaCO_3$，产生1mol CO_2进入烟气中。一个脱硫率为95%的FGD系统，基本上也应能脱除烟气中几乎全部的HCl和HF。由烟气带入FGD系统的氯化物会影响脱硫效率、石灰石的溶解和耐腐蚀材料的选择。入口烟气中的NO通常不被吸收而透过FGD系统，NO_2仅少部分被吸收。

入口烟气中通常含有少量气态硫酸，气态硫酸浓度大约是SO_2浓度为0.5%～1%，当烟气被冷却时，气态H_2SO_4迅速凝结成亚微米大小的气溶胶酸雾。一般吸收塔仅能除去约50%的这种酸雾，剩余的酸雾进入吸收塔下游侧的设备中将造成酸腐蚀，最后从烟囱排出的酸雾以及其他颗粒物由于对光的散射，使烟气形成一种看得见的白色烟流。目前控制这种酸雾的方法主要是，向炉内或烟道中喷入吸收剂减少酸雾的形成；另一种方法是通过与吸收塔一体化的湿式 ESP 来除去。

二、水平衡及水耗计算

烟气在吸收塔内被洗涤时，很快被水汽饱和，这是水平衡中水耗的主要部分。吸收塔内水蒸发量取决于煤的组成、入口烟气温度和烟气含水量，洗涤 1MW 电所产生的烟气通常蒸发的水量在有 GGH 时大约是 $0.1m^3/h$，无 GGH 时为 $0.13 \sim 0.2m^3/h$。

造成系统水损失的其他原因有：① 为控制浆液中某些有害成分的浓度而设置的废水排放。这种废水排放量从每小时几吨到几十吨，这取决于煤中 Cl、F 含量和浆液中有害成分的控制浓度以及对耗水量控制的严格程度。如果固体副产物采取水力输送湿排的方式废弃，仅此项造成的水耗就可能高达 $100m^3/h$ 以上。② 随脱硫固体副产物带离系统的附着水和化学结晶水，由此损失的水相对较少。也有些系统不单独设置排污口，随固体副产物带离系统的液体成为带走 FGD 系统中可溶性物质（例如 Cl⁻）的唯一渠道，这样，带离系统的水量就控制了工艺过程浆体液相中可溶性物质的浓度。

在 FGD 工艺过程中，必须向系统不断补加水以弥补水分蒸发和其他原因所损失的水量，以保持系统水平衡，表 1 - 5 - 1 为 FGD 系统水平衡。但在有些情况下，尤其当锅炉低负荷运行时，补加水量可能超过系统损失的水量。因此，必须将工艺过程中过量的液体临时储存或排放。

采用工业水作补加水、密封水或 ME 冲洗水时，一般不考虑工业水中的可溶性盐的影响，除非工业水中 Cl⁻ 浓度较高。

表 1 - 5 - 1　　　　　　　　　　**FGD 系 统 水 平 衡**

进入 FGD 系统的水	排出 FGD 系统的水
（1）原烟气带入水	（1）净烟气带出饱和水
（2）氧化空气带入的水	（2）净烟气中所含雾滴
（3）吸收剂制备用水	（3）石膏排出水、结晶水、游离水
（4）系统补水、机封冲洗水、设备冷却水、吸收塔除雾器冲洗补水	（4）脱硫废水（排氯离子）

三、脱硫石膏产量计算

脱硫产生的固体副产物与脱除的 SO_2 有一定的比例关系。对于强制氧化工艺，石膏副产物摩尔质量是 172g/mol，每脱除 1kg SO_2，干石膏固体物的理论产出率是 2.69kg。一般固体产物的实际产出率要稍高些，因为副产物中还含有由烟气带入的飞灰、石灰石吸收剂中的惰性物质以及一些未反应的吸收剂、未脱除的游离水及石膏结晶水。

四、输入条件审核及影响分析

系统的主要输入流体是烟气、吸收剂。入口烟气的主要气体成分是 N_2、CO_2、O_2、水蒸气、SO_2、NO_x、HCl、HF 和硫酸蒸汽，痕量化合物有 NH_3、CH_4、CH_3Cl 等。烟气或飞灰中还存在一些有害痕量元素，如汞及汞的化合物。

烟气进入 FGD 系统之前，先经除尘装置（ESP 或布袋除尘器）除去烟气中 99.5% 以上的飞灰。湿法 FGD 工艺有附带除尘作用（一般除尘效率不超过 75%），建议设计或计算时，进行输入条件审核，因为粉尘对工艺过程会产生一些有害的影响。这种有害影响主要是：

（1）降低了石膏品质；

（2）加重了浆液对设备的磨损；

（3）增加了脱硫石膏的脱水难度；

（4）"封闭"（屏蔽）吸收剂，使其失去活性。

一旦出现屏蔽吸收剂的情况，浆液 pH 值、脱硫效率会迅速下降，虽向吸收塔内大流量地注入吸收剂浆液，反应罐 pH 值仍不上升，吸收效率也没有明显回升。其原因多半是进入吸收塔的烟尘含量较高，运行 pH 值控制又较低，由飞灰带入的 Al^{3+} 与浆液中的 F^- 形成的络合物达到一定浓度，吸附在吸收剂固体颗粒表面，"封闭"了吸收剂的活性，显著减慢了吸收剂的溶解速度。因此，一般不希望有过量的飞灰带入吸收系统，进入湿法脱硫装置的飞灰含量一般要求不大于 $200mg/m^3$（标态下）。

另外，随飞灰带入的一些重金属除了会影响工艺的化学反应外，还会影响排放废水的质量。

吸收剂石灰石中会含有 MgO、SiO_2 等各种成分。SiO_2 含量过高会增加磨制系统能耗，MgO 含量过高会影响石膏脱水，增加废水排量。因此，设计时也需要对吸收剂条件进行相关审核。

第二节　设　计　案　例

本节以 A 电厂 2 × 600MW 机组烟气脱硫为实例，提供了烟气脱硫的工艺计算、主要系统配置及关键设备选型，供读者参考。

一、设计输入条件

1. 入口烟气条件

FGD 入口烟气参数见表 1 – 5 – 2。

表 1 – 5 – 2　　　　　　　　　　FGD 入口烟气参数

项　目	单　位	设计煤种	备　注
烟气成分（标准状态，湿基，实际 O_2）			
CO_2	体积百分比	11.901	
O_2	体积百分比	6.124	
N_2	体积百分比	74.899	
SO_2	体积百分比	0.064	
H_2O	体积百分比	7.010	
烟气成分（标准状态，干基，实际 O_2）			
CO_2	体积百分比	12.799	

项 目	单 位	设计煤种	备 注
O_2	体积百分比	6.586	
N_2	体积百分比	80.546	
SO_2	体积百分比	0.069	
烟 气 参 数			
脱硫装置入口烟气量	m^3/h	3 283 336	实际，湿基
	m^3/h	2 345 240	标态，湿基，6% O_2
	m^3/h	2 180 834	标态，干基，6% O_2
脱硫装置入口烟气温度	℃	112	设计值
			最大值
		160	FGD 旁路烟气温度
脱硫装置入口烟气压力	Pa	0	额定工况
烟气中污染物成分（标准状态，干基，6% O_2）			
SO_2	mg/m^3	2062	
SO_3	mg/m^3	≤50	
Cl（HCl）	mg/m^3	≤50	
F（HF）	mg/m^3	≤35	
烟尘浓度（引风机出口）	mg/m^3	≤150	
NO_x浓度	mg/m^3	≤650	

2. 吸收剂成分

吸收剂石灰石的成分分析见表 1 – 5 – 3。

表 1 – 5 – 3   **石灰石的成分分析资料**

项 目	单 位	数 据	项 目	单 位	数 据
CaO	体积百分比	≥52	H_2O	体积百分比	≤1
MgO	体积百分比	≤2	P_2O_3	体积百分比	≤0.01
SiO_2	体积百分比	≤1.5	S	体积百分比	≤0.02
Fe_2O_3	体积百分比		$CaCO_3$纯度	%	≥90
Al_2O_3	体积百分比	≤0.3	石灰石粒径	mm	<20
TiO_2	体积百分比		烧失量	%	43.8
SO_3	体积百分比				

3. 性能指标要求

脱硫效率≥95%；

脱硫装置可用率不低于95%；

烟囱入口的烟气温度不低于80℃；

排放出口浓度不大于400mg/m³（标态）。

二、工艺计算结果

1. 主要技术指标

（1）脱硫装置进口烟气参数：

烟气量：	2 345 235m³/h（标态、湿基、实际O₂）

烟气量：   2 345 235m³/h（标态、湿基、实际O_2）

烟气量：   2 180 834m³/h（标态、干基、实际O_2）

烟气O_2含量：   6.586vol%（标态、干基、实际O_2）

烟气SO_2含量：   0.069vol%（标态、干基、实际O_2）

烟气粉尘含量：   ≤150mg/m³（标态、干基、6%O_2）

烟气温度：   112℃（最高160℃）

（2）脱硫装置出口烟气参数：

烟气SO_2含量：   102.9mg/m³（标态、干基、6%O_2）

烟气粉尘含量：   35.9mg/m³（标态、干基、6%O_2）

除雾器出口液滴含量：   ≤75mg/m³（对应于雾滴测量方法：冲击测量法）

烟气温度：   大于80℃

（3）脱硫效率：   ≥95%（设计煤种）

（4）钙硫比：   1.02mol/mol

（5）石膏量：   13.18（10%含水率）（每台机）

（6）石灰石耗量：   7.43t/h

（7）脱硫装置电耗：   13 370kWh/h（两台机）

（8）工艺水耗量：   62t/h（每台机）

（9）工业水耗量：   2t/h（每台机）

（10）废水量：   4.9m³/h（每台机）

（11）压缩空气耗量：   21m³/min（压力0.8MPa）

（12）年利用小时数：   5500h

（13）主设备噪声（离设备1m远）≤85dB

（14）FGD系统利用率：   ≥95%

2. 吸收塔工艺参数选择及计算结果

吸收塔工艺参数选择及计算结果见表1-5-4。

表1-5-4   **吸收塔工艺参数选择及计算结果**

吸 收 塔	单 位	数 据
吸收塔前烟气量（$O_2$7.08%，标态，湿态）	m³/h	2 345 790
吸收塔后烟气量（$O_2$7.08%，标态，湿态）	m³/h	2 415 344
设计压力	Pa	900
浆液循环相关的停留时间	min	4.5
浆液排除相关的停留时间	h	15

续表

吸收塔	单位	数据
液气比	L/m³	11.01
烟气流速	m/s	3.8
吸收塔烟气停留时间	s	约为4
化学计量比 Ca/S	mol/mol	1.02
浆池固体含量（最小/最大）	kg/m³	8/15
浆液含氯量	g/L	20
流向（顺流/逆流）		逆流
浆池直径	m	16
吸收塔区直径	m	16
吸收塔区高度	m	13.8
浆池高	m	11.5
浆池容积	m³	2300
总高度	m	35.1
喷淋层数		3
喷淋层间距	m	1.8
每层喷嘴数		约为180
搅拌器数		4
搅拌器轴功率	kW	37
搅拌器比功耗	kW/m³	0.065
氧化空气喷枪数		4
氧化空气喷枪位置		搅拌器前侧

三、主要系统配置及设备选型设计

为便于读者理解，结合上述 A 厂 2×600MW 机组脱硫工程实例，提供了脱硫烟气、吸收塔、吸收剂制备及石膏脱水四大主系统的配置、关键设备计算及选型案例，具体系统、设备及选型相关知识详见第二篇。

1. 烟气系统

当 FGD 装置运行时，烟道旁路挡板门关闭，烟气引入 FGD 系统。为克服 FGD 装置烟气系统设备、烟道阻力，在 FGD 上游原烟气侧设置一台 100% 容量的动叶可调轴流增压风机。烟气经过脱硫增压风机进入回转式烟气—烟气换热器，降温后进入吸收塔。为防止净烟气在排放过程中结露，同时也为增加净烟气排入烟囱后的抬升高度，从吸收塔出来的清洁烟气，再进入烟气换热器升温侧，升温后经烟囱排入大气。

当机组启动和 FGD 装置故障停运时，旁路挡板门打开，FGD 装置进出口挡板门关闭，烟气经烟囱直接排放。

每套烟气系统主要设有 1 台增压风机、1 台 GGH、1 个 FGD 进口烟气挡板门、1 个 FGD 出口烟气挡板门、1 个 FGD 旁路烟气挡板门和 1 套烟气挡板门密封风系统，烟气系统设备配置见表1-5-5。

表1-5-5　　　　　　　　　　　**烟气系统设备配置（单机）**

序号	设备名称	规　格　型　号	单位	数量
1	FGD升压风机	动叶可调轴流风机 $Q = 2\ 345\ 240m^3/h$（BMCR湿标），$p = 2500Pa$，$t = 112℃$ 轴：42CrMo或等同外壳、转子、叶片、导向板；碳钢电动机功率：4000kW	台	1
		密封风机，电机功率7.5kW	台	2
		（油站）油泵电机：7.5kW	台	2
		（油站）油泵电加热器：4kW	台	2
2	烟气加热器（GGH）及辅助设备	回转式 $Q = 2\ 345\ 240m^3/h$（BMCR湿标），原烟气入口温度112℃，烟囱入口温度 $\geq 80℃$，漏风率 $\leq 1.0\%$。传动电机功率22kW	台	1
	GGH密封风机	离心风机 $Q = 2160m^3/h$（标态），$H = 7.5kPa$，$N = 7.5kW$	台	2
	GGH低泄漏风机	设计风量 $Q = 95\ 000m^3/h$，设计风压 $H = 4500Pa$，电动机功率：280kW	台	1
	GGH高压冲洗水泵	柱塞式，设计流量10t/h，设计扬程 $H = 10.5MPa$，电动机功率：37kW	台	1
3	挡板门密封风机	设计风量 $Q = 6100m^3/h$，设计风压 $H = 6500Pa$，电动机功率：15kW	台	2
4	密封风机电加热器	电动机功率：250kW	台	1
5	FGD入口挡板门	5500×11 600，双挡板，执行器：电动机功率7.5kW	个	1
6	旁路挡板门	5500×11 600（视主体烟道尺寸），双挡板，执行器：电动机功率2×7.5kW	个	1
7	FGD出口挡板门	6110×9500，双挡板，执行器：电动机功率7.5kW	个	1
8	烟道膨胀节	非金属织物型 5500×11 600　1个 4600×13 000　1个 6110×9500　1个 5500×13 500　1个 3800×13 000　1个 6110×13 500　4个 3800×13 000　1个	个	共10个

2. 吸收塔系统

吸收塔系统为1炉1塔配置，烟气从吸收塔中下侧进入，与石灰石浆液逆流接触，在塔内进行化学反应。通过鼓入氧化空气，对落入吸收塔浆池的反应物再进行氧化反应，得到脱硫副产品二水石膏。

经脱硫吸收剂洗涤后的清洁烟气，通过除雾器除去雾滴后由吸收塔上侧引出，然后进入烟气换热器 GGH 升温侧。

SO_2 吸收塔系统包括吸收塔本体、吸收塔浆液循环泵、石膏浆液排出泵、吸收塔喷淋层、搅拌器、除雾器、冲洗装置、氧化风系统等部分，还包括辅助的放空、排空设施等。

吸收塔采用喷淋空塔。吸收塔本体的内表面采用衬胶或玻璃鳞片防腐。吸收塔外部设有保温层。浆液喷淋系统中喷淋管采用 FRP 制作，喷嘴采用碳化硅材料制作。除雾器采用带加强的阻燃聚丙烯制作。氧化空气喷管采用进口的 FRP 管。吸收塔配备有足够数量的人孔门和观察孔，并设置相应的走道或平台。

每个吸收塔配有 3 台循环泵、3 层喷淋装置。循环泵设置检修用的起吊设施，并便于拆换和维修。

为充分、迅速氧化吸收塔浆池内的亚硫酸钙，设置了氧化空气系统（每炉 2 台，$2 \times 100\%$ 容量，1 运 1 备）。搅拌系统为 1 层，以确保在任何时候亚硫酸钙得到充分氧化，并防止塔内石膏浆液沉淀或结垢。

吸收塔系统还包括必需的就地和远方测量装置，如液位、pH 值、温度、压力、除雾器压差等测点，以及石膏浆液的流量及密度的测量装置。吸收系统设备配置见表 1 - 5 - 6。

表 1 - 5 - 6　　　　　　　　　吸收系统（单塔）设备配置表

序号	设备名称	规 格 型 号	单位	数量
1	吸收塔	烟气量 2 345 796m³/h（湿标），钙硫比 = 1.02；壳体材料：碳钢衬橡胶或玻璃鳞片 内部件材料：玻璃钢 直径×高度 = 16m×35.1m	座	1
	吸收塔浆池	容积：$V = 2300m^3$，浆池材料钢衬胶，直径×高度 = 16m×11.5m	个	1
	吸收塔浆池搅拌器	电动机功率：37kW，叶片、轴材料：耐磨合金钢	台	4
	吸收塔除雾器	材料：聚丙烯	级	2
2	循环浆泵	离心式，$Q = 10\ 000m^3/h$，$P = 19.7/21.5/23.3m$ 壳体，叶轮材料：耐磨合金钢　电机功率：790/860/930kW	台	3
	喷淋层	材质：FRP	层	3
	喷嘴	材质 SiC，每层约 180 个	个	540
3	氧化风机	罗茨风机，$P = 0.125MPa$，$Q = 5300m^3/h$（标态），电动机功率：290kW	台	2
4	石膏排出泵	离心式 $Q = 98m^3/h$，$H = 45m$ 壳体衬胶，叶轮材料：耐磨合金钢，电动机功率：30kW	台	2
5	吸收塔区地坑搅拌器	电动机功率：4kW	个	1

续表

序号	设备名称	规　格　型　号	单位	数量
6	吸收塔区地坑泵	$Q = 45\text{m}^3/\text{h}$，$H = 30\text{m}$，$N = 11\text{kW}$	台	1
7	滤网	循环浆泵入口 DN1200	台	3
8	循环浆管膨胀节	橡胶补偿器 DN1200	个	6
		橡胶补偿器 DN800	个	6
9	膨胀节	DN125	个	4

3. 吸收剂制备系统

吸收剂制备系统为湿磨制浆方案，石灰石储仓的石灰石经称重皮带给料机送到湿式球磨机内磨制成浆液后，进入磨机浆液罐，再由磨机浆液泵将石灰石浆液输送到水力旋流器经分离后，底流物料再循环，溢流物料存贮于石灰石浆液罐。

为2台炉脱硫共设置2套湿式磨机系统（即2台湿式磨机及相应的石灰石浆液旋流器、2台称重给料机、每台磨机配1个再循环箱、2台再循环泵），每套容量可满足2台机组 BMCR 工况下脱硫所需石灰石浆液总量的75%。

每台磨机配置一组石灰石浆液旋流器站。其出料石灰石浆液的细度将达到≤0.044mm（90% 通过 325 目），浆液的浓度控制在20% ~30% （wt%）。

本脱硫工程设置两套吸收剂制备系统，分别供1号、2号机组使用。在供浆泵出口管道上，为两套加药管设置联络管道，使得故障情况下两套石灰石加药系统互为备用。单台脱硫装置的石灰石耗量为7.43t/h，石灰石粉仓的有效容积为770m³，满足设计煤种 BMCR 工况下连续运行三天的石灰石耗量；单台脱硫装置的石灰石浆液耗量为27.8m³/h，石灰石浆液箱的有效容积为170m³，满足两台机组 4h 连续运行的耗量。

本项目烟气脱硫所需的吸收剂为石灰石，业主采购的商品石灰石粒度≤20mm，由自卸汽车送至电厂脱硫岛内，卸入地下料斗，然后由给料机经除铁器进入波纹挡板皮带送至石灰石贮仓。在石灰石贮仓底部设置给料机和皮带称量输送机，分别输送到两套湿式球磨机的入口，研磨后的石灰石浆液自流至浆液箱，然后经循环浆液泵和旋流分离器分离，合格的石灰石浆液自流至石灰石浆液箱。每个石灰石浆液箱配备两台石灰石浆液输送泵，1运1备。为防止机组负荷变化时，浆液管道发生沉积现象，供浆系统采用环管输送方式，每台机组石灰石浆液需要量为27.8m³/h，石灰石浆液输送泵容量为80m³/h。吸收剂系统设备配置见表1-5-7。

表 1-5-7　　　　　　　　　　吸收剂系统设备配置

序号	名　　称	规格及技术要求	单位	数量
1	地磅	称量：50t，精度：5kg	个	1
2	地下受料斗	容积 50m³	个	1
3	卸料间除尘器	布袋脉冲反吹式 $F = 120\text{m}^2$	台	1
4	机械振动给料机	机械振动悬挂式，出力 $Q = 60\text{t}/\text{h}$，电机功率 $N = 2 \times 2.2\text{kW}$	台	1

序号	名　称	规格及技术要求	单位	数量
5	电磁除铁器	电机功率4kW	台	1
6	波状挡边带式输送机	出力 $Q=60t/h$；提升高度 $H=32m$；$N=22kW$	台	1
7	石灰石料仓	有效容积770m^3 筒体材料混凝土，锥斗材料钢衬耐磨板	台	1
8	石灰石料仓除尘器	布袋脉冲反吹式 $F=80m^2$，排气含尘 $<50mg/m^3$	台	1
9	胶带称重给料机	出力 $Q=16t/h$，$N=4kW$	台	2×1
10	石灰石卸料间地坑泵	$Q=20m^3/h$，$H=15m$，$N=5.5kW$	台	1
11	湿式溢流型球磨机	出力：$Q=11t/h$（干料），$\phi2700mm\times6000mm$ 主电机：$N=560kW$，慢速电机：15kW	台	2×1
12	磨机再循环箱	$D=2.6m$，$H=1.4m$，$V=7m^3$，钢衬胶	个	2×1
13	磨再循环箱搅拌器	LL－150型 轴及叶片钢衬胶 $N=1.5kW$	个	2×1
14	磨机再循环泵	$Q=70m^3/h$，$H=24.6m$；浓度：40~60%，电机：$N=18.5kW$	台	2×2
15	石灰石旋流器站	处理量70m^3/h，浓度45%（质量比）；石灰石浆成品：40m^3/h，浓度25%（质量比）	台	2×1
16	石灰石浆液箱	$V=170m^3$，$D=6m$，$H=6m$，钢衬胶或内衬玻璃鳞片	个	1
17	石灰石浆液箱搅拌器	电机功率：17.5kW，叶片、轴材料：钢衬胶	个	1
18	石灰石浆液泵	$Q=80m^3/h$，$H=0.45MPa$；浓度：25%~28%；电动机功率：35kW	台	2×1

　　4. 石膏脱水系统

　　本脱硫工程设置2炉公用的石膏脱水系统，包括石膏一级脱水、石膏二级脱水、过滤水、石膏堆卸料系统。

　　石膏一级脱水系统包括石膏旋流器、回用浆液箱、泵等。吸收塔排出的浆液由石膏（$CaSO_4\cdot2H_2O$）、盐类混合物（$MgSO_4$，$CaCl_2$）、石灰石（$CaCO_3$）、氟化钙（CaF_2）和灰粒组成，石膏浆液通过石膏浆液排出泵送入石膏旋流器浓缩，旋流器的溢流通过回用浆液箱返回至吸收塔，底流进入真空皮带脱水机进行二级脱水。

　　石膏二级脱水系统包括真空皮带脱水机以及真空泵、气水分离器、滤布冲洗水箱和冲洗水泵、滤饼冲洗水箱和冲洗水泵等辅助设备。真空皮带脱水机的功率按2台锅炉BMCR工况运行时石膏总产量的75%设计。为防止真空泵结垢，并保证脱硫石膏品质，本系统采用工业水作为石膏及滤布的冲洗水。成品石膏的表面含水率不超过10%，Cl^-含量在100ppm以内。

　　脱水后的石膏经抛料皮带机落入石膏堆料间。采用桥式抓斗起重机和自密封自卸汽车装车结合的方式，桥式抓斗起重机除装料外还起着均匀分布石膏堆料的作用，石膏堆料间设计有装载车通道，可以根据现场情况配合使用装载车进行装车。石膏堆料间的容量约 1800m³，可以满足两台机组设计煤种 BMCR 工况下 3 天的堆料量。桥式抓斗起重机的平均出力为 5t/次。石膏脱水系统设备配置见表 1－5－8。

表 1－5－8 石膏脱水系统设备配置

序号	名　　称	规格及技术要求	单位	数量
1	真空皮带脱水机	出力 17.8t/h，有效脱水面积 22m²，驱动电机功率：11kW	台	2×1
2	真空泵	水环式，$Q=6600$m³/h，真空度 40～60kPa，电机功率 160kW	台	2×1
3	滤布冲洗水泵	离心式 $Q=15$m³/h，$p=50$mH₂O，电动机功率：7.5kW	台	2×1
4	滤布冲洗水箱	$\phi1.4×1.6$m，$V=3$m³	个	2×1
5	滤饼冲洗水泵	离心式 $Q=10$m³/h，$p=30$mH₂O 电动机功率：4kW	台	2×1
6	滤饼冲洗水箱	$\phi0.8×1.7$m，$V=1.5$m³	个	2×1
7	汽水分离器	$\phi1.8×3.1$m，$V=6.3$m³，钢衬胶	个	2×1
8	石膏旋流站	处理石膏浆量 90m³/h，来料浓度 15%（质量比）	套	2×1
9	回用浆液箱	$\phi5$m，$H=6$m，有效容积 120m³，材料：碳钢衬胶；浓度 4.09%（质量比）	个	1
10	回用浆液箱搅拌器	电机功率：15kW；叶片、轴材料：钢衬胶	个	1
11	回用浆液泵	离心式，$Q=180$m³/h，$p=25$mH₂O，壳体、叶轮材料：合金钢，电动机功率 40kW	台	2×1
12	石膏浆底流三通	材料：钢衬胶或 FRP	个	2×1
13	过滤水池	混凝土衬玻璃钢，$5×6×3.5$m，$V=110$m³	个	1
14	过滤水池搅拌器	叶片、轴材料：钢衬胶，电机功率 $N=7.5$kW	个	1
15	过滤水泵	离心式，$Q=60$m³/h，$p=30$m H₂O，壳体、叶轮材料：合金钢，电动机功率：20kW	台	2×1
16	滤网	石膏旋流器入口管路 DN125	个	2×1
17	废水收集箱	$V=14$m³，$\phi2.6$m，$H=3$m；材料：钢衬胶	个	1
18	废水收集箱搅拌器	叶片、轴材料：钢衬胶，电机功率 $N=1.5$kW	台	1
19	废水旋流泵	$Q=12$m³/h，$p=0.3$MPa；电动机功率：5.5kW	台	2×1
20	废水旋流站	处理废水量 11m³/h，浓度 3%（质量比）	套	1
21	缓冲箱	$V=14$m³，$\phi2.6$m，$H=3$m；材料：钢衬胶	个	1
22	缓冲箱搅拌器	叶片、轴材料：钢衬胶；电机功率 $N=1.5$kW	台	1
23	废水输送泵	$Q=12$m³/h，$p=0.4$MPa；电动机功率：5.5kW	台	2×1
24	石膏输送皮带机	出力：18t/h；皮带宽度：500mm；长度：4.5m；带速：1m/s；电动机功率：2.2kW	台	2×1
25	桥式抓斗起重机	跨距 16.5m，起重量 5t	台	1

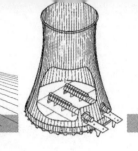

第二篇
湿法烟气脱硫工艺主体设备及选型

 第一章　烟气系统设备及选型

第一节　系统组成及工艺流程

一、烟气系统组成

典型湿法脱硫烟气系统由烟道、烟气挡板、增压风机、烟气换热器、烟道补偿器等组成。

1. 烟道

脱硫烟道通常根据其在 FGD 系统中的位置和所起的作用来定义和划分。考虑到不同部位烟道所处的腐蚀环境不同，从 FGD 系统入口开始将烟道划分如下。

（1）FGD 系统入口烟道，从 FGD 系统入口至 GGH 原烟气入口（即从主机或锅炉烟风系统引出至 GGH 原烟气入口），输送从引风机、除尘器或其他设备到 FGD 系统的未处理的热烟气。

（2）吸收塔入口烟道，从 GGH 原烟气侧出口至吸收塔入口，输送经 GGH 降温后的中温未脱硫烟气。为区分这部分烟道所具有的不同腐蚀环境，将靠近吸收塔入口 2m 左右的烟道称为吸收塔入口干/湿交界区（也称干湿界面）。

（3）吸收塔出口烟道，从吸收塔出口至 GGH 净烟气侧入口，输送来自吸收塔的低温、饱和净烟气。

（4）FGD 系统出口烟道，从 GGH 净烟气侧入口至与旁路烟道交接处，输送经 GGH 升温后的净烟气。

（5）旁路烟道，又称混合烟道，从 FGD 系统入口至烟囱入口的直通烟道。FGD 系统未启动时输送来自引风机的原烟气，FGD 系统正常运行时旁路挡板上游侧烟道接触原烟气，旁路挡板下游侧烟道接触经 GGH 升温后的净烟气。由于旁路挡板下游侧烟道有时要输送原烟气，有时要输送已处理的中温净烟气，所以将这段烟道称为 FGD 系统公共出口烟道。

如果是湿烟囱系统，不设置烟气换热器时，则可简单地将烟道划分为：吸收塔入口烟道（从系统入口至吸收塔入口），吸收塔出口烟道（从吸收塔出口至与旁路烟道交接处）和旁路烟道。同样，距吸收塔入口 2m 处的烟道为吸收塔入口干/湿交界处；旁路挡板至烟囱入口的旁路烟道仍称为系统公共出口烟道。

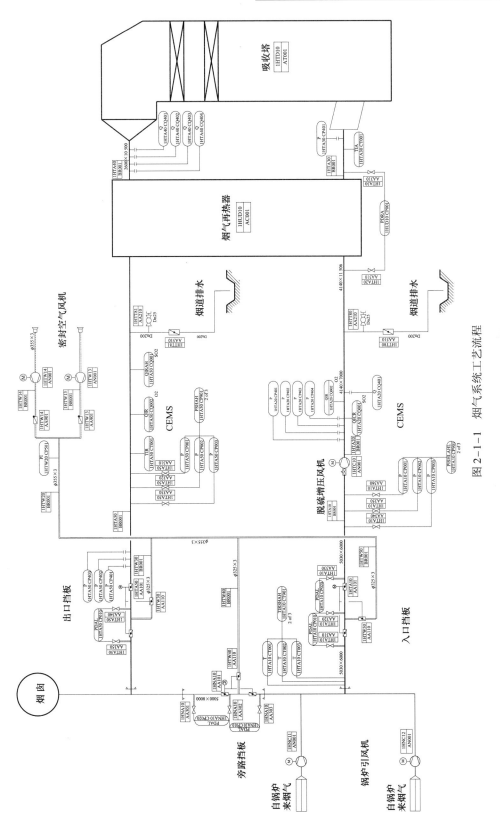

图 2-1-1　烟气系统工艺流程

2. 烟气挡板

烟气挡板门有三个作用：隔离设备、控制烟气流量和排空烟气。一般根据其安装位置和功能分为 FGD 入口原烟气挡板、FGD 出口净烟气挡板、FGD 旁路挡板，为保证烟气的密封隔离效果一般挡板门需要安装相应的密封风系统。当多炉共用一塔时，如果设有多台增压风机往往还需配置相应的隔离门。

本篇主要介绍国内常用的双百叶窗烟气挡板门（又称单轴双挡板）。

3. 增压风机

在脱硫系统中，烟气的输送依靠增压风机来克服烟道、烟气挡板、GGH、吸收塔、烟囱和其他设备的阻力，因此，一个很重要的问题是增压风机的可靠性和经济性，与此问题相关联的是增压风机类型的选择和布置方式。风机类型、风机的调节和布置方式等可以有多种不同的搭配，因此针对具体情况要做到合理的选择，需要做全面考虑。目前，脱硫系统中常用的风机形式主要有静叶可调轴流风机、动叶可调轴流风机、离心风机。少数情况也有增压风机引风机合一的情况。

4. 烟气换热器

烟气换热器有回转式烟气换热器（GGH）、管式换热器等，其主要功能是改善污染物扩散、减少烟囱可见烟羽、避免下游烟道腐蚀、避免烟囱液滴"下雨"等。在环境影响评价许可情况下，也可以不设置烟气换热器。

5. 烟道补偿器

FGD 烟道中大多数膨胀节采用非金属膨胀节。非金属膨胀节由纤维或金属丝加强的、或者纤维和金属丝网复合加强的氟塑料或氟橡胶片，保温材料，内部挡板和连接法兰构成。

二、工艺流程

原烟气从锅炉引风机出口烟道引出，由脱硫风机升压经 GGH 高温侧降温后进入吸收塔，如果不设 GGH 则直接进入吸收塔。在塔内经过洗涤、吸收 SO_2 和除雾器除雾等一系列的物理化学反应后，净烟气排出吸收塔。再经过 GGH 低温侧升温至 80℃，进入烟囱排放，如果无 GGH 则直接进入烟囱排放。烟气系统一般设有旁路烟道，当脱硫系统因故停止运行时，烟气可通过旁路烟道，直接进入原烟囱排放，不影响机组正常运行，流程见图 2-1-1。

第二节　系统设计及优化

一、设计要点

1. 脱硫风机

（1）目前脱硫系统克服烟风系统阻力，一般有两种情况：增压风机引风机合一，部分新建机组采用该方式；或单独设置脱硫增压风机，技改机组中一般单独设置脱硫增压风机。

（2）当场地紧张或条件允许时，经论证若对锅炉主机系统基本无影响、引风机有足够的裕度，也可考虑用原有引风机代增压风机，增容或更换引风机，不设置增压风机。

（3）脱硫增压风机一般采用轴流风机，当机组容量为 300MW 及以下时，也有少数机组采用高效离心风机。

（4）300MW 及以下机组原则采用静叶可调轴流风机，600MW 及以上机组原则采用一台动叶可调轴流式风机，或配置两台静叶可调轴流风机，关于静调和动调风机的比较见本章第三节。

（5）多炉一塔脱硫时，可采用一台动叶可调轴流风机或每炉对应一台静叶可调轴流风机。采用"一对一"方式设计时，烟风系统设计应考虑防止抢风和内耗。

2. 烟气换热器

（1）烟气换热器可以选择回转式换热器或以热媒水为传热介质的管式换热器，当原烟气侧设置降温换热器有困难时，也可采用在净烟气侧装设蒸汽换热器。用于脱硫装置的回转式换热器漏风率应使脱硫装置的脱硫效率达到设计值，一般不大于 0.5%。

（2）按建设项目环境影响报告书的审批意见确定烟气系统是否装设烟气换热器，在满足环保要求且烟囱和烟道有完善的防腐和排水措施并经技术经济比较合理时可不设烟气换热器。

（3）设置烟气换热器时，设计工况下脱硫后烟囱入口的烟气温度一般应达到 80℃ 及以上。

（4）烟气换热器的受热面均需考虑防腐、防磨、防堵塞、防沾污等措施，与脱硫后的烟气接触的壳体也应考虑防腐，运行中应加强维护管理。

（5）烟气脱硫装置宜设置旁路烟道。脱硫装置进、出口和旁路挡板门（或插板门）应有良好的操作和密封性能。旁路挡板门应动作可靠，能满足脱硫装置故障不引起锅炉跳闸的要求。脱硫装置进口烟道挡板应采用带密封风的挡板，出口和旁路挡板门可以根据技术论证再确定是否设置密封风系统。

（6）对于设有烟气换热器的脱硫装置，至少应从烟气换热器原烟道侧入口弯头最低处至烟囱的烟道采取防腐措施，防腐材料可采用鳞片树脂或衬胶。经环境影响报告书审批批准不装设烟气换热器的脱硫装置，应从距离吸收塔入口至少 5m 处开始采取防腐措施。防腐烟道的结构设计应满足相应的防腐要求，并保证烟道的振动和变形在允许范围内，避免造成防腐层脱落。烟气换热器下部烟道应装设疏水系统。

（7）脱硫装置原烟气烟道设计温度应采用锅炉最大连续工况（BMCR）下燃用设计燃料时的空预器出口烟气温度并留有一定的裕量。对于新建机组，应保证运行温度超过设计温度 50℃，叠加后的温度不超过 180℃条件下的长期运行。烟气换热器下游的原烟气烟道和净烟气烟道设计温度应至少考虑 30℃超温。

3. 挡板门

（1）脱硫装置烟道挡板宜采用带密封风的挡板，应有良好的操作和密封性能。

（2）脱硫挡板门密封风系统可考虑每个挡板设一套密封风系统，即采用"1 对 1"配置，也可以考虑脱硫系统出口、入口、旁路挡板共用一套 1 用 1 备的密封风系统。

（3）脱硫旁路挡板常设置双执行机构，以提高机组及脱硫系统运行的安全可靠性。

（4）挡板门密封风宜设置电加热器，至少旁路挡板要设电加热器。电加热器建议设置旁路管道，考虑节能，夏季温度较高时、风机出口温度高时可以停用。

4. 脱硫旁路

（1）烟气脱硫装置在设置旁路烟道时，旁路挡板门的开启时间应满足脱硫装置故障不引起锅炉跳闸的要求，以便对锅炉和FGD起到保护作用。

（2）烟气脱硫装置在不设置旁路烟道时，吸收塔进口应设置预洗涤装置或预喷淋装置。在锅炉点火、锅炉投油助燃时，该装置起到除油、预除尘作用；在烟气温度超过设计范围时，起到喷淋降温作用；目的是保护FGD系统。

（3）烟气脱硫装置在不设置旁路烟道时，脱硫系统的可靠性应按不低于主机的要求进行系统设计、设备及材料的选择、施工等。

5. 烟道

（1）脱硫烟道的设计应依据《烟风煤粉管道设计技术规程》及其配套设计计算方法，且脱硫净烟道应尽可能少设或不设内撑，脱硫原烟道的内撑设计应考虑防磨等措施。

（2）急转弯头应考虑烟气导流设计，使流场均匀，降低系统阻力。

（3）场地允许的条件下，可考虑采用圆形烟道以利于气流分布、节约钢材用量。

（4）防腐：烟气换热器前的原烟道可不采取防腐措施。烟气换热器和吸收塔进口之间的烟道以及吸收塔出口和烟气换热器之间的烟道应采用鳞片树脂或衬胶防腐。烟气换热器出口和主机烟道接口之间的烟道宜采用鳞片树脂或衬胶防腐。

6. 补偿器

（1）原烟气补偿器应耐磨耐温，净烟气补偿器应耐腐、防渗，必要时考虑疏水措施。

（2）补偿器均应考虑足够的轴向和径向位移，蒙皮应利于更换。

（3）如果采用金属补偿器材料，应耐腐耐温耐磨。

二、烟气系统配置方案

典型石灰石—石膏湿法脱硫工艺中，烟气系统烟气换热器的配置方案一般有两种。即：原烟气经增压风机升压后直接进入吸收塔，脱硫后的烟气直接引至烟囱排放（排烟温度约50℃）；或烟气经增压风机升压后再经烟气换热器降温后进入吸收塔，脱硫后的烟气经烟气换热器升温后再引至烟囱排放（排烟温度约80℃）。脱硫系统中的烟气换热器通常采用气气换热器（GGH），它是一个再生式换热器，国际上较普遍采用的GGH为回转式。

克服FGD系统阻力的办法有两种：一是增加增压风机；二是选用大容量的引风机。选用大容量的引风机的方案可减少总的机组辅机电耗，因为引风机增加的电耗要小于增压风机的电耗。同时对于新建机组，选用较大容量引风机可减少总的投资费用，与风机有关的安装、土建、电气和仪控费用可减少约30%。对于2台机组共用1个吸收塔的脱硫装置，此方案还可以减少烟气挡板的数量。当然，目前选用大容量引风机仍受到机组容量的限制，对于600MW等级的机组，国产引风机的容量不足以同时克服锅炉和FGD系统的阻力。选用大容量引风机存在的另一个问题是当FGD系统发生保护在短时间切换至旁路运行后，系统阻力的减少对炉膛负压的影响较大。若系统阻力增加，负压的波动还会更大。

对现有机组增加 FGD 系统、机组燃用劣质无烟煤以及机组容量在 600MW 及以上的情况，一般采用设置增压风机的方案。而对 300MW 及以下或 600MW 但未设烟气换热器的新建机组脱硫装置，可考虑不设增压风机，但需要联合原锅炉设计制造商及风机厂家结合机组实际运行状况进行评估。

三、烟气系统优化与节能措施

烟气系统的设备主要包括增压风机（BUF）、烟道、GGH、挡板和补偿器等。这些设备的选型、布置、配置原则直接影响系统的投资、占地以及优化与节能效果。

1. 脱硫风机优化

新建机组按增压风机和引风机合并设计考虑，简化了系统，可减少设备数量、省去连接烟道、补偿器、支架及相应的建/构筑物，减少装置占地，优化总平面布置，有效降低一次投资，同时减少了运行维护工作量，有效降低运行能耗，实现系统高效节能。现有机组结合运行方式、负荷情况，可综合考虑变频、液力耦合、双速电机等多种节能措施。

2. 烟道设计优化

烟风系统烟气引接风道应尽可能烟道短、弯头少，非标准转弯时，应根据情况考虑相应的导流装置，以优化流场、减少烟风系统阻力，降低风机能耗。如果总平面布置及场地空间条件许可，可考虑采用圆形烟风道以节省一次投资，据核算，圆形烟道可节省钢材耗量 50% 以上。此外，对于输送低温原烟气的烟道和输送脱硫后的低温湿烟气的烟道，应分别根据所处的腐蚀环境选择合适的防腐材料、设计合适的排放疏水的设施。

3. GGH 优化

脱硫装置在不设置 GGH 时，烟囱的设计应综合考虑电厂地域地势、气候及烟气抬升等因素，采取防腐、疏水等措施。不设 GGH 可简化烟气系统，减少烟风系统阻力约 1000Pa，可减少一次投资、降低运行维护费用、提高装置可靠性。

脱硫装置在设置 GGH 时，应结合场地情况，尽量降低 GGH 断面流速，按要求采用换热效率高的蓄热片，可减少蓄热片数量，适度调整蓄热片间隙和 GGH 断面通流面积，设置不少于 2 层吹灰器，降低系统堵塞风险。

4. 旁路烟道优化

新建机组在按"三同时"要求规划 FGD 系统时，应按环境保护部的要求，按不设置脱硫烟气旁路进行系统设计，这样可简化系统、优化总平面布置，减少装置占地、减少烟风系统一次投资、减少运行维护工作量、降低运行费用。

5. 挡板门密封风系统优化

脱硫系统的每个挡板门设单独的密封风系统，小风机可直接置于烟道上，密封风风管输送距离短，系统简化，节省空间、节约投资，利于减小噪声，旁路挡板设置一个小电加热器，并且设旁路风管，则可有效降低连续运行的设备能耗。

第三节　主要设备及选型

一、增压风机

在湿法烟气脱硫工艺系统中，增压风机是主要设备之一。烟气的输送依靠增压风机提升压头，来补偿烟气在整个脱硫系统中的压力损失。因此，增压风机的类型选择、技术要求和设计原则等方面要求对满足环保要求、降低脱硫工程造价、优化脱硫系统性能以及保证主机系统的运行可靠性有着较大的影响。

（一）类型及比选

增压风机的类型可以根据风机结构来分类。电厂常用的两种风机的基本类型是离心风机和轴流风机，如图 2-1-2 所示。轴流风机又分静叶可调和动叶可调轴流风机。离心风机沿叶轮转轴径向加速烟气，运行方式与离心泵相同。而轴流风机则是沿叶轮转轴方向加速烟气，运行方式与船的螺旋桨相同。各种不同类型风机的特点见表 2-1-1。

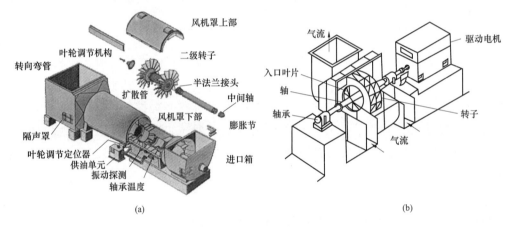

(a)　　　　　　　　　　　　　　　(b)

图 2-1-2　典型风机

（a）典型轴流风机；（b）典型离心风机

表 2-1-1　　　　　　　　　　　　不同类型风机特点

风机类型	优　点	缺　点
离心风机	（1）在设计工况下，风机效率最高； （2）具有叶片型式多样、抗磨损性能好的优点	（1）叶片直径较大，占地面积较大和检修维护不方便； （2）变负荷调节性能差，偏离设计点时，随着风机参数的变化，效率下降快
动叶可调轴流风机	动调风机的调节性能好，负荷适应性强，经济性好，运行成本低。低负荷时的效率比离心和静调风机高，而且能使风机始终在较高的效率点运行，具有较好的节能效果。同时动调风机的叶片为可拆卸的螺栓连接结构，在叶片磨损后可以方便地拆卸与更换	（1）耐磨性差； （2）液压调节系统复杂，维修及运行费用较高

风机类型	优　点	缺　点
静叶可调轴流风机	（1）调节性能介于动调和离心之间，它的变负荷调节性能比离心风机好，但比动调差； （2）调节系统采用简单的电动执行机构调节，可靠性较高，系统简单，维修方便	静调轴流风机的调节特性以及风机效率相对于动调风机来说较低，调节灵敏度较低，在风机前导叶全开至60%开度时，风机的流量变化极小

脱硫风机大多选用轴流风机，动调和静调轴流风机的比较分析如下。

（1）设备结构。

静调风机结构简单，采用简单的入口调节方式可以获得较好的调节性能；转速比动调风机低。动调风机带有液压系统，结构较复杂。风机尺寸较静调风机小，但风机转速较高，转子质量和整机质量较轻，转动惯量较小，配用电机较小。

（2）效率及功率。

静调风机效率曲线近似呈圆面，风机在 T.B 点和 BMCR 工况时，也能达到较高效率。在带基本负荷并可调峰的锅炉机组上，它与动调风机的电耗相差不大，但当机组在汽轮机带定额负荷工况或更低负荷下运行时，风机效率下降的幅度比动调大。动调风机效率近似椭圆面，长轴与烟风系统的阻力曲线基本平行，风机运行的高效区范围大，风机 T.B 点和 BMCR 工况时，均能达到较高效率。当机组在汽轮机带额定负荷工况或更低负荷下运行时，风机效率下降幅度在各类风机中最小，风机耗能少，运行费用低。

（3）调节方式。

静叶可调轴流风机采用进口导叶调节方式，它不仅能向减少流量、压头的方向调节，也可在一定范围内反向调节。这样就可以采用比流量、压头最大值稍低的参数进行风机的选型，使该工况点位于风机效率的最高点，可以使低负荷时的风机效率降低相对少一些。运行实践表明，静叶可调轴流风机对叶轮进口气流条件不敏感，可以采用简单进口导叶调节方式来获得较好的调节性能。在相同的条件下，静叶可调轴流风机在较大的负荷变化范围内可获得较高的平均效率。

动叶可调轴流风机是利用改变动叶角度来进行风机流量和压头调节的。这种调节方式不仅可以减小流量和压头，而且在一定范围内可增加流量和压头。这样就可以使风机在较大的负荷变化范围内获得较高的平均效率，其负荷调节范围比静叶可调轴流风机宽。动叶可调轴流风机的调节性能优于静叶可调轴流风机。

（4）调节性能。

静叶可调轴流风机在变负荷运行时，效率降低较快；动叶可调轴流风机的高效率区域较广。因而在变负荷时，动叶可调轴流风机具有最佳的调节性能，静叶可调轴流风机则次之。

（5）运行的经济性。

静叶可调轴流风机运行调节灵活性不如动调风机，特别是低负荷时，风机效率低，加之电机功率大，所以功耗大，运行成本高。动叶可调轴流风机运行调节灵活性好，适应负荷变化能力较强，经济性好，运行成本低。

（6）维护费用。

静叶可调轴流风机结构简单，需要维护的部分少，后导叶是最主要的易损件，通常后导叶设计成可拆卸式，更换方便；叶轮叶片经过 1～2 个大修后还可以在原轮毂上实现 3～4 次更换叶片的处理，能进一步延长叶轮的寿命。动叶可调轴流风机液压系统较为复杂，检修工作量大（主要是密封件的检修维护、油系统漏油问题）；需要经常检修维护的部件主要是叶片，维护费用较高。

（7）投资。

动叶可调轴流风机在价格方面一般比静叶可调轴流风机高 30% 左右。静叶可调轴流风机在初投资上有较大的优势，而且其耐磨性较好；而动叶可调轴流风机在低负荷运行的情况下，在运行经济性上有一定的优势。

综上所述，静调风机在初投资和维修方面有优势，而动调风机在运行性能方面有优势，所以应根据工程实际情况来考虑增压风机的选型。

（二）技术要求和设计选型

1. 技术要求

增压风机用于克服 FGD 装置造成的烟气压降（包括烟囱阻力），应能在可能发生的最大流量、最高温度和最大压力损失的情况下正常运行，并且没有过量的振动、失速或波动。

增压风机的风量和压头选取的基本原则为：基本风量为 BMCR 工况下锅炉燃用设计煤时的烟气量、风量裕度不低于 10%，另加不低于 10℃ 的温度裕度；风压裕度不低于 20%，并能保证脱硫系统负荷变化时提供满意的运行调节。

（1）风机设计应符合相关标准的要求，并按照经规定程序批准的图样、技术文件与买卖双方的技术协议和合同进行设计制造。

（2）风机型号尺寸的选择应使脱硫系统在经济负荷下运行时，风机处于最高效率区运行。为此，风机设计工况点（T.B 点）应落在比相应最高效率工况调节器（包括动叶或静叶调节装置）开度再开大 15°左右的曲线上，且应保证其失速裕度 $k > 1.3$。

（3）风机应带有叶片限位开关。在风机机壳外部应有表示叶片位置的指示牌和为遥控提供电信号的装置。叶片自最小角度调至最大角度范围时，其动作时间不得超过 45～60s。

（4）风机主轴承箱、液压润滑供油装置及其连接管路，都不允许有液压油或润滑油泄漏。

（5）风机进气室的最低点应装设直径不小于 50mm 的疏水管及阀门。

（6）风机的进、出口部位采用挠性连接。进气箱与机壳、机壳与扩压器之间应采用挠性连接，或进气箱、扩压器采用滑动支撑，以消除烟气温度引起的热膨胀。

（7）风机各零部件应备有吊攀或吊孔，联轴器应设有保护罩。

（8）风机所用材料应符合所需要的强度要求及有关标准的规定，并有材料合格证。若有特殊要求可在买卖双方合同中规定。

（9）风机转速不宜大于 1000r/min。

（10）风机调节方式的选择。离心风机可选用入口调节门调节，也可加装变速调节装置（如液力耦合器、变频器等）提高风机的调节效率。静叶可调轴流风机可选用入口调节门调节，也可加装变频器等变速调节装置进行变转速调节。动叶可调轴流风机不宜采用调速装置进行调节，如采用则需对其转子叶片等进行全运行转速范围内的安全评估。

如选用变频调速装置时，风机仍配置入口调节门，变频器的容量宜根据风机 T. B 点流量的 90%（甚至更低些）工况所对应的轴功率（而不是电机额定功率）来选取。这样不仅可采用容量较小的变频器，节约投资，而且风机的调节效率最高。因为变频器本身也有损失，所以在风机额定流量的 90% 以上采用入口调节门调节的调节效率还高于变频调速调节。

2. 设计选型

脱硫增压风机的型式、台数、风量和压头按下列要求选择。

（1）大容量吸收塔的脱硫增压风机宜选用静叶可调轴流风机或高效离心风机。当风机进口烟气含尘量能满足风机要求，且技术经济比较合理时，可采用动叶可调轴流风机。

（2）对 300MW 及以下机组，每座吸收塔宜设置 1 台脱硫增压风机，不设备用。对 600～900MW 机组，经技术经济比较确定，也可设置 2 台增压风机。

（3）脱硫增压风机的风量和压头按下列要求选择：① 脱硫增压风机的基本风量按吸收塔的设计工况下的烟气量考虑。脱硫增压风机的风量裕量不低于 10%，另加不低于 10℃ 的温度裕量。② 脱硫增压风机的基本压头为脱硫装置本身的阻力及脱硫装置进出口的压差之和，同时要考虑烟囱自拔力的下降对系统阻力的影响，特别是不设置 GGH 烟囱防腐后对自拔力的影响。进出口压力由主体设计单位负责提供，烟囱自拔力建议由烟囱设计专业核算，最好经过原设计单位复核。脱硫增压风机的压头裕量不低于 20%。

（4）系统设计的匹配要求。

1）风机进、出口管道设计应符合 DL/T 5121—2000 中的有关规定。

2）风机进、出口需装设补偿器以吸收管道系统的热膨胀及隔离振动。

3）风机进口、出口需装设用于检修的可进行远方操作的隔绝风门。风门开关时间应不大于制造厂规定。

4）风机进口管道的横截面积不得大于风机进口面积的 112.5%，也不得小于风机进口面积的 92.5%。连接管的斜度规定为：收敛 15°，扩散 7°。

5）风机出口管道的横截面积不得大于风机进口面积的 107.5%，也不得小于风机进口面积的 87.5%。连接管的斜度规定为：收敛 15°，扩散 7°。

6）由系统效应引起的风机压力的降低，应将系统效应损失加在总的系统压力损失上。

7）增压风机的性能受其进、出口气流的影响。如果出口连接不当、进口气流不均匀，以及增压风机进出口处存在涡流，则将改变增压风机的空气动力特性，降低增压风机的性能。

（三）关键部分材质

材料的选择取决于风机的位置。布置在吸收塔上游的风机工作条件与锅炉引风机相同，所以可以选择与引风机相同的材料。一般情况下，机壳用碳钢，叶片的高磨损区域用耐磨碳钢。

对于布置在吸收塔下游的湿风机必须考虑防腐。在选择材料时应考虑以下腐蚀特点：

（1）酸性液体引起的腐蚀；

（2）氯离子引起的缝隙腐蚀；

（3）烟气中水滴引起的侵蚀；

（4）石膏等固体颗粒引起的侵蚀。

因此，必须使用适合于腐蚀条件的材料。静止部件，如机壳可以采用碳钢衬胶或者耐腐蚀镍基合金，如合金 625 或 C－276。镍基合金也用于制造旋转部件，如叶片和风机转子。耐磨材料可以用在高磨损部件，如叶片尖端，这些部件的防磨比防腐蚀更重要。旋转部件通常不应当采用衬胶或其他涂层，因为局部衬胶的脱落可能引起设备的振动损坏。

（四）选择和建议

（1）新建机组在按"三同时"要求规划脱硫系统时，对是否设置增压风机、增压风机采用何种形式，应结合主机的实际情况，经专题论证和技术经济分析取得结论后，统一规划。

（2）为现有机组规划脱硫系统时，是增加增压风机还是更换或增容现有引风机，应在锅炉、引风机等设计单位及供应商的配合下，进行专题论证、技术经济分析和风险评估。

（3）动叶可调轴流风机低负荷的效率比静叶可调轴流风机和离心风机高，运行电耗低，因此国外通常建议采用动叶可调轴流风机。但是在国内，因静叶可调轴流风机可以实现现场维修，维修时间短，费用也较低，其能耗也较为适中，在考虑经济性和实用性的基础上，选择静叶可调轴流风机也不失为明智之举。包括大容量风机（如 600MW 机组的风机），国内采用静叶可调风机的数量也不在少数。

（4）风机类型（离心风机或轴流风机）和布置位置（吸收塔上游或下游）的选择最终需要根据具体情况进行工程可行性研究，建议优先考虑轴流风机，并将其布置在吸收塔上游。

（5）风机的布置原则上优先考虑布置在吸收塔上游，如需布置在吸收塔下游，湿风机应选择耐腐蚀环境的材料，并配备冲洗系统。

（6）为考虑节能，增压风机可结合实际情况设变频、液力耦合或选用双速电机。

（7）离心风机压头高、流量大、结构简单、易于维护，但也有一个显著的缺点就是高效区相对较窄，它的等效率曲线与系统阻力曲线是接近垂直的。虽然离心式风机设计的最高效率可达到90%，但由于离心风机性能曲线的特点的区间较宽，其设计（最大）工况在最佳效率点的区间较窄。因此，离心式电站风机运行工况的效率仅为65%～75%，低负荷运行时效率更低，不能满足节能的要求。

（8）图 2 - 1 - 3 是 3 种风机的轴功率比较，所以，脱硫系统增压风机一般采用动叶可调轴流式，而不推荐用离心式风机，这样可以充分发挥动叶可调轴流风机的调峰性能，提高整个机组的经济性。当然，动叶可调轴流风机的设备价格比离心式风机贵，初投资比较大。

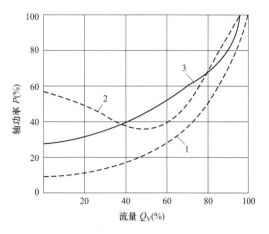

图 2 - 1 - 3 轴流风机与离心风机的轴功率比较
1—动叶可调轴流风机；2—静叶可调轴流风机；
3—机翼型离心风机

二、烟气换热器

吸收塔出口烟气温度在 50℃ 左右，目前有加热排放和不加热直接排放两种方式。加热可以提高烟气的抬升高度，有利于污染物的扩散并避免降雨及减少白烟。我国《火力发电厂烟气脱硫设计技术规程》（DL/T 5196—2004）中规定："烟气系统宜装设烟气换热器，设计工况下脱硫后烟囱入口的烟气温度一般应达到 80℃ 及以上排放。"但同时也说明"在满足环保要求且烟囱和烟道有完善的防腐和排水措施并经技术经济比较合理时，也可不设烟气换热器"。

（一）换热器类型及比选

脱硫系统净烟气再加热的方法主要有以下几种，图 2 - 1 - 4 给出了它们的示意图。

（1）气—气加热器。即 GGH，它利用脱硫系统上游的热烟气加热下游的净烟气，其原理与锅炉的回转式空预器完全相同。其初投资和运行维护费用都很高，且有腐蚀、堵塞、泄漏等问题，国外早期的脱硫系统上应用较多，但目前已不太用；而国内大多数脱硫系统中都装设有 GGH。

（2）水媒式 GGH 也称无泄漏型 GGH（MGGH）。在日本基本上采用这种型式，我国重庆珞璜电厂的脱硫系统也采用此种加热器。该加热器可分为两部分：热烟气室和净烟气室，在热烟气室热烟气将部分热量传给循环水，在净烟气室净烟气再将热量吸收。它不存在原烟气泄漏到净烟气内的问题，管道布置可灵活些。

（3）汽—气加热器。即用热蒸汽加热净烟气，此种加热器属于非蓄热式间接加热工艺，这一工艺流程是在管内流动的低压蒸汽将热量传给管外流动的烟气，蒸汽流量根据净烟气加热后的温度来调节。其特点是设计和运行简单，初投资小，在场地受限时可用（如重庆电厂），但能耗大，运行费用很高，也易出现因腐蚀、管子附沉积物而影响换热效果的问题。

（4）热管换热器。管内的水在吸热段蒸发，蒸汽沿管上升至烟气加热区，然后冷凝放热以加热低温烟气，如图 2 - 1 - 5 所示。它不需要循环泵，然而多数热管安装都要求入口和出口管接近，并且一个再热系统会用到大量热管，目前在火电厂脱硫系统中应用较少。

（5）旁路再热。烟气部分脱硫时，未脱硫原热烟气与脱硫系统净烟气混合排放，混

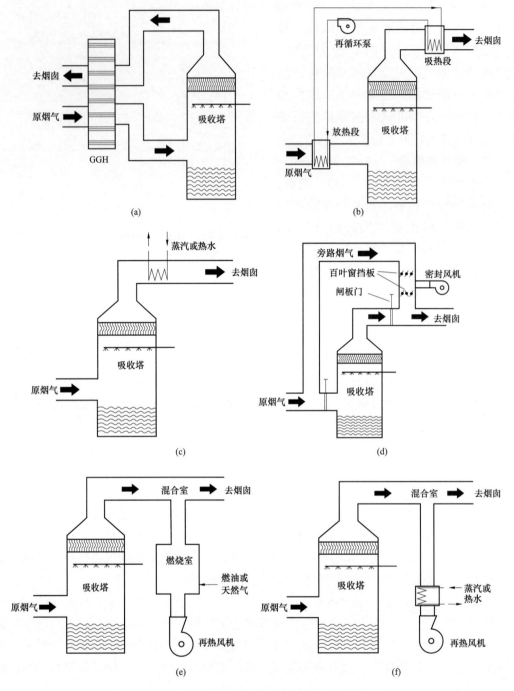

图 2-1-4　脱硫系统净烟气再热方式示意图

(a) GGH 加热；(b) 无泄漏型 GGH；(c) 蒸汽加热；(d) 旁路烟气加热；

(e) 直接燃烧再热；(f) 间接热空气再热

合后的烟气温度取决于旁路烟气量和烟气相对温度。假设烟气完全混合，烟气总量中约 1% 的旁路烟气可以提高吸收塔出口烟气温度 0.9℃，烟气再热的程度受到净烟气中液滴量的影响，净烟气中存在水分越多，混合烟气温度越低，因为大部分热量被用于蒸发这些液滴。旁路再热系统设计简单，安装和运行费用低廉，一个主要的缺陷是旁路中未处理的原烟气降低了脱硫系统总的脱硫效率，因此只适用于脱硫效率要求不高（<80%）的机组。在美国，当所需平均脱硫效率在70%左右时大多用烟气旁路再热。此外，旁路再热导致烟气混合区域非常严重的腐蚀，需很好地进行防腐处理和定期维护。我国太原第一热电厂水平流脱硫系统、珞璜电厂二期就用烟气旁路再热。随着环保要求的提高，目前国内已很少使用。

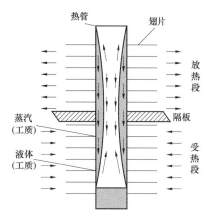

图 2 - 1 - 5 热管换热器

（6）其他。在美国等国家有用加热后的热空气或用天然气、油燃烧后与净烟气混合排放的应用，目前此类应用已很少，因为无论是用汽或燃料，运行成本都很贵。

不加热的脱硫系统烟气排放有两种：通过冷却塔排放及湿烟囱排放。利用冷却塔循环水余热加热烟气又有两种工艺系统：一种是脱硫系统设置在冷却塔外，脱硫后的烟气引入电厂冷却塔，如图 2 - 1 - 6 所示；另一种工艺是将脱硫系统设置在电厂的冷却塔内，这两种工艺在德国均有成功应用的例子。自20 世纪 80 年代中期以来，美国设计的大多数脱硫系统已选择湿烟囱运行。近年来，我国有大量的脱硫系统也开始采用湿烟囱。

表 2 - 1 - 2 列出了各种脱硫系统烟气排放方式的比较，在选用排放方式时，应从技术性能、经济性、环保要求等方面综合考虑。从国外的运行经验来看，湿烟囱和冷却塔排烟是更合理的选择。

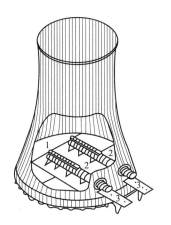

图 2 - 1 - 6 冷却塔排放烟气
1—除雾器箱体；2—FRP 净
烟气管道；3—加固结构

表 2 - 1 - 2　　　　　　　　　各种脱硫系统烟气排放方式的比较

排 放 方 式			优 点	缺 点
有加热系统	利用换热器加热	GGH	利用余热，有利于脱硫	布置复杂，泄漏影响脱硫效率；腐蚀、堵塞，初投资和运行维护费用大
		无泄漏型GGH（MGGH）	利用余热，有利于脱硫，布置灵活，无烟气泄漏	腐蚀、堵塞，初投资和运行维护费用大
		热管换热器	利用余热，有利于脱硫，无烟气泄漏	腐蚀、堵塞，初投资和运行维护费用大
		蒸汽加热器	初投资低，系统简单，无烟气泄漏	腐蚀，消耗蒸汽，运行费用大

续表

排放方式			优 点	缺 点
有加热系统	直接混合加热	燃烧烟气与净烟气混合	简单方便，无腐蚀、堵塞问题	消耗大量能源，只适用于工业锅炉和石化工业的小型脱硫系统中
		未脱硫烟气与净烟气混合	投资低，运行维护费用少，简单方便，无 GGH 的腐蚀、堵塞	总的脱硫效率低；混合区烟道腐蚀严重，需很好的防腐措施；适合含硫量低的煤及对脱硫效率要求不高的脱硫系统
		高温空气与净烟气混合	投资低，运行维护费用少，简单方便，无 GGH 的腐蚀、堵塞问题	送风量增加，风机电耗增大，影响锅炉效率
无加热系统	烟囱排放	烟囱位于吸收塔顶排放	投资低，运行维护费用少，简单方便，占地少	只适用于工业锅炉和石化工业的小型脱硫系统中
		防腐湿烟囱排放	投资不高（与 GGH 比），运行维护费用低；无泄漏、堵塞问题	烟囱防腐要求高，有时有白烟发生
	冷却塔排放	脱硫系统在冷却塔内	结构紧凑，简化了脱硫系统，节省用地，投资、运行维护费用低；烟羽抬升好	对循环水水质有不良影响，冷却塔需加固、防腐
		脱硫系统在冷却塔外	简化了脱硫系统，节省用地，投资、运行维护费用低；烟羽抬升好	对循环水水质有不良影响，冷却塔需加固、防腐

因国内主要采用回转式 GGH，少数电厂采用管式 GGH，故本书主要介绍这两种换热器，并重点介绍回转式 GGH。

1. 回转式 GGH

回转式 GGH 的结构如图 2-1-7 所示。它用未脱硫的烟气（110~150℃）去加热已脱硫的烟气，一般加热到 80℃左右，然后排放，以避免低温湿烟气严重腐蚀烟道、烟囱内壁，并可提高烟气抬升高度。其工作原理与电厂中使用的回转式空气预热器原理相同。烟气再热器是湿法脱硫工艺的一项重要设备，由于热端烟气含硫量高，温度高；冷端温度低，含水率大，故一般 GGH 的烟气进出口部分均需用耐腐蚀材料，如采用镀搪瓷、耐腐蚀考登钢等，气流分布板可采用塑料，导热区一般用搪瓷钢。这些部件的制造必须非常精细，否则很快就会发生腐蚀。

回转式换热器由受热面转子和固定的外壳形成，外壳的顶部和底部将转子的通流部分分隔为两部分，使转子的一边通过未处理的热烟气，另一侧以逆流通过脱硫后的净烟气。每当转子转过一圈就完成一个热交换循环。在每一循环中，当换热元件在未处理热烟气侧时，从烟气流中吸取热量，当转到脱硫后净烟气侧时，再把热量放出传给净烟气。回转式烟气再热器的传热元件由波纹板组成，波纹板由厚度为 0.5~1.25mm 的钢板制成，

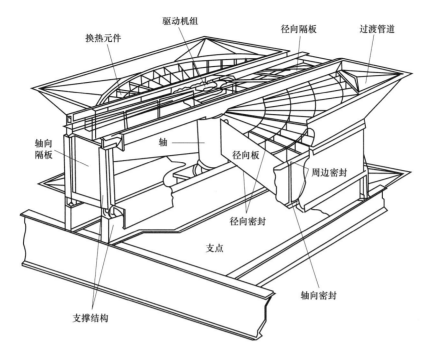

图 2 - 1 - 7　回转式 GGH 的结构

并在表面镀工业搪瓷以防止腐蚀。由于 GGH 的转动部分与固定部分之间总是存在着一定的间隙，同时由于两侧烟气之间有压差，未处理烟气就会通过这些间隙漏入净烟气侧。采用烟气密封措施，即用净烟气作为密封气体，升压后充当隔离气体，在制造和安装较好的情况下，泄漏量可保证在 0.5% ~ 2%。在脱硫系统中广泛采用该种换热器作为烟气换热器。

（1）换热元件。

换热元件都布置在同一层，运行时有"冷端"和"热端"之分。这些换热元件都由碳钢板加工而成并在表面加镀搪瓷。GGH "冷端"是未处理烟气出口和处理后净烟气入口，由于吸收塔出口烟气湿度较高，而温度较低，所以更容易被腐蚀。

（2）转子。

连在圆形钢制中心筒上的考顿钢板构成转子的基本框架。转子的中心盘与中心筒连为一体，从中心筒延伸到转子外缘的径向隔板分为多个扇区。这些扇区又被分割板和二次径向隔板分割，与垂直于它们的环向隔板加强转子，并支撑换热元件盒，元件盒的支撑钢板被焊接到环向隔板的底部。沿着径向隔板的顶边、底边和外部垂直边上钻孔，以便安装密封片，这同样也适用于二次隔板和径向密封板。转子由 20 ~ 30 个周围平直的扇区构成，每个扇形隔仓包含若干个换热元件盒。

（3）转子外壳。

转子外壳围绕转子构成再热器的一部分，由预加工的钢板制成，内部镀有玻璃鳞片。GGH 外壳组装成八面体结构，其端部由端柱和顶、底部结构的管撑支撑。端柱能够满足 GGH 外壳的不同位移，转子外壳支撑顶部和底部过渡烟道的外侧，这些烟道连接在顶部和底部的基板上。

（4）端柱。

端柱由低碳钢板加工而成，内镀玻璃鳞片。端柱支撑含转子导向轴承的顶部结构。每个端柱都支撑着一个轴向密封板，该板为端柱的一部分并支撑着转子外壳。端柱与底部结构的末端相连，并通过连接到底梁端部的铰链将整个载荷直接传递到底梁和再热器的支撑钢梁上。通过其中一个端柱将清洗风管道连接到轴向密封板底部。

（5）顶部结构。

顶部结构是一个连接到两个端柱并形成外壳一部分的复合碳钢结构。端柱之间的两个平行构件在底部由被称为扇形支板的平板连接。构成顶部烟道连接第四个面的两块预加工成形板与底部和顶部加强板连接，形成箱形结构。顶部结构上装有顶部扇形密封板，顶部扇形密封板在焊到扇形支板前，悬吊在调节点位置。顶部结构由加强筋固定，长方形的烟道位于顶部结构的端部。此箱形结构将扇支板和扇形板间的空间连接起来，形成烟气低泄漏系统的一部分。顶部结构与烟气低泄漏系统的接触部分已经预留了腐蚀余量，与烟气接触的部分已进行玻璃鳞片防腐处理。

（6）底部结构。

底部结构由两根碳钢梁组成，支撑着承受转子重力的底部轴承凳板。底部结构还支撑着端柱、底部扇形板、扇形支板和连接在GGH下侧的烟道。底梁的所有荷载通过其两端传递到支撑钢架上。过渡烟道位于GGH的处理烟气侧和未处理烟气侧，在转子两端导入和导出烟气流。过渡烟道都由碳钢制成，内表面进行玻璃鳞片防腐。过渡烟道直接连接在转子外壳基板和顶部结构上，在膨胀节处截止。

（7）转子驱动装置。

转子通过减速箱由电机驱动，驱动装置直接与转子驱动轴相连。驱动装置通过减速可提供两种驱动方式，即主电机驱动和备用电机驱动。两个电机都与初级斜齿轮箱的安装法兰相连。初级斜齿轮箱通过挠性联轴器与一级蜗轮蜗杆减速箱相连，一级蜗轮蜗杆减速箱直接安在转子轴上的二级蜗轮蜗杆减速箱上。二级蜗轮蜗杆减速箱通过锁紧盘固定在转子轴上，减速箱采用油脂润滑。电机通过安装在GGH附近的就地控制柜进行变频启动和控制，以减少启动电流，也用于水冲洗时电机低速运行。

（8）转子支撑轴承。

转子自由对中，其重力由支持轴承支撑，轴承箱装在底梁上，轴承承受了全部的转动荷载。轴承采用油脂润滑，设有注油孔和油位计。

（9）转子导向轴承。

顶部导向轴承位于轴套内，轴套落在转子驱动轴的轴肩上，通过紧锁盘与驱动轴固定。轴承和部分轴套在轴承箱内。轴承凳板由两个焊接在轴承箱两侧的外伸支架焊接构成，用来将轴承箱定位并固定到顶部结构上。焊接在顶梁上的调整螺钉可用来定位转子。轴承采用油脂润滑，润滑油牌号与支持轴承所用的相同。轴承箱上设有注油孔和油位计。

（10）转子密封。

转子密封的主要作用是在正常负荷下，使烟气泄漏量最小。密封板最初安装时在冷态下设定，这样，当脱硫系统在 100% 负荷下运行时，转子密封片就会刚好离开密封表面。运行中，转子的膨胀填补了密封板之间的间隙。对于底部扇形板，运行时转子与密封表面有间隙，扇形板应尽量靠近转子设定，将密封间隙减到最小。由扇形板形成的径向密封路径与这些密封板的边缘和轴向密封板垂直，在处理烟气和未处理烟气间形成一个完整的密封路径。此外，GGH 还采用净烟气隔离措施，利用低泄漏风机抽取加热后的净烟气，经加压后再回流到 GGH，使净、原烟气两股气流分开。该系统也用于在进入处理烟气侧之前清扫转子中的未处理烟气。隔离烟气通过沿着顶部扇形板中心线上的一系列孔进入，清扫烟气通过底部扇形板一侧的系列孔进入 GGH。

（11）径向密封。

径向密封的作用是将未处理烟气到处理烟气的泄漏率降到最低。径向密封直接连接在径向隔板和二次径向隔板的顶部和底部边上。这些密封片是由耐弱酸不锈钢加工而成，紧靠顶部和底部扇形板。这些密封片有调节用的开槽，用 M12 的防腐螺栓、不锈钢方形压板和特富龙垫片固定在径向隔板工作面上。

（12）轴向密封。

轴向密封条和径向密封条一起，用于减小转子和密封板之间的间隙，从而形成未处理烟气侧到处理烟气侧的分隔。轴向密封板安装在径向隔板和二次径向隔板的垂直外缘，其冷态设置应保证转子受载时轴向密封条和轴向密封板之间保持最小的密封间隙。密封板的材料要求与径向密封相同。

（13）环向密封。

环向密封条安装在转子中心轴和转子外缘的顶部和底部，其主要作用是阻止转子外侧的未处理烟气到处理烟气的旁路气流。环向密封还降低了轴向密封条两侧的压力差，有利于轴向密封。在转子底部外缘，由 6mm 厚的碳钢制造的单根环向密封条焊接在转子外壳基板上，与转子底部外缘构成密封对。在冷态安装时需考虑转子和转子外壳间的径向膨胀差。密封条进行玻璃鳞片防腐。

（14）中心筒密封。

中心筒密封的主要功能是防止烟气漏到大气中。中心筒密封为带密封空气系统的双密封布置。两端各有一套这样的装置，固定在扇形板上并与中心筒形成密封对。

（15）密封风系统。

由于烟气具有腐蚀性，所以，不能通过转子中心筒密封和吹灰器墙箱泄漏到大气中。为防止烟气泄漏，采用加压密封空气系统，在 GGH 投运之前就投入使用。在转子中心轴顶部和底部都加密封空气，提高了内部中心筒密封的作用。吹灰器配有独立的密封风机，防止烟气泄漏到大气中。

（16）隔离和清扫风系统。

隔离和清扫风系统如图 2 - 1 - 8 所示，隔离风系统可在穿越转子冷端的两股对流烟气之间形成一道屏障，称为隔离风。第二股风用来在原烟气侧的转子隔仓转入净烟气侧之前，对它们进行清扫，称为清扫风。隔离风和清扫风是通过低泄漏风机从热的净烟道抽取净烟气加压形成的。

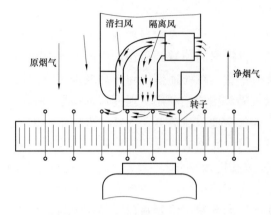

图 2-1-8　隔离和清扫风系统

（17）吹灰系统。

对 GGH 换热元件进行有效清洁是非常重要的，否则会发生堵灰现象。因此，必须设置吹灰系统。GGH 的吹灰采用压缩空气或蒸汽、高压水冲洗和低压水冲洗三种方式，这三种方式在同一吹枪上实现。在换热器正常工作时，每班进行压缩空气或蒸汽吹灰，当吹灰后 GGH 压降仍高于设定值时，则启动高压冲洗水系统，采用压力高达 10MPa 的高压水进行在线冲洗，采用双重吹灰方式来保证吹灰效果。GGH 停运检修时使用低压冲洗水冲洗。当燃用高硫煤时，烟气的酸露点较高，在这种情况下，采用蒸汽吹灰对传热元件及隔栏不利，吹灰蒸汽所带入的水分会加剧酸露对换热件的腐蚀。如果吹灰器行程机构卡涩，蒸汽对局部的冲击也影响元件寿命。同时在检修时，冲洗水也会将凝结在元件上的酸露稀释成稀酸，从而加剧腐蚀。虽然蒸汽吹灰有以上不利情况，但由于蒸汽的压力高、温度高、冲击力强，相对压缩空气而言有更好的吹灰效果。压缩空气虽然水汽含量低，但温度较低，其冲击力与蒸汽相比也较低，对积灰的清除效果不好。因此吹灰介质采用蒸汽比采用压缩空气更合适。

2. 水媒式 GGH

水媒式 GGH 也称无泄漏型 GGH（MGGH），主要由烟气降温侧换热器、烟气升温侧换热器、循环水泵、辅助蒸汽加热器及疏水箱、热媒膨胀罐（定压装置）、补水系统、加药系统及吹灰系统等组成。未处理热烟气先进入降温侧换热器，将热量传递给热媒水，热媒水通过强制循环将热量传递给脱硫后净烟气。这种分体水媒式 MGGH，因管内是热媒水，管外是烟气，管内流体的传热系数远高于管外流体，为了强化传热，目前广泛采用高频焊接翅片管。这种翅片管与管子的焊着率高，焊缝强度高，可大批量生产。由于能够强化传热，能有效地减小设备体积，降低流动阻力。

降温侧换热器和升温侧再热器都会遇到酸腐蚀问题，国外公司有的在换热管表面镀防腐材料，有的采用特殊的塑料作为换热管材料。重庆珞璜电厂的脱硫系统再加热器流程如图 2-1-9 所示。

换热器的积灰吹扫是保障换热器安全、长期稳定运行的重要因素，一般采用蒸汽吹扫与高压水冲洗相结合的方式。压缩空气因温度和吹扫强度较低而不用作吹灰介质，声波吹灰因

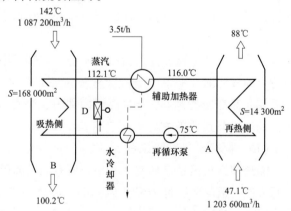

图 2-1-9　某电厂 MGGH 流程图

为缺乏在这种换热器上的使用经验也使用较少。

3. 热管式换热器

热管是内部充有适量蒸发液体的真空管，管内保持负压，将管内存有液体的一段加热，处于负压状态下的管内液体将迅速吸热汽化为蒸汽，并在极小的压差条件下扩散到管子的另一端，由另一端的管壁向低于蒸汽温度的外界环境放出热量后又凝结为液体，冷凝液借助于重力或其他作用力流回被加热的一端，周而复始，构成一个由相变传热的、能以较小温差传输较大热流的传热器件。

为使管芯和管壁之间的温降最小，管壳要有高的导热率。管壳材料要根据温度范围、工质性能和传热介质等因素来确定，要求密闭管壳不泄漏、寿命长、工质不起反应等。一般先根据热源温度选用合适的工质，再根据工质选用管壳材料，要求充分考虑到工质和壳体材料的相容性。

分体式热管换热器如图 2 – 1 – 10 所示，其降温侧换热器和升温侧再热器被分开，汽、液导管联通两个工作段，形成工质的闭合循环回路。热管换热器的烟气降温侧、升温侧独立形成组件，带翅片的加热管、冷却管的上、下两端分别连接在上、下联箱上，形成组合冷却热管段、组合加热热管段，汽、液导管与相应联箱连接。

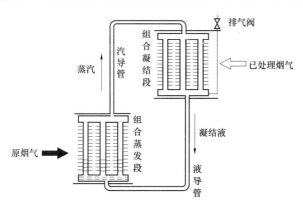

图 2 – 1 – 10　分体式热管换热器

在降温侧换热器中，热管中的工质被加热蒸发，蒸汽在上联箱汇集后，通入升温侧再热器，管内的蒸汽放热后凝结于管内壁，凝结液在重力的作用下汇集于升温侧再热器下联箱，由液导管送回组合加热段下联箱，完成工质的闭合循环。凝结液的循环流动驱动力是凝结液高位布置造成的液位差，不需要辅助动力。其工作原理要求升温侧再热器的布置必须高于降温侧换热器，并且有一定的高度差（约为 8m）来克服工质流动阻力。一般降温侧换热器管子工作壁温为 80 ~ 90℃，而常压下沸点为 100℃，所以现场抽真空需要使用真空泵。热管换热器主要特点及要求如下：

（1）要求进出口烟道有一定的标高差；

（2）单根热管泄漏会造成换热器组件失效；

（3）换热工质的循环不需要辅助动力；

（4）因受电厂排烟温度低，以及吸收塔防腐层的承受温度的限制，需在现场对热管进行抽真空，对达到热管要求的真空度有一定的影响。

另外，单支热管也可组合成整体式热管换热器，整体式热管元件轴线必须与水平面倾斜 10° ~ 90°角，且降温侧换热器位置应低于升温侧再热器，才能保证热管元件内部工质形成闭式循环。目前国内单管长度一般为 6m，最大应用长度为 8m。单台换热器处理的烟气量有限，因此其在大容量机组上的应用受到一定的限制。

4. 比选

（1）换热器优缺点比较。

回转式 GGH 和管式换热器（水媒体换热器）各有特点，见表 2-1-3。

表 2-1-3　　　　　　　　　　　不同型式换热器性能对比

比较项目	回转式换热器	管式换热器
烟气泄漏	少量	无
投资费用	比管式略高	比回转式略低
需要的空间	较管式小	占地大
腐蚀问题	有	有
结垢处理	清洗方便（可采取多种方式）	有难度
维护检修	较方便	困难

（2）密封性能。

不同类型烟气换热器的漏气量大小主要取决于它们的结构。回转式烟气换热器存在漏风问题，在不采用低泄漏装置或密封措施的回转式换热器中，漏风量为 1.5%～3%；在采用低泄漏密封装置或密封措施后，漏风量可降至 0.5%～1.0%。漏风将影响 FGD 的脱硫效率。管式换热器是通过焊接进行密封连接的，一般而言，只要在合格的工作条件下，它在使用初期是不会存在漏风现象的，但在运行一段时间后，由于热胀冷缩，可能造成焊缝裂缝和冷端的腐蚀，也可能会产生漏管，而且一旦漏风发生，很难消除，只能堵管或换管。

（3）外形结构。

回转式烟气换热器结构紧凑，这使它的体积、质量要比管式烟气换热器小很多，占地也小。回转式烟气热器的换热部分和放热部分是同一个整体，而管式换热器的换热部分和放热部分为两个相对分离的装置，媒质走管侧，烟气走壳侧，而且其换热部分和放热部分都较大，占地约为回转式烟气换热器的 2 倍。

（4）投资费用。

采用管式换热器比回转式换热器投资略低。在国内，生产运用于脱硫装置的回转式换热器的厂家一般都引用国外成熟、可靠的专利技术，而管式换热器的生产厂家都以拥有的国内技术进行生产，所以相对而言，回转式换热器的一次性初投资比管式略高。但管式换热器一旦发生裂缝和腐蚀，很难消除，只能拆除或更换，其维修周期长且费用较高。

（5）运输安装。

管式换热器采用全结构的模块设计方案，结构紧凑，一般本体设备集中安装一个月左右就能完成。回转式换热器壳体设计采用主次分开，主体在车间内完成组装，现场安装只需按专门的安装图，装上标记清晰的壳板，没有现场进行壳体结构组装的要求。各辅助设备，如润滑油站、清洗设备、轴承设备、传动设备的成套率高，现场只需完成接口工作。相对于管式换热器而言，回转式换热器的现场安装工作量稍大。管式换热器的加工和组装主要在工厂的室内完成，运输设备体积较大。

（6）保养维修。

在平时运行中需对回转式换热器长期进行压缩空气吹洗，定期进行高压水冲洗，以防堵塞，但其维修较方便。需定期对管式换热器进行水冲洗，否则一旦它的管子发生堵塞和腐蚀，就很难维修，通常需要将整片管子拆除，甚至要重新更换换热管。

由于通过换热器的是低于露点温度而且含有大量水分的湿烟气，所以要对换热器采取防止低温腐蚀的措施。由于设备本身结构特点的限制，管式换热器发生低温腐蚀的可能性和腐蚀速度大于回转式换热器。

（7）其他因素的比较。

回转式换热器的换热原理与管式换热器大不相同，即烟气在管式换热器内流动的方式比回转式换热器复杂得多，所以这决定了管式换热器的阻力大于回转式换热器，同时也就增加了管式换热器的运行费用。

（二）技术要求

在此主要介绍应用最多的回转式换热器。

（1）回转式换热器系统是用 FGD 上游的热烟气加热 FGD 下游的洁净烟气。应通过优化设计，以确保加热系统经济适用。主轴垂直布置。

（2）清扫装置应能保证换热设备的压损值。

（3）烟气换热器在正常运行及定期吹灰下应不易结露、不易积灰。换热组件应易于清扫，并配备有必要的清扫装置以保证换热器的压降。清扫介质采用水和压缩空气（空压机由需方提供）。清扫水设置低压及高压两个系统。

固定低压水冲洗水量为 150t/h，在停炉时使用，每次大概进行 1h 左右，具体视冲洗情况而定。吹灰器上的低压水也是停炉时使用，如果堵灰不很严重才使用，否则需使用大流量的固定低压水。使用低压水前，先用高压水冲一遍，冲完后要风干，自然风干 24h，或风机吹干 6h。

（4）高热设备由表面涂有特殊材料的钢板组成，钢板至少厚 0.75mm，特殊材料层至少厚 0.20mm，并且具有容易清洁的表面。

（5）轴承应采用可靠的润滑及配有可靠的冷却系统。为防止灰尘及水的进入，轴承箱（罩）也应采用可靠的密封装置，并且应易于检修。

（6）烟气换热器配备必要的烟气泄漏和空气密封系统，以防止原烟气向净烟气泄漏和烟气向转子、外壳等部件泄漏。换热器应有径向、轴向、环向和中心筒密封。供方提供手动密封间隙调整工具。

（7）烟气换热器的设计应特别注意耐磨及防腐，所有与腐蚀介质接触的设备及部件都需防腐。烟气换热器受热面应考虑磨损及腐蚀等因素，冷段蓄热元件应采用涂有搪瓷的钢板，并且具有容易清洁的表面。更换低温段换热元件时，不会影响其他换热元件。冷段蓄热元件的使用寿命不低于 50 000h（设计参数下）。

（8）加热组件、密封件及易损件等应易于拆卸。

（9）为方便烟气换热器的运行检查和大修，应提供合适的通道、楼梯和平台且带有照明的窥视孔，提供烟气换热器本体内的上下检修平台、烟气换热器安装和维修所必需的人孔。

（10）烟气换热器转子采用围带驱动方式，每台设两台电动驱动装置，一台主驱动，一台辅助驱动。如果主驱动退出工作，辅助驱动自动切换，防止转子停转。烟气换热器的设计应能适应在厂用电失电的情况下，转子停转而不发生损坏、变形。

（11）烟气换热器应采用空气冷却形式冷却设备及电机。

（12）距离设备1m远的噪声不得超过85dB（A）。

（13）烟气换热器配套的高压水泵的通用技术要求应满足国家相应的制造、检验标准。材料的选择应满足相应的水质要求。轴封应采用可靠的密封装置。泵与电机应安装在一个刚性结构的公用底盘上，配备必要的保护装置（如联轴器保护罩）。叶轮及轴承箱应便于检修并且对管路、阀门不造成影响。叶轮或轴承箱的检修不需移动电机。除非另外说明，所有泵都安装有隔离阀、止回阀（如必要）和吸入、排出压力表、联轴器提供可拆卸的防护罩。初运行和调试期间，除潜水泵外的所有泵的吸入管道上安装有临时过滤器。对设计使用过滤器的地方，提供永久过滤器。

（14）烟气换热器配套的密封风机的通用技术要求应满足国家相应的制造、检验标准。风机与电机安装在一个刚性结构的公用底盘上，配备必要的保护装置。风机与电机采用刚性连接，直接驱动。净化风机（即低泄漏风机）采用净烟气作为密封空气，采用耐磨、防腐的材料，其相应连接的管道及其管件也采取耐磨、防腐的措施。叶轮和外壳采用低温耐腐蚀钢制作，使用寿命大于15年。

（15）烟气换热器及其配套的辅助设备整体寿命应为30年。

（三）关键部分材质要求

烟气加热装置组件包括加热板片、蛇形蒸汽（或热水）管、空气风机、烟道和烟气混合室。这类材料的选择主要取决于设备所处的以下工作环境：烟气温度、湿度、腐蚀物质的种类和浓度、pH值。

（1）旁路加热装置结构材料选择。

从入口烟道到下游侧控制挡板门的旁路烟道可以用碳钢制作。如果采用双挡板，上游侧密封挡板可以用碳钢，但下游侧控制挡板和该挡板至吸收塔出口的烟道必须用耐腐蚀材料制作，控制挡板应采用耐腐蚀合金，该处烟道典型的用材是镍基合金墙纸，6-Mo超级奥氏体不锈钢和双相不锈钢墙纸也是可供选择的材料。

由于高温、含有高浓度SO_2的旁路烟气与来自吸收塔已处理的饱和湿烟气在烟气混合区混合，所以该区的腐蚀环境极为严酷。在混合区内，可能会形成冷凝物，应设计收集和排放冷凝物的装置。该区域中接触烟气的结构材料应能耐受150℃的连续运行温度，能耐受酸性非常高（pH≤1）、含Cl^-超过100g/L的冷凝物侵蚀。在空气预热器故障时旁路烟气温度可能高达315℃，因此不推荐采用有任何明显渗透力的材料，例如喷射涂层或有机物衬层。可采用适应性很好的镍基合金或底层采用玻璃鳞片树脂作为渗透层，再覆盖耐酸瓷砖或单独衬覆硼硅酸盐玻璃泡沫块。但是，混合区在极端严酷的情况下，即使最耐腐蚀的金属材料有时也会遭受损坏。

（2）循环加热装置结构材料选择。

GGH 以及 GGH 至吸收塔入/出口之间的烟道均处于较严酷的腐蚀环境下，所以必须采取防腐措施。回转式 GGH 通常用玻璃鳞片酚醛环氧乙烯基酯树脂（日本富士树脂株式会社的型号 6H，以下简称 6H 树脂）涂料衬覆壳体，也有采用耐硫酸露点腐蚀钢 S – TEN 制作壳体和原烟气入口烟道，这要视烟气温度而定。从技术角度来说，镍基合金/碳钢覆盖板是最理想的耐腐蚀材料。6H 树脂在干烟气中可耐受 150℃ 高温，如烟温长时间超过 150℃，衬层易遭受损坏。在湿态下，使用温度不宜超过 120℃，因此在选用 6H 树脂涂料时，必须考虑其工作环境温度和干/湿状态。目前，有些在运的回转式 GGH 壳体树脂内衬已出现损坏，原因是烟温长时间接近或超过 140℃，且处于干/湿交替状态。回转式 GGH 的密封件多采用耐腐蚀铬镍合金，蓄热板则采用搪瓷碳钢板。

管式 GGH 的管束可采用有机氟树脂涂覆碳钢管、不锈钢管（等级不低于 316L）、搪瓷管或优质碳钢管。国内在蒸汽—烟气再加热器中采用过两种有机氟树脂衬覆碳钢管，一种是可熔性聚四氟乙烯（PFA）涂料，其耐蚀性优良，长期使用温度达 260℃；另一种是聚偏氟乙烯（PVDF）涂料，耐蚀性也优良，最高使用温度为 165℃。有机氟树脂涂层厚度通常为 0.5mm 左右，由于涂层较薄，易遭受机械损伤，一旦破损，碳钢管将很快腐蚀穿孔。这两种有机氟树脂涂料也可以用于衬覆管式 GGH 的管束，但涂层易遭受烟尘磨损（原烟气侧）和机械损伤，并且其价格较高，这些是制约其在电厂 FGD 应用的主要原因。采用不锈钢管，性能可以满足要求但是造价昂贵，在我国，至少目前难以实际应用。从性价比看，采用搪瓷管最合适，但国产搪瓷肋片管仅使用 4 个月就出现大面积剥瓷现象，尚不清楚这是质量问题还是弯曲半径较小的换热管不适合烧结较薄的釉层所致。采用优质碳钢管结构，成本虽低但耐腐蚀性较差，国内 FGD 系统的螺旋肋片管 GGH 有采用优质碳钢和国产 09CrCuSb（ND）钢制作管材的长期应用经验，降温换热器和再加热器的使用寿命分别仅为 15 000h 和 30 000 多小时。针对这种情况，三菱开发了在 GGH 降温换热器上游侧烟道中喷射石灰石粉工艺，用石灰石粉来包裹硫酸雾滴，使换热管表面保持干燥，以减缓硫酸露点腐蚀。这种工艺在国外有试用，国内华能珞璜电厂也采用了这种方法，效果较好，管束表面干燥不易积灰，可以明显延长碳钢管 GGH 使用寿命。这种方法的缺点是：增加了烟气对管束的磨损；需控制石灰石粉的喷射量并保持分布均匀，如果喷射过量，则过量喷射的石灰石粉会沉积在换热器的底部，增大烟气压损；另外，喷入的石灰石粉会影响系统的物料平衡。

管式 GGH 降温换热器烟道的壁面和顶部可采用耐硫酸露点腐蚀用钢，如 S – TEN 或国产 09CrCuSb（ND）钢，但底部宜采用高镍合金（如 C – 276 或 59 合金）覆盖板。再加热器烟道则可采用玻璃鳞片双酚型乙烯基酯树脂（6R）涂料衬覆碳钢。

热管加热器的材料选择可参考管式 GGH，目前典型的是用碳钢制作热管和肋片，也可以采用不锈钢或合金材料。

（3）在线加热器结构材料选择。

在线加热器所处腐蚀环境类似管式 GGH 中的再加热器。国内目前已投运的在线加热器为 SGH，采用 PFA 或 PVGH 有机氟树脂衬覆碳钢管。有的电厂反映运行良好，而有的电厂反映频繁发生漏管现象。分析其原因可能是安装或检修时损伤了氟树脂保护层，运行中管束与固定件摩擦而损坏保护层，以及管束根部长期堆积固体沉积物而阻碍了热传递，导致保护膜老化破裂。另外，换热管与联箱的连接密封不好也是造成漏管的原因。国外通常建议采用不锈钢或镍基合金制作加热管。

（4）热空气直接加热装置的结构材料选择。

由于热空气直接加热器的部件不接触吸收塔出口湿烟气或旁路烟气，因此大多数这类加热器可以采用低等级合金或全部用碳钢制作，而且可以采用翅片管以增加传热面积，因为与在线加热器相比，不用担心管束表面和翅片之间沉积固体物。这种加热器的烟气混合区处在腐蚀环境中，与旁路加热器的烟气混合区相比，虽然其腐蚀程度要缓和得多，但仍建议该区域采用与旁路加热器烟气混合区相同的防腐材料。

（5）直接燃烧加热装置的结构材料选择。

直接燃烧加热器的燃烧室必须采用类似锅炉耐火材料来衬砌，耐火材料可以是耐火砖或耐火灰浆。由于这种加热器的燃烧室通常在 FGD 出口烟道的外面，因此对温度的考虑比对防腐蚀的考虑更为重要。对这种加热器的烟气混合区内衬材料的要求也类似旁路加热器的烟气混合区。

（四）选择和建议

1. 烟气换热器的主要型式及选择

国内 FGD 烟气换热器主要有 3 种型式：回转式气—气加热器、多管式热媒强制循环式烟气换热器和多管式蒸汽热交换式烟气换热器。烟气换热器后温度一般高于 80℃。经过分析比较得出如下结论。

（1）多管蒸汽热交换式加热器消耗蒸汽量较大，经济性差。目前国内唯一采用蒸汽加热烟气的是重庆电厂湿法烟气脱硫装置，其蒸汽取自六段抽汽及辅汽联箱（蒸汽参数：压力 0.26MPa，温度 257℃/300℃），加热用汽量达 35.3t/h，每天将用几百吨蒸汽加热烟气，降低了电厂运行的经济性。

（2）日本三菱公司采用多管热媒强制循环式加热器，这是一种借助热媒水介质循环吸热与加热的热交换器。其工作原理是高温的未进行脱硫的烟气经换热器加热热媒水后，热媒水温度升高进行强制循环，加热脱硫后的低温烟气，使其烟气温度达到不腐蚀烟道的要求。华能珞璜电厂一期、二期应用了该型多管式热媒强制循环式加热器，并把它与多管蒸汽热交换式加热器进行了比较，得出以下结论：采用多管热媒强制循环式加热器尽管一次性投资较多，但运行费用低，运行时间越长，其经济性越好，并认为该加热器是最佳选择。该型加热器也有缺点，它对温度变化区间较敏感，选用该型加热器应特别注意锅炉排烟温度的变化范围。

（3）回转式气—气加热器与回转式空气预热器工作原理相同。因采用烟气加热烟气，该加热器换热系统比较简单，烟气泄漏率为 0.5% 左右。回转式气—气加热器的优点是它对烟气的适应能力强，能改善吸收塔后烟道及烟囱的工作环境，具有布置较方便、使用业绩较多、运行和维护方便等特点。特别是近年来随着材料技术的发展，回转式烟气换热器主要材料也有多种变化，使其部件寿命大幅度提高，如传热元件由表面涂双层耐热搪瓷的薄钢板制成，使用寿命不低于 50 000h；扇形板和轴向密封板用耐硫酸腐蚀材料包覆；转子热端径向密封片及旁路密封片采用考顿钢材料；转子冷端径向密封片采用特富龙材料，而旁路密封片采用高镍基合金材料等。

因此，烟气换热器应优先选择回转式烟气换热器，其次在锅炉排烟温度较稳定的条件下可以选择多管式热媒强制循环式加热器。

2. 建议

（1）烟气系统在设置烟气换热器时，设计工况下脱硫后烟囱入口的烟气温度一般应达到80℃及以上。在满足环保要求且烟囱和烟道有完善的防腐和排水措施并经技术经济比较、环境影响评价许可时，可不设置烟气换热器。

（2）烟气换热器可以选择以热媒水为传热介质的管式换热器或回转式换热器，当原烟气侧设置降温换热器有困难时，也可采用在净烟气侧装设蒸汽换热器。用于脱硫装置的回转式换热器漏风率应使脱硫装置的脱硫效率达到设计值，一般不大于1%。

（3）烟气换热器的受热面均应考虑防腐、防磨、防堵塞、防沾污等措施，与脱硫后的烟气接触的壳体也应考虑防腐，运行中应加强维护管理。

（五）GGH的功能及省却GGH的可行性

GGH的主要功能有：① 增强污染物的扩散；② 降低烟羽的可见度；③ 避免烟囱降落液滴；④ 避免洗涤器下游侧设备腐蚀；⑤ 降低了脱硫系统水耗；⑥ 废水排放量相对减少。

就目前的脱硫系统工艺技术水平而言，加热烟气对于减少吸收塔下游侧的冷凝物是有效的，但对去除透过除雾器被烟气夹带过来的液滴和汇集在烟道壁上的流体重新被烟气夹带形成的较大液滴作用不大。因此，加热器对于降低其下游侧设备腐蚀的作用有限。实际上，无论是吸收塔上游侧的降温换热器还是下游侧的加热器，其本身的腐蚀就令人头痛。随着除雾器（ME）、烟道、烟囱设计的改进和结构材料的发展，从技术和经济的角度来说，省却GGH是可行的。

三、挡板门

烟气挡板门有三个作用：隔离设备、控制烟气流量和排空烟气。多数FGD旁路烟道中装有隔离挡板门，以防止原烟气进入烟囱。烟气流量控制挡板主要用在旁路烟气加热系统中的旁路烟道上。有些系统在GGH或吸收塔顶部装有排空挡板，以便在系统停运时及时排空容器中的烟气，避免由于烟气温度下降产生冷凝液而加剧腐蚀。但是实际应用的效果并不明显，而且会污染附近的空气。

（一）类型

通常，由于对隔离挡板和烟气流量控制挡板有不同的运行要求，要求使用挡板类型也不同。对隔离后的系统有检修人身安全要求的挡板，需要安装闸板门或双百叶窗挡板门（或称零泄漏挡板）。允许有少量烟气泄漏时，可以选择闸板门或者单百叶窗挡板门。通常要求旁路烟道上的隔离挡板具有快速打开的功能，因此需要采用单百叶窗挡板门，控制烟气流量则总是采用双百叶窗挡板门。

1. 闸板式挡板门

闸板式挡板门简称闸板门，是具有一个叶片的隔离挡板门，当闸板从烟道内完全抽出时，烟道全开。当闸板完全落入烟道时，烟道被关闭。这是一种零泄漏的挡板门，检修人员在其下游侧工作，能保障人身安全。

闸板顺着挡板门框架的内侧插入到周围有空气密封的密封室内。喷入密封室的空气压力要大于烟气侧压力，以防止烟气漏入密封空气室。挡板框架内侧的挡板槽内装有密封薄片，以减少密封空气的用量，当闸板被提升起来时，密封片紧靠在一起。

挡板在烟道中的提升和落下，最常用的方法是，在挡板上部两端装有固定的链条，用一个链条驱动装置来提升挡板。根据挡板的尺寸和质量，一般用 2 ~ 4 根链条。另一种提升方式是用齿轮驱动机构沿挡板两侧的齿条提升挡板。

闸板门也可以采用气动/液压驱动方式，但实际很少采用，因为要求的驱动力较大，需要很大的气压或液压缸。

2. 百叶窗挡板门

闸板门在打开时是将插板从烟道中抽出来，而百叶窗挡板有多个叶片，通过旋转叶片来开闭烟道，叶片始终处于烟道中。不同的百叶窗挡板门有不同数量的叶片，其宽度和旋转方向也可能不相同。

单叶片百叶窗式挡板门也叫碟形门，像一个大的碟形阀。这种挡板门的叶片通常是圆的，绕直径旋转。大多数情况下，旋转轴是水平布置的，这样轴封不会受到烟道底部的冷凝液和沉积物的损害。在 FGD 系统中，这种挡板门常常用在密封空气风道、GGH 或吸收塔排气烟道中，大型烟道中不采用这种挡板。

百叶窗挡板门的叶片通过外部联动机构连接在一起，多数情况下由一个电机来驱动联动机构，从而带动所有的叶片旋转。有的 FGD 系统采用气动驱动装置，其优点是能快速开闭，停电时也能操作挡板门。有的将百叶窗式旁路挡板门的叶片分成 2 ~ 3 组，分别由 2 ~ 3 个执行机构驱动，其目的是在 FGD 系统启动、关闭旁路挡板时最大限度地降低对炉膛压力的影响；在需要快速开启旁路门时，降低所有叶片不能开启的风险。

在大多数设计中，每个叶片的边缘都设计有密封条，在挡板门关闭时起叶片之间相互密封的作用。门框的密封（也叫侧面密封）布置在叶片两端的门框边缘上，侧面密封是防止烟气从叶片两端泄漏。

百叶窗挡板门也可以按相邻叶片的相对旋转方向来分类。相邻叶片反向旋转的挡板门具有较宽范围的线性控制特征，适合用作旁路加热挡板门来控制流量。平行挡板门密封性能较好，适合于用作截止门。虽然平行叶片单百叶窗挡板门的隔离特性不如周围带密封的闸板门好，不能保证下游的人身安全，但是其动作速度比闸板门快得多。因此，在要求 FGD 旁路挡板能够迅速动作，且少量漏风是允许的情况下，旁路烟道中常常采用平行叶片单百叶窗挡板门。

有时，在同一位置需要一个反向叶片挡板门和一个平行叶片挡板门。在这种情况下，可以把两个门串联起来，上游侧的平行叶片挡板门起隔离作用，下游侧反向挡板门用来控制流量。在要求没有漏风的情况下，可以采用两个平行叶片单百叶窗挡板串联的办法，在两挡板门之间鼓入密封空气。这种布置可以由两个完全独立的百叶窗挡板门组成，每个挡板门有各自独立的框架。也可以由装在一个门框上的两组百叶窗挡板组成。

　　闸板门和双百叶窗挡板门隔断性好，但占据的空间大，造价贵。单轴双百叶窗挡板门则具有隔断性好、占据的空间小和造价低的优点。单轴双百叶窗挡板门的叶片由两块间距约150mm左右的平行钢板构成，烟气可在两层钢板之间流动，两块钢板绕同一轴转动，叶片的四周如同单、双百叶窗挡板的叶片一样有密封片和密封板。当叶片处于关闭位置时，相邻叶片的两层钢板相互对齐，形成空气密封室，由于空气密封室的体积相对较小，可以选用容量较小的密封风机。单轴双百叶窗挡板门隔断烟气的严密性低于闸板门和双百叶窗挡板门，其开启时产生的烟气压损较大，示意图如图2－1－11所示。

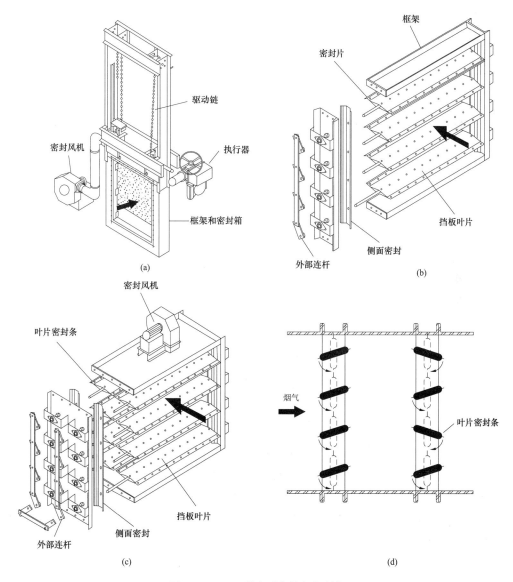

图2－1－11　脱硫系统的烟气挡板

（a）闸板门示意；（b）单百叶窗式挡板示意；（c）双百叶窗式挡板示意；（d）叶片密封条的布置

（二）技术要求和设计原则

1. 技术要求

（1）每个挡板零件设计成能承受烟气全部高温偏移范围，没有损伤、粘连、卷曲或泄漏。温度超过 165℃时，FGD 装置被旁路，高温烟气（165~300℃）运行时间不超过 30min。要求制作挡板的材料可承受 300℃的温度。

（2）每一挡板部件设计压力为 +6000/ −4000Pa。

（3）每一挡板和驱动装置设计成能承受所有运行条件下环境介质的腐蚀。

（4）每台机组提供三套带有密封空气的单轴双叶片百叶窗式挡板门。详细要求见表 2-1-4。烟气挡板在设计压力和设计温度下必须有 100% 的气密性，以便进行挡板下游的维修工作。所有隔绝挡板的操作必须是灵活可靠和方便的。挡板将有远程控制和在走道或楼面的电动操作执行器就地人工操作，还应提供就地安装的挡板位置指示器。另外，挡板门应当设有手动操作装置，手轮位置应当在电动执行机构附近，或自带电动执行机构。

表 2-1-4　　　　　　　　　　　挡板门材质要求

	挡板型式（双挡板）	双 挡 板
FGD 进口原烟气挡板	叶片材质	Q235A
	密封材质	1.4529
	外壳材质	Q235-A
	挡板型式（双挡板）	双挡板
FGD 出口净烟气挡板	叶片材质	1.4529
	密封材质	C-276
	外壳材质	Q235-A　内衬　1.4529
	挡板型式	带密封气的单挡板
旁路烟气挡板	叶片材质	1.4529（净烟气侧） Q235-A（原烟气侧）
	密封材质	C-276
	外壳材质	Q235-A　内衬　1.4529

（5）电动执行装置型号及布置位置、密封风接口位置、疏水口位置应当结合工程设计情况确定，兼顾今后接口安装、检修维护的便利性。

（6）烟气挡板在最大的压差下能够操作，并且关闭紧密，不会有弯曲或卡住，而且挡板在全开和全闭位置时与锁紧装置要能匹配，烟道内的挡板设计和位置要使挡板片上的积灰或积尘减至最小。

（7）执行器应配备两端的位置定位开关，以及两个方向的转动开关、事故手轮和维修用的机械连锁。另外，所有挡板应配有指示全开或全闭的限定开关，这些限制开关不受配有驱动装置的开关的限制。在行程的每端应配有限制开关，并且直接指示板片的位置。驱动挡板的电动执行机构应设计有远方控制系统和就地人工操作的装置，所有烟气挡板进入 DCS 监控（旁路烟气挡板具有反馈阀位信号）。

（8）烟气挡板有开/关功能。电动执行器的速度满足电站和烟气风机的运行要求。打开位置的指示将用于增压风机和锅炉连锁上。

（9）提供的双挡板全套包括框架、双层板、电动执行器，连同挡板密封空气和密封系统的所有必需的密封件、控制件。

（10）烟道挡板框架的安装是螺栓法兰连接，并且紧密地焊在烟道上。所有挡板门配备反法兰，旁路挡板门法兰开孔尺寸在设计联络会时确定。

（11）挡板布置为水平主轴。挡板轴采用适当的钢材制作，并且要特别注意框架、轴和支座的设计，以便防止灰尘进入和由于高温而引起的变形或退化。

（12）轴或挡板运行齿轮的所有支承配有油脂润滑，在轴的末端装有指示挡板位置的明显易见的标识，并配有连锁限位开关。

（13）挡板设计成有密封空气间隙的共用框架。供方负责提供密封风机的参数及要求。同时，供方应提供挡板门上的密封风阀门，该阀门直接安装在挡板门上，与挡板门为机械连锁。密封风机按每台炉两台考虑（一运一备）。

2. 设计原则

FGD 进口、出口烟气挡板门分别安装在 FGD 系统的进口和出口烟道内，均由双层烟气挡板门组成，当关闭 FGD 系统烟道时，双层烟气挡板门之间连接密封空气，防止烟气泄漏到 FGD 内，以保证 FGD 系统内的防腐衬胶等不受破坏。旁路挡板门安装在锅炉尾部水平烟道内，当 FGD 系统运行时，旁路挡板门关闭，这时旁路双层挡板门间连接密封空气。旁路烟气挡板门的开启可确保锅炉的正常运行并保护 FGD 系统的设备安全。

为使所有挡板门在设计压力及设计温度下具有100%的气密性，挡板门设有密封空气间隙，并配有密封空气站（包括密封风机及备用风机），密封气压力至少比烟气最大压力高 0.5kPa。为防止冷风进入烟气系统造成低温腐蚀，密封风机出口设置二级电加热器。挡板门的电动执行器带安全保险，其速度要求满足电厂和引风机的运行要求。全部挡板门要求操作灵活、可靠且方便检修。

脱硫装置进、出口和旁路挡板门（或插板门）应有良好的操作和密封性能。旁路挡板门的开启时间应能满足脱硫装置故障不引起锅炉跳闸的要求。脱硫装置烟道挡板宜采用带密封风的挡板，旁路挡板门也可采用压差控制且不设密封风的单挡板门。

（三）关键部分材质要求

挡板门的材料取决于其在 FGD 系统中的位置，挡板门可能处于原烟气、腐蚀性较弱的环境中，或者处于 FGD 下游腐蚀性较强的环境中。FGD 挡板门的选材必须考虑其工作环境、挡板门故障对 FGD 系统可靠性的影响、挡板门更换所需的时间和难度以及耐腐蚀合金挡板门的高投资费用。

1. 闸板式挡板门

闸板式挡板门框架材料的选择取决于 FGD 系统中的氯离子含量。在低氯离子系统

（氯离子浓度低于 10 000mg/L 的系统），闸板门接触烟气一侧的框架通常采用碳钢覆盖含钼 4% 的奥氏体不锈钢，如 317LM、317LMN 或者 904L。框架的导槽也采用相同的合金钢。在高氯离子含量的系统中（氯离子含量大于 10 000mg/L），碳钢的覆盖层通常是合金 625、H - 9M 或者 C - 276 系列中的一种。钼含量 6% 的超级奥氏体合金钢，如合金钢 6XN 和 254SMO 也适合相对短暂的恶劣的腐蚀环境。除挡板门的板片外，挡板门暴露于烟气中的所有其他部件（包括空气密封室）也可以采用上述材料。

由于仅当关闭时，系统入口闸板门的板片才暴露于腐蚀性烟气环境中，而当开启时则处于大气腐蚀环境中，因此，闸板门板片可以采用 ASTM A - 242 碳钢。也有些板片采用上面所提到的奥氏体不锈钢。对于系统出口隔离挡板门的板片，推荐材料是：对于低氯离子浓度的系统，如挡板门通常处于打开状态时，采用 317LM；对于高氯离子浓度的系统，如挡板门多处于关闭状态时，采用合金钢 625。选择何种板片材料必须根据具体情况来考虑，如使用环境和在烟道中的时间长短。

不论工艺过程中氯离子浓度的高低和挡板门框架采用何种材料，薄而韧性较好的密封条都不能有较大的腐蚀，因此通常采用合金钢 625 或者 C - 276 系列中的一种。

从挡板门框架到密封风道挡板门之间的风道应采用与门框内衬和密封室相同的材料，空气密封挡板暴露在烟气中的部分也应采用这些材料。密封风机、风机与密封空气挡板门之间的风道不与烟气接触，温度也不高，可以采用碳钢和 FRP。

2. 百叶窗挡板门

国外资料提出百叶窗挡板门内框和叶片的防腐材料可采用与其所在烟道相同的防腐材料，对于双百叶窗挡板门，一侧可能与碳钢烟道接触，另一侧可能与衬里烟道或者合金钢烟道接触，每侧应当采用与其所处烟道相同的材料。而国内对于有防腐要求的挡板门，多数采用 6Mo 超级奥氏不锈钢，如 1.4529、合金 31 等。

不论叶片采用何种材料，叶片密封条和侧面密封板应当采用合金 625 或者 C - 276 系列中的一种。

（四）选择和建议

（1）对于挡板门的关键性能，制造厂应在模拟运行条件下进行全尺寸检验试验。这些性能如下：

1）在设计烟气压差下挡板门的动作时间；

2）设计烟气压差下挡板门的漏气率；

3）即使框架和叶片上有沉积物也能够开、关挡板和保证密封性能；

4）驱动装置和执行机构能够在不损坏设备或超负荷的情况下克服叶片卡涩现象。

（2）应细心审查挡板门的运行条件，挡板门所选择的材料应适合预期的运行条件。

（3）设置旁路挡板时为提高系统可靠性，建议采用双执行机构。

旁路挡板门选型的重点在于要求有快开和慢关功能，以及采用连续调节型。这主要是基于不能影响主机运行安全方面的考虑。

旁路挡板门快开慢关功能的实现主要取决于执行机构。在快开时间方面，气动执行机构优于电动执行机构。

四、烟道补偿器

（一）类型

补偿器习惯上也叫膨胀节、伸缩节，是利用膨胀节弹性元件的有效伸缩变形来吸收管道或容器由热胀冷缩等原因而产生的尺寸变化的一种补偿装置，属于一种补偿元件。

波纹膨胀节按位移形式分类，基本可分为轴向型、横向型、角向型及压力平衡型波纹膨胀节。

按是否能吸收管道内介质压力所产生的压力或推力（盲板力）分类，可分为无约束型波纹膨胀节和有约束型波纹膨胀节。

按波纹管的波形结构参数分类，可分为 U 形、Ω 形、S 形、V 形波纹膨胀节（当前国内外的膨胀节产品以采用 U 形波纹结构者居多）。

每一类膨胀节都有各自的优点和缺点，所以必须根据不同的使用条件恰当地选用，做到波纹膨胀节设计选型的经济合理。

1. 单式轴向型波纹膨胀节

单式轴向型波纹膨胀节由一个波纹管及结构件组成，主要用于吸收轴向位移，但不能承受介质压力或推力。因其结构简单、制造成本低，所以这是所有膨胀节中价格最为便宜的一种，对于管道口径小、固定支座易于设置的管线，应优先采用。但它不能承受压力或推力，所以在选用它时，一定要正确计算压力或推力，并正确地设置固定支座。对于大口径管线尽管压力低，但压力推力也大得惊人，所以一定要设置好固定支座和滑动支座。

2. 外压单式轴向波纹膨胀节

外压单式轴向波纹膨胀节由承受外压的波纹管、外管和端环等构件组成，是只用于吸收轴向位移而不能承受波纹管压力推力的膨胀节。

当所需要的轴向位移较大，采用内压轴向膨胀节因存在柱失稳问题而受限时，可考虑采用外压膨胀节，其特点是不存在柱失稳问题且轴向补偿量大。膨胀节工作时，波纹管受拉，而不是受压。

3. 压力平衡式波纹膨胀节

压力平衡式波纹膨胀节由一个工作波纹管或中间管所连接的两个工作波纹管和一个平衡波纹管及弯头或三通、封头拉杆、端板和球面与锥面垫圈等结构件组成。是主要用于吸收轴向与横向组合位移并能平衡波纹管压力推力的膨胀节。

当波纹管压力推力很大，所需的固定支座不便于设置，以及与之相连的管道或设备不允许承受内压推力时，应考虑选用这种型式的波纹膨胀节。弯管压力平衡式膨胀节可用于消除作用在泵、压缩机、汽轮机等设备上的载荷。

在需要轴向补偿时，由于管线架空或两容器之间的直管段距离较短，设置固定支架困难或不经济时，应考虑使用直管压力平衡式波纹膨胀节。

为使弯管压力平衡式膨胀节正常工作，在选型时要注意：连杆所承受的压力推力一定要大于使膨胀节产生轴向位移所需要的力，否则不宜选用此类膨胀节。

4. 大拉杆横向波纹膨胀节

大拉杆横向波纹膨胀节是由中间管连接的两个几何参数和波数相同的波纹管及拉杆、端板组成的挠性部件，主要用于补偿单平面或多平面弯曲管段的横向位移。适用于"L"型和"Z"型管系。

由于拉杆能承受压力推力和其他附加外力的作用，膨胀节自身吸收内压推力，不会对管道产生外力，因此膨胀节两端的管道可使用中间固定支架或导向支架，可降低施工成本，提高施工效率。

5. 万向铰链式波纹膨胀节

万向铰链式波纹膨胀节是由波纹管、平衡环及两对与平衡环和端管相连的铰链板组成的挠性部件。一般为两个万向铰链型或两个万向铰链型与一个单式铰链一起配套成组使用，适用于"L"型和"Z"型管系中，主要以角偏转的方式补偿多平面弯曲管段的合成位移。

由于平衡环、销轴和铰链板能承受压力推力和其他附加外力的作用，膨胀节自身吸收内压推力，不会对管道产生外力，因此管道支撑的设置可以简化。

（二）技术要求和设计原则

（1）补偿器在所有运行和事故条件下都能吸收全部连接设备和烟道的轴向和径向膨胀。

（2）所有补偿器设计成在承受烟气各种高温偏移范围时无损害和无泄漏，并且能承受可能发生的最大设计正压和负压加上 10Mbar 余量的压力。当电除尘器出口烟气温度高于 180℃ 时，FGD 装置被旁路掉，烟温为 180 ~ 300℃ 的运行时间不大于 20min。

（3）补偿器依据系统内发生的最大正压 6kPa 和最小负压 −4kPa 进行设计。

（4）承受低温饱和烟气的补偿器，其材料应考虑防腐的要求，设计中还需考虑排水。

（5）非金属补偿器应包括多种材料层，不应采用石棉材料做纤维波纹管。

（6）补偿器在每段烟道上的安装采用焊接连接或法兰连接，安装位置要考虑今后更换的便利性。补偿器与烟道的密封应是 100% 气密性。

（7）所有补偿器框架有同样的螺孔间距，间距为 100mm。

（8）补偿器框架需加工艺支撑，以防止运输、安装过程中产生变形。

（9）补偿器圈带压条与圈带的接合面应采用圆弧过渡措施，以避免应力集中而撕坏圈带。圈带的设计和制造应充分考虑矩形截面要求，不应有局部皱褶和拉伸，以免产生漏气和圈带拉坏。

（10）在圈带与烟道体连接法兰之间配有垫片，垫片材料与补偿器接触烟气部位的材料一致。

（11）对于非整体框架的补偿器的压条，应在工厂预先加工好其法兰螺栓孔，圈带在现场安装时，使用供货商专用工具进行打孔，并保证孔边无毛刺和划伤。

（三）关键部分材质要求

FGD 烟道膨胀节的作用是吸收烟道之间以及烟道与固定组件（如吸收塔等）之间的相对位移。腐蚀和扭曲是金属膨胀节遇到的主要问题，因此，除尘装置下游 FGD 烟道中所用的膨胀节多用加强的含氟聚合物胶板，其典型厚度应为 4.8mm。有些膨胀节在烟气侧衬有 PTFE（聚四氟乙烯），以提高耐化学腐蚀性。加强材料可以是尼龙丝、玻璃/尼龙纤维、玻璃布、编织金属网，或者是纤维和金属线相结合的加强材料。表 2-1-5 比较了国外三种加强方式的膨胀节的性能。表 2-1-6 给出了一些标准膨胀节的尺寸和允许伸缩量。

表 2-1-5 FGD 烟道膨胀节

类别 性能	纤维编织物加强的 弹性片	金属线加强的 弹性片	织物/金属线加强的 弹性片
聚合物	含氟聚合物（如氟橡胶）	含氟聚合物（如氟橡胶）	含氟聚合物（如氟橡胶）
增强材料	多层尼龙纤维编织物	多层金属线	多层尼龙纤维编织物和金属线
典型厚度（mm）	4.8	4.8	4.8
干/湿烟气中使用 温度限制（℃）	连续使用 205，瞬间 345	连续使用 205，瞬间 400	连续使用 205，瞬间 400
最低使用温度（℃）	-40	-40	-40
最大压差（kPa）	±34.5	±34.5	±34.5

表 2-1-6 标准膨胀节尺寸和允许伸缩量 mm

标准膨胀节尺寸	150	229	305	406
烟道标准间距	140	216	279	381
标准法兰宽度	127	152	178	203
最大轴向压缩量	38	70	89	127
最大轴向拉伸量	13	13	25	25
最大位移量	38	70	89	127

含氟聚合物具有很好的耐磨性，因此也可以不加装内部防护隔板。高质量加强型含氟树脂膨胀节的使用寿命可达 6 年左右。下面列出的因素会缩短膨胀节的使用寿命。

（1）较大的相对位移，特别是较大的扭曲和摆动。

（2）紧靠百叶窗挡板下游侧的膨胀节遭受气流引起的卷吸振动。

（3）膨胀节底部聚集冷凝液、飞灰或浆体的沉积物。

（4）膨胀节法兰的不正确连接，造成垫圈周围漏气。

（5）不合理的设计使挡板的叶片擦刮膨胀节。

（6）清除烟道积灰时的人为损坏。

（7）烟气含尘过高造成的磨损。

（四）选择和建议

1. 金属膨胀节和非金属膨胀节

膨胀节的材料一般有金属和非金属两种。FGD 系统烟道中大多数膨胀节采用非金属膨胀节，非金属膨胀节由纤维或金属丝加强的（或者由纤维和金属丝网复合加强的）氟塑料或氟橡胶片、保温材料、内部挡板和连接法兰构成。较之金属膨胀节，非金属膨胀节主要有以下优点：① 补偿能力大，可以在较小的尺寸空间内吸收三维膨胀；② 补偿抗力小，非金属膨胀节的补偿元件用橡胶、塑料制成。其变形抗力可以忽略不计；③ 耐热性能好，其合理的结构及优质的材料可以做到在1250℃的条件下长期工作；④ 耐酸碱性能好，有极好的耐酸、耐碱性能；⑤ 安装更换方便，可以分体安装；⑥ 减振性能好。

尽管非金属膨胀节有如此多的优点，但非金属膨胀节只能耐低于10MPa的压力，而金属膨胀节的耐压则可以超过该值；而且选用非金属膨胀节的成本要比金属膨胀节高很多。

2. 全尺寸膨胀节和半尺寸膨胀节

半尺寸膨胀节单波允许吸收的膨胀量小，其几何尺寸也相对较小，较适合于较小的管道，外层保温也较方便。根据 CE 标准，凡横截面积小于 50 平方英尺的管道或某侧小于 5 英尺的管道均应采用半尺寸膨胀节；同时，凡以整个运行截面装运的整圆形管道直径约为 10 英尺也应当采用半尺寸膨胀节。

一般情况下，应尽量选用全尺寸膨胀节，它较之半尺寸膨胀节主要有以下优点：① 全尺寸膨胀节允许的最大位移量是半尺寸的 2.25 倍，在承受同样的膨胀量时，可以减少波节数，从而减少膨胀节所占的空间，获得较好的经济效益。② 全尺寸膨胀节的波形厚度（2.6mm）是半尺寸膨胀节波形厚度（1.5mm）的 1.7 倍多，在抗腐蚀和抗磨损性方面较半尺寸膨胀节更有利，且可延长膨胀节的更换周期。另外，由于全尺寸膨胀节具有较大的板厚，从而能够更好地保证焊接质量。③ 全尺寸膨胀节具有较大的补偿能力，其单位长度的弹性系数较小，这样使得胀缩节所产生的弹性反力较小，减小了对其他设备的附加载荷。

3. 支撑要求

对半尺寸膨胀节和波形不到 2 波的全尺寸膨胀节来说，是不需要任何支撑和加强杆的；而对于超过 2 波的全尺寸膨胀节来说，烟风道的宽度或高度，以及烟风道的设计压力当量则直接决定了节头内部是否需要支撑和加强杆。各种类型的膨胀节，不论是全尺寸还是半尺寸，两端都应有连接法兰。

4. 补偿器的防腐和防渗漏

多数脱硫装置湿烟道补偿器均有漏水问题，建议安装补偿器后，采用非焦油聚氨酯类的防腐密封胶做进一步处理，以防止渗漏。

第四节　主要设备故障及分析

一、增压风机故障分析

（一）增压风机的自动控制

FGD 系统正常运行时，系统增加的阻力由增压风机来克服。今后环保设施的监管和运营必须与主机同等对待，特别是若禁开旁路或取消旁路运行，FGD 装置与锅炉机组将是一个不可分的大系统，则一般增压风机与引风机为串联运行。

在 FGD 系统正常运行时，如果增压风机的出力大于系统的阻力，即增压风机"帮助"引风机出力，当 FGD 系统发生保护增压风机跳闸时，会导致炉膛负压减小。反之，如果增压风机的出力小于 FGD 系统的阻力，即引风机"帮助"增压风机出力，当 FGD 系统发生保护增压风机而跳闸时，会导致炉膛负压增大。因此，FGD 系统正常运行时，应尽量控制增压风机的出力与 FGD 系统的阻力匹配，即尽量控制增压风机入口压力与增压风机未投运前相同。

由于整个烟风系统是一个无自平衡能力的多容控制对象，引风机和增压风机串联运行特性不一，各段烟道特性不一，炉膛侧和脱硫侧工况相互影响，参数相互关联，因此都要求必须采用良好的协调控制方案，不能把引风机和增压风机的控制设计成独立的单回路控制系统。同时要求增压风机的自动控制性能良好，否则会引发炉膛负压大幅波动、引风机喘振等现象，轻则影响机组的自动投入，严重的甚至会造成锅炉燃料跳闸（MFT），机组停运。

（二）增压风机导叶调整机构卡涩

增压风机导叶卡涩及过力矩现象是常见问题，除执行器本身质量及运行中损坏外，导叶安装质量也是一个原因。如某电厂的增压风机为静叶可调轴流式风机，在调试期间，静叶调节时经常出现卡涩及过力矩现象，频繁引发电动执行器保护增大，增压风机入口压力变化大而造成引风机喘振。经过现场检查，发现静叶顶部与引风机外壳之间的设计距离仅为 5mm，由于安装误差及风机运行时静叶窜动，在运行时静叶顶部与机壳的间隙过小，造成调节卡涩，如图 2 - 1 - 12 所示。后对静叶叶片进

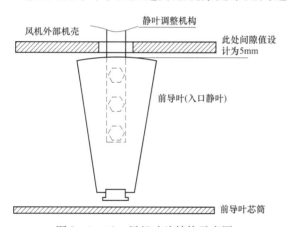

图 2 - 1 - 12 风机叶片结构示意图

行了切割处理，增大了入口静叶顶部至机壳的间隙（8mm），避免了卡涩现象，如彩图 2 - 1 - 13、彩图 2 - 1 - 14 所示。

（三）增压风机油系统故障

增压风机液压油和润滑油系统故障主要表现为以下几个方面。

（1）油管堵塞或泄漏。管路堵塞或泄漏造成油压低，油箱油温高或低，系统连锁设计不合理等。油站及油管路在安装过程中如焊接时杂物进入管道，或安装后没有足够时间进行油循环，或油质差，以及管路连接处不严等都会造成系统堵塞或泄漏。因此在安装时要控制质量，必须注意保护油系统管道。

（2）运行调试问题。在运行调试时，润滑油流量、压力等均应该严格按照使用说明书进行调整，压力过大则可能出现管路沿程漏油，压力过低或者润滑油流量过小则可能出现润滑效果欠佳，从而导致轴承温度升高、风机振动增大等，影响风机的稳定运行。此外，冷却水量控制过低或未按要求先启动，导致超温报警等细节问题应予以关注。

（3）设计问题。油箱油温高或低主要是油冷却器设计偏小或运行故障、油箱加热器未正常工作之故，调试时做好其连锁启停功能就可避免。

（四）增压风机的振动

引起增压风机振动的主要原因有以下几种情况。

（1）风机安装问题。

安装问题是导致风机振动的主要原因，风机安装过程中应该注意如下事项。

1）必须在风机专业技术人员的现场指导下严格按照有关规定进行。

2）目前，增压风机一般都是通过中间轴连接电机轴承和风机主轴，所以在安装联轴器时必须保证其同心度，任何一点的偏差都可能导致风机的振动超标。

3）由于风机运行时处于热态，所以在风机轴承的膜式联轴器安装时必须保证其膨胀余量，一般要求不小于5mm。

4）振动测量装置的安装必须严格按照说明书进行。目前风机的振动测量装置一般为水平振动和垂直振动两种，两种测量仪为不同型产品，在安装时必须注意区分，同时振动仪作为精密仪表，其信号线必须屏蔽以避免出现干扰。另外，振动传感器就地布置部分应有相应的防雨措施。

如贵州安顺发电厂二期工程 2×300MW 机组 3 号 FGD 增压风机在性能试验期间多次发生振动超标跳闸现象，经过解体检查，并与风机厂家的技术人员一起反复试转研究后发现风机固定静叶片的螺栓无防松垫圈而松动和风机内传动轴外导风筒与风机座的密封法兰螺栓松动，造成风机振动超标而跳闸。将上述问题处理好后，运行至今未发生振动超标问题。

（2）进口烟尘浓度过高。

FGD 系统运行中，由于原烟气含尘量大或烟气腐蚀性大，造成增压风机叶片磨损、腐蚀或积灰，致使风机叶片不平衡而产生振动。对于这种情况，应保证锅炉电除尘器运行良好，改善燃煤质量，停运时及时清理风机叶片。

（3）设备质量问题。

部分电厂设备制造质量较差，特别是叶片质量不过关，出现运行中叶片产生裂纹、断裂、缺口等问题，导致风机出现振动。

（五）增压风机的喘振

在一些设有 GGH 的 FGD 系统中，当 GGH 阻力增大到一定数值、增压风机动叶开度调大后，会出现"增压风机喘振或失速"信号，此时系统保护动作发生，旁路挡板被迫打开。

1. 失速和旋转失速

如图 2-1-15 所示为安装了叶片的叶轮，其中气流速度为 c，叶轮旋转速度为 u，u 与 c 一起构成气流沿叶片叶轮方向的速度 w。速度 w 的方向与叶片切线方向之间的夹角为冲角 α，如图 2-1-15 中①所示。图 2-1-16 为典型的固定叶片角的轴流风机性能曲线图，图中分两个区，即风机正常运行区 BAK 和失速区 KDC。在 BAK 区，随风机压头的增大，流量减小，从而速度 c 减小，冲角 α 增大，如图 2-1-15 中②所示，只要 α 低于临界值，气体就沿着叶片表面流动，一旦 α 超过临界值，气流将离开叶片的弧形表面形成涡流，同时风机压力陡降，这就是"失速"或"脱流"现象，见图 2－1－16 中的 KDC 区。冲角远大于临界值时，失速现象更严重，气体在烟道内的流动阻力增大，使叶道产生阻塞现象，风机压力降低。

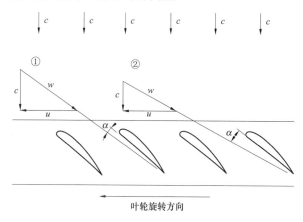

图 2－1－15　叶片失速的产生示意

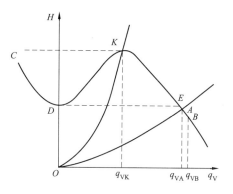

图 2－1－16　典型轴流风机的性能曲线

　　风机的叶片由于加工及安装等原因，不可能有完全相同的形状和安装角，同时流体的来流流向也不会完全均匀。因此，当运行工况变化而使流动方向发生偏离时，在各个叶片进口的冲角就不可能完全相同。如果某一叶片进口处的冲角达到临界值，就首先在该叶片上出现气流堵塞现象。叶道受堵塞后，通过的流量减少，在该叶道前形成低速停滞区（这里假定为叶道 2），于是原来进入叶道 2 的气流只能分流进入叶道 1 和 3。如图 2－1－17 所示，这两股分流来的气流又与原来进入叶道 1 和 3 的气流汇合，从而改变了原来的气流方向，使进入叶道 1 的气流冲角减小，而流入叶道 3 的冲角增大。这样，分流的结果将使叶道 1 内的绕流情况有所改

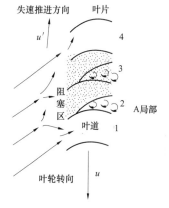

图 2－1－17　旋转失速的产生

善，脱流的可能性减小，甚至消失。而叶道 3 内部却因冲角增大而促使发生脱流。叶道 3 内发生脱流后又形成堵塞，使叶道 3 前的气流发生分流，其结果又促使叶道 4 内发生脱流和堵塞。这种现象继续进行下去，使脱流现象所造成的堵塞区沿着与叶轮旋转相反的方向移动，这种现象称为"旋转失速"。

　　实验表明，脱流的传播相对速度 u' 远小于叶轮本身的旋转速度 u，因此在绝对运动中，可以观察到一个由包括几个叶片的脱流区以小于叶轮旋转的速度（$u'-u$）旋转，方向与叶轮转向相同。风机进入不稳定工况区运行，叶轮内将产生一个到数个旋转失速区，叶片依次经过失速区要受到交变力的作用，这种交变力会使叶片产生疲劳。叶片每经过一次失速区将受到一次激振力的作用，如果此激振力的作用频率与叶片的固有频率成整数倍关系，或者等于、接近于叶片的固有频率时，叶片将发生共振。此时，叶片的动应

力显著增加，甚至可达数十倍以上，使叶片产生断裂，一旦有一个叶片疲劳断裂，就会将全部叶片打断，因此应尽量避免风机在不稳定区运行。

为了及时发现风机落在旋转失速区内工作，以便及时采取措施使风机脱离旋转失速区，有些风机装设有失速检测装置。图 2 - 1 - 18 为英国 Howden 公司增压风机的失速检测装置，其工作原理为：在失速检测装置的自由端安装了压力表，即可测量气流中的两个孔 1 和 2 直接的压力差，如风机工作点位于非失速区 BAK，叶轮进口的气流较均匀地从进气箱沿轴向流入，则压力差接近零；如果工作在失速区 KDC，叶轮进口前的气流除了轴向流动外，还受失速区流道阻塞的影响而向圆周分流，于是测压孔 1 压力升高，隔片后的测压孔 2 压力下降，则形成一个压差。将失速探测器测量到的差压信号通过电路放大连接到差压开关上，设定当差压大于某一值时（如 500Pa），则认为风机进入失速区，即可启动报警装置。

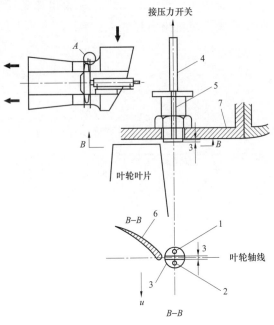

图 2 - 1 - 18　风机失速检测装置
1、2—测压孔；3—隔片；
4、5—测压管；6—叶片；7—机壳

2. 喘振

具有驼峰形性能曲线（如图 2 - 1 - 16 所示）的增压风机在 K 点以左的范围内工作时，即在不稳定区域内工作，而系统中的容量又很大时，则风机的流量、压头和功率会在瞬间内发生很大的周期性波动，引起剧烈的振动和噪声，这种现象称为"喘振"或"飞动"现象。

当风机在大容量的管路中进行工作时，如果外界需要的流量为 q_{VA}，此时管路特性曲线和风机的性能曲线相交与 A 点，风机产生的能量克服管路阻力达到平衡运行，因此工作点是稳定的。当外界需要的流量增加至 q_{VB} 时，工作点向 A 的右方移动至 B 点，只要阀门开大些，阻力减小些，此时工作点仍然是稳定的。当外界需要的流量减少至 q_{VK} 时，此时阀门关小，阻力增大，对应的工作点为 K 点。K 点为临界点，如继续关小阀门，K 点的左方即为不稳定工作区。当外界需要的流量继续减小到 $q_V < q_{Vk}$，这时风机所产生的最大能头将小于管路中的阻力，然而由于管路容量较大，在这一瞬间管路中的阻力仍为 H_K。因此出现管路中的阻力大于风机所产生的压头，流体开始反向倒流，由管路倒流入风机中（出现负流量），即流量由 K 点窜向 C 点。这一窜流使管路压力迅速下降，流量向低压很快由 C 点跳到 D 点，此时风机输出流量为零。由于风机继续运行，管路中压力已降低到 D 点压力，从而风机又重新开始输出流量，对应该压力下的流量可以达到 q_{VE}，即由 D

点又跳到 E 点。只要外界所需的流量保持小于 q_{VK}，上述过程会重复出现，即发生喘振现象。如果这种循环的频率与系统的振荡频率合拍，就会引起共振，造成风机损坏。

可见，风机管路系统在下列条件下才会发生喘振：

1）风机在不稳定工作区运行，且风机工作点落在 $H—q_V$ 性能曲线的上升段；

2）风机的管路系统具有较大的容积，并与风机构成一个弹性的空气动力系统；

3）系统内气流周期性波动频率与风机工作的整个循环的频率合拍，将产生共振。

增压风机设计选型偏小会造成 FGD 系统无法关旁路运行，增压风机失速。例如某电厂 215MW 机组的 FGD 系统在调试过程中，发现增压风机出力无法匹配锅炉带负荷需要，脱硫系统与锅炉系统无法并联。在大负荷下，当旁路挡板一关闭，炉膛马上冒正压，燃烧状况恶化，脱硫增压风机一直处于失速区运行，出力远达不到设计要求。增压风机与脱硫系统严重不匹配，出现整个脱硫系统无法投运的严重后果。为此进行了相关现场试验，在燃烧较差煤种和燃烧高热值低灰分煤试验中，锅炉机组分别带 150MW 和 180 ~ 190MW 负荷下，对增压风机流量压力特性、脱硫岛阻力特性进行了详细的测试。经仔细分析试验数据，认为造成脱硫系统无法正常投运的问题主要有以下几方面。

（1）脱硫岛实际阻力远大于设计阻力。脱硫岛设计阻力总共相加不到 2500Pa，但第二次 190MW 负荷下，GGH 热段阻力为 800 ~ 1000Pa，GGH 冷段阻力达到 1000 ~ 1400Pa，喷淋塔阻力为 1000 ~ 1200Pa，GGH 总阻力远大于设计阻力数据，也使得脱硫系统真实阻力比原设计的计算阻力大 1000Pa 以上，这是造成这套脱硫系统不能带满负荷、增压风机容易失速的根本原因。

（2）风机设计选型时烟气密度的选取与实际值相差较大。如在风机选型设计时，烟气介质密度为 $0.862kg/m^3$，但实际增压风机进口烟气密度最大约为 $0.76kg/m^3$。由于风机设计是按压力、流量、密度折算到无量纲化的比压能来选型的，密度的差距导致风机设计比压能大幅度下降，设计的风机出力就小了。相同流量下风机压力设计值只有实际需要的 88%（$0.76/0.862 = 0.88$）。这是导致增压风机出力达不到实际需要的另一主要原因，也加剧了与脱硫岛阻力的不匹配。

（3）实际烟气量超过设计裕度。如某电厂因燃煤煤质变化较大，满负荷运行时，烟气量超过 30%，风机电流迅速上升而报警。

二、GGH 故障分析

GGH 是目前国内脱硫系统中故障率最高的设备，也是目前影响脱硫系统设备可靠性的重要设备之一，其主要有以下几方面的问题。

1. GGH 堵塞问题（见彩图 2 – 1 – 19）

（1）烟气中烟尘含量较高。

进入 GGH 原烟气粉尘浓度高，GGH 蓄热片表面积灰，加上吹扫不及时，导致飞灰板结堵塞。飞灰具有水硬性，飞灰中含有煤中石灰石在锅炉高温下煅烧产生的 CaO，CaO 的存在可以激发飞灰的活性。换热板上沉积的硫酸钙（$CaSO_4$）、冷凝产生的 H_2SO_4、飞灰和 CaO 相互反应形成类似水泥的硅酸盐，经过长时间逐渐硬化，即使用高压水冲洗也很难清除。

粉尘浓度高主要有三方面原因：其一，是煤质问题，煤炭市场紧张，燃煤灰分较高，煤质差燃煤量高，进除尘器总灰量大、入口浓度高，烟气量大，除尘器内烟气流速高、除尘效果不好或掺烧飞灰特性改变，除尘效率降低；其二，设备问题，除尘运行较久，效率降低，除尘器后飞灰浓度高；其三，时段及设计问题，建设较早的除尘器，因时段要求不高、设计效率低，除尘器出口浓度不满足脱硫入口小于 $200mg/m^3$（标态下）要求。

（2）循环浆液倒灌。

脱硫系统启动，吸收塔未进烟，先启循环泵时，因吸收塔入口烟道的设计角度小，烟道短，浆液液滴随气流从吸收塔入口飘进 GGH，甚至有从吸收塔倒灌进 GGH，增压风机启动后，经热烟气蒸发，浆液蒸干后在蓄热片表面黏附、结垢。

（3）吸收塔带浆。

因吸收塔循环浆液局部雾化太细、塔内烟气流速高、除雾器除雾效果不好等因素，部分浆液雾滴随烟气从吸收塔出口进入 GGH，在其蓄热片表面黏附，结垢堵塞，如彩图 2–1–19所示。

（4）吸收塔起泡溢流。

吸收塔液面产生大量的泡沫。而液位测量无法反映出液面上虚假的部分，造成泡沫从吸收塔原烟气入口倒流入 GGH，导致 GGH 堵塞。高温原烟气穿过 GGH 时，原烟气中的灰尘首先被吸附在泡沫上，随着泡沫水分的蒸发进而黏附在换热片表面；其次是泡沫中携带的石灰石和石膏颗粒黏附在换热片表面，结成硬壳。

（5）三氧化硫问题。

在 GGH 的原烟气侧，特别其冷端，烟气中的 SO_2 将冷凝成黏稠的硫酸，黏稠的硫酸将有助于飞灰的黏附，从而加剧堵灰的形成。当燃烧高硫煤或 FGD 系统上游侧装有 SCR反应器时（SCR 反应器可以使部分 SO_2 转化为 SO_3）或 GGH 冷端长时间运行在低于烟气露点温度的工况下时，会加剧上述情况。

（6）运行管理问题。

1）管理不到位。脱硫装置多数时间运行负荷不高，GGH 阻力逐渐增加，未引起运行人员重视，运行维护不及时，导致系统逐渐堵塞，软垢逐渐变成硬垢，不易清除。

2）增压风机运行控制不好。由于系统一部分测点参数不准，而且系统没有做性能调试，增压风机可调导叶合适的运行开度无法获知。增压风机运行时，导叶调整开度过大，造成增压风机的出力过大，将脱硫后的一部分洁净烟气抽回脱硫系统，会使系统的电耗增加；也增加了增压风机、原烟道的腐蚀；由于通过除雾器的烟气流速过高，除雾效果降低，更加剧 GGH 的堵塞。

3）阀门关闭不严。由于工艺水系统阀门关闭不严密，大量工艺水内漏到吸收塔，改变了系统的水平衡。尤其在系统长期低负荷运行时，影响更大，导致除雾器得不到足够的冲洗。除雾器堵塞后，会改变烟气的流通面积，降低除雾效果，堵塞严重的除雾器不能得到充分冲洗，堵塞会进一步发展，会堆积大量的石膏，严重时甚至导致除雾器的坍塌。

除雾器堵塞的原因有除雾器冲洗压力不够；部分除雾器冲洗阀门故障没能及时排除。由于运行人员在系统调整时，因系统水平衡、物料平衡控制不当，造成吸收塔液位长期在高液位下运行，除雾器无法冲洗，堵塞除雾器。由于除雾器的堵塞，造成净烟气侧流速增快，烟气携带大量浆液进入 GGH，浆液在 GGH 表面蒸发结晶堵塞。

4）亚硫酸钙的含量偏高。这种脱硫技术采用强制氧化的脱硫工艺，该工艺可有效避免系统设备内的结垢，并保证石膏的脱水。若脱硫系统运行良好，吸收塔浆液的亚硫酸钙含量应很低。脱硫系统运行时 $CaSO_3 \cdot 1/2H_2O$ 的含量最高不大于 10%；若氧化率不够，硫酸钙的产出量就偏低，则浆液中石膏晶种的表面积不足，将造成石膏在设备表面结晶析出，形成石膏硬垢。同时氧化率不够还会明显影响系统的脱硫效率。显然，当 GGH 堵塞时，$CaSO_3$ 的含量均明显偏高。$CaSO_3$ 的含量偏高是由于吸收塔浆液氧化不足。

5）吸收塔浆液密度过高，会影响亚硫酸盐的氧化。一般来讲，当吸收塔浆液密度大于 $1128kg/m^3$ 时，就会对氧化反应产生影响。若吸收塔浆液密度大于 $1200kg/m^3$，将明显不利于氧化反应的进行。

6）吸收塔实际液位偏低。吸收塔必须保证一定的液位高度，才能保证进入吸收塔 O_2 的充分反应。本脱硫系统的吸收塔液位计算并没有采用实时的浆液密度值，而是采用了 1 个固定的浆液密度值（为 $1020kg/m^3$）。因此，当吸收塔内实际浆液密度低于 $1020kg/m^3$ 时，吸收塔显示的液位会比实际液位偏低，影响除雾器的冲洗；而当吸收塔内实际浆液密度高于 $1020kg/m^3$ 时，吸收塔显示的液位就会比实际液位偏高，影响亚硫酸钙的氧化。

减缓 GGH 堵塞和结垢的措施应从以下方面进行。

（1）正确进行系统设计，使流经除雾器的烟气流速均匀分布在合适的范围内，避免因流速不均引起烟气携带液滴而影响除雾效果。除雾器尽可能水平布置在吸收塔内，可使凝结在除雾元件上的液滴在重力作用下，直接落入吸收塔浆池内，降低除雾器结垢的几率。

（2）浆液浓度和 pH 值应控制在合理范围。浆液浓度和 pH 值越高，液滴中石膏、石灰石混合物浓度就越高，对烟气中 SO_2 与液滴中的石灰石反应越有利，但会造成石灰石耗量增加，同样条件下净烟气带到 GGH 的固体物增加。吸收塔浆液浓度一般控制在 10%～15%，pH 值控制在 4.5～5.2，最大不超过 5.6。

（3）在运行过程中注意加强监测吸收塔液位，总结吸收塔真实液位以上的"虚假液位"规律，防止泡沫从吸收塔烟气入口进入 GGH。

（4）在 GGH 运行中应及时进行吹扫，定期进行检查，如果发现有结垢的预兆就应进行处理。吹扫时一定要吹扫干净，不要留余垢，尤其是采用高压冲洗水在线冲洗时，一定要彻底冲洗干净。

（5）在大修期间，尤其是第一次大修期间更要对结垢进行彻底处理，可以采用机械方式或者是离线高压水冲洗，冲洗水压力不要超过 500MPa，如彩图 2-1-20 所示。

（6）记录、分析 GGH 运行数据，掌握 GGH 结垢规律，确定经济合理的吹扫周期和吹扫时间，把握高压冲洗水投运的时机和持续时间。通过掌握的运行资料，修编合理的 GGH 运行规程。

（7）在条件许可的前提下，尽量选择蒸汽吹灰，少用高压水冲洗。

（8）GGH 尽量选择封闭型的传热元件。开放型的换热元件虽然具有较高换热性能，但是存在烟气通道不封闭造成吹扫压缩空气压力过早衰减，不利于吹透换热片，导致吹灰效果差的问题，无法将刚刚黏附在 GGH 换热片上的灰尘及石膏颗粒彻底吹掉。

（9）如果采用压缩空气进行吹扫，建议提高吹灰器入口压缩空气压力和增加空气干燥设备。吹灰器入口压缩空气压力可以提高 0.8MPa 以上。

2. 腐蚀问题（见彩图 2-1-19）

GGH 腐蚀主要体现在壳体腐蚀、蓄热片腐蚀、转子腐蚀、GGH 上下烟道腐蚀、补偿器腐蚀。导致 GGH 腐蚀的原因主要有以下几方面。

（1）净烟气腐蚀：脱硫后湿烟气中含有少量 SO_2、SO_3 等腐蚀性气体，部分随水汽凝结，形成稀酸具有一定的腐蚀性，会黏附到 GGH 壳体及蓄热片上。

（2）原烟气腐蚀：原烟气 SO_2 浓度高，GGH 即回转式换热器，蓄热片黏附稀酸从净烟气低温侧转至高温侧，表面会吸收高温侧 SO_2、SO_3，同时蒸发水分，会产生大量高浓度酸液，腐蚀性很强。

（3）带浆腐蚀：吸收塔除雾效果不好，随烟气带出的腐蚀性浆液雾滴，黏附到 GGH 上导致腐蚀。

（4）泄漏腐蚀：原、净烟气密封不严，高低温烟气互串，导致腐蚀加剧。

（5）涉及气液接触的区域如 GGH 蓄热片及下部烟道高低压水冲洗涉及的区域，因工作环境的骤冷骤热，防腐也容易龟裂脱落。

3. 泄漏问题

GGH 难以完全密封，漏风率要求小于 0.5%，但实际运行中因泄漏风机设计选型低、密封片安装等原因，能将漏风率控制在 1% 以下的设备不多，密封不好，则导致原、净烟气互窜，高 SO_2 浓度原烟气泄漏到净烟气侧，则脱硫系统效率下降，出口排放浓度增加。如果进行粗略估计，GGH 泄漏率每增加 1 个百分点，系统脱硫效率较吸收塔脱硫效率将下降接近 1 个百分点。

4. 换热容量不可调

采用回转式 GGH 的另一个缺点是换热容量不可调，因国内电负荷变化大，大多数机组难以做到定工况运行，或多数时间不能保持较高负荷运行，当锅炉低负荷时，系统出口烟温偏低。

5. 设备本体问题

近年来，随着脱硫系统的相继投运，GGH 逐渐成为脱硫系统故障率最高，最影响可靠运行的设备。设备本身问题一般有以下几方面：

（1）蓄热片、壳体、转子选材防腐性能不好，特别是蓄热片腐蚀、塌陷造成断面堵塞情况较多；

（2）辅助设备故障率高，如高压冲洗水泵故障、冲洗喷嘴堵塞、吹灰器故障、驱动电机故障、低泄漏风机故障等。

6. 外部条件问题

如吹灰蒸汽品质（压力和温度）不够或采用蒸汽吹灰效果不好，高压水泵出力不够。

7. 安装问题

密封片间隙调整不好，间隙太大密封不好；间隙太小，运行后热膨胀，转子与密封片有摩擦，导致运行时，驱动电机电流高报警。现场安装焊接质量控制不到位、焊条规格不匹配、焊缝不合格，运行后有腐蚀。

8. 运行管理问题

（1）运行维护不及时或不到位，未按操作规程定期吹扫、冲洗或吹扫冲洗不彻底，致使软垢逐渐结成硬垢，乃至差压逐步升高，不得不停机处理。

（2）部分电厂开旁路运行，处理烟气量较少，GGH已有堵塞，但因断面流速低、仪表差压显示不明显，等到差压较高时再冲洗，积灰或软垢已变成硬垢，难以清除。

（3）部分电厂开旁路运行或机组热备，GGH暴露的问题较少。

9. 阻力问题

使用GGH系统阻力变化一般有三种情况：其一，GGH本体阻力增加350～1100Pa，早期GGH一般在1000Pa左右，近两年GGH断面设计流速下降，本体阻力多数可控制在500Pa左右；其二，连接GGH的烟道系统阻力视场地情况及烟道布置情况一般在200Pa左右；其三，烟囱自拔力相对不设GGH下降100Pa左右。

三、烟道防腐鳞片的脱落

近年来，在FGD装置运行中发现的防腐蚀失效案例有：不耐腐蚀、与钢结构基础脱层、穿孔等，如彩图2-1-21所示。这些失效情况的出现，究其原因涉及工程设计、材料选择、施工、装置运行及维护等多方面。

1. 基础结构设计

目前，国内FGD装置的基础绝大部分是钢结构，只有部分电厂的少部分烟道是混凝土结构。而在钢结构基础设计中，由于没有充分考虑内衬材料的特性，因强度和结构设计等方面的欠缺而导致最后的防腐蚀失效，是国内几个脱硫工程中出现的主要问题，如彩图2-1-21所示。

在钢结构装置中，若采用鳞片衬里材料，衬层在下述条件下容易产生震颤疲劳破坏：一是烟道等结构设计强度、刚性不足，特别是烟道布置受环境所限，其弯道、过流截面变化较大时，高速流动的烟气在烟道中过流会因弯道及过流截面变化而产生较大的压力变化，形成不稳定流动，导致烟道结构震颤，使本来就高温失强的鳞片衬里形成疲劳腐蚀开裂，严重时出现大面积剥落；二是在烟道结构强度设计中，出于结构补强需要，采用细杆内支撑补强，当高速流动的烟气在烟道中过流时，因烟气冲击压力作用引发支撑细杆抖动变形，导致支承杆与烟道壁焊接区衬层开裂。

国内外有关FGD装置的设计要求及经验表明，钢结构设计应有足够的强度。而在国内的一些FGD装置中，由于设计经验或者成本上的考虑，钢结构的材料均较薄。由于场地等限制性因素，在烟道的设计上又采用了多弯道、变截面结构，从而埋下鳞片衬里脱层等质量隐患。

在采用混凝土基础结构时，尤其在原烟气烟道内，由于长期的高温烟气作用，混凝土结构发生开裂等现象，从而导致在混凝土基础上的鳞片衬里结构也受到破坏，混凝土结构发生这种情况是不可避免的。

2. 鳞片材料

在防腐蚀工程项目中，防腐蚀材料本身的特性是关乎最终质量的一个关键因素。在近几年，随着国内 FGD 装置的大量兴建和市场容量的不断扩大，大量公司进入 FGD 防腐蚀材料（乙烯基鳞片）的生产，使得市场竞争越来越激烈。与此同时，一些厂家在没有任何技术研发支持、没有检测条件、没有应用背景和没有技术服务的情况下，贸然生产鳞片材料，并采用低价手段竞争。在一些 FGD 项目的应用中，运行不到半年的时间内就出现了质量问题。一些材料厂家为了争取到材料供应合同，一是通过采用劣质鳞片来降低成本，因为不同工艺（吹制法、压制法）生产出来的鳞片成本差异较大一些厂家甚至采用云母粉代替玻璃鳞片；二是鳞片表面不进行预处理，使鳞片的成本降低；三是不用助剂，或者是采用低性能助剂。因此材料质量得不得保证。

3. FGD 装置鳞片衬里的设计技术方案

对于一个重防腐蚀要求的工程，材料本身的特性是一个基础保障，但是，如何运用高性能的衬里材料，其设计方案更是一个高要求的技术性工作。在玻璃鳞片衬里工程中，发现即使采用进口材料，但最后工程防腐蚀失效或者是役期缩短的情况也时有发生，在排除施工因素外，工程设计方案的不足也是一个主要原因。

另外，在一些支撑梁或是设计阴阳角处的结构，一些厂家没有采取玻璃钢加强的形式，最后均可能导致防腐蚀的失效和使用年限的缩短。

4. 工程施工

在正确设计、合理选材的基础上，施工也是决定防腐蚀工程质量的关键。一些施工队伍多以刷漆、做地坪等土建防腐蚀为主业，承担如 FGD 装置这种重要设备的防腐蚀施工，往往在技术、施工机械、检测仪器方面准备不足。例如表面喷砂质量不达标、涂装施工间隔过长、不按材料的施工工艺要求进行施工、材料用量不足等等。

为了确保 FGD 工程和装置的经济性、长效性和系统性，应从 FGD 装置的设计开始，重视对材料供应商、施工公司的选择和施工过程的质量控制，只有做好对每一环节的有效全面的质量控制，才能确保鳞片衬里在 FGD 装置中的长效防腐。

四、烟道膨胀节泄漏

FGD 烟道膨胀节泄漏也是一个普遍问题，特别是在吸收塔出口。膨胀节本身质量和安装质量是其主要原因，彩图 2-1-22 为某厂膨胀节及风道烟气泄漏造成的外保温腐蚀。

由于 FGD 系统的烟气中带有一定量的水分，烟气温度较低时，水分便凝结成水，沉积在膨胀节空腔中。即使在非金属蒙皮上设置疏水口，但受运行时蒙皮的不规则底部形状以及疏水口的数量限制，也无法将沉积水完全排出。酸性的水不仅会腐蚀金属框架的防腐层，而且也不断腐蚀非金属蒙皮。同时酸性的水可能从蒙皮与防腐层的接合面渗漏出来。所以仅通过将蒙皮处螺栓拧紧，无法保证接合面不渗漏。非金属膨胀节的结构和非金属蒙皮内衬材料的选择是否合理将直接影响非金属膨胀节的耐腐蚀性和是否渗漏。

主要应对措施：采用质量较好的膨胀节材料，设计时轴径向变型比配好并考虑好疏水方式，安装时，定位精确，辅以特制的耐温耐腐密封胶。

五、烟道挡板门

1. 旁路挡板对锅炉的影响

典型的 FGD 系统中至少设置有原烟气挡板、净烟气挡板及旁路烟气挡板。烟气挡板是连接 FGD 系统和锅炉的重要部件，对锅炉的安全性有很大影响，特别是旁路烟气挡板。在 FGD 装置启动和停机期间，旁路挡板打开；正常运行期间，旁路挡板关闭，由 FGD 装置处理所有烟气。发生紧急情况时，旁路挡板自动打开，烟气通过旁路烟道进入烟囱。因此旁路挡板是确保事故状态下烟气畅通的关键部位，一旦失灵，则锅炉会因烟气被"闷"而造成炉膛正压迅速上升，最终被迫跳机。鉴于此，应高度注意旁路挡板及其运行与控制方式。

2. 确保旁路安全运行及动作的措施

（1）定期开关。

国内众多的 FGD 系统旁路关闭及快开试验表明，只要操作正确，FGD 旁路挡板动作正常，对锅炉负压不会造成大的影响；FGD 系统跳增压风机的试验表明，即使 FGD 系统发生最坏的工况，只要 FGD 旁路挡板能正常打开，对机组的正常运行影响都不大。因此，FGD 系统在旁路挡板长期关闭情况下运行，应对旁路挡板定期（一般每周一次）进行开关试验，确保旁路挡板在有快开请求时能够正确开启。

（2）烟道清灰。

利用机组检修的机会应及时对烟道中的积灰进行清理。

（3）正确使用，防止误动。

运行中必须严格正确地使用气源、电源，防止误操作导致分散控制系统 DCS 误显示以及造成热工拒动、误动，酿成不必要的事故。

（4）停运锁定。

当 FGD 装置检修或故障退出运行时，一定要将旁路挡板机械的闭锁装置锁定在开位，以防止在旁路挡板长期失去控制气源后因烟气压力波动而使挡板发生误关。这种现象在某电厂调试期间曾出现过，因承包方施工人员在 FGD 系统 168h 满负荷试运行结束停运消缺后忘记将旁路挡板机械闭锁装置锁定在开位，最终导致锅炉 MFT 保护动作。

（5）旁路手动。

某些 FGD 中，增压风机入口压力测点位置不合理，恰好落在烟气紊流区，波动极大。如果将旁路挡板直接放入烟气系统顺启程序中，则有可能会因压力波动大而导致顺启无法进行。旁路挡板的控制方式可采用手动、自动两种方式，不参与烟气系统的顺控启、停而单独操作，这样对锅炉烟气几乎不造成冲击，更稳妥，即在顺启烟气系统结束后，手动调节开大增压风机前导叶同时调节关小旁路挡板。

（6）渐开渐闭。

关闭旁路挡板的过程要缓慢，一边关闭挡板，一边监视原烟气压力和炉膛负压，同时关注增压风机的导叶开度情况。当旁路挡板关闭至 30% 左右开度时，注意关闭的速率要降低，因为这时旁路挡板的关闭幅度对烟道的压力影响最大。在关闭的过程中还要加强与锅炉主控的联系，手动调节开大旁路挡板，同时调节关小增压风机前导叶。在自动切换的情况下，旁路挡板和增加入口导叶的同步动作，维持风机入口压力。

（7）保安电源。

为保护 FGD 系统及减少对锅炉的影响，在设计时，原烟气挡板、净烟气挡板、旁路挡板的电源应接至主机房保安段，以保证在各种紧急情况下，各烟气挡板都能正常操作，提高 FGD 系统的安全性。

3. 挡板泄漏

烟气挡板泄漏也是常见的问题。对旁路挡板来说，泄漏造成一部分未脱硫的原烟气从旁路烟道直接排入烟囱，降低了整个系统的脱硫效率。同时会产生脱硫后净烟气回流问题，回流净烟气和高温的原烟气混合后再次进入脱硫系统，干湿烟气在原烟道内混合，水分增多、温度下降出现冷凝造成烟道腐蚀和风机动叶腐蚀积灰等，对 FGD 系统的安全性带来影响。

许多电厂都有 FGD 系统停运后因原烟气挡板关闭不严而存在原烟气漏烟问题。烟气漏入给 FGD 系统带来了许多负面影响。

（1）漏烟造成 FGD 系统内如吸收塔、GGH 的安装、检修环境恶劣（温度最高可达70℃以上，SO_2 浓度大，再加上潮湿）。由于 SO_2 的气味难闻，对人身伤害很大，安装或检修人员根本无法进入塔内开展工作。

（2）由于烟气中 SO_2 浓度大，漏入后会逐渐冷凝成酸液，对其后的烟道、增压风机动叶等设备具有很强的腐蚀性，严重影响设备的使用寿命。

经分析，烟气挡板漏烟的主要原因有以下两方面。

（1）密封风系统存在设计问题。如部分电厂挡板密封风系统为母管制集中式设计，即 3 个挡板共用 1 个密封风机（1 用 1 备），当其中 1 个挡板漏烟或其中 1 个烟道中压力比较低时，则大量密封风会从此处泄漏，从而使通到其他处的密封风量减少，降低其密封效果，甚至根本起不到密封作用。而烟气挡板处的压力恰恰是最大的，因此对烟气挡板的密封宜采用单独配置密封风机。

（2）安装调整问题。安装过程中挡板安装不到位，密封片没有调整好而留有较大的空隙，这都会造成挡板漏烟。如某厂密封风运行时，密封风管路压力一直升不上去，在小修时，检查挡板门发现，烟道顶上的 1 片挡板在全关时有 20～50mm 的间隙，这样密封风无法起作用。另外若挡板门的质量差，也会使密封片间隙过大而造成烟气泄漏，重新调整后漏风现象明显减少。

部分电厂密封风系统长期不投用，烟气倒吸或侵入密封风系统导致密封风管及风机腐蚀如彩图 2－1－23 所示。

 吸收系统设备及选型

第一节 系统组成及工艺流程

一、吸收系统组成

吸收系统是烟气脱硫的最核心部分，包括吸收塔、浆液悬浮系统（搅拌器或脉冲悬浮装置）、循环泵、氧化风机、氧化空气分布装置或氧化喷枪、喷淋层、喷嘴、除雾器及冲洗装置、排浆泵等关键设备。部分工艺还设有托盘、环板。

二、吸收系统工艺流程

吸收系统工艺流程图如图 2-2-1 所示（见文末插页）。

烟气从吸收塔中下部进入吸收塔与上部喷淋的石灰石浆液逆流接触，烟气中的二氧化硫被浆液洗涤，吸收 SO_2 后的浆液进入循环氧化反应槽，浆液中的亚硫酸钙被鼓入的空气氧化成石膏晶体。同时加入新鲜的石灰石浆液，补充被消耗掉的 $CaCO_3$，使吸收浆液保持一定的 pH 值。

主要化学反应方程式如下：

中和反应 $\qquad 2CaCO_3 + H_2O + 2SO_2 = 2CaSO_3 \cdot 1/2H_2O + 2CO_2$ $\qquad$ (2-2-1)

氧化反应 $\qquad 2CaSO_3 \cdot 1/2H_2O + O_2 + 3H_2O = 2CaSO_4 \cdot 2H_2O$ $\qquad$ (2-2-2)

经吸收剂洗涤脱硫后的清洁烟气，通过除雾器除去雾滴后由吸收塔上侧引出或由顶部引出，工艺流程见图 2-2-1。

第二节 系统设计及优化

逆流喷淋空塔是石灰或石灰石湿法 FGD 装置中应用最广的洗涤吸收装置。通常烟气从塔的下部进入吸收塔，然后向上流，在塔的较高位置布置了多层喷淋管网，循环泵将循环浆液输送至喷淋层，经喷淋管上的喷嘴喷射出雾状液滴，形成吸收烟气 SO_2 的液体表面。每层喷淋管网布置了足够数量的喷嘴，相邻喷嘴喷出的水雾相互搭接叠盖，不留空隙，形成完全覆盖吸收塔的整个断面。虽然对各层喷淋管可以采用母管制供浆，但最通常的做法是一台循环泵对应一个喷淋层。这样可以根据机组负荷、燃煤含硫量以及不同工况下所要求的洗涤效率来调整喷淋泵的投运台数，从而达到节能效果。也有的按满负荷工况设置一台备用泵，作为事故备用，或当燃用高硫煤的校核煤种时作备用喷淋层投运。

通常将塔体与反应罐设计成一个整体，反应罐既是塔体的基础，也是收集下落浆液的容器。也可以在塔外另设反应罐，但这种设计已被整体设计所代替。由喷嘴喷出的粒径较小的液滴易被烟气向上带出吸收区，当这种饱含液滴的烟气进入除雾器后，液滴被截留下来。最为通常的做法是将除雾器水平横跨地布置在吸收塔顶部，当然，也可以垂

直布置在吸收塔出口水平烟道中。

喷淋空塔的优点是压损小，吸收浆液雾化效果好，塔内结构简洁、不易结垢和堵塞，检修工作量少；不足之处是，脱硫效率受气流分布不均匀的影响较大，循环喷淋泵能耗较高，除雾较困难，对喷嘴制作精度、耐磨和耐蚀性要求较高。

一、设计原则

1. 吸收塔

湿法脱硫吸收塔一般采用逆流喷淋空塔，也可以采用脱盘塔、双向洗涤塔、鼓泡塔、动力波塔等其他塔形，少数工艺采用填料塔，塔形及尺寸可结合场地因地制宜。

2. 吸收塔入口设计

吸收塔的入口设计涉及干湿界面、冷热交替、喷淋浆液外泄、气流分布等诸多复杂工况，一般要求如下：

（1）烟道的接入尺寸及插入角度，需综合考虑，以减小压损，确保进入塔内的烟气分布均匀；

（2）烟道与塔壁交接处，应设置帽檐挡板或挡棚，防止飞溅的浆液倒流，在烟道内沉积固体物；

（3）干湿交界面设计要综合考虑，结构材料的选择应考虑高温、沉积物中高浓度腐蚀物质和沉积物引起的点蚀和缝隙腐蚀。

3. 喷淋装置

喷淋装置主要用于将湿法脱硫循环浆液输送至吸收塔截面的各个点，通过喷嘴均匀喷洒，确保浆液覆盖全塔，并均匀分布。吸收塔内部的喷淋系统，是由分配母管/支管和喷嘴组成。母管和支管在吸收塔端面内平行对称布置，形成一个网状管路系统，该系统能使浆液在吸收塔内分布均匀。一般每个喷淋层设置一台吸收塔浆液循环泵，可以保证每个喷淋层的浆液流量相等。每个喷淋层上安装有足够数量的喷嘴，可以保证浆液进行充分的雾化，由浆液循环泵输送来的浆液，通过网状管路进入喷嘴雾化，喷入烟气中。合理优化布置设计喷淋层网状管路，才能保证浆液在整个吸收塔断面上进行均匀的喷淋。

喷淋系统的设计要求主要有以下几点：

（1）喷淋装置的设计应结合吸收塔结构及烟气量、循环浆液量等综合考虑。喷淋层数量一般不少于三层，可以采用双向喷嘴、也可以采用单向喷嘴，喷嘴的布置确保浆液覆盖率为200%～300%。在取消烟气旁路时，喷淋层至少应设置一层备用层。

（2）喷淋母管和支管管径、变径等的设计要合理，以保证各个喷嘴处流量及压力均匀稳定。变径、接口、接头处要光滑过渡，以减小阻力。

（3）喷淋管应适应浆液的特性，包括浆液成分、含固量、温度、压力、黏度、pH值、氯离子浓度等。

（4）喷淋管的安装设计可以采用母管固定式，也可以采用独梁支撑或组合梁支撑。采用支撑梁时应考虑相应的喷淋管与梁及卡箍接触部位应设有耐腐减振橡胶和PP垫板，梁应做耐腐耐磨耐冲刷的处理。

（5）喷淋母管设计时底部要考虑排空措施，以防止浆液残留结垢结块，导致喷嘴堵塞。

（6）喷嘴的选型和设计对流量和压力应有一定的适应性。雾化粒径与烟气流速要匹配，粒径太粗气液接触不充分，粒径太细雾滴容易被烟气带走。近塔喷嘴的扩散角和安装位置要合理，以减小壁流量和对塔壁的冲刷。顶层喷淋采用双向喷嘴时，与除雾器安装间距应考虑喷嘴上喷的喷射高度。

（7）喷淋层间距的设计不仅要考虑到满足性能要求，而且应充分考虑到便于工作人员进入吸收塔对浆液分配管网及喷嘴进行检修和维护。

4. 烟气流速

逆流喷淋塔烟气流速设计直接影响系统阻力、塔高、烟气带水带浆等诸多方面，综合技术、经济、场地等诸多因素考虑，烟气流速 3～6m/s，多数设计取 3.5～4.5m/s，流速太高容易导致吸收塔带浆，流速太低则设计不经济。

5. 氧化浆池

浆池直径可以与吸收区塔径相同，也可变径。在场地许可的情况下，采用变径塔可有效降低塔高，减少搅拌器层数，利于节能。浆液停留时间为 2～5min，非浓浆（含固量大于25%）洗涤工艺，浆液停留时间应不小于 3.5min，一般设计停留时间为 4～5min。

6. 浆液悬浮系统

浆液悬浮系统采用搅拌器或脉冲悬浮装置。搅拌器根据浆池结构、浆液特性可以两层布置也可以一层布置。搅拌器及脉冲悬浮装置的布置应确保浆液充分悬浮无死角，同时促进氧化空气的有效分散，确保氧化效果。

7. 氧化系统

氧化系统由氧化风机、风管、氧化喷枪或塔内氧化空气分布管组成，氧化系统对脱硫效率和副产物品质有着直接影响。

（1）氧化风机一般采用罗茨风机，设置备用，流量超过 10 000m³/h，可采用高效离心风机。风机流量确保氧化倍率为 1.8～2.5，扬程保证喷枪或氧化空气分布管出口压力略高于临界压力。压力太低出力不够、压力太高不利于氧化空气分布。

（2）氧化喷枪或塔内氧化空气分布管可由耐腐耐磨材料制成，如 FRP、合金材料制作。

（3）氧化喷枪一般与搅拌器组合使用，两者设计安装位置，应确保氧化空气的均匀分散。

（4）采用氧化空气分布管时可与搅拌器组合使用，也可与脉冲悬浮装置组合使用，应考虑好防堵和冲洗措施。

二、系统配置方案

脱硫装置的吸收塔系统原则上采用一炉一塔方案，具体应结合场地及机组负荷、运行方式等综合考虑。吸收塔一般自下而上分为氧化浆池、吸收区、除雾区三个区域。

吸收塔下部为氧化浆池，又称反应池，设有浆液悬浮系统和氧化系统。氧化系统可采用喷枪或布管两种方案，布置在浆池的中下部，由单独的氧化风机供气。氧化风机应设置备用，每塔 2 运 1 备或 3 运 1 备，两套脱硫装置就近布置或对称布置时，可考虑两个脱硫塔的备用风机公用。氧化空气喷枪一般与搅拌器组合使用，塔内布管时可以采用搅拌器也可以采用脉冲悬浮。搅拌器的布置可以分层布置、也可以单层布置。

氧化浆池上部为吸收区域，主要为浆液洗涤喷淋系统，喷淋层一般布置在吸收区上部，喷淋层一般不少于三层，可采用双向喷淋，也可采用单向下喷淋或组合喷淋技术。

除雾器布置方式有两种，一种为布置在吸收塔内，一种为布置在水平烟道上。塔内布置的除雾器可以采用屋脊式或平板式，若不设 GGH，宜考虑采用屋脊式。除雾器的冲洗至少设置三层。

三、吸收系统优化与节能措施

吸收系统中，吸收塔本体、循环浆液系统、浆液搅拌系统、氧化系统、喷淋系统、除雾系统等的调整、优化，对优化系统配置、降低吸收塔高度、改进脱硫性能、减少一次性投资和运行费用效果显著。

（1）吸收塔结构优化，可降低能耗和一次性投资。如果场地条件和吸收塔结构条件许可，采用变径吸收塔，吸收塔浆池高度适当降低，原则不低于循环泵最低工作液位要求，且塔径调整最大不超过搅拌系统的助推扰动范围。一方面，可有效降低塔高、连接烟道长度及支撑结构高度，减少一次性投资。同时，工作液位降低，可以考虑采用单层搅拌悬浮系统设计，也有利于降低氧化风机扬程，降低能耗。

（2）喷淋系统优化提高洗涤效果。除高硫煤电厂外，电厂脱硫装置的喷淋系统采用 3 ~ 4 层喷淋层，喷淋层数量、间距、喷嘴形式、喷射角度、喷嘴布置方式对脱硫效率、吸收塔阻力、烟气携水量等有着很大影响。

当脱硫装置处理烟气量大，硫分高，导致循环浆液量大时，喷淋层采用双母管喷淋设置，有助于减小喷淋母管管径，优化喷嘴布置，减少洗空区，缩小喷淋层间距，降低塔高，以减少一次性投资。喷淋层设置见彩图 2 - 2 - 2。

采用双向喷淋装置，可提高吸收区的气液接触时间，利于二氧化硫的吸收。顶层喷淋层距离除雾器下层冲洗管中心间距范围，应大于循环泵扬程 105% 时喷嘴喷射临界有效覆盖高度，要结合泵扬程和喷淋管径、喷嘴设计综合考虑确定。

国电科学技术研究院开发的组合喷淋系统，结合单喷、双喷两种技术的优点，采用顶层单向喷淋，配以多层双向喷淋的组合式喷淋层，顶层采用单向下喷喷嘴，其余为上下双向喷嘴。喷淋系统顶层喷淋采用单向下喷的高流速宽射角喷嘴，并适度调整与下层喷淋层的间距，可以使下层上喷的超细微滴充分汇聚汇凝，减小超细浆液雾滴穿过上层水帘在除雾器上汇集结垢或带进净烟道的几率，也可有效防止超细浆液雾滴在 GGH 蓄热片表面结垢，并可避免因循环泵设计或选型扬程偏差导致浆液冲到除雾器上的问题，而且可以降低喷淋层与除雾器之间的间距，从而降低塔高、减少造价，节约投资。

吸收塔近壁单、双喷的喷嘴均采用小射角专用喷嘴，距塔壁适度距离安装，以减小壁流浆液量和防止塔壁磨损蚀穿，同时也提高了浆液洗涤的实际有效液气比，提升了脱硫效率，如图 2 - 2 - 3 所示。

（3）浆液悬浮及氧化系统的优化。对于负荷变化范围宽或煤质硫分波动较大的机组，氧化风机的设置可以考虑改变常规 1 + 1 设置方式，结合机组负荷、硫分波动状况考

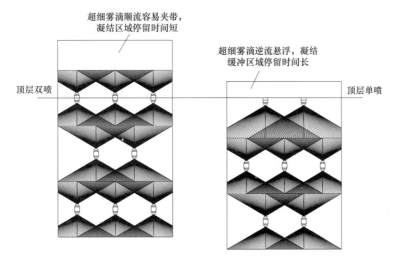

图 2-2-3 组合喷淋比较效果图

虑 2+1 或 N+1 台布置方式，以提高运行的灵活性和经济性。

氧化风管应考虑喷水降温设计，可以降低氧化风管对耐温的要求，防止管道老化，延长使用寿命，同时可防止接触浆液的管道或喷枪表面浆液沉积结垢，并提高氧化空气在浆液中的溶解度，提高氧化率。

此外，氧化风机压头和管路阻力的核算，要确保氧化喷枪出口氧化空气压力稍高于该处浆液临界压力。如果压力太高，会导致氧化空气一出喷枪口迅速冲出液面，不能在搅拌器作用下充分分散，在浆液中停留时间短，不利于氧气的溶解，氧化效果不佳。压力太低了，氧化空气鼓出喷枪口时容易形成大气泡，氧化空气不易扩散和分散，气液接触面积小，氧化效果不好。氧化空气的分布采用喷枪时，喷枪与搅拌器的安装位置非常重要，喷口位置应位于搅拌器的扰动旋心，以便于搅拌器的助推分散。氧化空气的压力、喷枪的位置、搅拌器的推进转速等相互之间的配合设计非常重要，这也是近年来国内许多脱硫装置氧化效果不好的原因之一。

（4）除雾系统的优化。对两级平板式除雾器，中间冲洗层采用并层设计，采用一层管路，交替在上下冲洗，降低了吸收塔的高度。冲洗管路可采用并管设计，使冲洗阀的配置数量和控制点数比常规设计减半，可有效降低一次性投资。冲洗控制方式采用阀门交替同步启停控制，可提高除雾器的有效冲洗时间和冲洗效率，有效避免了阀门开关时管路瞬间冲击压力大引起的破坏问题。

（5）减少吸收塔壁流，提高塔内有效液气比。在吸收塔喷淋区增设的导流圆环将上行的烟气引入喷淋洗涤区域，防止烟气爬壁短路，同时将沿壁下流的浆液再次引入喷淋区。提高了吸收塔近塔壁区域的有效液气比，提高了脱硫效率，可降低设计选型液气比，节省了循环泵电耗，同时可防止吸收塔内壁受浆液冲刷，提高防腐内衬的使用寿命。彩图 2-2-4 为传统工艺与增设导流圆环洗涤效果示意图，增设导流圆环模型及某厂实例如彩图 2-2-5 所示。

（6）吸收塔排浆系统的优化。本着系统节能优化的原则，吸收塔排浆系统可结合输送距离的远近、燃煤硫分及锅炉负荷变化情况，综合考虑是采用间隙排浆方案设计，还是采用连续排浆方案设计，浆液管道设计循环回流方式有大循环和吸收塔就地循环两种。具体根据硫分、负荷波动优化设计，多数情况下采用间隙排浆就地循环方案，对负荷不高或变化频繁的机组运行更经济。排浆管路 pH 计建议采取高位旁路缓冲式安装，以防止管路堵塞，延长电极使用寿命，减少维护量。

第三节　主要设备及选型

一、吸收塔

吸收塔是燃煤烟气湿法脱硫装置的核心设备，烟气的洗涤、二氧化硫的吸收、副产物亚硫酸钙的氧化均在塔内进行。根据气液接触的不同，可把常用的吸收塔类型分为喷淋塔、鼓泡塔、液柱塔、填料塔、动力波塔等几种形式。各种类型的吸收塔的技术特性对比见表 2-2-1。其中，喷淋塔结构简单、运行维护方便、脱硫效率高、工程业绩多、技术成熟，是脱硫工艺的主流塔型。

表 2-2-1　　　　　　　　　几种常用吸收塔的技术特性比较

项目	原　　理	脱硫效率（%）	运行、维护	自控水平
填料塔	吸收剂浆液在吸收塔内沿格栅填料表面下流，形成液膜与烟气接触去除 SO_2	≥95	格栅易结垢、堵塞，系统阻力较大，需经常清洗除垢	高
鼓泡塔	吸收剂浆液以液层形式存在，而烟气以气泡形式通过，吸收并去除 SO_2	≥95	系统阻力较大，无喷嘴堵塞、结垢问题，运行较稳定可靠	高
液柱塔	吸收剂浆液由布置塔内的喷嘴垂直向上喷射，形成液柱并在上部散开落下，在高效气液接触中吸收去除 SO_2	≥95	能有效防止喷嘴堵塞、结垢问题，运行较稳定可靠	高
喷淋塔	吸收剂浆液在吸收塔内经喷嘴喷淋雾化，在与烟气接触过程中，吸收并去除 SO_2	≥95	喷嘴易磨损、堵塞和易损坏，需要定期检修更换	高
合金托盘塔	吸收剂浆液经喷嘴雾化，在合金托盘上与烟气中 SO_2 均匀反应	≥95	托盘系统阻力较大	高

1. 喷淋塔

喷淋塔在塔内布置几层喷淋层，吸收剂由循环泵输送至喷淋层，通过喷嘴雾化成液滴，液滴与烟气充分接触，洗涤烟气中的二氧化硫，完成传质过程，净化烟气，是目前脱硫装置中用得最多的塔型。一般在塔内布置三层以上的喷淋层，每层间距 1.5~2m，喷嘴形式、压力直接影响浆液雾化粒径，理论上讲，雾化粒径越细，气液接触表面积越大，传质效果越好，也有利于液滴在烟气中悬浮，延长气液有效接触时间，对提高脱硫效率有积极作用。液滴在塔内停留时间与雾化粒径、喷嘴出口速率、烟气流向、烟气流速等有关。

（1）德国 FBE 公司（原德国 Steinmuller 公司）喷淋塔。彩图 2-2-6 所示吸收塔采用原德国 Steinmuller 公司湿法脱硫技术，现属于费赛亚巴高克环境工程公司（FISIA BABCOCK ENVIRONMENT GMbH），其主要特点如下所示。

1）无填料喷淋空塔：吸收塔采用单循环喷雾空塔，无内部填料，表面平滑，流场优化，内部采用强制氧化，降低塔内结垢堵塞倾向。

2）浆液停留时间长：浆池足够大，一般浆液停留时间 5min，石灰石可以充分的溶解，有利于石膏晶核的成长和结晶、亚硫酸根转化为硫酸根和系统 pH 值的控制，这样对石灰石成分的变化适应性好，石膏品质和脱水性能可以很好保证，并且大大降低系统管道的结垢和堵塞。

3）搅拌悬浮强制氧化专利技术：搅拌器分上下两层布置，上层为氧化搅拌器，与氧化空气喷枪结合使用，使浆液中的固体物质与氧化空气接触，加强浆液的氧化反应，这是 FBE 公司的专利技术；下层为悬浮搅拌器，使浆液中的固体物质保持在悬浮状态，避免浆液沉淀。这种氧化方式的设置可以提高系统氧化效果、降低氧化风机的压头，从而降低投资和系统电耗，并且在长期停运时，上下搅拌器均可停运。

4）独立的循环泵设置：每个喷淋层配一台循环泵，一方面流量、扬程准确，确保喷嘴的雾化效果和传质反应；其二，可以增加系统运行的灵活性，在低负荷和低 SO_2 浓度时可停运部分泵，降低运行成本；其三，循环泵的叶轮备用少，高扬程泵叶轮可以经过切割处理后换到低扬程泵继续使用。

（2）鲁奇·能捷斯·比晓夫公司洗涤塔。德国 LEE（原 LLB）公司石灰石—石膏湿法脱硫塔（见彩图 2-2-7），除具有上述提及的石灰石—石膏湿法脱硫工艺技术特点外，LEE 公司的石灰石—石膏湿法脱硫工艺还具有如下技术特点。

1）采用池分离器技术将吸收塔反应池分为 pH 值不同的两部分，可以在单回路系统内获得双回路系统的效果，分别为氧化和结晶过程提供最佳反应条件，从而提高石膏质量并得到最佳的氧化空气利用效率，也有助于进一步提高脱硫效率。

2）采用脉冲悬浮系统避免在吸收塔内安装易磨损腐蚀、搅拌不够均匀的机械搅拌部件。该系统具有节省能耗、搅拌均匀、在长时间停运后重新投运时可使吸收塔浆液快速悬浮、停车时无需运行脉冲悬浮泵等优点。

3）喷淋层喷嘴布置进行了优化，从而增加了传质表面积、降低压降、降低循环液体用量。

4）除雾器采用特殊的屋脊型除雾器布置方式，由此可以降低气体压降、改善气流分布、便于安装及维护、节约冲洗水量。

（3）美国 B&W 公司洗涤塔。美国 B&W 公司洗涤塔模型如彩图 2-2-8 所示，该公司技术有如下特点。

1）可适应多种吸收剂：在已投运的 FGD 装置中采用了各种吸收剂，包括石灰石、石灰、镁石、废苏打溶液。

2）可适应多种燃料烟气：已为燃煤、油、垃圾、奥里油以及含硫量达 8% 的石油焦的机组提供了 FGD 装置。

3）适用于高硫煤：其处理原烟气中 SO_2 含量最高达到 4650ppm（合 13 252mg/m^3，标态）。

4）脱硫效率高：一般大于 95%。

5）燃煤锅炉烟气的除尘效率高，达到 80%。

6）负荷适应性好，对负荷变化反应快。

7）B&W 专利技术交叉喷淋可减少吸收塔的高度。

8）由于托盘可以作为检修平台，使得检修维护非常方便。

9）采用 B&W 专利技术—托盘。采用托盘具有以下优势：其一，气流均布，烟气由吸收塔入口进入，形成一个涡流区，烟气由下至上通过合金托盘后流速降低，并均匀通过吸收塔喷淋区；其二，提高脱硫效率，由于托盘可保持一定高度液膜，当气体通过时，气液强烈接触，可以起到吸收气体中部分污染成分的作用，从而有效降低液气比，提高了吸收剂的利用率，降低了循环浆液泵的流量和功耗；其三，检修维护方便，设置合金托盘后，塔内部件检修时不需搭建临时检修平台，运行维护人员站在合金托盘上就可对塔内部件进行维护和更换。

（4）马苏莱吸收塔。马苏莱吸收塔模型如彩图 2－2－9 所示。

（5）川崎喷淋塔。川崎喷淋塔及新型吸收塔分别见彩图 2－2－10、彩图 2－2－11。吸收塔采用先进的逆流喷淋塔。烟气由一侧进气口进入吸收塔的上升区，在吸收塔内部设有烟气隔板，烟气在上升区与雾状浆液逆流接触，处理后的烟气在吸收塔顶部翻转向下，从位于吸收塔烟气入口同一水平位置的烟气出口排至除雾器。

逆流喷淋塔具有如下特点：

1）吸收塔的构造为内部设隔板、排烟气顶部反转，出口内包藏型的简洁吸收塔；

2）采用螺旋状喷嘴，所喷出的三重环状液膜气液接触效率高，能达到高效吸收性能和高除尘性能；

3）通过烟气流速的最适中化和布置合理的导向叶片，达到降低阻力、节能的效果；

4）吸收塔出口部具有除水滴的作用可降低除雾器负荷，确保除雾器出口水滴达标；

5）出口除雾器的布置高度低，便于运行维护、检修、保养；

6）吸收塔内部只布置喷嘴，构造简单且没有结垢堵塞；

7）通过控制泵运行台数可以针对负荷的变化达到经济运行；

8）低压喷嘴所需泵的动力小，为节能型；

9）单个喷嘴的喷雾量大，需要布置的数量少；

10）喷嘴材质为陶瓷，耐腐蚀、耐磨损，具有 30 年以上的使用寿命。

吸收塔塔体材料为碳钢内衬玻璃鳞片。吸收塔烟气入口段为耐腐蚀、耐高温合金。

吸收塔内上流区烟气流速达到 4.1m/s，下流区烟气流速为 10m/s。一般在上流区配有 3 组喷淋层，每组喷淋层由带连接支管的母管制浆液分布管道和喷嘴组成。喷淋组件及喷嘴的布置设计成均匀覆盖吸收塔上流区的横截面。喷淋系统采用单元制设计，每个喷淋层配一台与之相连接的吸收塔浆液循环泵。

每台吸收塔配三台浆液循环泵。运行的浆液循环泵数量根据锅炉负荷的变化和对吸收浆液流量的要求来确定，在达到吸收效率要求的前提下，可选择最经济的泵运行模式以节省能耗。

吸收了 SO_2 的再循环浆液落入吸收塔反应池。吸收塔反应池装有 6 台搅拌机。氧化风机将氧化空气鼓入反应池。氧化空气分布系统采用喷管式，氧化空气被分布管注入到搅拌机桨叶的压力侧，被搅拌机产生的压力和剪切力分散为细小的气泡并均布于浆液中。一部分 HSO_3^- 在吸收塔喷淋区被烟气中的氧气氧化，其余部分的 HSO_3^- 在反应池中被氧化空气完全氧化。

吸收剂（石灰石）浆液被引入吸收塔内中和氢离子，使吸收液保持一定的 pH 值。中和后的浆液在吸收塔内循环。

吸收塔排放泵连续地把吸收浆液从吸收塔送到石膏脱水系统。通过排浆控制阀控制排出浆液流量，维持循环浆液浓度大约为 25%（质量比）。

脱硫后的烟气通过除雾器来减少携带的水滴，除雾器出口的水滴携带量不大于 $75mg/m^3$（标态）。两级除雾器安装在吸收塔的出口烟道上，除雾器由聚丙烯材料制作，型式为 Z 型，两级除雾器均用工艺水冲洗。冲洗过程通过程序控制自动完成。

吸收塔入口烟道侧板和底板装有工艺水冲洗系统，冲洗按自动周期进行。冲洗的目的是为了避免喷嘴喷出的石膏浆液带入入口烟道后干燥黏结。

在吸收塔入口烟道装有事故冷却系统，事故冷却水由工艺水泵提供。当吸收塔入口烟道由于吸收塔上游设备意外事故造成温度过高而旁路挡板未及时打开或所有的吸收塔循环泵切除时本系统启动。

2. 鼓泡塔

鼓泡塔原理就是烟气通过多个管道分散后直接导入吸收塔的浆液池中，一定压力的烟气冲击浆液，产生大量气泡，气液混合接触，在混合和翻腾的过程中烟气中的 SO_2 被浆液吸收，原理图见彩图 2 - 2 - 12。经吸收后的气泡汇聚排出吸收塔，该塔结构复杂，塔的高度相对较低（见彩图 2 - 2 - 13），但吸收塔本体占地大、阻力大。

该技术是由日本千代田公司开发第一代烟气脱硫工艺——CT - 101 工艺，它以含铁催化剂的稀硫酸作为吸收剂、副产物为石膏。目前，该装置在日本已有 10 余套在运行。1976 年，在 CT - 101 基础上，千代田公司又开发了第二代烟气脱硫系统 CT - 121，这项技术将 SO_2 的吸收、氧化、中和、结晶和除尘等几个工艺过程合并在一个吸收塔内完成，这个吸收塔反应器即是此工艺的核心，叫喷射式鼓泡反应器（Jet Bubbling Reactor：JBR，简称鼓泡塔），如彩图 2 - 2 - 14 所示。

鼓泡塔改变了 CT - 101 工艺中吸收塔的方式，使吸收剂成为连续相而吸收质成为分散相，从而大大降低了传质阻力，加快了反应速度，增大了设备的处理能力。整个装置系统简单、占地面积小、投资省、运转费用低。

在石灰（石灰石）脱硫工艺中，为提高效率并防止结垢，液气比越来越大，吸收液在塔外的循环量越来越多，造成投资和运行费用增加。千代田公司早年研究、开发 JBR

技术是将烟气通过气体分布装置 JBR 内吸收液形成气泡层进行脱硫反应,如图 2 - 2 - 15 所示的 JBR 有两个区:一个喷射鼓泡区与一个反应区。烟气被气体所分散,该装置的开口在液面下 100 ~ 400mm 处。这种气体分散方法使表观气体流速达到数千 m³/(m²·h),是通常鼓泡塔气速的 10 倍。该装置产生一喷射鼓泡层,其中液体被气拌,而气泡则被液体运动所细分。在这一层中,由于气液界面大,液体作涡流运动,效率高。在喷射鼓泡层内气相停留时间短(0.5 ~ 1.5s),液相在 JBR 内的停留时间则长达 1 ~ 4h。

在反应区(包含液相主要部分),由于空气鼓泡与机械搅拌(有的 JBR 反应器安装有机械装置)使空气与液体充分混合。由于有悬浮的石膏晶种和足够的停留时间,可使石膏晶粒长至需要的大小。

图 2 - 2 - 15 所示为喷射鼓泡区与反应区的液体流动情况,气泡在喷射鼓泡区引起的液体环流代替了泵(通常石灰/石灰石法用泵使液体在塔外循环)的作用。

图 2 - 2 - 16 是气体喷射装置,当气体由出气口以 5 ~ 20m/s 的速度水平喷射至液体中时,在出气口水平附近形成气体喷射泡,然后由于浮力作用而曲折向上。气泡被急剧分散,形成喷射鼓泡层。在喷射鼓泡层中,气体塔藏量与浸入深度及释放气速有关,浸入越浅或释放气速越快,气体塔藏量越高。液体深度为 100 ~ 400mm 时,气体塔藏量为 0.5 ~ 0.7,在这些条件下,气泡直径相当于 3 ~ 20mm 的球。彩图 2 - 2 - 17 是某电厂 JBR 内实际的气体喷射管和氧化风管。

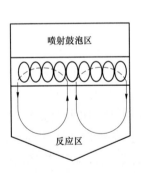

图 2 - 2 - 15 鼓泡区与反应区的液体流动

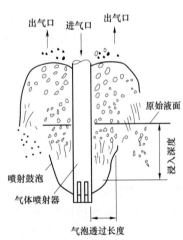

图 2 - 2 - 16 气体喷射装置

在美国电力研究所(EPRI)的资助下,1978 年 8 月—1979 年 6 月,千代田公司在美国佛罗里达州 Sneads 海湾电力公司的斯考兹(Scholz)电厂建设了第一套配 23MW 机组的 CT - 121 工艺的示范装置,取得了工业装置运行的经验,开始较大范围的推广。到目前为止,已有 50 多套 CT - 121 脱硫系统在运行,其最大的机组容量为 1000MW,1998 年在日本东北电力公司原町电厂投运,处理烟气量为 2 895 000m³/h(标态),设计 SO_2 浓度为 880×10^{-6},脱硫率为 92%,副产品用于制作石膏板和水泥。我国重庆长寿化工厂 1995 年 7 月投运一套,云南滇东电厂 4 × 600MW、广东省台山电厂 5 × 600MW 新建燃煤机组配套的 CT-121 工艺也已投运。

鼓泡塔的实际应用表明它有以下几个显著特点。

（1）工况适应性强。当入口烟气量和烟气中 SO_2 含量发生变化时，鼓泡塔除了可通过调节浆液 pH 值外，还可调节液位高度即喷射管的浸没深度来满足脱硫效率。液位可控，以适应不同的煤种，同时也能较好地适应机组负荷的变化。

（2）副产物品质好。生成的石膏晶体颗粒大，平均粒径可达 $70\mu m$，易于脱水，石膏的品质较好。

（3）附带除尘效果好。烟气在液体中鼓泡时有类似水膜除尘的效果，因此鼓泡塔对烟气除尘的效果更好。试验论证表明，对大于 $2\mu m$ 的粉尘可除去 99%，对 $0.6\sim1\mu m$ 的粉尘除尘效率明显下降，对 $0.6\mu m$ 以下的粉尘则没有效果。

（4）无需喷淋层和循环泵、占地大。鼓泡塔省略了浆液循环泵和喷淋层，将氧化区和脱硫反应区整合在一起，且将除雾器布置在出口烟道，使塔的高度降低，但鼓泡塔单塔的直径大（台山电厂为 $\phi23m\times17.8m$），占地面积较大。

（5）鼓泡塔内部结构较复杂，安装难度和维护量大。

（6）系统阻力大、能耗高。由于结构复杂且烟气要通过浆液层，使系统阻力增大，增压风机的功率也比喷淋塔的大，尽管省去了循环泵，但设有烟气冷却泵，若要提高烟气脱硫效率，必须提高塔内的鼓泡区液面高度，而增加 1mm 的液面高度就意味着增加 1mm 石膏浆液的烟气压降。因此 JBR 系统总的电耗要比喷淋塔大。

（7）需要预喷淋降温装置。鼓泡塔内部烟气的喷射管采用 PVC 管，上升管和氧化空气管、隔板及冲洗水管等均为玻璃钢 FRP 材料，对温度要求高，要求进入鼓泡塔的烟气不能超过 65℃，在进入吸收塔之前烟气进行降温，使烟气系统复杂化；如采用合金，则价格昂贵。

（8）浆液携带量大，对除雾器设计要求高。鼓泡塔出口烟气携带的液滴含量高，对尾部烟道、GGH 的运行不利、国内部分电厂运行中频现除雾器堵塞情况。当采用湿烟囱排放时，有时会出现较严重的"石膏雨"。

3. 液柱塔

液柱洗涤技术采用浓浆洗涤工艺，同一规格的循环泵及备用泵采用母管制，输送至喷淋系统，通过分配支管与塔内喷浆管相连，喷淋层的浆液喷嘴向上喷射［浆液浓度30%（wt%）］，通过顺流、逆流双向洗涤脱除烟气中的二氧化硫。

（1）液滴的形成和脱硫的机理。液柱塔的浆液从喷嘴喷出后在上升的过程中及从液柱顶端向下回落的过程中，可与烟气重复接触两次，通过液气的这种高效接触达到脱硫。此外，因到达液柱顶端的浆液其上升速度和下降速度均为零，在此处形成高密度的液滴层，液气之间可更充分接触而达到高效脱硫。液柱塔的高效脱硫性能是靠上述两次重复接触和液柱顶端形成的高密度区域来实现的。液柱塔原理及模型如彩图 2-2-18 所示。

（2）液柱塔的液柱高度和脱硫效率的关系。液柱塔的所有循环泵均由同一根喷浆母管相连接，泵的运行台数可按照锅炉负荷进行追踪控制。泵的运行台数发生变化时液柱高度也会发生变化。

4. 动力波塔

原烟气从进气管进入动力波烟气洗涤塔，见彩图 2 - 2 - 19。烟气从进气管由上而下与逆流喷嘴向上喷的洗涤液发生碰撞形成高涡流的泡沫层。在气液接触过程中烟气中大部分的二氧化硫与洗涤浆液或碱性溶液反应生成亚硫酸盐，在塔底氧化浆池中鼓入空气氧化成硫酸盐，同时烟气由布置在进气管与塔壁之间的除雾系统除雾后排放。该技术隶属于美国原孟山都环境化学公司。

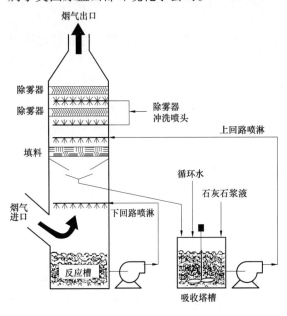

图 2 - 2 - 20　双回路吸收塔工艺流程

5. 双回路吸收塔（DLWS）

双回路吸收塔的特点是有 2 个独立的反应罐和形成 2 个循环回路，这 2 个循环回路在不同的 pH 值下运行，其工艺流程如图 2 - 2 - 20 所示。下循环浆液来自作为吸收塔塔体基础的下回路反应罐，下循环浆液经下回路循环泵送至位于吸收塔较低处的下循环喷淋母管中，进入吸收塔的烟气被喷出的下循环浆液冷却至饱和温度，经预洗涤后的烟气向上提升，经碗形集液斗上的导流叶片进入上循环回路的吸收区，上吸收区通常布置有 2 ~ 3 个喷淋层，为了提高脱硫效率也有的在上吸收区布置填料床。来自另一个单独的上吸收区加料吸收塔槽的上循环浆液经上循环泵送至上吸收区，洗涤烟气后经集液斗流回加料槽，构成上循环回路。加料槽的溢流浆液流入下回路反应罐中。石灰石浆液可以单独加入加料槽中，也可以同时引入下回路反应罐中。下回路反应罐中的浆液经吸收塔出浆泵送至脱水系统，经水力旋流器、真空皮带过滤机脱水得到高质量的石膏副产物。经水力旋流器分离出来的部分浓浆和溢流稀浆返回下回路反应罐，调节下回路浆液浓度至12% ~ 15%（质量比）。上回路循环浆液的浓度也需控制，通常为 8% ~ 12%（质量比）。由此可看出，DLWS 较之前面讨论的单循环吸收塔的结构和设备要复杂些，所需测量和控制设备也要多些，操作要繁琐些。

DLWS 通过优化两个不同的浆液循环回路的化学反应过程可以获得一些特有的优点。通过分析上、下循环回路的主要化学反应可以看出其特有的优点。

下循环回路主要化学反应为

$$SO_2 + CaCO_3 + \frac{1}{2}O_2 + 2H_2O = CaSO_4 \cdot 2H_2O + CO_2 \qquad (2 - 2 - 3)$$

$$CaSO_3 \cdot \frac{1}{2}H_2O + \frac{1}{2}O_2 + \frac{3}{2}H_2O = CaSO_4 \cdot 2H_2O \qquad (2 - 2 - 4)$$

$$SO_2 + CaSO_3 \cdot \frac{1}{2}H_2O + \frac{1}{2}H_2O = Ca(HSO_3)_2 \qquad (2 - 2 - 5)$$

上述反应生成的 $Ca(HSO_3)_2$ 使下循环浆液具有相当强的缓冲性能，使得浆液的 pH

值不会因为烟气中 SO_2 浓度的变化而发生太大的波动，大致为 4~5。这使得下回路具有以下特点：

（1）下回路的低 pH 值有助于石灰石溶解，使浆液中的石灰石得以充分利用，从而减少了石灰石耗用量，提高了石膏质量，可使 Ca/S 仅略高于 1.0。下回路的低 pH 值使得来自上回路的 $CaSO_3 \cdot 1/2H_2O$ 的溶解度增大，可以使亚硫酸盐几乎全部就地氧化。而且有助于提高氧化空气利用率，降低氧化风机容量，下循环浆液脱水后可获得高纯度的石膏副产品。

（2）烟气中的 HCl、HF 大部分在下回路中被脱除，上循环浆液中 Cl^- 的浓度仅相当于下循环浆液的 1/10，因此对于吸收塔不同部位可以采用不同的防腐蚀材料。

通过上述分析，可以看到下循环回路的主要功能和特点是：冷却烟气，吸收部分 SO_2，脱除大部分 HCl、HF，充分溶解上回路溢流液中带入的 $CaCO_3$，强制氧化充分，可获得高纯度石膏产品。

上循环回路的主要功能是获取高脱硫效率，上循环浆液固体物中过量 $CaCO_3$ 多达 20% 及以上，pH 值为 6 左右。上循环回路主要化学反应可用式（2-2-6）、式（2-2-7)表示，即

$$SO_2 + CaCO_3 + \frac{1}{2}H_2O = CaSO_3 \cdot \frac{1}{2}H_2O + CO_2 \tag{2-2-6}$$

$$SO_2 + 2CaCO_3 + \frac{3}{2}H_2O = CaSO_3 \cdot \frac{1}{2}H_2O + Ca(HCO_3)_2 \tag{2-2-7}$$

上述反应中生成的 $Ca(HCO_3)_2$ 以及过量石灰石的存在，使上循环浆液具有很高的缓冲容量，这使得上回路浆液 pH 值可自动调节在 6.0 左右。浆液的高 pH 值以及高缓冲容量使得可以在低液气比情况下，即使吸收塔入口烟气流量或 SO_2 浓度发生较大变化，也能保持稳定和较高的 SO_2 脱除效率。

表 2-2-2 列出了 DLWS 上、下循环浆液的组成和特性，通过对比可以清楚地看到上、下循环回路的工作特点。

表 2-2-2　　　　　　　　DLWS 上、下循环浆液组成和特性

项　　目		典型数据		某电厂 DLWS 数据*	
		下循环浆液	上循环浆液	下循环浆液	上循环浆液
pH		4.0~5.5	6 左右	4	5.56
含固量（wt%）		12~16**	8~12**	10.72	10.65
固体物组成	$CaSO_4 \cdot 2H_2O$（wt%）	≥90***	10~60***	97.1	85.1
	$CaSO_3 \cdot 1/2H_2O$（wt%）	<3	15~60	0.13	0.13
	$CaCO_3$（wt%）	<5	20~40	0.10	9.2
惰性物（wt%）				1.1	1.2
石灰石利用率（%）				99.9	84.3
氧化率（%）				99.9	99.9

*　添加有 DBA，浓度 1470mg/L，上下循环回路均采取了强制氧化。

**　与负荷有关。

***　与石灰石纯度有关。

DLWS 的主要缺点是，较之单循环 WLFGD 要多一个加料槽、集液斗和导流叶片以及相应的机械、测量和控制设备；上、下循环回路会相互影响，需协调运行才能获得满意的结果，增加了操作的复杂性。

二、除雾器

经吸收塔处理后的烟气携带有大量的浆液雾滴，特别是近年来，随着吸收塔烟气流速的不断提高，烟气携带液滴量增加，导致吸收塔下游设备及部件故障问题较多，主要表现在以下两方面。

（1）黏污、结垢危害下游设备。浆液雾滴会沉积在吸收塔下游侧设备表面，导致烟道黏污、结垢，GGH 结垢堵塞。

（2）"石膏雨"、"烟雨"问题严重危害环境。部分厂不设 GGH，厂区下"石膏雨"、"烟雨"的情况，造成烟囱外表及邻近建、构筑物腐蚀、污染电厂及周边环境的问题。

因此，在吸收塔出口必须安装除雾器（ME）。除雾器的性能直接影响湿法 FGD 系统的可靠性，因此，科学合理地设计除雾器、了解除雾器的一些重要参数、正确操作和管理除雾器对保证湿法 FGD 整个系统的可靠性有着非常重要的意义。

1. 基本工作原理

湿法 FGD 系统的除雾器所处的工作环境特点：

（1）用于脱硫后的水汽饱和的烟气除雾；

（2）洗涤后烟气中的雾滴含量［单位为 L/（s·m^2）或 mg/m^3］，标态相对较高，液滴大小的范围很宽，直径从几个微米到 2000μm；

（3）所除雾滴往往是带有化学反应活性的浆液雾滴，容易黏附在除雾器表面，可以引起 ME 结垢或堵塞。

因此对湿法 FGD 的除雾器有特殊的要求。湿法 FGD 系统在世界范围 20 多年的运行经验表明，折流板除雾器具有结构简单、对中等尺寸和大尺寸雾滴的捕获效率高，压降比较低、易于冲洗，具有敞开式结构便于维修和费用较低等特点，最适合湿法 FGD 系统除去烟气中的水雾。

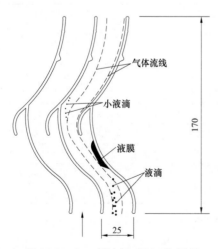

图 2 - 2 - 21　折流板 ME 工作原理

折流板除雾器利用水膜分离的原理实现气水分离。当带有液滴的烟气进入人字形板片构成的狭窄、曲折的通道时，由于流线偏折产生离心力，将液滴分离出来，液滴撞击板片，部分黏附在板片壁面上形成水膜，缓慢下流，汇集成较大的液滴落下，从而实现气水分离，其工作原理如图 2 - 2 - 21 所示。

由于折流板除雾器是利用烟气中液滴的惯性力撞击板片来分离气水，因而除雾器捕获液滴的效率随烟气流速增加而增加，流速高，作用于液滴的惯性大，有利于气水分离。但当流速超过某一限值时，烟气会剥离板片上的液膜，造成二次带水，反而降低除雾器效率。另外，流速的增加使除雾器的压损增大，增大了脱硫风机的能耗。相反，烟气流速低，可能不会发生二次带水，但除雾效果很差。因此，烟气流速尽可能高而又不致产生二次带水时，除雾器的性能最佳。

2. 折流板除雾器板片的形状和特点

折流板除雾器的板片按几何形状可分为折线型［见图 2 - 2 - 22（a）、（b）、（c）、（d）］和流线型［见图 2 - 2 - 22（e）、（f）］。根据烟气在板片间流过时折拐的次数，可分为 2～4 通道的除雾器板片。烟气流向改变 90°为一个折拐，亦称为一个通道，因此图 2 - 2 - 22（a）、（e）、（f）为 2 通道板片，图 2 - 2 - 22（b）、（c）为 3 通道板片，图（d）为 4 通道板片。通道数和板片间距是 ME 板片的 2 个重要参数。有些板片上设计有特殊的结构，如图 2 - 2 - 22（f）中的倒钩，凸出的肋条（图 2 - 2 - 22）或沟槽和狭缝，以便捕获液滴和排走板片上的液体。

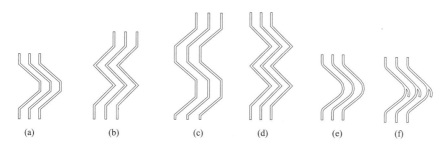

图 2 - 2 - 22　折流板 ME 几种结构形式的板片

不同结构的 ME 板片各自的特点简述如下。

（1）a 型。板片结构简单，加工方便，可用聚丙烯（PP）、不锈钢或 FRP 制作，易冲洗，主要应用于垂直向上流的高流速吸收塔，通常 2 级布置，烟气流速可以超过 6.2m/s。

（2）e、f 型。板片临界流速较高，易冲洗，特别是 f 型比折线型的除雾效率高，但有堵塞的倾向，多用作要求高除雾效率的 ME 的第二级。e、f 板片只能用 PP 材料制作，其性价比较好，目前在大型 FGD 装置中采用较多。我国重庆电厂、北京一热 FGD 装置的 ME 一、二级均采用 f 型板片，华能珞璜电厂二期 3 号、4 号 FGD 的 ME 一、二级则采用 e 型板片，一级板间距 35mm，二级 25mm。c 型板片 ME 是一种专为 FGD 吸收塔设计的气水分离装置，具有除雾效率高，易清洗、低压损和坚固耐用的特点。这种板片的 ME 可用于垂直烟气流也可用了水平烟气流，可单级也可多级使用，可采用不锈钢、PP、聚砜、改性聚苯醚（简称"Noryl"）或玻璃钢（简称"FRP"）制作。

（3）d 型。是一种 4 通道板片，通常仅用一级 ME，要求较高除雾效率时也可以考虑设置两级。在最大设计烟量时，烟气流速在 4.0～4.5m/s 范围内。珞璜电厂曾采用这种板片作第一级 ME，板片间距 40mm，第二级采用 f 型板片，一、二级 ME 垂直布置在顺流塔出口烟道中，设计吸收塔烟气流速为 4.5m/s。这种板片制作的 ME 除雾效率高，由于通道多，除 ME 的正面和背面需定时冲洗外，其顶部也装有定时冲洗管道。

3. 垂直流除雾器和水平流除雾器

除雾器布置方向是根据烟气流过除雾器截面的方向来定义。烟气的流向可以是水平流向也可以是垂直向上流，因此除雾器有两种布置方向：垂直流除雾器和水平流除雾器。虽然可以不依据吸收塔的流程（顺流或逆流）来确定除雾器的布置方向，例如也可以在逆流塔出口水平烟道中布置水平流除雾器；或者除雾器的第一级在塔内水平放置，第二级垂直安装在吸收塔出口烟道。但是，一般吸收塔的类型决定了除雾器的布置方向。

表2-2-3在比较除雾器上述两种布置方面的优缺点时，涉及除雾效率以及与其有关的几个概念，现做简要介绍。通过ME后的烟气夹带液体量是指ME下游侧烟气流中的液滴量，这些液滴或者是ME未除去的，或者是被烟气重新带出的所谓二次带水。夹带液体量用单位$L/(s \cdot m^2)$或mg/m^3（标态）来表示。通常在研究除雾器性能时所讲的除雾效率是指除雾器捕获液体量与进入除雾器烟气夹带液体量的比值。除雾效率不仅与除雾器入口烟气夹带液体量有关，而且与液滴粒径分布有关，但液滴粒径的分布是个很难限定的入口烟气条件。另外，在实际FGD装置中，烟气夹带的是浆体液滴，而不是纯液体。因此，在实际中很难应用除雾效率这一技术指标。在FGD技术规范或性能保证值中往往以除雾器出口烟气颗粒物含量［单位为$mg/(s \cdot m^2)$或mg/m^3（标态）］来规定除雾器的除雾效果，上述颗粒物应该包括液体和固体物，对除雾器入口烟气条件不做限定，但应明确是否在除雾器冲洗期间也应达到除雾效果保证值，一般规定在不冲洗时应达到的除雾效果保证值。

表2-2-3 垂直流除雾器和水平流除雾器的比较

比较	垂直流除雾器	水平流除雾器
组件布置	垂直流除雾器的组件水平放置，烟气垂直向上流过除雾器组件，一般布置在塔内，国内多数脱硫装置采用该形式除雾器	水平流除雾器的组件是垂直布置，烟气流沿水平方向通过除雾器，一般布置在塔出口水平烟道上，在鼓泡塔工艺中应用较多
适应流速	大多数设计流速3.5m/s左右，不宜超过4m/s	流速可高达6m/s
优点	适用于大多数逆流塔的设计流速	高流速时比垂直流除雾器捕捉效果好
缺点	适应低流速运行，除雾系统压降低	高流速运行，除雾系统压降高
应用情况	应用广泛，业绩较多	目前国内只在川琦技术及鼓泡塔上有应用

除雾器的这两种布置方向各有优缺点，水平流除雾器可以在比垂直流除雾器较高的烟气流速下达到很好的除雾效果。水平流除雾器在试验装置中的试验显示，当烟气流速高达8.5m/s和入口烟气含液量明显高于许多FGD系统预计的含液量时，通过除雾器的烟气夹带液体量非常少或几乎不含液体。FGD装置中大多数垂直流除雾器过去设计烟气流速不超过3.6m/s，但现在先进的垂直流除雾器已证实在烟气流速高达约5.2m/s时仍具有优良的除雾效果，虽然垂直流除雾器最大允许烟气流速低于水平流除雾器，但这一最大允许烟气流速不低于大多数逆流吸收塔的最大设计流速。

从图2-2-23可看到，在水平流除雾器中，从烟气中去除的液滴沿板片凹槽、垂直于烟气流向向下流，而垂直流ME捕获的液滴是沿除雾器板片较宽的一边逆着气流方向向下流。因此，水平流除雾器降低了气流剥离板片上液流形成二次带水的可能性。而垂直流除雾器的情况正好相反，特别是当离开板片的液滴较小时，即使烟气流速比较低，也易于被再次雾化进入烟气中。因此,在较高烟气流速下,水平流除雾器表现出来的性能比垂直流除雾器更好。

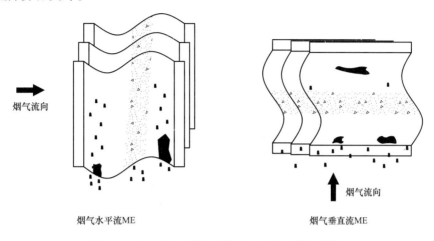

图2-2-23 ME 布置方向对排去板片上液体的影响

图2-2-24所示为垂直流除雾器几种布置方式。将水平布置的垂直流除雾器改成人字形或 V 形以及组合型布置(菱形或 X 形),水平流除雾器能较好地排放捕获液体的优点就可以在垂直流除雾器上体现出来。国内重庆电厂、北京一热以及杭州半山电厂 FGD 的 ME 就是采取菱形布置(见图2-2-24)。中试结果表明,人字形布置的 ME 能处理流速高达7m/s 的烟气,这种布置方式改进了液体的排放路径,提高了水雾除去的表面积,但压损和占用的空间比水平放置时大,增加了吸收塔的高度,设备费较贵,冲洗系统较复杂。

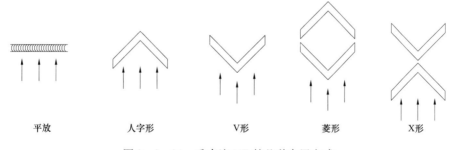

| 平放 | 人字形 | V形 | 菱形 | X形 |

图2-2-24 垂直流 ME 的几种布置方式

由于水平流除雾器能处理较高流速的烟气,因此所需材料和占据的空间比垂直流除雾器少。但是,垂直流除雾器可以布置在吸收塔内,而水平流除雾器则需布置在吸收塔出口水平烟道中。这也使得水平流除雾器的组件可以采用除雾器烟道顶部的固定吊具吊装,组件可以做得比较大,拆装、更换方便。而垂直流除雾器组件的拆装需靠人工搬运,劳动强度大,组件的质量不宜太大,通常为34~45kg。

水平流除雾器的缺点是,由于烟气流速较高,烟气通过除雾器的压损较大。一个2级水平流除雾器在典型设计烟气流速6m/s 的情况下,压损大约为250Pa,而设计烟气流速为3.4m/s 的2级垂直流除雾器的压损大约为75Pa。在美国,由于大多数电厂 FGD 系统

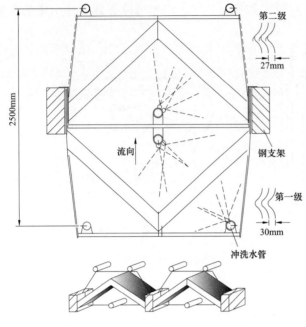

图 2 - 2 - 25　FGD 除雾器总体布置图

采用湿烟囱工艺，在一个现有的电厂中加装 FGD 系统时，有时无需加装脱硫增压风机，在这种情况下，除雾器压降在 FGD 总压降中所占比率有可能影响到是否需要增装脱硫风机。对于新建电厂的 FGD 系统，除雾器采用何种布置方向应综合考虑这两种布置方向的优缺点、GGH 的类型和可供布置的位置。FGD 除雾器总体布置图如图 2 - 2 - 25 所示。

4. 烟气流速对除雾器性能的影响

前面谈到对通过折流板除雾器的烟气流速有一定限制，速度太低，气流弯曲流动时产生的离心力不足以使细小液滴从烟气中分离出来，但气速过高会撕裂板片上形成的液膜，造成烟气中夹带的液量骤然增大，并且其中大粒径的液滴明显增多，即所谓二次带水，从而破坏除雾器的正常工作。通常将通过除雾器断面的最高且不产生二次带水的烟气流速定义为除雾器的临界流速（或称二次带水流速、撕裂流速）。除雾器的临界流速是除雾器的一个重要性能参数，是吸收塔烟气设计流速的重要依据之一。

临界流速与除雾器结构、布置方式、系统带水负荷以及气流方向等因素有关。图 2 - 2 -26是三种 2 级垂直流 FRP 除雾器烟气流速与夹带物含量关系试验的结果。从该图可看出，除雾器 C 的临界流速最高。当烟气流速低于除雾器的临界流速时，除雾器 A、B 透过除雾器夹带物含量较高。当气速超过其临界流速时，夹带物含量按数量级递增。由于透过除雾器的夹带物含量对烟气流速十分敏感性，因此，无论是水平流还是垂直流除雾器，使烟气在除雾器的整个端面上分布均匀是极其重要的。烟气分布不均匀或

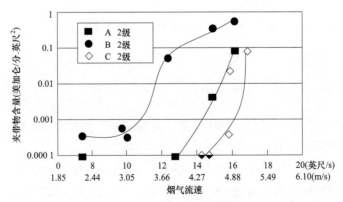

图 2 - 2 - 26　三种 ME 烟气流速与夹带物含量的关系

除雾器部分堵塞和结垢是造成除雾器局部烟气流速超过临界流速的主要原因，为了防止高烟气流速区的出现，建议除雾器烟气流速分布偏差不超过平均流速的 ±15%。对除雾器而言，吸收塔最高允许流速的确定除了要考虑除雾器的临界流速外，还应考虑除雾器烟气流速分布不均匀和除雾器支撑结构和冲洗水管对气流流通面积的减少。例如，一个临界流速为 5.8m/s 的除雾器，假定除雾器端面中心烟气流速比平均流速高 20%，除雾器支撑结构和冲洗水管使气流流通断面面积减少了 15%，那么，除雾器端面处烟气平均流速不应超过 4.1m/s。

5. 除雾器板片特性对除雾器性能的影响

洗涤后烟气中的液体绝大多数是直径大于和等于 30~40μm 的液滴，性能良好的 V 形折流板 ME 基本上可以除去上述粒径范围的液滴。V 形板片便于排水，而且板片间距相对较宽，易于在线冲洗板片。V 形板片除雾器还具有相对较低的烟气压降，这对处理大量烟气是十分重要的。其他除雾器，例如丝网层雾沫分离器不易冲洗，因此可能由于结垢或堵塞而堆积固体物，棒束除雾器的除雾效率比 V 型除雾器低得多，而离心式分离器在达到相同除雾效率的情况下，有较高的烟气压降。

按照极片的形状，烟流方向改变的通道数、排水方法、板片上倒钩状物或其他表面结构，板片的间距以及烟气出口直段的长度，有各种可供选用的板片（见图 2-2-22）。除雾器板片特性对除雾器性能主要有以下影响。

（1）板片通道数。图 2-2-22 给出了 2~4 通道的几种除雾器板片。通道数是除雾器一个重要的设计技术指标。通道越多，去除液滴的效率越高，但增加了充分冲洗掉板片上沉积物的难度。另外，如果 V 形板片有 3 个或更多的通道，对除雾器板片的检查较困难，因此在除雾器设计时应综合考虑板片的通道数，一般建议用于湿法 FGD 系统的 V 形折流板至少有 2 个通道，但不超过 4 个通道。

（2）板片间距。板片间距的确定需要在透过除雾器的夹带物量和充分冲洗除雾器之间进行权衡。间距小，除雾器有较高的除雾效率，但压损大，增加能耗且难以将板片冲洗干净，板片易结垢和堵塞，严重时可能造成系统停运。间距大，冲洗效果好，但临界流速下降、除雾效率低，烟气夹带浆液量增多，易在除雾器下游侧再加热器换热元件表面形成固体沉积物。如果脱硫风机布置在 FGD 系统的出口（即 D 位置），则易造成风机振动、风门卡涩等故障。用于 FGD 系统的多级除雾器，板片间距范围通常大约是 20~75mm。由于第一级 ME 接触的烟气含液体量较多，板片上有较多的浆液要冲，因此第一级板距稍宽些，为 30~75mm。第二级除雾器为了尽可能多地去除雾滴，提高除雾效率，板距通常较窄，为 20~30mm。

（3）板面特殊结构设计。在除雾器板面上可以设计倒钩、凸起的肋条、沟槽或窄缝这类特殊结构，以有利于捕获液滴，提高除雾效果或便于排走聚集在板片上的浆液。水平流除雾器板片上的倒钩具有较好的效果，但不推荐垂直流除雾器板片上采用这类结构。电厂 FGD 系统的运行经验表明，这些结构易于积聚固体物和引起结垢，原因可能是被捕获的浆液不能从这些地方很顺畅地被排走，建议垂直流 ME 采用表面平整、光滑的板片。

（4）板片烟气出口侧直段长度的设计。板片烟气出口侧直段长度也是 V 形板片设计

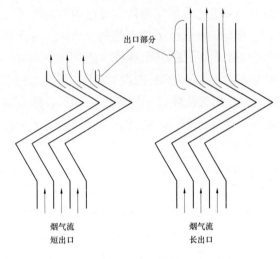

出口部分

烟气流
短出口

烟气流
长出口

图 2 - 2 - 27 V 形板片烟气出口直段
对烟气流向的影响

的一个重要参数。当烟气通过除雾器最后一个通道流出来时，烟气的流向与除雾器所处的烟道或塔体形成一定的角度（见图 2 - 2 - 27）。如果第一级 ME 的出口部分没有一段有足够长度的直流通道，烟气就会以一定角度离开第一级除雾器，造成下一级除雾器烟气分布更加不均匀，这会导致下一级除雾器局部烟气流速过高，从而降低除雾器性能。一些全规模 FGD 装置已遇到过这种情况。除雾器板片烟气出口直段必需的长度取决于板片间距和板片的形状。

6. 除雾器的级数和级间距

要求 ME 既能从液滴含量较高的烟气中去除浆体液滴又保持除雾器板片清洁曾经是件困难的事。如前所述，V 形板除雾器通道数和板间距的确定要综合考虑除雾器的除雾效率和便于冲洗。为了满足这些相互矛盾的要求，最初在 FGD 系统中曾采用过单级除雾器，但除雾效率低，经常造成除雾器下游设备结垢和严重腐蚀。目前几乎所有的 FGD 系统都采用 2 级除雾器。第一级板片间距较宽，可除去烟气中大部分雾沫（超过 95%），同时易于冲洗干净；第二级板距较窄，除雾效率较高，除去剩余的液滴，由于进入第二级的液体量明显低于第一级，所以冲洗干净第二级的板片并不困难。目前普遍采用的 2 级除雾器可将清洁烟气中的液滴含量降到 $50mg/m^3$（标态），除雾器制造商提供的数据甚至可以降到 $23mg/m^3$（标态）。因此，FGD 系统技术规范可以要求卖方提供的 ME 除雾效果达到 $<75mg/m^3$（标态）。设置第 3 级 ME，除雾效率进一步提高的余地较小，与投资成本和烟气压损的增加相比是不合算的，因此在 FGD 系统中很少采用 3 级除雾器。

除雾器两级之间的间距以及各级除雾器与吸收塔中其他部件的距离也是除雾器设计的重要参数。特别是在垂直烟气流的吸收塔内，当除雾器布置在吸收塔喷淋区或液柱区的上方时，第一级除雾器与吸收塔最上层喷淋母管或液柱最高点应有足够的距离，这样可以提供一个空间，让一些被烟气夹带的、较大的液滴依靠重力向下坠落，脱离了除雾器的烟气流，降低除雾器除去雾沫的负荷。此外，有利于使烟气分布均匀，也便于布置冲洗管道。对于高烟气流速（4.6m/s）的逆流塔，适当加大这一间距相当于延长了烟气吸收区的高度。对于垂直流除雾器，建议这一距离最小为 1.2 ~ 1.5m。

近几年我国从德国引进的逆流喷淋塔，除雾器采用菱形布置，吸收塔喷嘴为双空心锥切线型，最上层喷淋母管中心线与第一级除雾器端面的平均距离为 4.1m（最小距离为 3.5m）。从日本引进的逆流液柱塔，烟气流速为 3.55 ~ 4.56m/s，液柱最高点与平放垂直流除雾器第一级相距 3 ~ 4.6m。

由于水平流除雾器通常布置在与吸收塔分开的水平烟道中，与喷淋层之间往往有足够的间距。

通过第一级除雾器后的烟气中有二次夹带形成的较大的液滴，为使较大的液滴从烟气中分离出来，也为了便于布置第一级除雾器背面和第二级除雾器迎风面的冲洗水管和水管支架等，以及为了方便检修、人工清洗除雾器和更换除雾器板片组合件，两级之间也必须有足够的空高，垂直流和水平流除雾器两级之间必需的最小间距是 1.5 ~ 1.8m。目前除雾器的发展趋势是减少板片的通道数，缩小各级 ME 的厚度和板距，增加第一级除雾器与最上层喷淋层以及除雾器两级间的距离，使除雾器在保证高除雾效率和易冲洗的前提下，更适合高流速烟气。在烟气流速较高（4.5m/s）的情况下，水平流除雾器和平放的垂直流除雾器两级间距离大多取上述范围的上限。

在采用垂直流除雾器的逆流吸收塔中，第二级除雾器背面至吸收塔或烟道截面开始变窄处，即至离开第二级除雾器后烟气流速开始增大处也应有足够的距离。烟气二次带水形成的液滴一般比依靠烟气流速才能托起的液滴要大得多，留有一定的距离可以使这些较大的液滴从烟气中分离出来落回除雾器上，这样可以减少夹带到除雾器下游烟道和设备中的液滴量。推荐的这一间距最小值大约是 1m。图 2 - 2 - 28 所示为一个 2 级除雾器各级之间及其与塔内其他部件之间的建议间距。

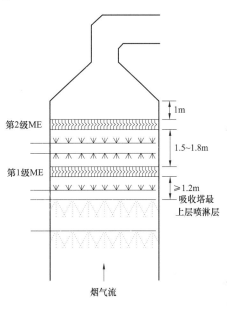

图 2 - 2 - 28　ME 各级之间及其与塔内其他部件之间的建议间距

7. 除雾器冲洗系统

湿法 FGD 系统中的除雾器通常由除雾器本体和冲洗系统组成。冲洗系统则由冲洗喷嘴、冲洗管道、冲洗水泵、冲洗水自动开关阀、压力仪表、冲洗水流量计以及程控器等组成。除雾器冲洗系统的作用是定期冲洗掉除雾器板片上捕集的浆体、固体沉积物，保持板片清洁、湿润，防止叶片结垢和堵塞流道。另外，无论是除雾器的冲洗水还是吸收塔的补加水，都是系统水平衡中的重要部分。如果冲洗系统设计不合理将会造成 ME 板片间局部或大面积结垢或堵塞，系统水平衡被破坏。全规模试验证实，设计不合理的除雾器冲洗系统仅运行一天，除雾器板片上就出现了结垢。中试也显示，即使除雾器板片表面有薄层垢也会明显降低除雾器性能。实际运行中出现过由于冲洗系统故障，停止冲洗仅 2 ~ 3 天，除雾器一、二级正面板间几乎全部被石膏堵塞，除雾器下游侧螺旋肋片管再加热器迎风面的肋片间也几乎被石膏填满。由此可看出，洗涤后的烟气夹带浆液的严重性、定时冲洗的重要性以及堵塞发展的迅速。在除雾器中，结垢或堵塞一旦发生，就会进一步发展。结垢、堵塞的发生，使得与结垢和堵塞部位相邻区域的烟气流速增大，从而助长了堵塞、结垢的蔓延，加速恶化除雾器性能。因此，毫不夸张地说，正确设计和正常工作的冲洗系统对除雾器乃至整个 FGD 系统的稳定运行是非常重要的。

（1）除雾器结垢和堵塞原因。分析造成除雾器结垢和堵塞的原因，有助于理解冲洗系统的设计思想。造成除雾器结垢和堵塞的原因有以下几方面。

1）系统的化学反应。吸收塔循环浆液中总含有过剩的吸收剂（$CaCO_3$），当烟气夹带的这种浆体液滴被捕集在除雾器板片上而又未被及时清除时，会继续吸收烟气中未除尽的SO_2，发生生成亚硫酸钙/硫酸钙的反应，在除雾器板片上析出沉淀而形成垢。

2）冲洗系统设计不合理。当冲洗除雾器板面的效果不理想时会出现干区，导致产生结垢和堆积物。对冲洗系统的研究表明，就保持 ME 的清洁和可工作性而言，在运行期间，保持除雾器板片表面湿润比在线高压水冲洗更为重要。因此，通常认为采用低压水、较长的冲洗时间对保持 ME 板片的清洁更为有效。影响冲洗效果的因素有喷嘴类型、喷嘴布置、喷射角度、覆盖率、冲洗水压力、流量、冲洗保持时间和周期。有关这方面的内容随后将予以讨论。

3）冲洗水质量。如果冲洗水中不溶性固体物含量较高，可能堵塞喷嘴和管道造成很差的冲洗效果。如果冲洗水中 Ca^{2+} 达到过饱和，例如高硬度的地下水或工艺回收水，则会增加产生亚硫酸盐/硫酸盐的反应，导致板片结垢。

4）板片设计。板片的设计对除雾器的工作效率是至关重要的，板片表面有复杂隆起的结构和较多冲洗不到的部位，会迅速发生固体物堆积现象，最终发展成堵塞通道，并越演越烈。

5）板片的间距。板片间距的确定也是除雾器设计的关键。正如前面已谈到，太窄易发生固体堆积、堵塞板间流道；太宽使得临界流速下降，除雾效果下降。

（2）除雾器冲洗面。烟气中大部分浆体液滴在 V 形板片的第一个通道处被捕获，所以对除雾器迎风面这一区域的冲洗最为有效。因此除雾器冲洗系统至少需冲洗 ME 每级的迎风面。在一个有 2 级的除雾器中，建议最好还应冲洗第一级的背面。如前所述，通常超过95% 的液滴在第一级中被除去，也就是说第一级的正面和背面都易被浆液"污染"，冲洗第一级的背面将有助于防止固体物聚积在板片出口侧的通道上。如果第一级的通道超过 2 个或板间距相对较窄，就更有必要冲洗第一级的背面。

一般不建议冲洗最后一级的背面，试验证明，在烟气流速为 3.0 ~ 3.7m/s 时，烟流将夹带最后一级背面冲洗水的 10% ~ 20%，而且这部分冲洗水被直接带至除雾器下游侧的设备、烟道和烟囱内，对于采用湿烟囱工艺的 FGD 系统，可能造成烟囱"降雨"。有的设计在第二级除雾器背面布置有冲洗水管，但仅在启停 FGD 系统时冲洗其背面。

1）冲洗喷嘴与冲洗面的距离。冲洗喷嘴太靠近除雾器表面，则单个喷嘴喷出水雾的覆盖面积下降，保证冲洗水覆盖整个除雾器表面所需要的喷嘴数将增多。喷嘴离除雾器表面远些可以减少所需喷嘴数量，如离得太远，烟气流的作用可能使喷射的水雾形状发生畸变，造成有些区域得不到充分的冲洗。从实际冲洗情况来看，喷嘴离除雾器表面 0.6 ~ 0.9m 比较合理。

2）冲洗覆盖率。如前所述，如果除雾器得不到全面、有效的冲洗，就会迅速产生结垢和堵塞。因此，冲洗系统的设计重要的是冲洗要覆盖除雾器的整个表面。冲洗喷嘴一般采用实心锥喷嘴，喷射水雾的断面呈圆形，相邻喷嘴喷射出的水雾必须适当搭接、部分重叠，以确保冲洗水对整个除雾器表面有一定的覆盖程度。常用冲洗覆盖率来表示这种覆盖程度。冲洗覆盖率可按式（2－2－8）计算，即

$$冲洗覆盖率 = \frac{n\pi h^2 \tan^2 \alpha}{A} \times 100\% \qquad (2-2-8)$$

式中　A——ME 某一冲洗面的有效通流面积，m^2；

　　　　n——该冲洗面的喷嘴数；

　　　　α——喷射角度；

　　　　h——喷嘴距 ME 表面的垂直距离，m。

如果喷嘴按矩阵式布置，为了确保完全覆盖，应使冲洗覆盖率大约为 150%，为了得到可靠的覆盖余量，一些冲洗系统的设计为接近 180%～200% 的覆盖率。

为了确保除雾器的表面获得全面、有效的冲洗，另外应注意的问题是，要尽量减少除雾器支撑梁对冲洗的影响，喷嘴的布置要考虑支撑梁和其他障碍物的位置。如果布置不合理会造成除雾器的某些区域得不到冲洗。

3）冲洗喷嘴类型。许多不同类型的喷嘴都可用于除雾器的冲洗。但经验表明，用于除雾器冲洗的喷嘴在结构、有效流道的大小、水雾形状、喷射角度、雾化粒度分布以及喷射断面上水量分布的均匀程度等方面有特殊要求。

有一种装有固定阀片的喷嘴，喷射出的水雾均匀、呈实心锥形，液滴比较大，建议采用这种喷嘴冲洗除雾器。如果采用的喷嘴喷射出大量细小的液滴（小于 30～40μm），那么，这些细小的液滴就可能被烟气夹带穿过除雾器。由于要求喷嘴能长期可靠的工作，所以不推荐采用有内旋转头的喷嘴。当采用含有较多固体颗粒物的回收水作冲洗水时，冲洗喷嘴还应有较大的有效流通通道，这样可以减少喷嘴堵塞的可能性。

一般采用的冲洗喷嘴的喷射角为 90°～120°，对于除雾器冲洗系统，应采用喷射角为 90° 的喷嘴，当喷射角大于 90° 时，锥形水雾边缘部分的水流达到能充分冲洗板片所需要的时间稍长些。因为是间歇冲洗，冲洗持续时间较短，喷嘴开始喷射时以小角度喷水冲击除雾器，随着压力、水流量的稳定、喷射断面上水量分布才逐渐均匀。

最后，要求冲洗喷嘴喷射断面上水量分布应均匀、稳定。另外，通过对一些喷嘴的试验发现，喷射断面边缘的水量明显高于中间的水量（含液比高达 3:1）。采用这种喷嘴，在水雾边缘搭接、重叠的布置中，将造成水雾中心的冲洗水量不足，而搭接重叠区的冲洗水又过多。

4）冲洗水流量、持续时间和周期。除雾器表面冲洗水的瞬时水量常被称作冲洗水流量，用单位 $L/(s \cdot m^2)$ 表示。冲洗水流量也是设计除雾器冲洗系统的一个重要参数。如果冲洗水量太小，易造成结垢或堵塞，冲洗水量太大会使除雾器板片中充满水沫，造成烟气夹带水雾量增多。冲洗水量、冲洗持续时间和冲洗频率除了要满足冲洗除雾器的要求外，还需考虑 FGD 系统的水平衡，特别是当采用全部或部分冲洗水作为吸收塔的补加水时。因此，有些冲洗程序考虑了锅炉负荷，使冲洗时间和频率随烟气流量调整，或将冲洗时间和频率作为控制吸收塔反应罐液位的变量。

经验表明，垂直流除雾器第一级迎风面的冲洗水流量应为 $1.0L/(s \cdot m^2)$，第一级背

面和第二级迎风面的冲洗水流量应为 0.34L/（s·m²）。对于水平流除雾器，推荐的冲洗水流量为，第一级迎风面为 1.0L/（s·m²），第一级背面和第二级迎风面为 0.7L/（s·m²）。

冲洗周期是指两次冲洗的时间间隔。冲洗持续时间和冲洗周期的确定需综合考虑保持 ME 清洁和避免影响 FGD 系统水平衡。冲洗时间长、周期短有利于保持除雾器清洁，但大量冲洗水进入吸收塔可能破坏系统水平衡，造成正水平衡，并给反应罐浆液浓度的控制带来困难。此外，除雾器冲洗期间烟气带水量增大，一般是不冲洗时的 3～5 倍。

冲洗的目的是在结垢或堵塞发生之前冲去或稀释黏附在除雾器板面上未流走的浆液。冲洗频率高可以减少浆液在除雾器板片上的停留时间和变成过饱和浆液的时间。冲洗时间只需要足以保证有充足的水量冲洗至板片上，按上述推荐的冲洗水流量可以在短时间内冲洗干净除雾器的所有板片。冲洗时间必须包括冲洗水阀开启时间、喷嘴达到额定冲洗水流量所需要的时间、洗净板片所需要的最短时间和水阀关闭时间。

由于除雾器每级以及各级的各面黏附浆液的情况不同，因此每面冲洗周期不同。第一级正面多为 30min 冲洗一次，每次持续冲洗时间 45～60s，而其背面则 30～60min 冲洗一次，每次持续时间 45～60s；第二级正面每小时冲洗一次，每次时间为 45～60s，而其背面不装冲洗水管或装了冲洗水管也仅在启停机时进行冲洗。

对于冲洗水阀的设置，通常一个自动冲洗水阀控制 1～2 根冲洗水管，执行冲洗程序时每次仅开一个水阀。在水阀开、闭过程中，水压和流量都达不到设计要求，此期间的冲洗效果不理想。如果水阀开、闭时间偏长（采用电动阀往往开闭时间较长），不仅耗水量大而且要延长单个阀门的冲洗时间，延长单个阀门的冲洗时间就将延长冲洗周期，因此应选用开闭时间为 1.5～2.5s 的气动阀。为避免阀门快开快关时出现水锤现象，可使一个阀门未全关时另一阀门开始打开。

为了降低除雾器瞬时冲洗水流量，保持每个喷嘴压力稳定，在实际冲洗除雾器每个面时是分区依次冲洗的，图 2－2－29 和图 2－2－30 分别示出了一个水平流除雾器和垂直流除雾器冲洗流程图和冲洗时间表。从上述两图可看出，在任何时间里，仅开启一个冲洗水阀，每次仅冲洗除雾器一面约为 25% 的面积。除雾器的冲洗按预先编好的程序执行，FGD 系统操作人员应能很方便地从操作屏上监视冲洗程序的执行情况，系统工程师则可根据冲洗效果以及其他需要调整冲洗顺序和冲洗时间。FGD 系统除了除雾器需定时冲洗外，吸收塔入口干/湿交界面和氧化喷气管也需定时冲洗，因此通常将 FGD 装置中需定时冲洗的设备用一个程序器按编制好的冲洗程序和逻辑控制程序执行定时冲洗和事故冲洗（例如吸收塔入口的急冷装置）。

5）冲洗水压力。冲洗水压力影响喷射液滴大小和水雾的形状。压力过高易使冲洗水雾化，增加烟气带水量，而且会降低板片的使用寿命。压力过低有可能形成不了理想的水雾形状，烟气流还会使水雾形状发生畸变，降低冲洗效果。应根据冲洗喷嘴的特性以及喷嘴与冲洗表面的距离等因素来确定冲洗水压，一般冲洗水压力为 140～280kPa 最为适合。

6）冲洗水质量。冲洗水质量主要是指冲洗水中石膏相对饱和度和固体悬浮物含量，这是设计除雾器冲洗系统必须考虑的因素。除雾器冲洗水的一部分会黏附在板片上直到下个冲洗周期，附在板片上的这些水会吸收烟气中残留的 SO_2 而增加其石膏相对饱和度。

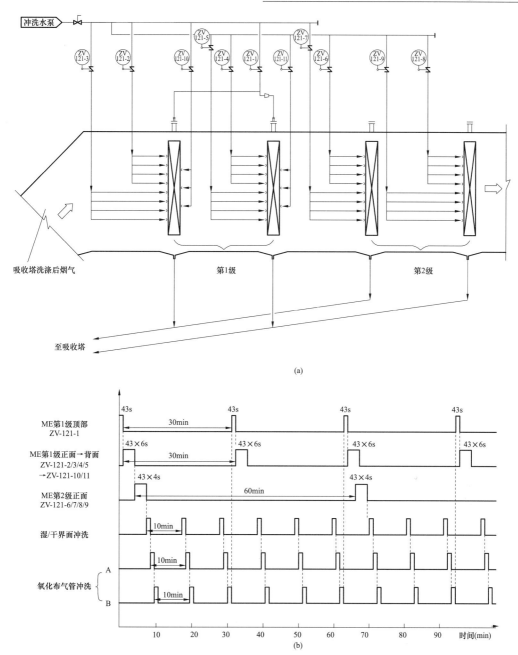

图2-2-29 水平流除雾器冲洗流程图和冲洗时间表

(a) 冲洗流程图;(b) 冲洗时间表

如果冲洗水原来就具有较高的石膏相对饱和度(例如采用来自脱水系统的回收水作冲洗水时),那么,这种水就会变成石膏过饱和溶液,从而产生结垢。实践已证实,冲洗水石膏相对饱和度低于50%能成功地防止由于冲洗水质量造成的除雾器结垢。当冲洗水的石膏相对饱和度高于50%时,可以将其与石膏相对饱和度较低的其他补加水或与部分新鲜水混合使用。

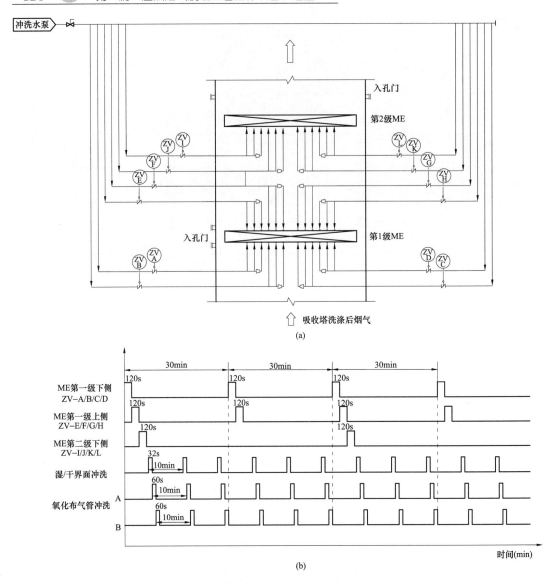

图 2 - 2 - 30 垂直流平放除雾器冲洗流程图和冲洗时间表

(a) 冲洗流程图；(b) 冲洗时间表

抑制氧化 FGD 系统回收水的石膏相对饱和度一般较低，而且含有硫代硫酸盐（有助于抑制石膏氧化），因此可以单独用回收水来冲洗 ME。

冲洗除雾器的目的是清除除雾器板片上的固体物，如果冲洗水中固体悬浮物含量较多，显然无助于达到这一目的，而且还可能最终造成堵塞冲洗母管和喷嘴。冲洗喷嘴被堵塞是采用回收水冲洗时最常见的原因之一，因此近年湿法 FGD 系统多采用无固体悬浮物的工艺水冲洗除雾器，在冲洗水母管上安装滤网有助于防止外来较大的颗粒物堵塞冲洗喷嘴。

8. 除雾器系统配置的仪器

为了保证除雾器稳定运行，适当安装一些监测除雾器和冲洗水系统的仪器是十分有必要的，对除雾器应能连续显示、记录除雾器两侧的压降，以很好地反映除雾器的清洁状况。虽然除雾器的烟气压降会随处理烟气流量的增加而增大，但除雾器压降不正常地增大往往预示可能存在某种异常情况。

对于冲洗系统，喷嘴的类型和压力决定了冲洗水流量，因此，对每个冲洗母管的水压力，除应就地装压力表外，应实现远方监视。在每个冲洗周期中，母管冲洗水流量的瞬时值可以反映母管和喷嘴是否有堵塞。ME 冲洗水流量累加值除了可以检查冲洗母管和喷嘴是否有堵塞外，还可以用来查找 FGD 系统水平衡异常原因和确定冲洗水是否存在泄漏。但在国内为降低造价也有的不设置冲洗水流量监测仪表。

9. 除雾器的结构材料

除雾器板片结构材料的选择需要考虑的因素有：烟气温度、材料易燃性、耐久性和耐化学腐蚀性。用作除雾器的典型材料是聚丙烯（PP）、玻璃耦合聚丙烯、聚砜、FRP 以及各种等级的不锈钢，采用前两种材料的占多数，但美国采用 FRP 更普遍，其次是 PP 材料。美国是基于日本和欧洲的成功经验才接受 PP 除雾器。美国的使用经验表明，PP 的使用寿命与 FRP 一样，也有的仅为 FRP 使用寿命的一半，并认为这主要取决于工艺情况和除雾器的设计。国内多数采用 PP 材料，个别 FGD 装置第一级除雾器采用 PVC 制作，运行情况表明，PVC 的耐热变形性差，曾发生过热变形事故，建议最好不采用这种材质。

通过除雾器的烟气温度通常是 45～60℃，上述材料都能应用于这一温度范围。但当吸收塔喷淋泵突然全部事故停运时（例如由于电源故障），通过 ME 的烟温会迅速上升，上升的幅度和持续时间取决于吸收塔入口烟气温度、吸收塔的体积、吸收塔入口烟道是否设置有事故急冷装置以及隔离吸收塔模块所需要的时间。当吸收塔上游侧装有降温换热器时，吸收塔入口烟温一般约为 80～100℃，当出现上述事故情况时，要求旁路烟道挡板能在 30s 内开启，从降温换热器过来的热烟气与塔内冷烟气混合后再接触到除雾器时，烟温一般不会超过 80℃，因此在这种工艺流程中，采用 PP 除雾器是可行的。即使由于某种原因不能隔断吸收塔模块，只要旁路挡板能迅速开启，必要时开启除雾器冲洗水降温（设置事故时自动开启全部冲洗阀保护回路）也能防止 PP 板片发生热变形。因此，目前国内大多数电厂湿法 FGD 系统不要求在吸收塔入口设计事故急冷装置。

当 FGD 系统不采用 GGH 时，吸收塔入口烟温通常约为 120～140℃。当出现吸收塔循环泵全停事故时，吸收塔模块中的组件都将面临高温烟气的威胁，如果吸收塔采用橡胶内衬防腐，橡胶内衬将先于 PP 除雾器遭受更严重的热损坏，PP 和玻璃耦合聚丙烯在上述温度下在较短的时间内也将热变形。其他几种材料能够承受较高的温度，因此，在美国，对于没有设置合适的事故急冷保护装置的系统不推荐采用 PP 或玻璃耦合聚丙烯，建议采用 FRP 材料，尽管后者比前两者的价格高，但 FRP 耐热性比前两者高。然而如果高温时间很长（5～10min 以上），制作 FRP 所采用的树脂不合适，也会发生问题。

国内确有在吸收塔上游既未采用降温换热器也不设置事故急冷保护装置的湿式 FGD 装置，吸收塔采用橡胶内衬，除雾器采用 PP 制作。其安全保障只能依靠入口挡板和旁路挡板在事故发生时能迅速关闭和开启。但是，由于旁路挡板不经常动作，可能卡涩，挡板开启设备也可能出现故障而拒动，因此出现"烧"塔的可能是存在的。国外有类似报道, 国内也曾经出现过因系统失电, 旁路挡板拒动, 需就地手动开启旁路挡板, 致使高温烟气流入吸收塔, 每次长达 10~15min, 造成 PP 材质除雾器严重损坏。奇怪的是耐温性能远低于 PP 的吸收塔橡胶内衬却仅有伤害而未严重损坏。因此, 对于这种工艺流程, 设置吸收塔事故急冷装置是防止烧塔的措施之一。需要指出的是, 在 FGD 系统热备用时, 如果紧靠除雾器的管式再加热器处于暖管状态, 温度又失去控制, 也可能造成除雾器热变形, 国内 FGD 系统就曾发生过此种事故。

除雾器所处的腐蚀环境, 从接近中性到强酸性、浆体液滴的 Cl^- 浓度可能超过 10 000mg/L, 上述有机材料都能耐受这种腐蚀环境。而一些等级较低的奥氏体不锈钢对于低 pH 值和高 Cl^- 浓度的耐腐蚀性往往让人担心。另外, 奥氏体不锈钢机械加工成形的 V 形板片, 在折拐处会加速应力腐蚀和缝隙腐蚀。一般要求采用高等级不锈钢, 例如 317L、317LMN 或更好的不锈钢, 具体采用何种等级的不锈钢, 则取决于 Cl^- 浓度。同样, 插入塔内的冲洗水管和喷嘴如采用金属材质, 也应按上述原则选材。通常建议不采用 FRP 冲洗水管, 在运行中曾发生过 FRP 冲洗水管折断, 除雾器堵塞被迫停机的事故。

FGD 运行时, 除雾器材质易燃性显然不是一个需要担心的问题。但在停机检修吸收塔、检修与除雾器相邻烟道或除雾器区域的支撑件需要焊接时, 应考虑到除雾器板片材料的可燃性。在这种情况下, 对 PP 和玻璃耦合聚丙烯制作的除雾器必须采取防火措施。例如用防火材料临时覆盖或遮挡, 并在现场备有消防设备, 派专人监护。FRP 可以做成具有阻燃性的, 聚砜树脂本身就具有阻燃性, 但在上述施工情况下, 也不能忽视防火措施。

除雾器板片材料耐久性是一个要综合考虑初期投资成本和使用寿命的问题。除雾器的使用寿命除与材料本身的性能有关外, 在一定程度上与使用情况有关, 例如易于结垢, 垢的清除需用高压水冲洗, 则可能损坏板片。PP 和玻璃耦合聚丙烯在使用数年后会逐渐变脆, 高压水会使板片破裂。另外, 检修中如在除雾器上行走或让除雾器承受高应力, FPR 表面会产生裂缝, FGD 工艺液会顺着裂缝渗入纤维中, 如果纤维没有经过很好的树脂饱和处理, 纤维将膨胀, 导致板片起层。

关于耐久性需要注意的另一个问题是, 上面所提到的材料在维修期间无一可以在 ME 上行走。因此在检修期间为保护除雾器板片, 应搭建临时平台和人行通道, 即使用不锈钢或聚砜这类较能耐受机械损伤材料制作的 ME, 也应如此。

国外的经验显示, PP、玻璃耦合聚丙烯、FRP 除雾器板片的平均使用寿命是 5~8 年。国内采用 PP 制作的除雾器已有 12 年的使用经历, 目前除质地变硬、有个别板片开裂外, 仍在使用之中。聚砜树脂是一种均匀性与 PP 相同的柔韧性较好的材料, 不像 FRP 那样易出现破裂。聚砜商业应用于 FGD 系统的时间不长, 安装的数量还不足评价其平均使用寿命, 但预计有较长的使用寿命, 不过聚砜除雾器比 PP 和 FRP 的除雾器初期投资费用高。不锈钢除雾器耐久性很好, 选材合理的不锈钢使用寿命应在 15 年以上, 美国应用的经验是 10~20 年。

10. 除雾器的国产化

脱硫除雾器是湿法烟气脱硫工艺中的一项重要设备, 其性能的优劣直接影响到 SO_2

的脱除和运行的可靠性。为此，国电环境保护研究院在有效总结国外引进设备在国内应用的经验教训和普遍存在的问题的基础上，对除雾器的除雾性能、高烟尘浓度的适应性、冲洗效果、堵塞等进行了针对性研究，形成了高效率、低压降、易冲洗的适合国情的脱硫除雾器，实现了脱硫除雾器设计技术和制造技术的国产化。其主要研究成果有：

（1）采用 ANSYS6.1 的 CFD 模块，选择标准 K-ε 湍流模型和 Re-Normalized Group Turbulance 紊流模型，模拟除雾器通道内的气相流场，获得了较为满意的数值解（详见图 2-2-31~图 2-2-36），为进一步计算除雾效率提供了详细的速度数据值；

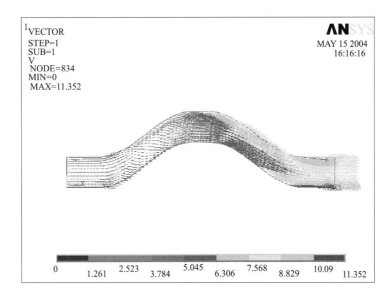

图 2-2-31 流场速度向量图谱

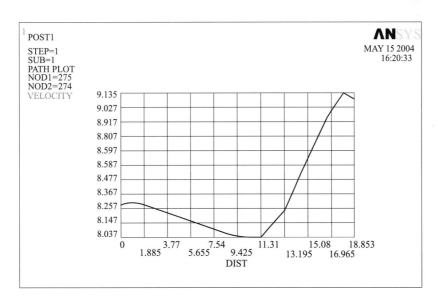

图 2-2-32 流场速度路径图谱

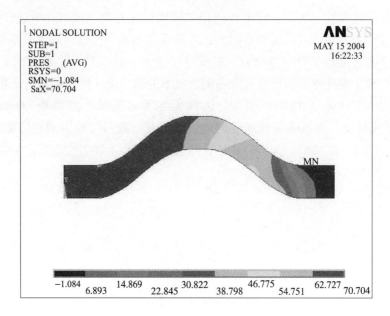

图 2 - 2 - 33 流场等压线的分布

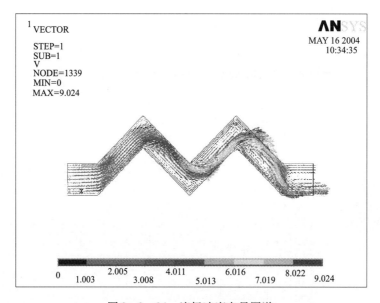

图 2 - 2 - 34 流场速度向量图谱

（2）理论计算和实验结果均表明：使用合理结构因素组合的叶片式除雾器能够获得较高的除雾效率，对工业应用有较好的适用性。影响除雾效率的因素主要有两类：

除雾器本身的结构因素：① 叶片间距：随着间距的增加，除雾效率降低，压力损失也降低。② 布置级数：随着级数的增大，除雾效率增高，但同时压力增大。

外界条件的影响主要表现在气流速度：在一定速度范围内，随速度的增加除雾效率增加，但超过临界速度后，除雾效率随着速度的增加反而减少。

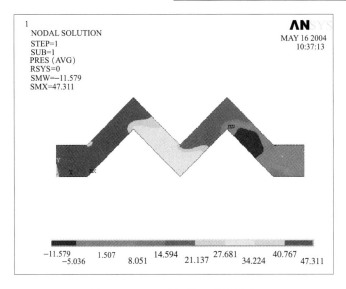

图 2 - 2 - 35　流场等压线的分布

（3）随着气流流速增加，压力降增加。20mm 叶片间距的压力降与 25mm 叶片间距的压力降相差在 10Pa 以内。当气流流速在 4.8 ~ 7m/s 之间变化时，除雾器压力降在 70 ~ 130Pa 之间。

（4）随着喷淋液流量的增大，除雾效率增加；随着喷淋液流量的增大，其除雾效率随气流流速改变的变化幅度变小。当喷淋液流量为 6.0m³/h 时，在气流分布均匀的条件下，20mm 叶片间距的最高除雾效率接近 90%，25mm 叶片间距的最高除雾器效率在 85% 左右。随着气流流速增加，除雾效率存在拐点，出现临界流速。叶片间距为 20mm 的除雾器，其临界流速在 5.6m/s 左右；叶片间距为 25mm 的除雾器，其临界流速在 5.9m/s 左右。

（5）气流流速在 5.5 ~ 7m/s 的变化范围内时，采用旋流喷嘴雾化时，除雾效率随气流流速的增加而增加；采用实心锥喷嘴雾化和混合雾化时，其除雾效率随气流流速的增加而减小。

（6）冲洗喷嘴的冲洗特性主要与喷

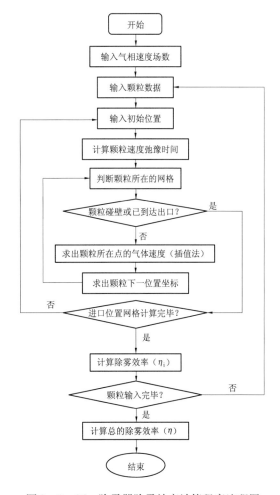

图 2 - 2 - 36　除雾器除雾效率计算程序流程图

嘴自身结构有关，与冲洗水压也有一定关系，提高喷嘴的冲洗特性应从优化喷嘴结构入手。

（7）冲洗流量与冲洗水压近似呈线性关系，随喷嘴芯旋度增加，其冲洗流量曲线斜率增加，且其最大流量也增加。改变排放口长度和排放口倒圆角对流量改变不明显，。如果想获得更大的冲洗流量，就要改变排放口直径。

（8）随着冲洗水压增大，扩散角减小；改变喷嘴芯旋度对扩散角影响不大；减小排放口长度可以增加扩散角，增大排放口倒圆角可以显著增加扩散角。

（9）在直径方向上，冲洗水分布有两个波峰和一个波谷，通过增大扩散角的方法把波峰处的冲洗水向两边转移，实现削减波峰，增加边缘处冲洗水量。

（10）随着喷嘴芯旋度的减小，其直径上的均匀度越好，但是其圆周方向上的均匀度变差。整体来看，圆周方向上的均匀度要远远好于直径方向上的均匀度。所以在选择优化方案时，会优先考虑直径方向上均匀度好的方案。

（11）测试结果表明：国产除雾器材料的主要性能指标达到甚至超过了进口除雾器的水平。表2-2-4为国产与进口除雾器材质机械性能对照表。

表2-2-4　　　　　　　国产与进口除雾器材质机械性能对照表

序号	项目	单位	进口试样	国产试样
1	拉伸强度	MPa	33.1	33.2
2	拉伸断裂伸长率	%	99	94
3	悬臂梁缺口冲击强度	J/m	54.2	65
4	弯曲强度	GPa	41.4	44.9
5	弯曲弹性模量	MPa	2.57	2.84

（12）国产脱硫除雾器应用结果表明：在锅炉负荷分别为100%和75%时，除雾器出口液滴质量浓度分别为42.6mg/m³和38.8mg/m³，均低于保证值75mg/m³。在锅炉负荷为100%时，除雾器阻力为118Pa，远低于保证值300Pa。并通过目测发现，除雾器表面及除雾器叶片通道内基本无石膏残留沉积，无结垢现象，由此证明冲洗已达到预期的设计效果。

三、浆液循环泵

吸收塔浆液循环泵是石灰石湿法脱硫中的一个主要设备，为喷淋层及喷嘴输送足够压力和流量的吸收浆液，与烟气充分接触，从而保证适当的液气比以确保脱硫效率。循环泵的消耗功率仅次于增压风机，一般单台功率几百千瓦，因此设计运行并维护好是非常重要的。

1. 循环泵的工作原理

如果要理解循环泵的工作原理，必须了解泵的比转数。比转数是泵的重要概念，是通过相似原理推导出来的，代表水力特性的特征数。在离心泵中，常将比转数理解为：泵在最高效率下运转，产生扬程为1m，流量为0.075m³/s所消耗的功率为0.735kW时，所必须具有的转数。

离心泵的比转数的大小与输送液体的性质无关，而与叶轮形状和泵的性能曲线形状有密切关系。比转数高的泵，流量大，扬程小；而低比转数的泵则相反，它适用于较小的流量和较高的扬程。一般来说，比转数小的离心泵，叶轮出口宽度窄，外径大，叶片所形成的流道窄而长。如果比转数比较大，叶轮出口宽，外径小，则流道短而宽。

浆液循环为叶片式泵，叶片式泵按照叶轮设计形式分为离心式、混流式、轴流式。三种形式的泵按照比转数来划分，比转数的计算公式为

$$n_s = 3.65n\sqrt{Q}/H^{3/4} \qquad (2-2-9)$$

式中　n——泵设计转速，r/min；

　　　Q——泵设计流量，m³/s；

　　　H——泵设计扬程，m。

当设计比转数 $80 < n_s < 300$ 时为离心式，当 $300 \leqslant n_s \leqslant 500$ 时为混流式，当 $500 < n_s < 1500$ 时为轴流式。

根据表 2-2-5 可知：部分循环泵运行在离心泵范围内，但比转数中偏高，但大部分循环泵的比转数在 300~500 范围内，即为混流式泵。其特点是：流量大，压头较低，采用混流式泵设计和制造技术，单向吸入，吸入口在水平方向，吐出口在垂直方向，依靠叶轮旋转对浆液介质做功来输送浆体。

表 2-2-5　　　　　300~1000MW 循环泵特征参数（扬程最高）

项目负荷（MW）	流量（m³/h）	最大压头（m）	转速（r/min）	轴功率（kW）	比转数	范围
300	5500	24.4	600	509	246.5	离心
600	9800	23.0	590	854	338.3	混流
1000	10 000	24.4	595	921	329	混流

2. 循环泵的结构

循环泵一般由三部分组成，电机、减速箱以及泵本体，并且安装在同一刚性钢结构底座上，三部分用联轴器连接，其中减速箱与泵轴的连接应使用膜片联轴器。也有的设计是取消减速箱，采用8极电机，直接通过膜片联轴器驱动泵轴。

电机绕组测温元件3点，轴承测温元件4点，每点均采用双支 RTD Pt100。所有热电阻应可靠地安装。

泵均配备挠性联轴节，有两个半联轴器、一个中间节、两个膜片组以及铰制螺栓、垫片等组成。

循环泵本体的结构如图 2-2-37 所示，叶轮安装在悬臂的泵轴上，泵轴由轴承固定并安装在托架上。泵壳为蜗形，吸入盖与叶轮间隙很小，一般为 0.5~1mm，这样可以极大减少介质的回流，提高泵的效率。但是要在安装以及维修过程中能充分意识到。

3. 循环泵过流部件使用的材料

循环泵的工作介质是吸收塔内的浆液。该浆液具有以下三种特点：含有15%质量浓度的硫酸钙结晶物以及新补充进去的石灰石固体颗粒，具有很强的磨损性；另外，在浆

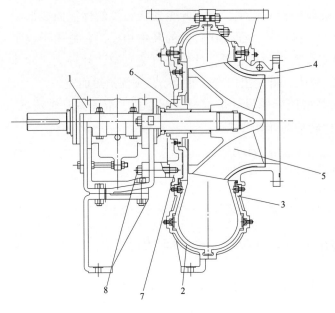

图 2 - 2 - 37 循环泵本体结构图

1—托架；2—泵体；3—泵盖；4—吸入盖；5—叶轮；

6—机械密封；7—接合板；8—托架连接螺柱组件

液中含有穿透性高的 Cl⁻（$20\,000 \times 10^{-6}$）和 F⁻；浆液中充满空气，具有氧化性；吸收了 SO_2 等酸性气体的浆液虽然溶解了石灰石但系统仍然具有酸性，pH 值一般控制在 5 左右，特殊情况下 pH 值还要下降。

从上面的总结来看，循环泵过流部件的使用环境很恶劣。既有复杂的腐蚀环境，又有固体颗粒带来的磨损。各生产厂家为了解决这一问题，开发出具有不同技术特点的解决途径。KSB 公司原来使用合金 1.4593，为双相钢，防腐性较好，但硬度相对较小，叶轮的使用寿命一般为 2 年。该公司在 2005 年发展并推广了一项

新的技术，在铸铁上镀陶瓷，叶轮的设计寿命为 50 000h，保证使用 20 000h，目前使用效果正在验证。沃曼公司的叶轮使用 A49，蜗壳采用碳钢衬橡胶。A49 为高铬铸铁，虽然在防腐性等级上有一定程度的下降，但该材料在硬度上提高了一倍，另外生产成本也大大降低了。表 2 - 2 - 6 中提到的合金牌号在循环泵的过流部件中得到广泛使用。

表 2 - 2 - 6　　　　　　　　　　合金材料的种类和性能

材料牌号	硬度 HB	材料种类	部件	*PREN*	说　明
1.4593		双相钢	叶轮、轴套	35.9	
Poly SiC		陶瓷复合	叶轮、蜗壳	—	
A49	400 ~ 450	高铬铸铁	叶轮	30	
CD4MCu		双相钢	蜗壳、轴套	34.6	等效 1.4460
Z3CNUD26.05（2605）	260	双相钢	蜗壳/轴套	34.6	等效 1.4460
F30% CrMo（Cr30）	450	高铬铸铁	叶轮	30	

不同公司有不同特点的技术，但是满足以上使用环境要求的目标是一致的，特别是在防腐性能方面的要求。为了便于检查和控制设备质量，对材料的耐腐蚀性进行初步验证是必要的。该验证可用公式表示为

$$PREN = Cr\% + 3.3 \times Mo\% + 2 \times Cu\% + 16 \times N\% \qquad (2-2-10)$$

式（2 - 2 - 10）是一个经验公式，但在排列合金材料的耐腐蚀性等级上作用很大，应用也十分广泛。

4. 机械密封使用情况

循环泵的泵轴和卧壳之间配置接触式机械密封。动、静环采用硬质合金或 SiC 材料，弹簧元件采用静止式，推动静环与动环紧密接触，动环靠近浆液侧，动环与轴紧密套装配在一起，并靠缩紧环固定在轴上与轴一起转动。动静环包围的区间内有冷却水通过，动静环以外是介质。

从目前使用来看，机械密封使用效果一般都不好。分析的原因有三大类：产生料干摩擦、泵本身的振动超标以及机械密封本身制造问题。将设另外的专题详细讨论该问题。

5. 安装、运行和维护等问题

一般情况下，循环泵在现场都能成功安装。安装的难点在调整电机和减速器的位置，以满足膜片联轴器的两对连接法兰之间的径向误差和端面跳动误差在公差范围内。膜片联轴器的安装要求遵守如下的公差尺寸：两联轴器法兰平面间一周端面跳动不超过 0.1mm（10 丝），两联轴器法兰径向跳动不大于 0.05mm（5 丝）。

如果泵本体和减速箱不在一个钢框架基座上时，在现场安装时一定要保证膜片联轴器的两个半法兰面的间距。曾遇到到过这样的项目，留的间距小，当时现场安装人员只装一个膜片组，另外一组取消后，造成振动大、轴承温度高等问题。膜片连轴器一定要成对安装，中间段越长，径向和夹角上允许偏差可增大。只安装一个膜片组，等于没有中间段，两个方向的误差靠一个膜片承担，显然不能。该项目后来只好重新安装。

由于循环泵的机封一般运行寿命是 1 年左右，在更换机封时，需要拆开泵壳和叶轮。在安装好机封后，回装叶轮和泵壳前一定要彻底冲洗叶轮和泵壳内表面，否则装完以后，盘车一般很困难，只能重新安装。泵在运行过程中，轴承的温度是重点监督的对象。

6. 建议

石灰石—石膏湿法脱硫循环泵比转数一般在 300 以上，为混流设计技术，其工作特点是大流量、低扬程、低转速。在设计驱动时，有两种方法：直接采用 8 极电机驱动，或用 4 极电机通过减速箱驱动。循环泵的叶轮目前有两种流行的选材方式，一种是镀复合陶瓷，另一种采用高铬铸铁。蜗壳有三种选材方式，一种是碳钢衬橡胶，一种是采用镀复合陶瓷，一种是采用全金属结构，使用双相钢材料。其他合金过流部件应至少选择防腐等级在双相钢以上的材料。机械密封采用外冷集装式，静环装在内侧，动环安装在浆液侧，弹簧为静止式。机械密封普遍使用效果不好，与设备运行使用不当有很大关系。另外，循环泵在安装及维护过程中注意连轴器的安装调整精度，外在更换机封，恢复安装过程中要清理泵内污泥。

四、喷淋层

烟气湿法脱硫装置已经在我国各大燃煤电厂迅速推广，许多发达国家的 FGD 技术在我国都得到了应用，但一般来说，都采用的是喷淋塔技术，最主要设备包括吸收塔和几层喷淋层。喷淋层又可以称为液体分布器，它是由喷淋管和喷嘴组成，浆液通过喷淋管的分配作用到达均匀分布的每个喷嘴，由喷嘴喷出，与逆向流动的烟气充分接触，SO_2 等污染气体的吸收即在此完成。

1. 喷嘴的功能及其特征参数

一般用于烟气脱硫的喷嘴有两种，一种是中空锥离心喷嘴，另一种是螺旋锥喷嘴，两种形式的喷嘴都是形成空心圆锥形的液膜（实心锥喷嘴在国内有采用，但很个别）。中空锥离心喷嘴形成一层液膜，而螺旋锥喷嘴能形成三层液膜。

喷嘴形成的液膜随着直径的增大将与其他喷嘴形成的液膜相互碰撞，形成细小的液滴在重力的作用下落下，由于气体向上移动，液滴的下落过程要慢得多，这样从液滴从开始下落到滴到浆池液面的时间将大大延长，有利于 SO_2 充分地溶进液滴。由于液滴中还含有石灰石，溶进的 SO_2 与水反应形成亚硫酸，亚硫酸与石灰石颗粒反应将减少液滴中的 SO_2 的含量，促使其继续吸收更多的 SO_2，湿法脱硫能得到95%以上的脱硫效率主要在此过程中完成。喷嘴形成的颗粒越小，越有利于增加烟气与液滴的接触面积，有利于加快传质的过程。但是太细小的液滴将容易被带出吸收塔。从有关文献了解到理想的液滴一般在 500~1000μm。

另外，喷嘴的密度对允许的烟气流速有一定的影响，在保证同样的脱硫效率的条件下，较高的喷嘴密度可以允许较高一些的流速。

喷嘴选型主要是考虑喷射角度和流量两个参数。脱硫上应用的中空锥喷嘴和螺旋锥喷嘴都有90°和120°这两种角度。

喷嘴喷出的空心圆锥的锥底直径是一个很重要的参数，是喷嘴布置的重要数据。对于大流量的喷嘴，锥底直径一般取距喷嘴中心 1m 高度的截面圆的直径，但当喷嘴较密时，相对流量较小些，空心锥的高度相对减小些。

2. 喷嘴的布置

喷嘴的布置，首先需要知道喷嘴密度，喷嘴的密度每个公司都不全一样，甚至同一公司不同的设计人员取值也有差别。另外，喷嘴布置要满足相邻喷嘴喷出的液膜能相互重叠，不让烟气短路。喷嘴布置覆盖率模拟图如彩图 2-2-38 所示。

喷嘴布置的方法有两种，一种是同心圆布置，另外一种是矩阵式布置。分别见图 2-2-39和图 2-2-40。不同的脱硫公司有自己的习惯，从奥地利能源公司引进的技术一般采用同心圆布置，而从德国斯坦米勒公司引进的技术一般采用矩阵式布置。从应用情况来看，大多数脱硫公司采用矩阵式布置，矩阵式布置从主管和支管的设计以及支撑梁的布置都方便一些，但即使是矩阵式布置，由于吸收塔的截面是圆形的，所以要求离塔壁最近的一圈或两圈喷嘴同样是圆形布置，其他位置的喷嘴尽量采用矩阵式布置。

同心圆方法布置喷嘴的位置比较简单，但是这种方法把难题留给了喷淋管管道的走向布置和钢梁布置，并且由于支管以及支管上的小管参差不齐，给加工制作带来很大难度。这种方法只要确定同心圆的间距以及同一个圆两喷嘴的弧长，就很容易布置出如图 2-2-39所示的形状，该图使用 90° 螺旋锥喷嘴，吸收塔直径 12 500mm，喷嘴个数为80。

喷嘴布置首先要考虑喷嘴的种类、喷射的角度以及喷嘴的密度。螺旋锥喷嘴的价格一般较高，脱硫公司在使用这种喷嘴时，应尽量节省喷嘴的个数，以降低成本；而采用中空锥喷嘴时, 其价格相当于螺旋锥的 1/3, 所以可以布置得密一些。

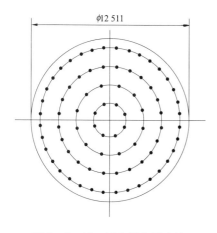

图 2 – 2 – 39 同心圆布置方法

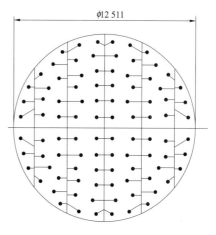

图 2 – 2 – 40 矩阵式布置方法

另外喷嘴喷出的浆液液膜与支撑梁和塔壁接触, 必须要考虑喷嘴中心与塔壁和支撑梁的间距, 喷嘴的布置要求不能冲刷到壁板或钢梁。从分析比较不同公司的技术来看, 周围喷嘴离塔壁的距离一般都要控制, 否则会产生对塔壁的冲刷, 修补很麻烦。该尺寸与喷嘴的密度有关, 如果喷嘴的密度越大, 喷嘴离塔壁和大梁的间距越小。

尽管 90°喷嘴和 120°喷嘴都在脱硫中使用, 但为了减小冲刷现象, 最外圈一般都布置 90°螺旋锥喷嘴。

3. 喷淋盘母管和支管管径的确定以及走向布置

由于浆液是通过喷淋管输送到每个喷嘴的, 浆液中含有石灰石、石膏等颗粒, 为了防止浆液在流动过程中产生沉淀, 要确保喷淋管的母管和支管浆液的流速。对于该流速, 不同的公司有不同的要求, 流速太低, 会产生沉淀, 流速太高, 会导致管道的磨损。选择管径时尽量在这个范围以内, 有些时候考虑强度的需要, 需要增大管径, 这样会降低流速, 对于大一些管径, 流速应该选择在此范围内的高值, 小一些的管径, 流速可以小一些。

对于直径较大的塔, 一般采用双母管方式。因为大塔每层输入的浆液流量大, 采用单母管, 母管的管径大, 工作载荷较大, 这就要求支撑点处的母管的强度达到很高。而采用双管, 载荷降了一半, 有利于支撑的设计。

喷淋管管道走向布置和管径确定是相互交叉同时完成的。下面以一段支管为例介绍支管管径的确定方法, 如图 2 – 2 – 41 所示。总流量为 5200m³/h, 喷嘴个数为 88, 喷嘴流量为 59.9m³/h 管径的确定见表 2 – 2 – 7。依此类推, 可以确定整个一层喷淋盘管道的走向和段管道的直径。在此不一一赘述,

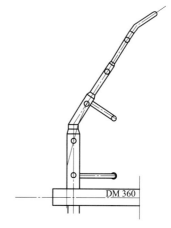

图 2 – 2 – 41 某项目支管
管径确定及布置

最后形成如图 2 - 2 - 42 所示的布置图。

表 2 - 2 - 7   某项目管径确定

分类	直径（mm）	面积（m²）	该段前喷嘴个数	仅后段喷嘴个数	流量（m³/h）	流速（m³/h）
主管	350	0.096		12	709.1	2.05
支管	250	0.049		8	472.7	2.68
	200	0.031	3	5	295.5	2.61
	150	0.018	2	3	177.3	2.79
	125	0.012	1	2	118.2	2.68
	90	0.006	1	1	59.1	2.58

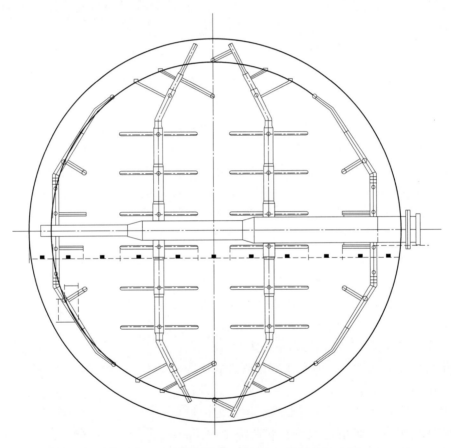

图 2 - 2 - 42 某项目喷淋盘母管和支管管径的布置

在直径较大时，建议采用双母管结构，主要是从力学角度考虑的，后面将有详细的讨论。

许多用户在采购喷淋管时，经常问到管道沿程阻力有多大。根据测算，以一个 12m 直径的塔为例，从喷淋管入口开始到最远端的喷嘴，经过分段的计算，其总沿程阻力为 10kPa（喷嘴的工作压力除外）。

4. 喷淋装置支撑的设计

喷淋管是非标设计，在支撑方式上尤其明显。支撑方式有许多种，不同的公司有自己的特点，STEINMULLER 公司一般采用单梁支撑方式，梁的截面是矩形的，母管穿过梁的腹板，设计结构非常紧凑。这种支撑方式的特点是除了周圈的支撑点用于支撑支管的端部以外，喷淋管绝大部分的重力由一点或两点支撑在母管位置上，中间的支撑点少。对于直径较大的塔来说，建议最好不用这种单梁支撑方式，直径较大时，母管除了两端支撑外，最好增加母管中间的支撑点。当塔径不大时，可采用单梁方式以减少对断面的占用。其他的支撑方式可以增加母管的支撑点，也可增加支管的支撑点，或是同时增加母管和支管上的支撑点。

5. 喷淋层管道壁厚的选择

喷淋层作为一个整体支撑在吸收塔塔壁和钢梁上，喷淋管在工作和检修状态下，都承受着一定的载荷，这些载荷将作用在整个喷淋管上。工作状态下有浆液载荷、喷嘴重力以及喷淋管的自重力。检修载荷包括喷淋管的自重力、人在支管上移动载荷以及检修时单位面积承担的重力。喷淋管壁厚的设计将满足在两种工作状态的载荷，通过应力分析计算得出各个位置的弯矩和剪力，从而确定不同位置管道的管径，有的时候，允许不同位置的相同管径选择不同壁厚。

对于喷淋管壁厚，至今还有一些脱硫公司对不同管径指定壁厚，这不仅不尊重科学，而且造成很大的资源浪费。对喷淋管的担心，可以通过适当增加安全系数来解决。没有通过计算而指定的壁厚，是没有意义的。

6. 建议

喷淋层的设计主要包括喷嘴的布置、管径的确定、管道走向和钢梁布置、管道应力分析计算等内容。喷嘴的布置有同心圆法和矩阵法两种，一般要求最外圆的喷嘴角度为 90°，并且对塔壁与喷嘴间距选择适当的距离，确保不冲刷大梁和吸收塔内侧壁板。另外对于较大直径的吸收塔建议在母管上增加支撑点。喷淋管的壁厚，不能盲目指定，需要通过整体的应力分析得到，或直接委托制造商做相关计算。

五、喷嘴

喷淋塔的脱硫效率主要取决于液滴大小和数量（这两个因素决定了吸收 SO_2 液体的表面积）以及塔内烟气流速。液滴的大小和数量又取决于喷淋浆液的总流量和喷嘴的特性。喷嘴雾化特性主要包括喷嘴压力—流量—平均粒径的关系、喷嘴雾化均匀性、雾化角和雾化粒径分布特性等。研究应用于烟气吸收的喷嘴特性时，常用索特尔平均直径（Sauter Mean Diameter，简称 SMD）来表示喷淋液滴的大小，SMD 的含义是：对于一个实际的液滴群，假想一个粒度均匀的液滴群，此假想液滴群与实际液滴群的总体积和总表面积相同，那么，假想液滴群的液滴直径就是实际液滴群的 SMD。在 FGD 应用中，液滴的 SMD 通常在 $1500 \sim 3000 \mu m$ 范围内。液滴越细，单位体积循环浆液产生的洗涤效果就越好。但是，由于限于喷嘴的特性和吸收塔所具有的流体状况，在实际工况下并非液滴越小越好，细液滴易被烟气带离吸收区，FGD 洗涤器有一最佳液滴直径。在一个典型烟气流速为 $3 \sim 4 m/s$ 的逆流喷淋塔中，直径小于 $500 \mu m$ 的液滴会被烟气夹带进入除雾器，如果烟气夹带的液滴过多，将给除雾器下游侧的设备带来不利的影响。过分追求细小液滴需要较高的压力，能耗增大。通常在 FGD 应用中，直径小于 500μm 的液滴数量不应超过总量的 5%，小于 100μm 的液滴则要尽量减少。

电厂应要求喷嘴供应商提供其所供应喷嘴的雾化粒径分布数据，以便掌握所选喷嘴的特性。需要指出的是，喷嘴生产厂提供的喷嘴雾化粒径分布数据是在实验室条件下用室温水测得的，只能作为近似参考值。而且有多种表示平均粒径方法，例如除了上面提到的体积表面积平均直径外还有算术平均直径、表面积平均直径、体积平均直径、体积中位直径、粒数中位直径、表面积—直径平均直径、蒸发平均直径等等，对同一个液滴群，用不同的直径表示方法差别很大。

在工作压力相同时，通常较小口径的喷嘴产生的液滴较细。但是喷嘴口径必须足以让垢片这类碎块通过而不至于发生堵塞。喷嘴布置的间距应合理，要使喷嘴喷出的锥形水雾相互搭接，不留空隙。否则烟气可能未接触到液滴就从这些空隙中"溜走"。调整喷嘴布置密度和喷淋层数，可获得不同的喷雾重叠度。重叠度越高，脱硫效率也就越高，但阻力也会增加。一般喷雾重叠度为 200% ~ 300%。对喷嘴布置的另一要求是不冲刷塔壁、喷淋母管和支撑件。

对于石灰或石灰石湿法 FGD 喷淋空塔，喷嘴的典型设计特性是工作压力（表压）为 50 ~ 200kPa，喷嘴出口流速约为 10m/s，每个喷嘴的流量为 36 ~ 80m³/h，雾化角为 90°。采用这种规格的喷嘴，喷嘴的典型分布密度是吸收塔截面每平方米布置 0.7 ~ 1 个喷嘴。

通过一个全规模喷淋塔的试验证实了喷雾有效覆盖范围的重要性以及喷嘴大小的影响。在该试验中，最初喷淋塔设计为每个喷淋层装有 25 个口径为 130mm 的喷嘴，每个喷嘴流量是 31.5L/s（126.4m³/h），该塔的脱硫效率大约仅 80%。后来改为每层布置口径为 50mm 的喷嘴 60 ~ 84 个，每个喷嘴的流量为 12.6L/s（45.4m³/h），喷嘴压力大致相同。此外，在喷淋塔的入口区加装了多孔塔盘以改善烟气分布。经过这些改进后，该塔的脱硫效率提高到 96% 以上。分析认为，脱硫效率的提高主要归因于喷雾有效覆盖范围的提高，以及采用较小口径的喷嘴显著地减小了液滴的平均直径。

在湿法 FGD 工艺中，一般采用压力式雾化喷嘴。喷嘴结构、工作压力和流量影响喷出液滴的大小。对同一喷嘴，工作压力和流量越大，即喷嘴喷出的平均速度越高，液滴的平均粒径越小。不同设计结构的喷嘴喷出的立体状的水雾分布形态是不相同的，不同的喷雾形态将影响不同大小液滴的数量。目前国内外在湿法 FGD 工艺中常用的浆液喷嘴有以下 5 种。

（1）空心锥切线型（Hollow Cone Tangential）。采用这种设计的喷嘴，循环吸收浆液从切线方向进入喷嘴的涡旋腔内，然后从与入口方向成直角的喷孔喷出，产生的水雾形状为中空锥形，可以产生较宽的水雾外缘，在相同流量和压力下可以形成较小的液滴，允许自由通过的最大颗粒尺寸大约是喷孔尺寸的 80% ~ 100%，喷嘴无内部分离部件，其外形如图 2 - 2 - 43（a）所示。

（2）双空心锥切线型（Doule Hollow Cone Tangential）。这种喷嘴是在空心锥切线型喷嘴的腔体上设计两个喷孔，一个喷孔向上，另一个喷孔向下，喷嘴允许通过的颗粒最大尺寸为喷孔直径的80%~100%。我国重庆电厂21号/22号FGD喷淋塔就是采用这种类型的喷嘴，喷嘴材质为SiC。

（3）实心锥切线型（Full Cone Tangential）。这种喷嘴的设计思想与空心锥切线型喷嘴近似，所不同的是在涡旋腔封闭端的顶部使部分液体转向喷入喷雾区域的中央，产生的水雾形态为全充满锥形，其外形如图2-2-43（b）所示。这种喷嘴允许通过颗粒的尺寸为喷孔直径的80%~100%，产生的液滴平均粒径比相同尺寸的空心锥形喷嘴的大30%~50%，而且液滴粒度范围相当宽。

（4）实心锥（Full Cone）。这种喷嘴通过内部的叶片使浆液形成旋流，然后以入口的轴线为轴从喷孔喷出，产生的水雾形态为全充满锥形。根据不同的设计，这种喷嘴允许通过的最大颗粒直径为喷孔直径的25%~100%不等。在同等条件下，这种喷嘴雾化粒径相当于相同尺寸的空心锥切线型喷嘴的60%~70%，其外形如图2-2-43（c）所示。

（5）螺旋型（Spiral），又称猪尾巴型。在这种喷嘴设计中，随着连续变小的螺旋线体，浆液水柱体被剪切除一部分，形成在一个空心锥水雾中还有1~2个同轴的锥形水雾，所以称为实心锥形水雾，或用剪切力使水柱沿螺旋线体旋转成空心锥形水雾形。其外形如图2-2-43（d）所示。这种喷嘴设计无分离部件，自由畅通直径等于喷孔直径的30%~100%，在同等条件下这种喷嘴的平均粒径相当于相同尺寸的空心锥切线型喷嘴的50%~60%。

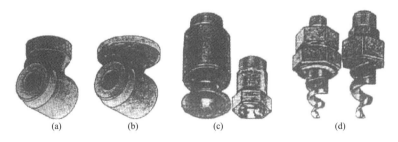

图2-2-43 应用于FGD的几种常用喷嘴

（a）空心锥切线型；（b）实心锥切线型；（c）实心锥型；（d）螺旋型

螺旋型喷嘴可以在很低的压力下提供很强的吸收效率，所以这种喷嘴推出后迅速得到脱硫系统的认可，典型操作压力在0.05~0.1MPa。但也有资料指出，这种喷嘴停用时易结垢。

在螺旋型喷嘴中还有一种大通道螺旋型（Large Free Passage Spiral）喷嘴，这种喷嘴是通过增大螺旋体之间的距离设计出来的，允许通过的固体颗粒直径与喷孔直径相同，最大可达38mm。

六、氧化系统

一般湿法脱硫装置的氧化系统均采用强制氧化系统，氧化风由氧化风机提供，通过氧化空气分布装置借助塔内的动力扰动悬浮系统均匀分散到塔内，将SO_3^{2-}氧化成SO_4^{2-}，氧化空气进入吸收塔前通过喷水降温，以防浆液在氧化空气管道上结垢。强制氧化的风机一般采用罗茨风机、当流量大于10 000m³/h时，可考虑采用多级高效离心风机。氧化空气分布装置一般有两种分布方式：喷枪式和布管式。

1. 喷枪式

吸收塔浆池采用带动力的氧化空气喷枪式分布系统，设计简单可靠，并经过实践证明具有空气泡更小、氧化效果更好、氧化空气消耗量更少、节省能源、不会堵塞的优点，示意图如彩图 2 - 2 - 44。

2. 布管式

氧化风布管式示意图如彩图 2 - 2 - 45 所示。

氧化空气分散采用布管式，在氧化浆池内类似曝气方式布管，配合以搅拌装置，氧化空气分布均匀性受搅拌系统影响较小，设计对防堵要求较高。

七、氧化风机

氧化风机是吸收塔辅机的一个重要设备，它的作用是向吸收塔的浆池中鼓入氧气，将不稳定的亚硫酸盐氧化成硫酸盐，为脱硫最终形成 $CaSO_4 \cdot 2H_2O$ 产物起到重要作用。一般要求石膏产物中的亚硫酸钙的含量低于 3%，如果达不到，不仅会影响石膏品质，而且会影响脱硫的效率。工程实践也会体会到氧化风机如果不能正常投入，将迅速降低脱硫效率。一般氧化风机的主要部分是指机芯和电机附属部分有进出口消音器和安全阀以及仪表等检测保护结构。氧化风机在许多工程项目的运行过程中常常不能正常投入，出现过一些问题，为了减少氧化风机投运的故障，提高氧化风机投运率，本文专门对氧化风机各方面的技术进行研究。

1. 氧化风机的原理

氧化风机的核心部分是罗茨鼓风机，为容积式风机，输送的风量与转速成正比，出口的压力接近 100kPa 左右，其运行的原理跟齿轮泵接近。机壳内有两个特殊形状的转子，转子与机壳的缝隙很小，转子可自由旋转而无过多气体泄漏。为了减小风机的振动、噪声以及气体的脉动，一般要求叶轮采用三叶式，叶轮每转动一次由两个叶轮进行三次吸气、排气。由于需要叶轮转速相同而且转向相反，在机壳一侧有一套齿轮系统。图 2 - 2 - 46 为罗茨鼓风机原理图。

图 2 - 2 - 46　罗茨鼓风机原理图

罗茨鼓风机应用在脱硫的吸收塔上，它的输出压力一般都能满足，但单台的输出量有限。特别是对于烟气量较大，而且含硫量高的电厂需要空气量大，如果多台并联使用将大大提高造价，因而改用多级离心通风机。

从国内几家供货公司来看，氧化风机的组成大同小异。电机和鼓风机本体共同安装在一个钢结构的机座上，之间通过皮带或联轴器传动。在鼓风机的出入口都装有消音器，另外还有各种仪表等保护装置。

2. 风机附属保护设计

为了改善并维护鼓风机的正常运行，除在进出口安装消音器降低噪声以外，有必要设计以下几种附属系统监督并保护设备正常运行。

出口安装一个安全阀，安全阀的设定压力根据鼓风机的机型来选择，一般在出厂前已经设定好。另外根据需要，还配一个放空阀，用于风机无压启动。

鼓风机入口安装一个压力开关（差压开关），一般设计定值为3800Pa，将差压接到DCS系统，在显示屏上显示防尘罩的阻力。当差压超过设定值时，DCS报警。建议不要将该信号设计成联锁停机，只要根据使用情况定期清理一下过滤棉即可。

鼓风机出口还安装一个压力变送器和就地压力显示。当出口压力超过工艺设计定值时，要求风机保护停机。另外出口还安装有Pt电阻测温元件，确保出空气口温度过高时停机。

风机和电机轴承安装有测温元件，温度高时报警。

3. 风机的常见问题及处理

氧化风机在试运转和运行期间经常出现一些问题，介绍如下。

风机的防尘罩易堵灰。风机对安装环境要求较高，须在无尘的环境下使用。因为入风口的风量较大，空气中携带的粉尘被吸附在入口的过滤棉上。环境粉尘含量大，将降低风机正常运行的时间，增加维护工作量。某项目的氧化风机房位于输煤栈桥下方，热工设计又将风机入口差压设计成联锁停机，造成氧化风机频繁跳闸。后来修改保护模式，改成报警，另外增加清洗入口过滤棉的次数来解决这个问题。

风机本体及轴承过热。一般要求轴承箱的温度在运行时不能超过90℃。首先要求鼓风机要有冷却设计，经过正反两方面的经验证明，该设计必须投入使用。

电机两端轴承过热。一般电机的轴承设计测温元件，并且设计有过热跳机联锁保护。某项目某段时间也曾受该问题困扰。后来解开电机轴承，发现轴承两侧的挡油环安装反了，初装时的润滑油出现泄漏，导致轴承发热。因此对于重要设备，有必要再检查安装是否正常。另外有可能是电机通风不好，为了解决这个问题，通常在距离电机的风扇侧附近隔音罩上开孔，增加风机从外界吸入的风量。

气动放空阀易漏气和破裂。气动放空阀的作用是让鼓风机空载启动，用于保护电机。不是每个项目都使用，说明该放空阀的配置是可选项。有些项目主动放空阀经常出现破裂现象，实践中通过增大放空阀型号、改变橡胶材料可以杜绝这类问题。

出口压力变送器压力变化摆动幅度大，测量精度太差。这是由于风机出口空气脉动流动引起的，建议变送器采用分体式，将大大改善这种情况。

4. 建议

脱硫的氧化风机一般采用罗茨风机，在结构设计上除了配置相应的驱动电机、进出口消音器以外，还配置了一系列的保护措施和检测仪表。风机的安装环境要求较高，另外由于鼓风机的噪声较大，要求安装隔音罩，但容易造成风机及轴承温度高，要求鼓风机本体有冷却设计结构。另外，建议生产厂家对电机的轴承进行解体检查是否安装正确，当电机安装正常时，如果轴承温度高，建议在电机风扇附近的隔音罩上开孔。

八、搅拌或脉冲悬浮系统

为防止吸收塔内石膏浆液的沉淀、结垢或堵塞，一般采用搅拌悬浮技术或脉冲浆液悬浮技术。

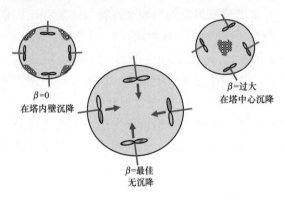

图2-2-47　不同安装角度搅拌效果模拟示意图

1. 搅拌技术

采用多台搅拌器组合安装，安装角度应合适，才能确保吸收塔搅拌系统在任何时候都不会造成塔内石膏浆液的沉淀、结垢或堵塞。不同安装角度搅拌效果模拟示意图如图2-2-47所示。

2. 脉冲悬浮技术

脉冲悬浮技术是利用吸收塔外部的脉冲悬浮泵提供浆液脉冲能量。塔内不安装搅拌器，而是采用几根带有朝向吸收塔底的喷嘴的管子，脉冲悬浮装置模型及塔内实物图如彩图2-2-48所示。在运行或是停机后重新投运时，通过脉冲悬浮泵将液体从吸收塔反应池上部抽出，经管路重新输送回反应池内。当液体从喷嘴中冲出时就产生了脉冲，依靠该脉冲作用可以搅拌起塔底固体物，进而防止产生沉淀，示意图如彩图2-2-49所示。脉冲悬浮搅拌是LEE的专利技术。

脉冲悬浮系统的优点为：

（1）吸收塔反应池内没有机械搅拌器或其他的转动部件；

（2）塔底不会产生沉淀；

（3）所需能量显著低于机械搅拌器，脱硫装置停运期间无需运行，搅拌效果可以调节；

（4）提高了脱硫装置的可用率和操作安全性，可以在吸收塔正常运行期间更换或维修脉冲悬浮泵，无需中断脱硫过程或是排空吸收塔；

（5）加入反应池内的新鲜石灰石可以得到连续而均匀的混合，进而有利于降低吸收剂化学计量比。

第四节　主设备故障及分析

一、循环泵（浆液泵）

烟气脱硫吸收塔采用的浆液循环泵均为离心泵，石灰石中二氧化硅含量高、浆液浓度大、浆液pH值低、浆液泵转速低、叶轮材料不合适，均可能导致浆液泵过流部件磨损腐蚀。目前浆液循环泵普遍存在的问题及缺陷包括：机封泄漏、叶轮磨损汽蚀、减速机超温等。

1. 机封泄漏

浆液泵的密封处也是易漏之处（如彩图 2 - 2 - 50 所示），循环泵、石膏排出泵、石灰石浆液输送泵相继发生机械密封损坏的故障而泄漏，而且大部分都是发生在启、停过程中。在启停过程中，由于压力变化较大，浆液中的颗粒状物容易进入机械密封，虽然机械密封材料的硬度大，但比较脆，转动时的挤压使机械密封易损坏。

分析其产生的原因主要有：产生料干摩擦、泵本身的振动超标以及机械密封本身制造问题。

2. 泵的汽蚀及叶轮磨蚀

有的脱硫工程投运后不足半年甚至不足三个月便出现循环泵出口压力下降，导致脱硫效率下降，解体检查发现叶轮局部磨蚀严重，如彩图 2 - 2 - 51 所示。其原因主要在于：叶轮铸造前钢水中镍元素加入量不足（取样化验结果）；浆液中硬质颗粒超标，泵机转速太高，加剧磨损。

泵的汽蚀在 FGD 系统也常见，加上磨损和腐蚀，使泵产生噪声和振动、缩短泵的使用寿命、影响泵的运转性能，严重时循环泵运行不到 1 ~ 2 个月就损坏了。如彩图 2 - 2 - 52 所示为典型的泵汽蚀和磨损情况。

汽蚀是水力机械以及一些与流体流动有关的系统和设备，如阀门、管道等都可能发生的一种现象。众所周知，水和汽可以相互转化，这是流体的固有属性，其转化的条件就是温度和压力。如水在 101 325Pa 压力下的汽化温度为 100℃，而在 4243Pa 压力下的汽化温度则为 30℃。同样，当温度不变，逐渐降低液面的绝对压力，当该压力降低到某一数值时，水便开始汽化。一定的压力对应一定的汽化温度，同样一定的温度对应一定的汽化压力。例如水在水泵内的流动过程中，当其局部区域液体的绝对压力降低到等于或低于该温度下的汽化压力时水便发生汽化，汽化的结果就是在液体中产生很多的汽泡。汽泡内充满蒸汽和从液体中析出而扩散到汽泡中的某些活性气体如 O_2，当这些汽泡随流体流到泵内的高压区时，由于该处压力较高，迫使汽泡迅速变形和溃灭。与此同时，周围的流体质点以极高的速度流向原来汽泡占有的空间，质点相互撞击而形成强烈的水击。汽泡长得越大，溃灭时形成的水击压力也就越高，实测表明该压力可达数百甚至高达上千兆帕。如果汽泡溃灭发生在金属附近，则会形成对金属材料的一次打击，而汽泡的不断发生和溃灭，就形成了对金属表面的连续打击，金属表面很快因疲劳而侵蚀。此外，由于侵蚀的结果，金属保护膜不断被破坏，在凝结热的助长下，活泼气体又对金属产生化学腐蚀，加剧了材料的破坏。侵蚀和腐蚀的联合作用，使得金属表面由点蚀成为蜂窝状或海绵状，最后甚至把材料壁面蚀穿。这种汽泡的形成发展和溃灭以及材料受到破坏的全过程称为汽蚀现象。

汽蚀的发生及发展取决于流体的状态（温度、压力）及流体的物理性质（包括杂质所溶解的气体）。根据观察到的汽泡形态，可把水力机械中发生的汽蚀归纳为四类。

（1）移动汽蚀，是指单个瞬态汽泡和小的空穴在流体中形成，并随流体流动而增长、溃灭时造成的汽蚀。汽泡量多时形成云雾状。

（2）固定汽蚀，是指附着于绕流体固定边界上的汽穴造成的汽蚀，也称附着汽蚀，水力机械中以这种汽蚀为主。

（3）旋涡汽蚀，是指在液体旋涡中心产生的汽泡，旋涡中心处的速度大，压力低，易使液体汽化发生汽蚀。

（4）振动汽蚀，是指由于流体中连续的高振幅、高频率的压力波动而形成的汽蚀。

汽蚀主要是由于泵和系统设计不当，包括泵的进口管道设计不合理，出现涡流和浆液发生扰动；进入泵内的气泡过多以及浆液中的含气量较大也会加剧汽蚀。泵与系统的合理设计，选用耐磨材料，减少进入泵内的空气量，调整好吸入侧护板与叶轮之间的间隙是减少汽蚀、磨损，提高寿命的关键措施。

3. 减速机超温及其他故障

目前循环泵与电机的连接有2种形式：一是直接连接，二是通过减速器连接。实践表明，几乎所有的减速器都存在超温现象，一个主要原因是减速器设计过小，内部冷却面积偏小，冷却水流量难以增大。作为临时措施，一些电厂在减速器外加冷却水，更多的电厂是进行改造，将减速器拆除而更换为较低速的电机，如彩图 2 - 2 - 53 所示。

循环泵噪声超标主要是电机问题，选用质量好的电机并确保安装质量，可减少噪声。另外一些循环泵包括石膏排出泵入口设有不锈钢或 PP 滤网，滤网破损及堵塞也常发生，停运时要及时更换和清理。

4. 处理措施

叶轮由于高速旋转，介质在叶轮的流道内与流道发生剧烈的摩擦，因此在耐腐蚀性能保证的前提下，应尽可能的提高叶轮材质的耐磨蚀性，增加某几种元素的含量，降低某几种晶体成分的含量，提高叶轮的硬度，同时增强叶轮的耐磨蚀性能。

在叶轮形式的选择上，不必考虑非要采用半开式叶轮。因为浆液造成叶轮通道堵塞的可能性很小，可以考虑容积损失更小的闭式叶轮，减少在入口侧浆液涡流造成的冲刷，从而提高入口端盖和叶轮的使用寿命。

充分提高过流部件材质的耐磨、耐腐蚀性能后，还需从其他三方面着手，来提高泵的整体使用寿命、降低运行维护成本。

第一，根据不同工艺情况，泵采用优化的水力模型，设计合理的转速。在泵的流量、扬程一定的情况下，采用合理的转速，可使泵获得较小的本体质量（泵本体所用材料差别很大）和较长的寿命且更易维护。

在脱硫浆液、渣水输送、渣浆矿浆泵使用的理论和实践中，泵的寿命与转速的三次方成反比关系，转速合理降低，泵使用寿命会成倍增加。因此，泵采用低转速设计，摒弃早期渣浆泵生产的高速泵水力模型，从而大大提高泵的使用寿命。

第二，过流流道和过流部件进一步优化设计，加大过流部件厚度，延长使用寿命。在选用优秀耐磨材料的同时，前护板、后护板、涡壳护套、叶轮等过流部件，在生产制造过程中，根据优化设计方案和模型，部件采取加厚处理，增强设备的耐磨性，延长使用寿命。

第三，采用双泵壳设计，定期更换内泵壳。

外泵壳起固定支撑作用，不接触过流浆液，无磨损，使用寿命长，一般情况使用寿命可达 30 年。内泵壳即过流部件可以定期更换，当该部分达到设计使用寿命后，根据磨损状况不同，仅更换部分或全部过流部件即可，无需更换整个泵本体，以较小的更换成本即可实现全新运行状态，且拆卸更换简单方便，运行维护成本低。

二、氧化风机

1. 氧化风管堵塞

氧化风管标高较低，会使浆液倒流管内产生结垢。FGD 氧化系统的送风总管在循环浆液池中安装的位置相对降低，其管道已浸在浆液之中。当浆池中的浆液没有排空、罗茨风机停止运行时，浆液沿着布风管迅速倒流入管道内沉积，长此以往造成管内沉积物增多、结垢，堵塞氧化风管。所以设计时应使送风管的底部标高高于液面的最高标高，防止浆液倒流入管内导致结垢，并设有冲洗水，在风机停运时冲洗氧化风管道。在现有的情况下，运行操作应在液面浸到送风管之前启动罗茨风机运行，在浆液排空后，停止罗茨风机运行，以防浆液倒流入管内而结垢。

2. 氧化风管断裂

一些电厂出现吸收塔内氧化风管（管网式及喷枪式）断裂的事件，主要原因是安装固定问题。例如广东某发电厂在对石灰石—石膏湿法 FGD 装置全面检修时，对吸收塔内的氧化风管及其支架进行了详细的检查。

氧化风管母管布置在吸收塔外，分成 3 根 DN200 的支管（材料为 FRP）进入吸收塔内。氧化风在进入吸收塔前用工艺水冷却至 60℃。在吸收塔内水平安装了 3 根方型空心支架，用来固定氧化风管。支架由槽钢焊接制作而成，材料为 A3 钢，规格为 250mm × 150mm × 5mm。支架两端直接焊接在塔壁上，安装后进行了外衬两层 4mm 厚的 BS 胶板以防止腐蚀。吸收塔内的 3 根氧化风管水平安装在支架的下方，与支架交角为 90°，通过配套的 Ω 型管箍（材料为 FRP）固定在支架上。在固定点位置，支架与氧化风管之间贴了一块厚度为 3mm 的防磨硬胶板，以防止支架衬胶被氧化风管磨破。吸收塔内氧化风管和支架的管网式布置如图 2 − 2 − 54 所示，图中 H1 ~ H6 为支架与塔壁的 6 个焊

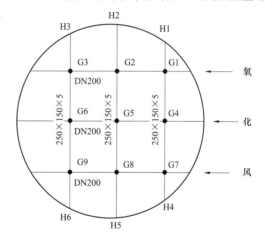

图 2 − 2 − 54　氧化风管及支架布置图

接点，G1 ~ G9 为支架与氧化风管的 9 个固定点，吸收塔内径为 11 000mm，3 根支架的长度分别为 10 954、9798、8486mm。

经检查发现，吸收塔内的 3 根 FRP 氧化风管已经全部断裂，断裂位置都在与支架的固定点上，如图 2 − 2 − 54 所见。3 根支架中靠氧化风管进口端的 1 根已在 G4 位置断裂，另 2 根支架虽然没有断裂，但在 G2、G3、G5、G6、G8、G9 等 6 个固定点位置的底部和两个侧面的衬胶已经破损，底部钢铁基体都腐蚀穿孔，并有石灰石、石膏浆液进入支架内。吸收塔外壁上的 H1 ~ H6 等 6 个支架焊接点位置都有横向裂纹。

分析表明，吸收塔内的氧化风管管口和支架的位置出现了偏差，施工单位采取了在氧化风管的固定位置割开口子的破坏性手段进行安装，这样 FGD 系统运行中大量的氧化风和工艺水从口子处喷出，不断地吹扫支架，使支架衬胶被破坏，致使支架碳钢基体暴露在石灰石/石膏浆液中而产生化学腐蚀，最终导致支架断裂。氧化风管与管箍之间没有加防磨胶垫，属于硬对硬摩擦，使得两者之间的间隙越来越大，氧化风管的摩擦和摆动也越来越大，最终导致氧化风管固定点管壁的减薄，是氧化风管断裂的主要原因。另外，由于支架跨度较大，没有在支架两端焊接加强板以减缓支架的摆动也是导致氧化风管与支架断裂的主要原因。

　　同样某电厂吸收塔氧化空气主管的支承点和固定点少，引起接头振动断裂，许多氧化空气管道折断，如彩图 2-2-55 所示。另外氧化空气管部分开孔向下正对其支撑的空心方梁，氧化空气支撑梁经常被氧化空气携带浆液吹损衬胶保护层及钢空心方梁，造成方梁防腐脱落，方梁腐蚀严重。

　　3. 噪声超标及超温

　　氧化风机噪声超标也是常见问题，这里以某电厂 300MW 机组烟气脱硫工程氧化风机的噪声控制为例，来说明噪声超标的原因和控制方法。

　　脱硫氧化风机布置在烟囱北部 14 号机组水平烟道下部 18m×6.3 m×7m 的区域，主要设备为 2 台 ARF-250E 型脱硫氧化风机。根据预测，若不采取噪声控制措施，脱硫氧化风机设备噪声将达到 110dB（A），机房外噪声 98dB（A），厂界噪声 65dB（A），超过了《工业企业厂界噪声标准》（GBL 2348—1990）Ⅱ类标准，将对作业环境及厂界区域环境造成严重污染。根据调查和测试，脱硫氧化风机在运行中产生的噪声主要有：① 进、出气口及放气口的空气动力性噪声；② 机壳以及电动机、轴承等的机械性噪声；③ 基础振动辐射的固体声等。在以上几部分噪声中，以进、出（放）气部位的空气动力性噪声强度最高，是脱硫氧化风机噪声的主要部分。在采取噪声控制措施时，应首先考虑对这部分噪声的控制。另外，机壳及电动机整体噪声也严重超标，整体噪声频率呈宽带和低、中频特性，高噪声透过门、窗、墙体向外辐射，使厂界噪声超标、对脱硫运行人员产生危害。

　　脱硫氧化风机噪声控制可按声级大小、现场条件及要求，采取不同的措施，一般包括安装消声器、加装隔声罩、车间吸声及新型机房设计等。

　　（1）安装消声器。消声器可以采用阻性消声器或复合型消声器，消声量在 20~30dB（A）之间。消声设计时要综合考虑消声量、阻力损失及安装条件等。

　　（2）加装隔声罩。隔声罩的设计和选用应符合以下要求：① 符合降噪要求及声学设计要求。隔声罩的壁材必须有足够的隔声量，罩内做吸声处理，开孔不能超过一定面积。② 符合生产工艺的要求，便于风机的观察、维护和检修。隔声罩与设备间距要合理，隔声罩上设置观察窗和检修门。为了散热降温，必须设计合理的通风散热系统，可以采用罩内负压法外加机械通风冷却法。

　　（3）车间吸声。当脱硫氧化风机房单独布置、车间空间不超过一定范围时，可以适当采取顶面及侧墙吸声结构，可有效降低 7~10dB 的混响噪声。

（4）新型机房设计。将整个机房当成一个隔声罩结构设计是一种新的设计理念，能够取得良好的降噪效果，又不会影响氧化风机的观察、维护和检修，而且噪声控制设施基本没有维护量，便于持久保持。

目前，国内脱硫氧化风机的噪声控制措施主要是进出气管安装消声器及整机隔声罩。采用装消声器的措施既方便又有效，而隔声罩由于影响散热、检修及操作，大多不能较好地发挥作用。大同电厂综合考虑各种因素，如环保要求、机房布置特点、设备噪声特点、噪声状况、环境影响程度及设备运行检修要求等，经反复比较后，采取的综合控制措施见表 2 - 2 - 8 所列。

表 2 - 2 - 8　　　　　　　　　　脱硫氧化风机噪声控制措施

主要噪声源	主要噪声控制措施	主要噪声源	主要噪声控制措施
风机进、出口	安装阻抗复合型消声器	风机基础	安装金属橡胶减振器
风机放气口	安装阻抗复合型消声器	风机整体噪声	安装组合型消声隔声装置，隔声门窗

阻抗复合型消声器安装于风机进、出气口及放空管道，以有效消减空气动力性噪声；设备基础安装金属橡胶减振器以削减振动辐射的固体声；机房则采用新型机房设计和普通砖墙围护结构，其特点是隔声量大、造价低、安全防火，同时为以后进一步的吸声措施留有余地；设备间设置换气口，用于设备进气及散热换气。进气口安装一种自行设计的组合型消声隔声装置，以有效减少设备间噪声对厂界及脱硫区域的辐射。设备间均安装防火阻燃型隔声门窗，能有效地减少设备间噪声对厂界及脱硫区域的辐射。以上措施在取得降噪效果的同时，对设备的运行、检修、维护、通风散热、巡检等均不构成任何影响，同时采用不可燃或阻燃性材料，完全满足防火安全生产的要求。

噪声控制工程于 2005 年 10 月开始施工，11 月结束，2005 年底已投入运行，实施噪声控制措施后的噪声强度见表 2 - 2 - 9。从测试结果可以看出，实施噪声控制措施后，脱硫氧化风机设备噪声及环境影响均明显降低，厂界噪声降至 47dB（A），达到《工业企业厂界噪声标准》（GB 12348—1990）Ⅱ类标准，脱硫区域作业环境明显改善，取得了满意的效果。

表 2 - 2 - 9　　　　　　　　　　噪 声 控 制 效 果　　　　　　　　　　dB（A）

噪声测点	控制前	控制后	减噪量	GB12348—1990
机房内	110	98	12	—
机房外	98	74	22	—
厂　界	65	47	18	昼间 60，夜间 50

另外，氧化风超温主要是由于喷水减温故障，如喷头或管道堵塞等，运行中加强温度监控就可及时发现。

三、吸收塔搅拌器故障

目前，吸收塔搅拌器多数采用侧入式搅拌器，2006 年之前多数采用进口设备，相对比较可靠，随着国内装备水平的提高，近年来已经逐步趋向国产化，或国际品牌国内生产。

吸收塔搅拌器具有防止固体颗粒沉淀、促进氧化风均匀分布的作用。运行中搅拌器存在的主要问题是漏油、机封漏浆、叶轮磨损，分别如彩图2－2－56、彩图2－2－57所示。

FGD系统中引起磨损的固体颗粒物主要是烟气带入的飞灰、浆液中的石英砂、石膏和碳酸钙，其中引起可见磨损由强到弱的固体颗粒物是石英砂、飞灰、石膏和石灰石，并且随着含固量的增大，磨损增大。

吸收塔搅拌器选型时需要考虑设备的使用工况，搅拌器应是具有耐腐蚀、耐磨损和密封性能好的产品，同时搅拌器安装接管的强度和刚度设计要充分考虑搅拌器供货商提供的载荷条件，保证搅拌器工作时不产生颤动。除合理的设计外，选用惰性物含量低的石灰石、降低烟尘含量、降低浆液含固量和颗粒尺寸是减少固体颗粒物磨损的重要措施之一。应建立化学分析监督机制，对吸收塔内的浆液成分进行定期的化学分析，有利于分析磨损腐蚀的原因，而其化学分析还可为FGD系统的运行优化调整提供依据，正常的化学分析制度的建立是FGD系统安全、稳定、经济运行的必要条件。

四、除雾器故障

1. 除雾器堵塞坍塌

除雾器是湿法脱硫中必不可少的设备，其结垢和堵塞现象较为常见，当除雾器堵塞严重时会导致除雾器不堪重负而坍塌。

彩图2－2－58为除雾器堵塞情况，分析其堵塞原因主要有以下几方面。

（1）除雾器冲洗间隔太长，阀门及管路启停控制方式不合理；

（2）除雾器冲洗水量不够，未能有效冲洗；

（3）除雾器冲洗水压低，不在冲洗喷嘴的运行压力范围内，造成冲洗效果差；

（4）除雾器冲洗水质不干净，造成冲洗水喷嘴堵塞；

（5）少部分厂因为水平衡难以控制，基本不冲洗。

此外，循环泵故障，吸收塔入口未设置事故降温系统，导致除雾器片软化变形部分黏在一起以致堵塞。某电厂除雾器叶片表面和支撑梁表面严重结垢，除雾器严重超载，除雾器结构有些变形或除雾器片局部变形，如彩图2－2－59所示。

由于结垢情况严重，一部分除雾器已坍塌，另一部分停留在支撑梁上，坍塌后的除雾器和冲洗水管严重变形，如彩图2－2－60、彩图2－2－61所示。

分析这些电厂除雾器坍塌的主要原因有：运行不当，包括冲洗不及时，冲洗水量不合适等综合原因，引起除雾器的严重结垢；且由于除雾器长期冲洗效果不好，使其沉积过多的石膏浆液，最终不能承受其重力而坍塌。

除雾器的堵塞不仅会导致本身的损坏，还可导致除雾器的气速增高，除雾效果变差，因更多的石膏液滴夹带进入出口烟道，颗粒物沉积在GGH上，引起GGH的堵塞；严重者引起烟囱下石膏雨，这在国内没有GGH再热系统的FGD烟囱中发生过多次。因此，正确运行除雾器是非常重要的。

生产中防止除雾器堵塞，可采取以下措施。

（1）保证定期冲洗是除雾器长期、安全、可靠运行的前提。

（2）根据除雾器压降的多少来判断是否冲洗，定期检查和清理除雾器的堵塞情况。

（3）控制水质，保证冲洗水干净。

（4）严格控制吸收塔液位，保证吸收塔液位不超过高液位报警。

（5）粉尘不仅影响 FGD 系统的脱硫效率和石膏品质，而且会加剧 GGH 和除雾器的结垢堵塞，对 FGD 系统来说，务必要控制入口粉尘含量。

（6）吸收塔增设事故喷淋系统。

2. 除雾器冲洗水管及阀门内漏

在许多 FGD 系统中出现了除雾器冲洗水管断裂现象，导致冲洗水泄漏，无法正常冲洗，如彩图 2 - 2 - 62 所见。其原因主要有 4 点。

（1）冲洗水阀门开启速度过快，冲洗水对管子产生了水冲击现象，频繁的冲击造成水管断裂。

（2）设计时对冲洗水管的固定考虑不周，水管安装不牢固，冲洗除雾器时管子或多或少地存在振动，最后造成水管断裂。

（3）安装不合格，如 PP 管连接处未严格按要求加热连接，或固定不牢。

（4）除雾器冲洗水泵启动瞬间对管路的瞬间冲击。

冲洗水管路阀门内漏现象十分普遍，经对多个电厂调研后发现，除雾器冲洗水泵未单独设置的电厂，其冲洗阀门处于关闭状况，在停止向吸收塔供浆时脱硫塔液位仍然上升。

上述除雾器冲洗水管断裂及阀门内漏造成除雾器局部冲洗不足进而引起结垢堵塞，严重者造成除雾器坍塌事故，在设计和运行中应引起足够重视。

对于塔外水平布置的除雾器，其入口处石膏堆积严重也是一个问题，如河北定州电厂内隔板塔、广东台山电厂鼓泡塔等系统，除雾器布置在水平烟道上，石膏堆积严重，见彩图 2 - 2 - 63。这造成除雾器流场分布不均匀、局部堵塞，进而使除雾效率降低，引起其后的 GGH 堵塞严重。通过改进吸收塔出口导流板分布、增加冲洗水，减少了石膏堆积现象。

五、吸收塔喷淋层与壳体故障

1. 喷淋层、喷嘴堵塞

循环泵故障而长久不运行，会造成停运喷淋管石膏浆液漏入沉积，最后堵塞喷嘴及喷淋管，运行中一些杂物进入喷嘴也会造成喷嘴的逐步堵塞，FGD 停运检修时，应逐个检查喷嘴的堵塞情况。当 FGD 运行时若发现出口压力升高，可怀疑为出口管道或喷嘴堵塞。循环喷淋管被异物（施工遗留物、脱落垢片等）堵塞，造成个别部位喷液减少甚至无浆，如彩图 2 - 2 - 64 所示。吸收塔循环泵出口压力波动，使各喷头喷出的浆液量不稳定、不均衡。

在某电厂 FGD 吸收塔内，部分喷嘴已经堵塞且有损坏，在下部 FRP 喷淋分管上出现多处穿孔现象，喷淋管的支撑管也有衬胶穿孔，后来更换了喷嘴并对穿孔处重新进行防腐加固。

堵塞是一个渐进的过程，这可能是进入吸收塔的灰分过大、塔内浆液浓度过大所致。浆液有磨损 FRP 管道现象，局部浆液黏附在喷嘴上慢慢堵塞，使浆液的通路减少，循环泵停运后未及时进行冲洗，最后浆液不能形成 95°的喷淋角度而是正对着往下冲，下方的 FRP 管道及衬胶支撑管逐渐被穿孔，如彩图 2 – 2 –65 所示。

在一些 FGD 吸收塔中，在靠近喷嘴的喷淋层支撑管上加装 PP 板及 FRP 板来减缓喷淋浆液的冲刷，如彩图 2 – 2 –66 所示。

2. 塔壁冲刷及支撑管防腐层磨损腐蚀

喷嘴安装位置不合适主要表现在对支撑管及塔壁的冲刷磨蚀上，如彩图 2 – 2 –67 所示。喷淋层外圈喷嘴喷出的循环浆液对塔壁防腐内衬的冲刷是防腐内衬磨损脱落导致腐蚀穿孔的重要原因。为减轻防腐内衬的冲刷磨损，应合理布置喷淋层外圈喷嘴。在设计中外圈喷嘴与塔壁保持合适的距离，外圈喷嘴的喷射角应小于内圈喷嘴的喷射角，一般以 90°为宜。美国 MET 公司的专利技术 ALD，在外圈喷嘴下方的塔壁周边设置若干层一定宽度并向塔中央以一定角度倾斜的环形合金钢板，既能减轻喷淋浆液对塔壁的冲刷，又能防止烟气短路，增加烟气与液体的接触，提高脱硫效率或降低液气比，是一个很有创意的方案。同时，在布置喷淋层喷嘴时还要防止喷淋浆液对下一层喷淋管及支撑管的冲刷，并保证足够的喷淋覆盖率。

第三章　吸收剂制备系统设备及选型

大多数湿法 FGD 系统采用的吸收剂是成品石灰石粉或石灰石块料，则吸收剂制备有两种方式，买成品石灰石粉制浆或采用石灰石块料球磨制浆。而磨制工艺又有干磨工艺和湿磨工艺。

第一节　系统组成及工艺流程

一、吸收剂制备系统组成

以石灰石为原料的吸收剂制备系统一般有买粉制浆、湿磨制浆、干磨制浆三种系统配置方式，各自的系统组成如下：

买粉制浆系统包括石灰石粉进料管、石灰石粉贮仓、给料和计量装置、石灰石浆液箱、搅拌器、石灰石浆液输送泵等。

湿磨制浆系统包括卸料斗、给料机、除铁器、提升装置、刮板机、石灰石料仓、称重给料机、湿磨、再循环箱、石灰石浆液再循环泵、石灰石旋流器、石灰石浆液箱、石灰石浆液泵等。

干磨制浆系统包括卸料斗、皮带输送机、电磁除铁器、斗式提升机、石灰石块仓、称重给料机、变频给料机、称重给料机送、石灰石立式辊磨，旋风分离器、排风机、袋式收尘器中、输送设备、石灰石粉仓等。

此外，石灰石来料较大（粒径大于20mm）时需要增设破碎装置。

二、吸收剂制备系统工艺流程

1. 石灰石粉制浆系统

外购细度为 250 或 325 目筛余小于 10% 的石灰石粉，由封闭自卸式罐装汽车运送至电厂脱硫岛内的石灰石粉仓内储存，经仓底设置的螺旋给料机送至石灰石浆液罐，在浆液罐内加滤液或补充的工业水搅拌调制成石灰石浆液，符合密度要求的石灰石浆液作为为吸收剂通过浆液输送泵送入吸收塔脱硫。为了避免粉尘排至环境中，在石灰石粉仓顶部设置布袋除尘器，粉仓的排气经除尘后排入大气，排气粉尘浓度不能超出设计数据。布袋除尘器收集的粉尘将返回粉仓。流程图如图 2 - 3 - 1 所示。

2. 湿磨制浆系统

外购粒度≤20mm 的石灰石块，由自卸汽车送至电厂脱硫岛内，卸入地下料斗，然后由给料机和提升机经除铁器送至石灰石贮仓。在石灰石贮仓底部设置给料机和皮带称量输送机，输送到湿式球磨机的入口，研磨后的石灰石浆液自流至浆液箱，然后经循环浆液泵和石灰石浆液旋流器分离，合格的石灰石浆液自流至石灰石浆液箱，再由石灰石浆液泵输送给吸收塔。湿粉制浆工艺流程如图 2 - 3 - 2 所示。如果来料石灰石粒度大于 20mm 则需要增设破碎系统。

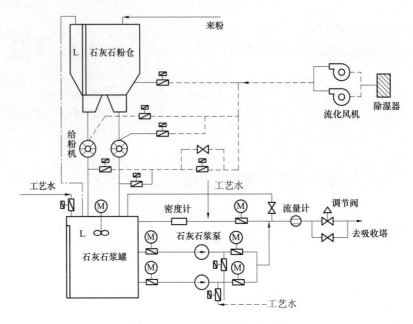

图 2 - 3 - 1　买粉制浆工艺流程

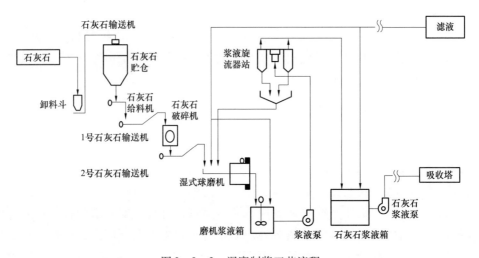

图 2 - 3 - 2　湿磨制浆工艺流程

3. 干磨制浆系统

　　电厂在石灰石矿点附近或厂内空地处自设制粉站，由市场购买的块状石灰石经干式磨机磨制成石灰石粉，送至贮粉仓存储，加水搅拌制成石灰石浆液，再用泵送至吸收塔作为吸收剂，干磨制浆工艺流程如图 2 - 3 - 3 所示。如华能珞璜电厂 2×360MW 机组的 2 套脱硫系统的吸收剂采用这种方案，电厂在距矿山 2km 处建一座制粉站依山采矿，用卡车将石块运至制粉站制粉，电厂距制粉站 3.5km。国电贵阳电厂脱硫系统、杭州半山电厂脱硫系统、浙江兰溪电厂脱硫系统等也用这种方案。

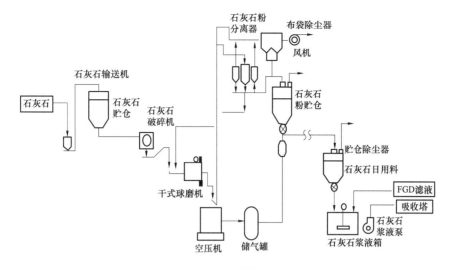

图 2 - 3 - 3 干磨制浆工艺流程

第二节 系 统 设 计 及 优 化

一、设计要点

（1）原料选择。根据地区原料供应及厂内场地条件综合考虑买石灰石粉或石灰石块制浆。如采用石灰石块，当厂内设置破碎装置时，宜采用不大于 100mm 的石灰石块。当厂内不设置破碎装置时，宜采用不大于 20mm 的石灰石块。

（2）整体规划。吸收剂浆液制备系统宜按公用系统设置，可按两套或多套脱硫装置合用一套设置，但吸收剂浆液制备系统一般应不少于两套。当电厂只有一台机组时，可只设一套吸收剂浆液制备系统。采用磨制系统时，宜考虑硫分超标时临时买粉作为备用措施。

（3）系统出力。吸收剂制备系统的出力原则上应结合脱硫负荷变化，最大理论消耗量等综合考虑，尽可能考虑设备备用因素，至少应按设计工况下石灰石消耗量的 150% 选择，且不小于 100% 校核工况下的石灰石消耗量。

（4）吸收剂原料卸料、输送、贮存及供应系统。为便于设备检修、提高系统可靠性，吸收剂原料卸料、输送、贮存及供应系统宜设置两套，石灰石块仓或石灰石粉仓的容量应根据市场运输情况和运输条件确定，一般不小于设计工况下 3 天的石灰石耗量。

（5）磨制系统。当两台机组合用一套吸收剂浆液制备系统时，每套系统宜设置两台石灰石湿式球磨机及石灰石浆液旋流器，单台设备出力按不低于设计工况下石灰石消耗量的 75% 选择，且不小于 50% 校核工况下的石灰石消耗量，对燃煤硫分有潜在超设计值风险的情况，单台设备出力宜按 100% 设计工况下石灰石消耗量的 100% 设计。采用干磨时，每套干磨吸收剂制备系统的容量宜不小于 150% 的设计工况下石灰石消耗量，且不小于校核工况下的石灰石消耗量，对燃煤硫分有潜在超设计值风险的情况，单台设备出力宜按 100% 设计工况下石灰石消耗量的 100% 设计。磨机的台数和容量经综合技术经济比较后确定。

（6）石灰石浆液箱。考虑系统的可靠性及在线检修，石灰石浆液箱宜设置两座，并可相互切换，浆液箱应设有浆液搅拌悬浮系统。湿式球磨机浆液制备系统的石灰石浆液箱总容量宜不小于设计工况下 6～10h 的石灰石浆液消耗量，干式磨机浆液制备系统的石灰石浆液箱总容量宜不小于设计工况下 2h 的石灰石浆液消耗量。

（7）石灰石供浆泵。每座吸收塔应设置两台石灰石供浆泵，一台运行，一台备用，浆液泵容量选择应结合系统供浆量、经济运行方式综合考虑。

（8）浆液管道。浆液管道设计时应充分考虑工作介质对管道系统的腐蚀与磨损，一般应选用衬胶、衬塑管道或玻璃钢管道。管道内介质流速的选择既要考虑避免浆液沉淀，同时又要考虑管道的磨损和压力损失尽可能小。浆液管道上的阀门宜选用蝶阀，尽量少采用调节阀。阀门的通流直径宜与管道一致。浆液管道上应有排空和停运自动冲洗的措施。

（9）浆液密度测量方式的选择宜结合工艺及浆液特性确定。

（10）其他。吸收剂的制备贮运系统应有防止二次扬尘污染的措施。

二、方案选择与系统配置

吸收剂制备系统可作为公用系统统一规划考虑，一般 300MW 及以上机组脱硫吸收剂浆液制备系统宜每两台机组合用一套。当规划容量明确时，也可多炉合用一套。对于一台机组脱硫的吸收剂浆液制备系统宜配置一台磨机，并相应增大石灰石浆液箱容量。200MW 及以下机组吸收剂浆液制备系统宜全厂合用。关于吸收剂制备系统的配置和选择，应结合项目所处地区、厂内实际情况、一次投资要求等综合考虑。

如果石灰石粉来源和品质可靠，价格合理，加之脱硫场地紧张，则可考虑采用买粉制浆方案。场地条件许可，综合石灰石来料价格、一次投资、运行维护费用核算可行时，也可以考虑采用湿磨工艺。考虑到石灰石粉有经济效益、地区销路很好，出于副业和三产考虑，有少部分电厂采用干磨工艺。

干磨制浆和湿磨制浆的技术经济比较如下。

1. 对原料的要求

干式球磨机一般要求石灰石粒径不大于 35mm，而湿式球磨机要求不大于 20mm；两种球磨机对原料特性（如可磨性）的适应性均较好。

干式球磨机对物料含湿量适应范围较窄，物料表面水分过高时，要求在其进口设暖风器干燥，以去除水分；但当风温过高或控制不当时，后部的布袋除尘器会有烧袋危险。

2. 系统复杂程度

在干式磨制系统中，与设备接触的介质为风、粉及石灰石，它们均无腐蚀性，因而可以采用普通材料，适当考虑防磨即可。系统运行检修较复杂，在启动时需要有预热过程。风管及部分设备需要保温，布袋除尘器的滤布需耐高温（100～150℃），如发生高温烧袋现象，高浓度的粉尘气体会对风机及加热器产生较大危害。系统所需设备较多。

湿式磨制系统由湿式球磨机、水力旋流器组成，设备简单，检修方便。系统在常温下运行，无特别防护要求；系统所需设备较少；由于石灰石调浆水为石膏滤液水，内含一定浓度的氯离子，具有腐蚀性，设备及管道需防腐。系统停运时，为防止浆液在管道内沉淀结垢，需及时进行冲洗。

3. 总平面布置

干磨工艺的磨粉系统可与制浆系统相互独立，制浆区与磨粉区距离不受限制，也可以厂外单独建设，特别适合大出力和集中制备吸收剂的需要。尤其适合改造工程，特别是场地紧张时，总平面布置更具灵活性。

湿磨工艺的磨制和浆液罐不宜太远，否则易堵。

4. 系统的灵活性

干式磨制系统磨出的粉料储存在粉仓中，储存的粉量可以根据情况选择，容量较大时，可以起到缓冲作用，烟气脱硫系统对磨制系统依赖性较小，系统相对独立。利用系统富余的加工能力，可向外供应石灰石粉。

湿式磨制系统由于石灰石浆液不易储存，储存的浆液量少，石灰石浆液箱储量一般按照烟气脱硫系统运行4~6h考虑，以保证磨机故障时，仍能够为脱硫系统提供浆液。脱硫运行对磨制系统依赖较大，且由于石灰石浆液难以运输和储存（需要搅拌），不具备向外供应脱硫剂或石灰石浆液的条件。

5. 石灰石成品粒径的可调节性

干式磨制系统通过调整磨机顶部的动态分离器转速，可以对石灰石粉的细度进行线性调节；制浆时，石灰石浆液的浓度可以通过制浆水和石灰石粉的比例自由调节控制。

湿式磨制系统通过加入不同的钢球级配调节磨机出口浆液中石灰石颗粒的细度，最终通过石灰石浆液旋流站来调节成品石灰石浆液的粒度，调节相对复杂。

6. 对环境的影响

立式干磨机工作时由于磨辊转动并与磨盘冲击噪声较大，系统中风机的数量较多，需考虑加设隔音罩降噪。磨制系统处于负压运行，循环风管粉尘不易外溢，但检修时设备内积存的粉尘会对检修人员及周围环境造成一定的影响。系统通过排风口不断向外排放含尘气体，长时间可能会对周围环境产生影响。

湿式球磨机由于磨管的转动和磨机内钢球冲击噪声也较大，整个系统中浆液及水都回收使用，不产生影响环境的气体，对周围环境不易造成污染。由于整个系统处于正压运行，法兰可能会产生泄漏，磨机房内地面的卫生条件相对较差。

7. 运行方式

干式磨制系统贮粉仓贮存容量较大，球磨机启停方便，运行可以采用满负荷间歇运行，节省用电。

湿式磨机及管道在停运后需要冲洗，以防浆液在设备内沉积结垢. 应尽可能减少停运次数。由于是系统一般按连续运行方式考虑的，因此会经常处于低负荷运行状态. 会相应增加厂用电。

8. 系统一次投资

根据《火电工程限额设计参考造价指标（2009年水平）》的造价水平分析，脱硫石灰石浆液制备系统造价：干磨＞湿磨＞买粉，详细见表2－3－1。

表2－3－1　　　　　　　　　　国内磨制系统造价水平

规　　模	造价指标（万元）		
	湿磨制浆系统	干磨制浆系统	买粉制浆系统
2×300MW机组	1519	2279	435
2×600MW机组	2600	2351	681
2×1000MW机组	2860	3686	749

9. 运行消耗

干式磨制系统能耗比湿式磨制系统能耗高15%左右，同时还需要消耗蒸汽、压缩空气等。

10. 维修费用

湿磨制浆系统因堵塞、磨损、腐蚀等问题，维护工作量大，维护成本必然增加。

买粉制浆系统一般由进粉气力输送管路、粉仓及仓顶布袋除尘器、粉仓流化系统、下料及计量装置、石灰石浆液箱、搅拌器、石灰石浆液输送泵等组成。进粉气力输送管路宜每仓设两路一用一备，粉仓结合场地情况可以设两座互为备用，也可以设一座，下料口、给料及计量装置应考虑备用。

三、吸收剂制备优化与节能措施

湿式球磨制浆系统运行调整的目的是使磨制出的石灰石浆液的细度、密度（或浓度）满足脱硫工艺要求，达到设计值，并保证系统安全稳定可靠运行，钢球耗量最少，能耗最低。石灰石浆液中颗粒细度越细，则等量石灰石浆液在吸收塔中的化学反应接触面积越大，反应越充分，其脱硫效率、石膏浆液品质、脱水效果相应就会更好。目前，脱硫石灰石浆液细度根据工艺设计不同，一般在$30\sim60\mu m$之间，其中以90%颗粒小于$44\mu m$或$63\mu m$最为广泛。

1. 工艺、系统及设备优化

（1）新鲜水制浆和滤液及各种回收水制浆。

若采用新鲜水制浆工艺，则整个磨制系统的防腐等级可以降低，重点考虑系统耐磨，可降低设备造价。

若采用滤液及各种回收水制浆，吸收剂制备系统需要综合考虑防腐及耐磨措施，设备投资有所增加，但滤液及回收水制浆有助于石灰石的消溶并利于反应的进行。

（2）再循环泵变频有助于控制石灰石浆液旋流器的入口压力，确保旋流器分离后浆液品质。

（3）钢球材质应结合石灰石品质分析及制浆用水水质分析综合考虑。

（4）磨机进出口及石灰石下料口等应进行防腐耐磨强化处理。

2. 石灰石浆液磨制细度的调整及优化

（1）调整合理的钢球装载量和钢球配比。石灰石是靠钢球撞击、挤压和碾磨成浆液，若钢球装载量不足，细度将很难达到要求。运行中可通过监视球磨机主电机电流来监视钢球装载量，若发现电流明显下降则需及时补充钢球。球磨机在初次投运时钢球质量配比应按设计进行。经验表明，钢球补充一般只补充直径最大的型号，因为磨损后的钢球可计入其他型号之列。

（2）控制进入球磨机石灰石来料粒径大小以及 Fe_2O_3、SiO_2 成分，使之处于设计范围。一般湿式球磨机进料粒径为小于 20mm，超过时应设置破碎系统。

（3）调节球磨机入口进料量。为了降低电耗，球磨机可采用间隙运行方式，应经常保持在额定工况下运行。但若钢球补充不及时，则需根据球磨机主电机电流降低情况适当减小给料量，以能保证浆液粒径合格。

（4）调节进入球磨机入口工艺水（或来自脱水系统的回收水）量。球磨机入口工艺水（或来自脱水系统的回收水）的作用之一是在筒体中流动带动石灰石浆液流动，若水量大则流动快，碾磨时间相对较短，浆液粒径就相对变大；反之变小。一般进入球磨机的石灰石和给水质量比约为 1.3~1.5，可结合具体实际进行调试调整。

（5）调节旋流分离器的水力旋流强度。旋流器入口压力越大，旋流强度则越强，底流流量相对变小，但粒径变大；反之粒径变小。因此在运行中要密切监视旋流分离器入口压力是否在适当范围内。对于调节旋流分离器入口压力，若系统装有变频式再循环泵，则可通过调节泵的转速来改变旋流分离器入口压力；若旋流分离器由多个旋流子组成，则可通过调节投入旋流子的个数实现调整的目的。

（6）适当开启细度调节阀，让一部分稀浆再次进入球磨机碾磨。

（7）加强化学监督，定期化验浆液细度，为细度调节提供依据。

（8）上述各种手段的调节需要检测、化验数据，因此运行应经常冲洗密度计，保证测量准确性，同时加强化学监督，定期化验浆液细度和密度，为磨制细度的调节提供依据。

3. 石灰石浆液的密度调整及优化

石灰石浆液必须满足一定的密度要求。脱硫设计一股要求石灰石浆液密度为 1210~1230kg/m^3，对应浓度一股为 30% 左右。石灰石浆液密度调节可采用自动和手动两种方法。自动调节通常应用于 1 台球磨机对应 1 台密度计，手动调节通常应用于多台球磨机对应 1 台密度计。自动调节是通过控制进入球磨机的工艺水（或来自脱水系统的回收水）给水量来实现的。工艺水（或来自脱水系统的回收水）给水量应根据密度设定、石灰石给料量、已进入系统水量等在线监测数据来计算。近似计算公式为

$$A = B/C - B - D \pm E$$

式中　A——进入球磨机的工艺水（或来自脱水系统的回收水）给水量；

　　　B——石灰石给料量；

　　　C——设定密度对应的浓度；

　　　D——其他进入系统水量；

　　　E——密度反馈修正量。

手动调节的计算公式与自动调节大致相同。因多台球磨机共用 1 台密度计，为避免反馈量相互干扰，影响制浆系统物料平衡和细度调节，密度反馈修正量不用在线监测数据，

改为手动设定修正量。计算公式为

$$A = B/C - B - D \pm F$$

式中　A——进入球磨机的工艺水（或来自脱水系统的回收水）给水量；

　　　B——石灰石给料量；

　　　C——设定密度对应的浓度；

　　　D——其他进入系统水量；

　　　F——手动设定修正量。

在必要情况下，两种调节方法均可人为解除自动调节器，改为直接人工控制调节门开度，强制调节浓度。但此种情况应用极少。

4. 系统物料平衡的调整

石灰石制浆系统在运行中必须保持物料平衡。进入湿式球磨制浆系统的石灰石和水的总和应与离开系统的石灰石浆液在总体上保持平衡。物料平衡在运行监视中表现为球磨机、球磨循环储箱的液位应保持适中，即保持相对稳定的状态。若某个环节物料太多，会造成球磨循环储箱浆液溢出、球磨循环泵的保护跳闸；若某个环节物料太少，也会造成球磨循环泵的保护跳闸、吸收剂给料储箱的物料随之减少等问题。实际运行中，一般保持球磨循环储箱的液位在 40% ~ 70% 之间，吸收剂给料储箱的液位在 80% 左右为宜。系统物料平衡的调整方法有以下几种。

（1）调节旋流分离器溢流的调节阀开度，此调节为正常情况下的主要液位调节方法。此法通常采用自动跟踪球磨循环储箱液位的某一设定值定值（如 60%）来实现液位的调节。

（2）保持浆液管线畅通，必要时停止冲洗。

（3）为了保持球磨循环泵出力正常，应特别注意入口有无堵塞现象。

（4）合理调节旋流分离器旋流子投入数量，并保持所投旋流子畅通；若采用变频球磨循环泵，则应适当调整泵的转速。旋流分离器的调整要配合浆液细度调节来综合调节旋流分离器的水力旋流强度。旋流强度太大，则浓浆过浓，会堵塞再循环泵入口；旋流强度太小，则浓浆的流量过大，球磨循环泵的出力可能不够。因此要综合考虑细度和液位的平衡，以此确定一个最佳的旋流分离器入口压力。

5. 湿式球磨制浆系统的电耗调整

湿式球磨制浆系统电耗是烟气脱硫装置的主要电耗之一。调节的原则是使磨制单位质量合格浆液电耗最小。电耗调整的途径有：① 优化运行方式，尽量在额定负荷下运行。球磨机给料的多少对电耗影响不大，因此除特殊情况外，湿式球磨制浆系统不应采用降低给料来调节系统的出力，而应通过启/停整个制浆系统的方式来控制吸收剂给料储箱的液位。② 控制进料粒径。若进料粒径超标，将使系统电耗增大。③ 选用适当的石灰石。若石灰石中 Fe_2O_3 和 SiO_2 含量变大，不但磨损性增强，而且会增加系统电耗，运行中要密切关注石灰石化验报告。

6. 关于湿式球磨制浆系统运行调节的分析及经验总结

（1）由于湿式球磨机内的介质是液体，球磨机筒体采用橡胶内衬，故湿式球磨机没有粉尘污染，且噪声较小。但橡胶内衬是有一定使用寿命的，若运行中听到球磨机筒体内有异常的撞击声，可能是橡胶内衬损坏，应及时更换。

（2）石灰石及其浆液的腐蚀性、磨损性、沉积性都很强，所以运行中容易造成系统堵塞、泄漏。球磨循环泵和管道需做防腐处理或采用特殊材料，并加装冲洗水，运行中若发现堵塞应及时冲洗。

（3）钢球装载量对制浆系统的影响非常大。若钢球不足，浆液密度、细度、电耗、物料平衡都很难达到设计要求。

（4）球磨机出力一般应按额定工况运行，由于特殊原因未及时补充钢球，应根据经验按实际钢球装载量的最大出力进行给料，这是降低电耗和钢球消耗的大前提。切忌为了平衡烟气脱硫装置的用浆量而人为减少球磨机给料量。

（5）旋流分离器、球磨循环泵入口是湿式球磨制浆系统中最容易堵塞的两个部位，运行中应特别注意。旋流分离器的水力旋流强度应在运行中摸索出一个最佳的入口压力范围，这对浆液细度、物料平衡调节有很直接的影响。

（6）调节旋流分离器入口压力若采用调节投入旋流子个数方法，其闸阀应全关或全开，不宜处于中间位置。因为处于中间位置，会大大增加闸阀的磨损及此处的堵塞。

（7）任何情况下，石灰石浆液的密度最好不要太高，否则将出现系统磨损、堵塞现象严重。

（8）加强对石灰石及石灰石浆液的化验监督，对保障湿式球磨制浆系统的正常运行十分重要。

第三节　主要设备及选型

石灰石浆液制备系统主要设备包括石灰石粉仓、磨粉机、选粉机、下配料装置、石灰石浆液罐、浆液泵、搅拌器、控制阀等。

成品石灰石粉通过密封罐车送往脱硫区域，系统设有 1 座容积足够大的石灰石粉仓。该粉仓采用钢结构制作，整个支撑结构为钢筋混凝土。为防止石灰石粉板结，库底设有气化装置。粉仓顶部设有库顶布袋除尘器，除尘器过滤效率应大于 99.95%，排气侧粉尘排放浓度应不大于 $50mg/m^3$（标准状态下），粉仓设计 2 个出料门，出料口的设计考虑防堵措施。正常情况下，制浆水采用真空皮带机排出的过滤水，水量不足时由工艺水补充。石灰石浆液浓度约为 30%。每座石灰石浆罐都设有 1 台顶装搅拌器，用于混合浆液，防止沉积。

每座石灰石浆罐配备两台石灰石浆液输送泵，1 台运行 1 台备用。为防止机组负荷变化时，浆液管道发生沉积现象，供浆系统采用环管输送方式。

一、球磨机

石灰石磨制一般采用球磨机，可以是卧式或者立式。下面将介绍这两种球磨机。

1. 卧式球磨机

脱硫系统石灰石浆液的制备主要选择卧式球磨机，石灰消化常用的也是卧式球磨机。

卧式球磨机浆液制备系统如图2-3-4所示。装有钢球的滚筒旋转速度为15~20r/min。吸收剂和水从滚筒的一端进入，碾磨后的浆液从另一端排出。在滚筒旋转的过程中，钢球被提起，然后再落入吸收剂和其他钢球上。在石灰石球磨机中，靠撞击和碾压把吸收剂由大颗粒磨成小颗粒。同时磨制过程中，石灰石球磨机连续不断地把未消化的CaO颗粒外面的Ca(OH)$_2$包裹层磨掉，促进了消化反应进行。在球磨机中，石灰和水混合，促进了消化反应。石灰石中不发生消化反应的物质也被磨制成小颗粒与石灰浆一起排出。球磨机出口有一套反向旋转的螺旋片，在其旋转的过程中把钢球推回球磨机，在出口有一个带有小孔的圆柱形筛网，吸收剂浆液通过小孔排放到球磨机浆液箱中，而钢球和大颗粒杂物留在球磨机中。没有磨碎的石头、杂物和钢球碎片通过出口螺旋片，经斜槽，而不通过筛网，排往废弃物漏斗中。

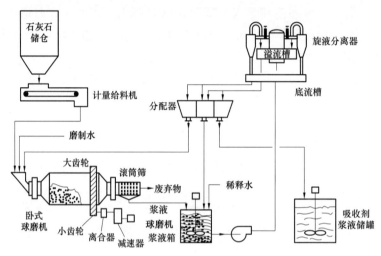

图2-3-4 卧式磨机浆液制备系统

卧式球磨机要制备粒度均匀的浆液需要许多辅助设备，其中皮带称重给料机用来计量加入球磨机的干态吸收剂量，球磨机将碾磨后的浆液排入装有搅拌器的浆液罐中。在闭路石灰石浆液制备系统中，球磨机浆液罐中的石灰石浆液被输送到旋流器，旋流器将分离粗颗粒和细颗粒。旋流器分离出来的稀浆被直接输送到吸收剂浆液罐中，底流浓浆则返回到球磨机的入口进一步碾磨。当制备了足够的吸收剂浆液后，称重给料机停运，球磨机驱动离合器分离，球磨机停运。球磨机停运后，旋流器分离出来的稀浆和浓浆均送入球磨机浆液罐中。

在启动球磨机之前，应向球磨机中装入不同尺寸的钢球，直径为19~75mm。石灰石球磨机的装球量通常为40%~50%，石灰消化球磨机的装球量要少一些。在运行期间，由于钢球的磨损，直径逐渐变小，所以要定期向球磨机中加入大直径的钢球，以维持钢球尺寸分配合理。通常，在出力相同时，如果球磨机电动机的电流降低，则应补加钢球。

球磨机内钢球的装载量与钢球直径、钢球重量及磨制的煤粉粗细有关。钢球分布量见表2-3-2。

表 2-3-2　　　　　　　　　　　　钢球分布量

粗　粉　仓		细　粉　仓	
球径（mm）	质量（kg）	球径（mm）	质量（kg）
90	1600	60	2100
60	2900	50	5400
70	3100	40	6500
60	2400	30	4000
总计	10 000	总计	18 000

　　球磨机的工作原理为：电动机通过减速机、大小牙轮传动装置带动球磨机筒体旋转，物料从进料口通过空心轴颈进入球磨机，当筒体旋转时，钢甲衬瓦将钢球提到一定高度，然后沿抛物线轨迹落下，物料在筒体中一方面受到钢球对它的撞击，另一方面也受到钢球对它的挤压和研磨，磨制好的粉料从出料口排出。卧式球磨机本体结构如图 2-3-5 所示。

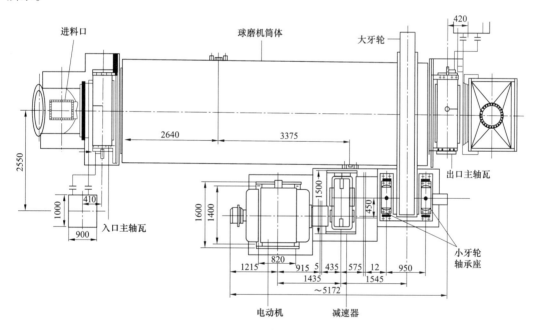

图 2-3-5　卧式球磨机本体结构

　　湿式球磨机系统如图 2-3-6 所示，其工作过程为：电动机通过离合器与球磨机齿轮之间连接，驱动球磨机旋转。润滑系统包括低压润滑系统和高压润滑系统。低压润滑油系统通过低压油泵向球磨机两端的齿轮箱喷淋润滑油，对传动齿轮进行润滑和降温。高压润滑系统通过高压油泵向球磨机两端轴承供油，在两个轴承处将球磨机轴顶起。来自球磨机轴承的油返回油箱，油箱中设有加热器，用以提高油温、降低黏度，从而保证其具有良好的流动性。低压润滑系统设有水冷却系统，降低低压润滑油的温度，防止球磨机齿轮和轴承等转动部件温度过高。

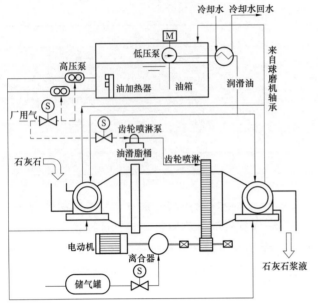

图 2 - 3 - 6　湿式球磨机系统

下面以 $\phi 2400 \times 7.5$ mm 球磨机为例为说明它的结构特点。球磨机本体结构如图 2 - 3 - 5 所示。

有效内径：2.3m；

有效长度：6.8m；

生产能力：21 ~ 23t/h；

球磨机转速：20.4r/min；

研磨体最大装载量：28t；

传动比：5:1；

主轴承润滑方式：中强制润滑。

球磨机的基本组成部分有球磨机本体、主轴承、传动齿轮、减速机、润滑系统等。

2. 立式球磨机

立式球磨机也称塔式磨或者搅拌球磨机，提供一种相对较新的磨制方式。这种球磨机的主要优点是：设计简单，基础制作简单，易安装，可节省安装时间 50% ~ 70% ；占地较少；电耗低，比卧式球磨机节能 30% ~ 40% ；噪声低；控制简单。卧式球磨机可以碾磨直径高达 50mm 的颗粒，而立式球磨机只能碾磨相对较小的颗粒，石灰石必须预先被碎到直径小于 6mm 的颗粒，用于石灰消化，生石灰的直径应小于 16mm。如果购买不到规定尺寸的吸收剂，则必须在球磨机前安装一个破碎机，可以安装容量较大的破碎机，减少破碎机运行时间，将破碎的吸收剂储存起来供给球磨机。比较经济的做法是破碎系统与磨制系统相匹配，同时运行。

图 2 - 3 - 7 中的立式球磨机比卧式球磨机轻得多，因为它的外壳是静止的，内部的螺旋搅拌器以 28 ~ 85r/min 的转速旋转，直径较大的球磨机以较低的转速运行。螺旋搅拌器的旋转将球磨机中心的钢球从底部提升到顶部，然后缓慢地从外壳的周围落入球磨机的底部。螺杆从顶部插入球磨机中，螺杆在磨制介质中的部分无支撑轴承。

石灰石或者生石灰从球磨机的顶部加入，溢流口也靠近球磨机顶部。球磨机循环泵的设计应使球磨机内部浆液向上的流速为最佳值，从而能将细颗粒带离球磨机，而大颗粒留在球磨机中。球磨机顶部的分离器把球磨机顶部浆液中粗颗粒分离出来，带有粗颗粒的浆液通过球磨机循环泵返回到球磨机的底部。用来磨制石灰石的立式球磨机通常采用旋流器，它类似于闭路循环卧式球磨机系统中的旋流器。立式球磨机的消化系统不需要旋流器，但是需要球磨机循环泵和分离器。

立式球磨机产生的热和噪声较小，消耗能量较低。磨制同样细度的石灰石浆液，立式球磨机（包括破碎系统）耗能是卧式球磨机的 70% ；磨制得越细，立式球磨机节能越多。

通过合理地设计和选择材料可以降低球磨机内部的磨损。球磨机内表面上有几个竖直的保护条，磨制介质和石灰石堆积在其表面，可以起到防磨作用。螺旋搅拌器的防磨

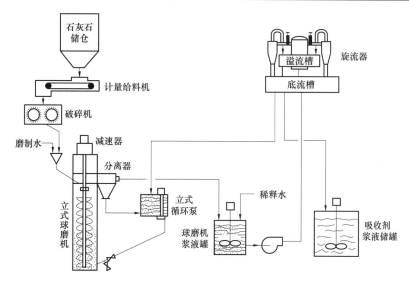

图 2 - 3 - 7　立式球磨机系统

部件的使用寿命通常为 12 ~ 18 个月。保护条的使用寿命通常为螺旋体防磨部件的一半。

立式球磨机采用的钢球比卧式球磨机的小，其球径最大为 25mm，钢球的磨损率为卧式球磨机的二分之一。与采用卧式球磨机的情况相同，当驱动电动机电流降低时，则需要加入钢球。

干式制粉系统一般选用立式旋转磨，湿式制粉系统一般采用卧式球磨机。这两种磨粉机均可生产出超细石灰石粉，325 目过筛 95%，并且运行平稳、能耗低、噪声小、占地面积小、维修方便。

二、选粉机

选粉机的工作原理为：物料从下料斗经中心管落到旋转的撒料盘上，受离心力的作用向四周抛出，而气流通过中部锥体上的回风叶被旋转的大风叶吸上，穿过撒料盘甩出的物料，其中较细的颗粒随气流穿过小风叶，由小风叶所产生的离心力又将一部分较大的颗粒甩出，使更细的颗粒穿过小风叶，经内筒上部出口向下进入内外筒间隙空间。由于通道扩大，气体流速减慢，被带出去的细颗粒陆续下沉，由细粉出口排出。气流经回风叶又回到内筒重新循环使用，粗颗粒落于内锥体，由粗粉出口排出。

下面以 XLS 型高效螺桨离心选粉机为例来说明它的结构特点。设备主要技术参数如下。

型号：XLS40；

主轴转速：180r/min；

产品细度：0.08mm 筛余 5% ~ 8%；

生产能力：22t/h。

高效螺桨离心式选粉机的结构如图 2 - 3 - 8 所示，它主要由外锥体、外筒体、电动机、联轴器、减速机、主轴、下料斗、大风叶、内筒体、小风叶、撒料盘、中部锥体、内锥体等组成。

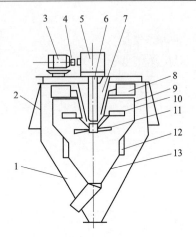

图 2 - 3 - 8　高效螺桨离心式选粉机结构

1—外锥体；2—外筒体；3—电动机；4—连轴器；

5—减速机；6—主轴；7—下料斗；8—大风叶；

9—内筒体；10—小风叶；11—撒料盘；

12—中部锥体；13—内锥体

大风叶的主要作用是产生循环风，由于循环风量决定着内部上升气流的速度，因此，大风叶的数量和规格及安装尺寸对产品的细度有很大的影响。

产品细度由小风叶来控制，由于小风叶的转动使内筒中形成旋转气流，从而分散物料，把合格的颗粒分离出来。同时，小风叶还能把一部分细颗粒聚集成的大颗粒打碎，使合格的颗粒及时选出来。

中部锥体上安装有数片具有一定角度的回风叶，用来确定气流进入内筒体的方向，控制空气流量。所有回风叶的安装方向一致，而且与中心轴转动方向相反，以便于气流循环和细粉沉降。

撒料盘的作用是借助于主轴转动，使物料向四周分散，形成一层物料幕，使粗细物料分离。由于撒料盘采用螺桨形结构，因而提高了物料的分散性，降低了球磨机的循环负荷。

三、石灰石料仓

石灰石块料直径大部分为 20~50mm，主要依靠重力向称重皮带机供料。为了防止发生堵塞现象，石灰石料仓下部的锥角通常为 50°~60°。当石灰石料仓较大时，可将出口锥设计成阶梯形。

四、石灰石粉仓

在石灰石粉仓中，石灰石粉很细，一般的 FGD 要求石灰石粉的粒径达到 95% 以上小于 44μm（325 目），粉仓安息角平均约为 35°，且随着石灰石粉含水率的增大而增大。它同样主要依靠重力排料。由于石灰石粉的安息角较大，密度低，具有一定的黏附性和荷电性，因此，石灰石粉仓的锥角通常不低于 45°~55°。具体设计时应充分考虑到石灰石粉的粒度、黏附性和含水率，最好对其安息角进行实际测试。

由于实际运行工况的复杂性，石灰石粉结块、搭桥等现象导致粉体流通不畅的情况时有发生。因此，需要用流化风机向仓内鼓入干燥的空气，搅拌石灰石粉，使其呈流态化。通常流化气体压力约为 0.2~0.5MPa。

石灰石粉仓的顶部设有密封的人孔门，顶部应有压力释放阀。

第四节　主设备故障及分析

一、湿磨机入口堵塞

湿磨机入口容易堵塞，会导致浆液溢流，磨机不能正常运行。原因主要有两个方面。

（1）石灰石品质不好。石灰石含泥土、灰尘较多，加之磨机内水汽上行，导致称重皮带末端至磨机入口处的垂直下料段容易黏附泥土、灰尘、细石块导致板结堵塞。

（2）磨机入口水管设计不合理。脱硫磨机设计为湿式球磨机，运行中石灰石和工艺水同时进入磨机系统，水源主要来自石膏过滤的滤液水，水温在50℃左右，入口水管安装位置在弯头下部约200mm处，这样该位置空气湿度较大，蒸汽在弯头上易遇冷凝结，使石灰石下料中的粉状物逐渐黏附在弯头上部，积到一定厚度便造成下料口堵塞。

防止湿磨机入口堵塞可采取以下措施。

（1）将磨机补水管路设在入口上部垂直段，一方面减少水汽上行对下料的影响，同时起到冲洗吹扫作用。

（2）加装报警装置并引入控制室，便于运行人员及时发现和处理堵塞。

（3）对石灰石来料进入系统前加设格栅，初步除去可能存在的灰尘和泥土，减少对系统的影响。

二、湿式球磨机内衬板损坏

橡胶衬板用于石灰石制备系统中的磨机内衬，衬板在磨机内主要受到腐蚀、撞击、磨损，易损坏，如彩图2-3-9所示，因此选择合适的磨机衬板在石灰石浆液的制备生产中很重要。磨机衬板要求必须具有很好的耐磨、抗冲击、耐老化、抗腐蚀的性能，其中耐磨是最主要的。

国家标准对磨机橡胶衬板的技术要求是：拉伸强度16MPa，硬度65±5，拉断伸长率≥400%，回弹性36%，相对体积磨耗量≤60mm³。瑞典SKEGA公司的技术要求是：拉伸强度20±10%MPa，硬度60±3，拉断伸长率590%，回弹性40%，相对体积磨耗量≤40mm³。根据这些要求，制造衬板时要对橡胶材料、补强剂、硫化体系、软化剂进行试验和筛选。

从磨损的角度看，影响衬板磨损的主要因素有进料尺寸、磨矿介质尺寸、磨机转速、磨机直径、矿物硬度与填充率，但通常这些参数是不变的。因此正确的衬板结构设计和安装质量，直接影响到磨机的处理能力、生产效率、衬板磨损速度和磨矿成本。若运行中球磨机筒体内撞击声音异常增大，这是橡胶内衬损坏的征兆，需及时停机检查并更换。

三、湿式球磨机漏浆及甩料

1. 进料泄漏

球磨机进料口因为磨损、冲刷及湿热水汽上行产生腐蚀而导致进料管泄漏，如彩图2-3-10所示。一般可加衬耐腐耐磨胶板或鳞片，并增设导流隔板，以防止管道及弯头磨损破裂。

2. 密封漏浆

密封漏浆的原因有：① 由于球磨机筒体内装有大量浆液，筒体的旋转给球磨机入口的密封带来一定困难，会出现漏浆现象；② 部分电厂密封形式不好。采用填料密封，密封结构简单，加之浆液浸泡和磨损，导致泄漏；③ 有些电厂密封垫的尺寸选择错误，则漏浆更为严重。

针对入口漏浆，一些电厂通过更换更好的机封，以及在磨机入口机封下部增加汇流管，设冲洗水源，减少了漏浆现象。

3. 湿式球磨机出料端甩料的原因

（1）石灰石给料与给水混合配比存在问题。

实际运行中往往水量过大，造成配比不当的因素有：逻辑控制上，阀门给水配比设置不当；阀门不严；球磨机入口和石灰石浆液循环箱的注水调节门没有设自动，或是阀门有损坏，导致给水量过多；石灰石称重给料机不准等。

（2）球磨机本体问题。

因球磨机本身的问题导致甩料的因素有：球磨机安装不水平，出料端位置偏低将导致球磨机内部液位不水平，浆液从出料端以过快的速度流出，出料网筛的回旋螺纹无法将大量的浆液挡回，导致溢流口溢流浆液过多。

球磨机内钢球过多则容易使磨机内部浆液液位过高，即使加料量很少，也会导致浆液溢流，钢球是否过多可从球磨机的主电动机运行电流及停机检修时重新筛选钢球后的情况来判断。

各种规格的钢球的配比不合理，则会导致浆液磨制的质量不好。如果粗钢球过多，则浆液的磨制循环次数会增加，过多的粗颗粒循环往复地由旋流器回到球磨机，间接导致回流浆液过多，球磨机内液位过高。

（3）石灰石浆液旋流器问题。

石灰石浆液的旋流器对球磨机甩料有较大影响，主要是回流浆液与成品浆液的流量比，回流浆液流量大易使磨机内浆液过多，磨制系统物料平衡失去而溢流。可以通过在旋流器喷嘴处用水桶、秒表和磅秤等较粗略的方法来测量该处的体积流量和密度，也可以加设流量和密度测量装置。如果测量结果与设计值偏差较大，则需更换旋流子底流喷嘴。运行时应逐一排查原因并针对性地去解决。

四、磨机出力不足

磨机出力不足的主要原因有以下几方面。

（1）设计问题：选型偏小。

（2）运行问题：运行时，球磨机内钢球装载量不足、钢球大小比例配置不当，选用钢球材质太软。

（3）石灰石问题：进入磨机的石灰石颗粒度太大，实际使用的石灰石品质较差，可磨性差，低于设计值，泥沙含量高等。

某电厂脱硫故障诊断现场所拍的石料如彩图2-3-11所示，泥沙杂质多，含许多大块石头。

设计选型偏小，只能通过更换磨机或增加磨机来满足脱硫系统运行要求。钢球装载量不足可从运行中电流的大小来判断，以便及时补充钢球，一般来说，只需补充直径较大的两种型号的钢球即可。球磨机应在额定工况下运行，给料量大小对电耗的影响不大，在空载和最大出力两种工况下，主电机电流几乎相等，但给料量小会造成钢球磨损变快和制浆量不足等弊端。根据经验，运行中按实际钢球装载量的最大出力给料，既可降低电耗也能降低浆液细度。小钢球过多则磨机出力将不足。

对脱硫所用的石灰石浆液密度和细度有较严格的要求，设计要求石灰石浆液密度一般为 1210 ~ 1250kg/m³，对应的石灰石浆液质量百分比浓度在 25% ~ 30% 左右，合格的石灰石浆液细度大多要求为大于 325 目（44μm）90% 通过。浆液密度过高易造成管道磨损和堵塞，同时也会加快石灰石浆液箱搅拌器的磨损；浆液密度过低会造成即便吸收塔供浆调节阀门全开，石灰石浆液量仍无法满足吸收塔的需要，使吸收塔内吸收液 pH 值过低。湿式球磨制浆系统运行调整的目的是使磨制出的石灰石浆液的密度（或浓度）、细度满足脱硫工艺要求，达到设计值，并保证系统安全稳定运行和能耗最低。磨机带负荷试运行时，应对磨机的石灰石浆液的密度（或浓度）、细度等指标进行多次调整，包括对其影响因素如磨机加球量、制浆系统水量平衡、给料量以及旋流器的入口压力及底流流量等进行多方面的反复试验调整，才能取得理想的效果。

五、干磨系统漏粉严重等

脱硫干石灰石粉制备系统分为辊式立磨系统和球磨机系统两种。辊式立磨系统具有系统简单、能量利用率高、调节方便、环保效益好等特点，是目前应用较多的技术。其磨制系统处于负压运行，循环风管粉尘不易外溢，但检修时设备内积存的粉尘会对检修人员及周围环境造成一定的影响；系统通过排风口不断向外排放粉尘气体，长时间可能会对周围环境产生影响。干式球磨机制粉系统成熟可靠，适应磨制硬度较高的物料，出力和物料细度稳定，但其系统较为复杂、效率低、运行电耗较高，运行维护不当易造成粉尘泄漏，粉尘及噪声污染严重。

例如，某石灰石干式球磨机系统采用管道和高压离心风机输送风粉混合物，由于操作不当、系统正压运行或石灰石粉输送管道堵塞，造成石灰石粉泄漏，粉尘污染严重。所以在设计时应采取有效防范措施，配套足够的冲洗水设施，在石灰石浆液罐顶部等处设计带有水封的浆液罐排气装置，防止石灰石粉进入浆液罐时溢出。运行中加强参数调整与分析，保持系统负压在一定范围内，同时对部分设备及收尘的布袋效果进行定期检查。

磨机的噪声常有超标，使用橡胶衬板可降低噪声，改善操作环境。运行中要及时更换损坏的衬板。

第四章　石膏脱水系统设备及选型

由于石膏脱水后以干粉的状态进行处置为石灰石—石膏湿法烟气脱硫装置副产品唯一的处置方式，所以石膏制备系统的运行与否也直接影响到整套脱硫装置能否正常运行，石膏制备系统在石灰石—石膏湿法烟气脱硫装置中已不再是可有可无的附属系统。随着石膏制备系统在石灰石—石膏湿法烟气脱硫装置中的重要性日益提高，对此系统灵活性、可靠性的要求也越来越高。因此，从系统的设计到设备的配置都应从一个新的高度予以考虑。

第一节　系统组成及工艺流程

脱硫系统产生的石膏一般有石膏回收商业利用法和抛弃法两种处置方法，其相应的脱水系统配置也不同。

一、石膏脱水系统组成及功能

石膏脱水系统一般由一级旋流脱水系统、二级皮带脱水系统组成，包括石膏旋流器、真空皮带脱水机、滤布冲洗水箱、滤饼冲洗水箱、回收水箱、搅拌器、浆液泵、石膏库（仓）、装载机等设备。

1. 一级旋流脱水的作用及功能

（1）通过旋流，实现浓、稀浆分离，分离出来的浓浆部分进行脱水，稀浆返回吸收塔，用于补水并调整吸收塔反应罐浆液浓度，使之保持稳定。

（2）浆液提浓：提高浆液的密度或含固量，有助于石膏饼的形成，减少二级脱水设备处理的浆液量。

（3）杂质分离：分离浆液中的飞灰和未反应的细颗粒石灰石，降低底流浆液中的飞灰和石灰石含量，有助于提高石灰石利用率和石膏的品质，有助于降低吸收塔循环浆液中惰性细颗粒物的浓度。

（4）排放废水：向系统外（经废水处理系统）排放一定量的废水，以控制吸收塔循环浆液中的 Cl^- 浓度。

（5）回收水制浆：经一级脱水装置获得含固量较低的回收水，用来制备石灰石浆液和返回吸收塔以调节反应罐液位。

2. 二级皮带脱水系统作用及功能

（1）真空过滤，液固分离脱水，生产成品石膏。

（2）回收滤液，用于制浆或吸收塔补水。

二、脱水系统工艺流程

吸收塔排出浆液为石膏（$CaSO_4 \cdot 2H_2O$）和其他盐类的混合液，包括 $MgSO_4$、$MgCl_2$、$CaCl_2$、$NaSO_4$、$NaCl$、石灰石（$CaCO_3$）、氟化钙（CaF_2）和灰分等组成。

吸收塔的石膏浆液密度或含固量控制有浓浆（30%）洗涤和稀浆（12%～18%）洗涤两种控制技术。浓浆洗涤工艺可以不设置一级旋流器，直接进入脱水机脱水。稀浆洗涤控制技术的脱水系统一般由旋流装置和脱水装置组成。

吸收塔氧化浆池内的浆液（含固量12%～18%）通过石膏浆液排出泵送入石膏浆液旋流器，通过旋流器溢流（含固量3%～5%）分离出浆液中较细的固体颗粒（细石膏颗粒、未溶解的石灰石和飞灰等），这些细小的固体颗粒在重力的作用下从旋流器溢流返回至吸收塔。浓缩的大颗粒石膏浆液（含固量40%～60%）从旋流器的下口排出。脱水系统工艺流程如图2-4-1（见文末插页）所示。

在FGD正常工况下，这些大颗粒的石膏浆液可自流至旋流器下方布置的真空皮带脱水机，也可以自流到石膏浓浆罐，再由石膏浓浆泵统一分配到真空脱水机。每台皮带脱水机配置一台水环式真空泵。石膏冲洗系统以及滤液水回收系统可以结合皮带机容量及配置数量统一考虑，必要时可以公用。石膏脱水后含水量≤10%，脱水石膏可自然落料堆积在石膏储存间或石膏仓里面，也可以由石膏输送皮带或多点布料机将石膏送至石膏库（仓）均匀分配，石膏库（仓）的石膏可以用装载车装车或直接装车外运。

第二节 系统设计及优化

一、设计要点

（1）工艺设计。脱硫工艺设计应尽量为脱硫副产物的综合利用创造条件。若脱硫副产物暂无综合利用时，可经一级旋流浓缩后输送至贮存场，也可经脱水后输送至贮存场，但应与灰渣分别堆放，并预留以后综合利用的可能性，且应采取防止副产物造成二次污染的措施。

（2）整体规划。石膏脱水系统宜按公用系统设置，可按两套或多套脱硫装置合用一套设置，但石膏脱水系统一般应不少于两套。300MW及以上机组的石膏脱水系统宜每两台机组合用一套。当规划容量明确时，也可多炉合用一套。对于一台机组脱硫的石膏脱水系统宜配置一台石膏脱水机，并相应增大石膏浆液箱容量。200MW及以下机组可全厂合用。

（3）系统出力。石膏脱水系统的出力应按不低于设计工况下石膏产量的150%选择，且应不小于100%校核工况下的石膏产量。

（4）设备容量。每套石膏脱水系统宜设置两台石膏脱水机，单台设备出力按设计工况下石膏产量的100%选择，且不小于50%校核工况下的石膏产量。对于多炉合用一套石膏脱水系统时，宜设置$n+1$台石膏脱水机，n台运行1台备用。在具备水力输送系统的条件下，石膏脱水机也可根据综合利用条件先安装1台，并预留再上1台所需的位置，此时水力输送系统的能力按全容量选择。

（5）石膏储存。脱水后的石膏可在石膏仓内堆放，也可堆放在石膏库内。石膏仓（库）的容量，应根据石膏的运输方式确定，且不小于24h石膏的产生量。石膏仓应采取防腐措施和防堵措施，在寒冷地区，石膏仓应采取防冻措施。脱水后的石膏可在石膏筒仓内堆放，也可堆放在石膏贮存间内。石膏仓或石膏贮存间宜与石膏脱水车间紧邻布置，并应设顺畅的汽车运输通道。石膏仓下面的净空高度不应低于4.5m。

（6）其他。采用石膏抛弃方案时，应设置一级旋流装置，以回流大部分的溢流浆液，降低水耗。

二、方案选择与系统配置

石膏脱水系统通过石膏旋流器和真空皮带机二级脱水将质量分数为15%的石膏浆液制成水分为10%的石膏，并在脱水过程中实现脱硫工质的分配和脱硫系统的物料平衡。石膏脱水系统的优劣不仅关系到回收品质、水耗、吸收塔正常运行参数（液位、密度、惰性物及氯离子）等各项指标，还直接关系到脱硫石膏的品质。因此，优化、完善石膏脱水系统的设备配置，以确保系统正常稳定运行是值得认真分析研究的。

（一）系统方案及配置

石膏脱水系统的配置因新建工程和配套（指技改）工程而不同。

1. 新建工程

新建工程多为300MW以上多台大型火电机组且首期至少是2台机组，烟气脱硫装置与主机单元匹配，同时设计、同时施工、同时投产；场地、资金一并考虑。因此新建火电工程配套的石灰石—石膏湿法烟气脱硫装置，其石膏制备系统可设计成与当期脱硫装置对应配置，系统可靠性高，共用1套备用设备，以减少占地和投资。如果是多期统一规划分批建设，且环评已经获批，也可以多台机组综合考虑。

根据对于多种石膏制备系统设计和运行的经验，现以2套石灰石—石膏湿法烟气脱硫装置对应1套石膏脱水系统为例，说明其系统特点和优点。

（1）系统特点。

1）每套脱硫装置吸收塔设置石膏浆液排出泵2台（1运1备可切换），直接对应1台石膏浆液旋流器，不设置浆液缓冲箱及配套泵和搅拌器。这样虽然应石膏浆液旋流器入口压力的要求，吸收塔石膏浆液排出泵需选用变频电动机驱动，但是可减少浆液缓冲箱及其配套泵、搅拌器和管道，简化了系统环节和设备，节约投资和场地。

2）石膏浆液旋流器100%容量设置2台，对应2座吸收塔。每台旋流器各备用1个旋流子。由于旋流器的无故障运行期限可达10年以上，所以只备用旋流子就足以满足生产要求，且备用旋流子比整台备用旋流器系统更简单，投资和占地更少，其运行及备用容量均符合脱硫装置满负荷生产要求。

3）真空脱水机100%容量设置3台（2运1备，可切换），每台石膏浆液旋流器与2台脱水机对应可切换，运行及备用容量均符合脱硫装置满负荷生产要求。

4）废水旋流器设置1台，备用旋流子1个。

5）废水箱设置1个，废水泵设置2台（1运1备，可切换）。

6）滤液水箱设置1个，滤液水泵设置2台（1运1备，可切换）。

7）冲洗水使用工艺水，先冲滤布再冲滤饼，重复使用，以节约用水。

8）利用石膏脱水楼高差合理布置设备及管道，石膏浆液旋流器浓浆→皮带真空脱水机、石膏浆液旋流器稀浆→吸收塔、石膏浆液旋流器稀浆→废水旋流器给料箱均采用垂直/倾斜管道自流，以减少箱、泵的设置，简化设备，节约投资与场地。

9）脱水石膏以入库的形式储存。

（2）系统优点。

1）系统简单，节约投资；

2）采取设备间切换，运行方式灵活；

3）浆液回流管线、流量、流速分配合理；

4）设备备用量充足，系统运行可靠；

5）虽然石膏库容大，占地面积大，但是石膏库较石膏筒仓设备少而简单，运行、检修工作量小。

（3）系统缺点。

浆液自流管道多，因此在设计管道直径和走向时应特别注意，辅助解决的办法就是需在浆液容易沉积的位置设计足够的冲洗水。

2. 配套工程

为原有火电机组增设烟气脱硫装置称之为配套工程。原有火电机组建设时如果考虑了以后会上烟气脱硫装置，则会有场地的预留；如果原有火电机组建设时没有考虑以后要上烟气脱硫装置，则场地就会比较紧张。通常这两种情况的改造资金都会比较紧张。因此，在系统设计时，往往不得不采取不合理的减少、共用、合并等手段，以期满足场地小、资金少的实际状况。但是在设计时切忌多台火电机组共用1套脱硫装置、多套脱硫装置共用1套石膏脱水系统的做法，因为这将导致脱硫装置因始终有火电机组在运行而无法停下来进行检修的尴尬局面，且一旦因脱硫装置或是脱水系统故障而不得不停运时，出现多台火电机组的烟气得不到脱硫而直接排入大气的状况。因此，为原有火电机组增设烟气脱硫装置时，应尽量争取较多的资金和场地，以期将脱硫装置、脱水系统设计得更加合理，更加符合生产实际，更加符合环保要求。

（二）设备配置

以两套脱硫主系统为例，介绍系统设备配置情况。

（1）石膏浆液排出泵4台，每座吸收塔1运1备可切换，单台出力可满足吸收塔石膏浆液的产生量要求。选用离心衬胶浆液泵，由于省去了石膏浆液缓冲箱泵，因此石膏浆液排出泵必须为变频电动机驱动，以适应石膏浆液旋流器入口压力的要求。

（2）石膏浆液旋流器2台，每台对应1座吸收塔。单台出力满足吸收塔石膏浆液的产生量要求。石膏浆液旋流器宜采用小口径多支旋流子，这样分离效率高，磨损性小。各备用1个旋流子即可。

（3）皮带真空脱水机3台（2运1备），单台出力满足1座吸收塔石膏浆液脱水石膏的产生量要求。

（4）真空泵6台，3台真空泵与1台皮带真空脱水机对应（2运1备），真空度与排气量满足皮带真空脱水机的要求。轴、叶轮、配流盘宜采用耐腐蚀的金属制作。

（5）滤液分离器3个，与皮带真空脱水机对应。

（6）滤液水箱1个，滤液水箱搅拌器1台，滤液水泵2台，1运1备。

（7）滤布冲洗水箱 1 个，滤布冲洗水泵 2 台，1 运 1 备。

（8）滤饼冲洗水箱 1 个，滤饼冲洗水泵 2 台，1 运 1 备。

（9）废水旋流器给料箱 1 个，废水旋流器给料箱搅拌器 1 台，废水旋流器给料泵 2 台（变频），1 运 1 备。

（10）废水旋流器 1 台，出力满足 2 台石膏浆液旋流器产生的废水量。备用 1 个旋流子。

三、系统优化与节能

（一）石膏一级脱水系统

该系统主要由石膏旋流设备、石膏浆液箱、石膏浆液泵组成。吸收塔排出的石膏浆液首先进行水力旋流分离，质量分数达到 3% 的溢流大部分返回至吸收塔，少量进入废水旋流系统；质量分数为 50% 的底流进入真空皮带脱水系统。石膏一级脱水系统除了浓缩浆液之外，更重要的是维持吸收塔的运行指标。合理的系统配置可使吸收塔达到良好工况，实现整个脱硫岛的经济运行。

一级脱水系统的运行配置通常有以下几种方式。

（1）石膏排出泵连续输送浆液至石膏旋流器。旋流器溢流通过石膏浆液箱和浆液泵返回吸收塔，旋流器入口设分支进入石膏浆液箱，支路上设置调压阀，通过调节旁路流量确保旋流器入口压力，根据吸收塔内浆液密度确定石膏旋流器底流返回浆液箱或进入皮带脱水机。这种配置方式的特点是脱水系统中所有的泵均为定速运行，石膏旋流器入口压力通过支路调压阀维持。系统内有连续浆液流，不会发生堵塞沉积，系统可靠性较好。

（2）石膏排出泵连续输送浆液至石膏旋流器或返回吸收塔。塔内浆液密度低于设定值时，浆液全部返回吸收塔；浆液密度达到设定值时，进入旋流器，此时的旋流器前返流旁路用于稳定入口压力。旋流器运行时的调控方式与前一种类似，但此时旋流器底流仅与皮带机相接。

此种配置方式的特点是系统中所有的泵均为定速运行，低负荷时石膏浆液不进入旋流器，可避免浆液中过高含量的石灰石颗粒对旋流器产生磨损；底流系统简洁，便于操控，但需定期冲洗。

（3）此种方式的系统流程与第一种类似，区别是旋流器入口无回塔旁路且石膏排出泵变频运行，低负荷时变速调节，在维持旋流器入口压力的同时实现经济运行。这种配置方式的特点是变频运行，低负荷石膏排出泵及石膏浆液泵可小流量、低功耗运行，经济性较好。由于增加了变频配置，设备造价和控制要求均有提高，但连续运行的经济性显而易见。

从目前已投运工程的一级脱水系统配置情况来看，采用第二种方式的较多，其次是第一种，第三种应用较少。其原因主要是投资成本，但从长期运行经济性以及变负荷适应能力来看，第三种方式具有更大的优势。

（二）真空皮带机系统

该系统设备主要包括真空皮带机、气水分离器、真空泵、皮带机冲洗设备、滤液水泵、石膏卸料设备。石膏旋流器底流进入真空皮带机，脱水冲洗后得到合格的二水石膏。真空泵抽出的空气在气水分离器中进行水气分离，分离出的水和皮带机滤出液一起进入滤液水收集系统，并通过滤液水泵送至吸收塔或制浆系统。

1. 滤液水收集设备

湿法脱硫石膏脱水系统的滤液水收集设备通常按公用设置，容量取决于制浆和运行方式，通常有滤液水池和水箱两种配置形式。从目前脱硫工程中出现的问题来看，与水箱相比，滤液水池有以下优点。

（1）当滤液水箱设计容量较大时，水箱内液位较高，如果气水分离器安装高度不够，就会发生气水分离器至滤液水箱液面高差不足，不能满足真空泵所需的真空度要求，导致滤液水倒灌。解决的方法往往是抬高皮带层高度或减少水箱储水量，前者将增加投资，后者降低了连续运行的可靠性。而滤液水池位于地面零米，不会有类似问题出现。

（2）滤液水池的液位测量设备、搅拌设备及回流阀等均布置于地面附近，便于监控调节，无需配置类似滤液水箱的检修设施，更加方便灵活。

（3）滤液水池可兼作脱水车间排污沟的收集地坑，滤液水泵多采用立式泵，结构简单，节约空间。

如果采用滤液水箱，则必须考虑水箱和泵的占位，北方寒冷地区水箱还要置于室内，且车间内还需设集水地坑，或采用沟道引至吸收塔区域地坑，增加了室外土建的工程量。

（4）如果采用磨制、脱水综合楼的配置方案，则滤液水池可以同时兼顾两个系统的排水收集，有利于滤液水和浆液回收系统的整合优化，使系统更加简洁合理。由此可见，在湿法脱硫石膏脱水系统中采用滤液水池，虽然会增加一些土建工程量，但有利于系统运行，应在工程中优先采用。

2. 真空皮带机冲洗设备

在常规的脱水皮带机冲洗系统中，每台皮带机一般会配置相应的滤饼冲洗水系统和滤布冲洗水系统，前者包括滤饼冲洗水箱和一用一备的滤饼冲洗水泵，后者包括滤布冲洗水箱和一用一备的滤布冲洗水泵。冲洗系统采用脱水机真空泵的冷却水排水作为冲洗水源。首先将水源接入滤布冲洗水箱，泵送至皮带机滤布冲洗的各喷嘴处，冲洗滤布之后的水收集到滤饼冲洗水箱中，再泵送至石膏冲洗用水点，为确保成品石膏中氯离子含量在规定范围内，皮带机尾部也可增设工业水冲洗接口。闭合式两级冲洗的配置方式可最大程度地减少进入系统的外来水，便于滤液水系统和石膏一、二级旋流系统以及制浆系统的水量调控，实现整个系统的水平衡。

在电厂实际运行中发现，上述配置存在以下问题：滤饼冲洗水箱容积很小，无法安装搅拌装置，进入其中的滤布冲洗水含有的大量石膏颗粒极易沉积而堵塞水箱出口；滤饼冲洗水泵入口管径小，容易堵塞，或直接造成石膏冲洗喷嘴结垢、堵塞而无法运行，影响石膏品质，甚至需停运彻底清理。

为解决上述问题，有些工程在冲洗水泵出口加装循环管路和喷嘴，增加扰动，减少石膏颗粒沉淀，但长期运行的效果仍不理想。为此，脱水机的供货方把两级循环改成一级循环，滤布冲洗水和滤饼冲洗水均采用水质较好的真空泵排水。因此，1 台脱水机应设置1个综合冲洗水箱和2台冲洗水泵，冲洗水母管至皮带机各冲洗水喷嘴的压力和流量通过各支路上的阀门和节流装置调节。新的配置方案简化了冲洗系统，减少了滤布冲洗水中间收集循环的二次环节，取消了易发生故障的箱、泵。冲洗水箱和水泵在较好水质条件下运行，避免了管路和喷嘴的堵塞，从而保证了脱硫石膏的品质。皮带机系统所有冲洗水及排水均收集到滤液水坑或作吸收塔补充水。与原冲洗系统相比，滤布冲洗水不再循环使用会使工业水用量增加。在设计整个脱硫岛水平衡时，应注意此处增加的水量和工艺水水量的总体恒定。改进的冲洗系统提高了真空皮带机系统连续运行的可靠性，减少了过程环节和故障率，对提高FGD整体可用率有一定的效果。

（三）废水旋流系统

早期的一些湿法脱硫工程未设置废水旋流装置，仅在石膏一级旋流器溢流箱底部接出一路作为废水排放。这种配置便于废水排放，且因废水浓度较高，较小的废水量即可充分排出塔内积累的有害物质。但这种方式也存在较大的问题，即较高的排放浓度会带出许多有效工质，使得系统钙硫比增加，吸收剂耗量变大。随着节水要求的提高，电厂湿排灰系统已逐步被摒弃，废水综合回用已成为脱硫设计的基本要求。为有效回收工质并减轻废水处理系统的负荷，脱水系统中必须配置废水旋流系统。废水旋流系统包括废水旋流泵、旋流器、废水收集箱、废水泵等。石膏旋流器溢流的一部分经废水旋流泵升压后进入废水旋流器，废水旋流器的底流返回石膏浆液箱，溢流将进入废水处理系统。废水旋流系统对保证塔内的良好工况有重要作用，其设备配置有以下几点值得研究和优化。

（1）废水旋流泵的运行方式。一些电厂的废水间断排放，使得塔内Cl^-浓度波动较大，其控制限值可达20 000mg/L。应该指出的是，Cl^-浓度过高必将影响石膏晶体的正常生成和产品品质，因此，必须尽量控制在低Cl^-浓度工况下运行；另一方面，浆液中的Cl^-对设备具有较强的腐蚀性，低Cl^-浓度可有效减缓设备腐蚀，提高设备的使用寿命和整个系统的可用率。因此，废水系统的连续稳定运行对脱硫岛的安全性和运行经济性非常有利。废水旋流泵若采用变频设置，可更好地适应外部条件变化引起的脱硫废水量变化，同时确保旋流器工况并稳定废水水质和进入滤水系统的回水量，成为滤液水量调节的补充手段。在低负荷时，废水系统连续变频运行不仅可维持塔内工况，更重要的是与负荷匹配的流量调节可在经济运行的前提下进行，可控性好。

（2）废水旋流泵前设置缓冲箱。一些脱硫工程未在废水旋流泵之前设置缓冲箱，但在实际运行中发现，当设计废水量较大且相应的泵选型较大时，易出现溢流箱抽空的现象，尤其是在机组未全部投运时，共用设计出力的废水旋流系统对应单台旋流器更易出现此情况。因此，应在废水旋流泵前加设缓冲箱，以确保在各种情况下废水旋流泵的稳定运行，有利于废水旋流系统变频连续调节。

（3）废水旋流器的旋流子数量。废水旋流器处理的是石膏旋流器的溢流，因废水浓度低、颗粒小、分离难度大，因此，旋流子的数量应远远多于石膏旋流器。废水旋流器之前应设置变频泵以维持入口压力。由于废水旋流器出口对应的是废水处理系统，而废水处理系统对来水水质的稳定性要求比较高，尤其当废水系统中配置了离心脱水机时，废水浓度的大幅变化会使脱水机无法工作。因此，废水旋流器的旋流子数量必须按照出口废水水质及负荷变化要求配置，确保在任何工况下都能达到旋流器的最佳分离效果，避免溢流量过大或进入废水处理系统的颗粒度恶化等情况的发生。

第三节 主要设备及选型

一、旋流器

在石灰石—石膏湿法脱硫工艺中，水力旋流器得到广泛使用，如湿磨系统中石灰石浆液旋流器、石膏脱水系统中石膏浆液旋流器、脱硫废水处理系统中的废水旋流器等。水力旋流器部件虽小，但其在脱硫工艺中的作用不可小视。近年来火电厂石灰石—石膏湿法脱硫装置运行中，水力旋流器故障较多，检修维护工作量较大，应当引起有关部门的重视。

1. 水力旋流器的工作原理

水力旋流器作为分离分级设备，其基本工作原理是基于离心沉降作用。当待分离的两相混合液以一定的压力从水力旋流器上部周边切向进入旋流器后，产生强烈的旋转运动，由于轻相与重相混合液存在的密度差，因此所受的离心力、向心浮力和流体曳力的大小不同。受离心沉降作用，大部分重相混合液经旋流器底流口排出，而大部分轻相混合液则由溢流口排出，从而达到轻相混合液与重相混合液分离的目的。

2. 水力旋流器的结构

水力旋流器的结构如图 2-4-2 所示。其主要设计参数介绍如下。

（1）筒体直径。一般说来，处理能力随直径增加而增加，而分离粒度亦随直径增加而增加（即分离效率降低）。在设计过程中，一般按满足分离粒径和分离效率的要求统筹选择旋流器（子）筒体直径，然后按工艺所需处理总量的要求和单台处理能力，计算所需的总台数，并将这些旋流器（子）并联。

（2）锥体角度。水力旋流器（子）内的流体阻力随锥角的增大而增大。按其锥角大小可分为三类：长锥型（锥角 ≤10°）、标准型（锥角 15°~20°）和短锥型（锥角 >20°）。一般用于分级的水力旋流器采用标准型。

（3）进料口。进料口的作用主要是将作直线运动的液流在圆柱形筒体进口处变为圆周运动。早期进料口设计为切向进口，阻力与磨损较大。近年来采用曲线形进料口，如摆线、渐开线形等。推荐进料口当量直径为筒体直径的四分之一左右。其设计应满足的一个重要条件是入口射流不直接冲击到旋流器（子）内的溢流管，因此狭长形的矩形进料口更为合理。

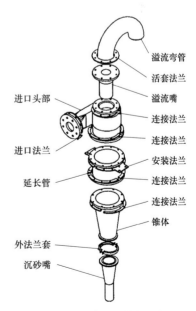

图 2-4-2 旋流器结构分解图

（4）溢流管。溢流管的主要设计参数是内径、壁厚和插入深度。

1）内径。当进口压力不变时，旋流器（子）的处理能力与分离粒径和溢流管内径有关，内径增加，其处理能力与分离粒径也随之增加。推荐的内径约是旋流器（子）筒体直径的三分之一。

2）插入深度。溢流管的插入深度对不同粒度的粒子在溢流中的回收率有影响。推荐的插入深度约为筒体直径的1/3～1/2。溢流管的下端应在旋流器（子）圆柱与圆锥分接口之上，但不得高于进料口下缘水平面。

3）壁厚。适当增加壁厚可提高分离效率，延长溢流管的使用寿命。

（5）底流口直径。底流口直径增大，旋流器（子）处理能力相应增大，但底流浓度变稀。若底流口直径过小，则经常会被高浓度底流堵塞。推荐的底流口直径约为筒体直径的1/10～1/15。

3. 主要性能参数

（1）压力降。指水力旋流器进口与溢流管出口处的压力之差。

（2）处理能力。指单位时间内水力旋流器处理两相流的体积。

（3）分离总效率。又称底流回收率，指底流固相质量流率与进口悬浮液固相质量流率之比。

（4）分离粒度。颗粒能否被分离，取决于它的大小、形状及液体密度之差，所处的初始位置，运动的径向速度与轴向速度，以及液体的黏性等因素。当某一粒度级别的颗粒有50%被分离，则称此粒度为分离粒度。

（5）分股比。指水力旋流器的底流体积流量与溢流体积流量之比。

（6）溢流浓度。指溢流中所含固体颗粒的质量百分数或体积百分比，用以衡量水力旋流器的澄清效果。

4. 旋流器的常用耐磨材料

（1）耐磨橡胶。具有与硬钢相近的耐磨性，便于制作旋流器内衬，适用于磨损不很剧烈的场合。

（2）铸石。主要原料是辉绿岩和玄武岩，耐磨、耐腐蚀，耐磨性比锰钢高5～10倍，耐腐蚀性优于不锈钢与橡胶。

（3）聚氨酯。可分为聚酯型和聚醚型两种。聚酯型耐磨、耐油强度高；聚醚型耐磨、耐水强度高。聚氨酯内衬性能见表2－4－1。

表2－4－1　　　　　　　　　　　聚 氨 酯 内 衬 性 能

性能指标	聚酯型	聚醚型	性能指标	聚酯型	聚醚型
抗张强度（MPa）	31.8	51.0	伸长率（%）	408	416
抗断强度（MPa）	8.5	8.2	冲击弹性（%）	35	36
30% 定伸强度（MPa）	27.0	26.7	肖氏硬度（dB）	85	94

用聚氨酯作内衬，对其进行耐磨性试验，试验条件为：进料压力0.22MPa，料浆浓度4%，固相为石英砂，小于200目占50%。经600h磨损后，结果见表2－4－2。表中陶瓷

作为对比材料，由表 2 – 4 – 2 可见，聚醚型的聚氨酯耐磨性能较优。

表 2 – 4 – 2　　　　　　　　　　　　三种材料的耐磨性比较

项　　目	聚醚型	聚酯型	陶　　瓷
试件原质量（g）	445.0	113.8	93.7
磨损后质量（g）	444.4	113.5	93.25
质量变化比	0.10	0.26	0.48

（4）碳化硅。具有超硬特性，是作为水力旋流器内衬的理想材料。整铸多晶碳化硅作为旋流器内衬的制备工艺中，先将 SiC 与 C 的混合物压制成型，然后再渗碳熔结而成。熔结温度达 2000℃或更高。整铸多晶碳化硅的物理机械性能见表 2 – 4 – 3。

表 2 – 4 – 3　　　　　　　　　整铸多晶碳化硅的物理机械性能

性　　能		数　　值	性　　能		数　　值
密度（kg/m³）		2.7×10^3	硅相硬度（MPa）		$(1 \sim 1.3) \times 10^4$
化学组成占比（%）	碳化硅	92 ~ 94	极限强度（MPa）	抗弯	90 ~ 110
	游离硅	6 ~ 7		抗断裂	30 ~ 40
	游离碳	0.2 ~ 0.5		抗压	180 ~ 320
碳化硅相硬度（MPa）		$(3 \sim 3.2) \times 10^4$	最高使用温度（K）		1873
			总孔隙率（%）		0.5 ~ 0.3

5. 存在的主要问题

（1）旋流器（子）破损。目前国内火电厂石灰石—石膏湿法脱硫装置中旋流器大多为进口设备，且多为国内某公司代理的南非某公司生产的聚氨酯旋流器。从使用情况看，破损情况严重，筒体或锥体开裂，石膏浆或石灰石浆四溢，致使石膏脱水系统或湿磨制浆系统无法正常运行。尤以石膏浆旋流器破损最为严重，如彩图 2 – 4 – 3 所示。

（2）底流固形物浓度较稀。若是石膏浆旋流器，则经真空脱水皮带脱水后的石膏表面含水率超标；若是石灰石浆旋流器，则磨制的石灰石浆颗粒度达不到要求。其原因可能是旋流器底流口即沉砂嘴磨损严重，直径增大；或可能是旋流器进料压力不稳定，分离效率降低。

（3）旋流器底流口堵塞。在此种情况下，溢流中固形物浓度就会大大增加，旋流器难以起到澄清与分离的作用。其原因可能是浆液中夹带的杂物（如衬胶管道或箱罐中脱落的胶块）堵住底流口，或是底流口直径设计偏小而进料浆液浓度偏高。旋流器底流口堵塞时需及时清理，如彩图 2 – 4 – 4 所示。

6. 措施

（1）选用材质可靠的旋流器。对开裂的聚氨酯旋流器（子），建议与供货商联系，并取样请质检单位化验分析，确认是合格的聚氨酯产品还是贴牌伪劣产品，维护用户合法的权益。在聚氨酯旋流器中以聚醚型为宜。若聚氨酯质量难以保证时，可采用钢制外壳内衬碳化硅的旋流子，耐磨耐腐，如彩图 2 – 4 – 5 所示。

（2）向旋流器供货商提供的设计参数应考虑燃煤含硫量、灰分及电除尘器除尘效率、水质变化对浆液浓度、黏度与粒度的要求或影响，并留有合理的裕量。脱硫项目设计部门应对供货商提供的旋流器性能参数与结构参数予以分析确认。对废水旋流器，因废水中固形物浓度与粒度更小，尤应认真设计或采用其他有效的分离方式。

（3）重视旋流器的装配精度。旋流器一般是由一组零部件装配而成，轴向各连接部分应保证一定的同轴度，并且内表面不能有凸凹或裂缝，否则其内部流场的不对称性加剧，或使内部流场受到破坏，或使分离效率恶化。因此对采用法兰连接的旋流器，对加工精度、密封垫圈的尺寸及边缘光整等应有较高的要求。

（4）供浆泵出口压力应与旋流器进料设计压力匹配，并保持稳定。石灰石浆旋流器一般在此前设置石灰石浆循环罐，由再循环泵向旋流器供料，其液位与压力较稳定，故其破损明显低于石膏浆旋流器。而石膏浆旋流器，有的设计由吸收塔旁的石膏浆排出泵直接向石膏浆旋流器供料，因输送距离长、输送管道压力降设计偏大致使旋流器进料压力不稳定，明显超过旋流器设计参数，对旋流器分离效率与使用寿命均有不利影响，故建议在条件许可的情况下，在石膏浆旋流器前设置石膏浆缓冲罐，保持稳定的液位，用压力匹配的石膏浆缓冲泵向旋流器供料。

（5）加强检修维护，对旋流子易磨损的部位如进料口与沉砂嘴，及时进行修补或更换。在条件许可的情况下，旋流器上应多设几个在线备用的旋流子。

二、真空过滤机

1. 工作原理及流程

固液混合料经进料分配装置分布均匀后，充分利用料浆重力和真空吸力实现固滤分离，真空切换阀开启真空，经过气水分离器联通滤室，使滤布与滤室之间形成真空，同时滤布与滤盘在头轮电动机的带动下同步前进，固液混合料液在真空的作用下，抽至气水分离器收集。直到滤盘前进到头，真空切换阀关闭，滤盘在主汽缸的作用下开始返回，同时集液罐开始排液，滤盘返回到尾部，真空切换阀再次开启真空，从新开始抽滤过程。脱水原理如彩图 2-4-6 所示。

2. 结构

脱水机结构如彩图 2-4-7 所示。各部分简介如下。

（1）真空盒和升降装置。通过升降装置升降，以利于摩擦带更换，并有固定装置进行固定。真空盒上面铺有打孔胶带。

（2）胶带。胶带可连续运转，采用 SBR 等材质，其使用寿命保证大于 6 年。

（3）胶带支撑装置。支撑装置采用平面水润滑支撑结构，即在过滤面胶带两侧设有支撑板，板上开有水槽并通入润滑水，使胶带运行在水膜上，可以减少胶带的磨损，有利于延长胶带的使用寿命和减小运行阻力。

（4）纠偏装置。保证滤布在工作范围内，避免工作跑偏而影响机子正常运行。

（5）控制系统。采用变频器、接近开关、限位开关、测厚仪等的控制系统，可以实现系统纠偏控制、胶带极限位置控制、滤布拉断控制。可实现远程和现场开、停机，以及根据物料厚度自动调节主控电动机转速且将信号输出至 DCS 或 PLC 系统的通信接口。

采用远程与现场交互控制的方式，方便了操作，便于实施无人操作。

（6）张紧装置。张紧装置是通过丝杠调节胶带的张紧度，以保证胶带有足够的摩擦力，并且不发生跑偏现象。

（7）滤布清洗装置。滤布清洗装置是为了保证滤布的孔道不被堵塞，在滤布进入下一工作循环中能够正常工作，一般采用清水喷射胶带和滤布。清洗装置示意如彩图2-4-8所示。

3. 脱水机使用中存在的问题

（1）胶带摩擦力大，驱动力不够，电动机因过流或过热跳闸。

（2）滤布容易跑偏或撕裂。

（3）胶带磨损或断裂。

（4）真空密封不好，导致脱水效果不好，石膏含水率高。

（6）冲洗水系统设置不合理，或水量控制不好，影响石膏品质，甚至整个系统的水平衡。

（7）管路的堵塞。

三、石膏输送机及石膏储存

目前脱硫系统石膏处理方式主要有两种：一是抛弃法，二是石膏仓库或筒仓贮存，回收利用。石膏可用于水泥生产、制作石膏板、做建筑石膏；与粉煤灰、石灰混合做成烟灰材料等。采用石膏仓库贮存的，经脱水后的石膏直接落在石膏仓库内或经过转运皮带输送至石膏仓库，在仓库内利用抓斗或铲车转运到装车料斗，装车外运。采用石膏仓库贮存，投资少，操作简单，维护方便。如广东沙角A厂、广东瑞明电厂、重庆珞璜电厂等皆采用此法。采用石膏筒仓贮存的，经脱水后的石膏直接落在石膏筒仓内或经过皮带输送至石膏筒仓，筒仓底部设有石膏卸料装置和插板门，卸出的石膏直接落在卡车上，由卡车外运。采用石膏筒仓贮存，初期投资大，设备的维护较仓库复杂，但地面清洁。采用此法的有北京石景山电厂、广东台山电厂、广东沙角C电厂、浙江钱清电厂、华电半山电厂等。

石膏转运皮带输送机由运输皮带、托辊、电动机、驱动电动机、卸犁器等组成，彩图2-4-9是某电厂现场设备。彩图2-4-10是现场石膏库和石膏仓，石膏仓内设卸压锥体和石膏下料装置（清扫臂及电机）。

第四节 主设备故障及分析

一、石膏旋流器

"十一五"初期火电厂石灰石—石膏湿法脱硫装置中旋流器大多为进口聚氨酯旋流器，随着国产化率的提高，近年来基本采用国产的旋流器。但存在破损情况严重、筒体或锥体开裂、石膏浆或石灰石浆四溢等问题，致使石膏脱水系统或湿磨制浆系统无法正常运行，尤以石膏浆液旋流器破损更为严重。石膏水力旋流器破裂一是因为旋流器材料太差、制造粗糙，易出现磨穿事故；另外是运行控制不当，旋流器入口压力太高，超出了其设计承压能力，如彩图 2 - 4 - 11 所示。

二、真空泵

水环式真空泵在运行中，经常发生内部结垢现象，致使转子无法转动。造成转子不能转动的主要原因是真空泵的工作介质水硬度高，水中钙、镁化合物沉积结垢造成泵转子与壳体之间间隙变小、堵塞，进而引起真空泵不能正常运行，或者腐蚀严重，真空度下降，如彩图 2 - 4 - 12 所示。

处理措施有：

（1）启动前手动试转；

（2）出现试转困难的时候采取柠檬酸清洗；

（3）增加泵停运后水冲洗，确保停运后泵体内的清洁，维持真空泵的正常运行；

（4）若有条件，可将真空泵密封水更换为软化水；

（5）对腐蚀，只能调整运行工况，并更换耐腐蚀的真空泵。

三、真空皮带脱水机

脱水机常见的问题有皮带跑偏、滤布跑偏、滤布打折破损、滤布接口断裂、冲洗水管道和喷嘴堵塞、落料不均匀或堵塞等，下面分别总结说明。

1. 皮带跑偏

为了保护系统，一般都会在皮带两边设置皮带跑偏的传感器。当皮带跑偏后，传感器就会发送信号到 DCS，发出皮带跑偏报警信号。皮带逐渐偏离中心，真空度明显上升且滤饼含水量增大，当皮带跑偏达到一定程度后，出于保护系统的目的，系统会自动紧急停车。

皮带跑偏一般是皮带驱动辊和皮带张紧辊导致的问题。这可能有两个原因，一是皮带驱动辊和皮带张紧辊不平行；二是皮带张紧辊和皮带驱动辊虽然平行，但是却没有对中，也即辊的轴线和真空室不垂直。这个问题在工厂组装的时候就应该注意。如果是正在运行中，第一种原因则可以在停车后通过拉对角线和水平管或是水平仪来测定后调整，但要保证驱动辊的位置正确；第二种原因则需要重新测量中心点，根据中心点调整辊筒直至合格。

此外，皮带对接有问题也会导致皮带跑偏，主要有斜接和喇叭口两种问题。出现这种问题，除了更换新的皮带，无法采取其他的方法消除。一般在皮带对接时，应该多选择几个点进行测量，以保证皮带对接正确。

2. 滤布跑偏

滤布跑偏也是真空皮带机常见问题。一般的皮带机都会有滤布跑偏报警装置，并有自动纠偏装置。自动纠偏装置一般由电动或是气动两种方式，这里谈谈气动自动纠偏装置。

气动自动纠偏装置由传感器、气源分配器、调节气囊组成。当滤布走偏时，气源分配器会根据滤布走偏的方向向两个调节气囊分配压缩空气，进而调节辊筒角度，达到纠正滤布走向的目的。一般情况下，调整好的纠偏装置能够保证滤布自动纠偏。这里要注意的是，滤布在空转、加水空负荷运转和带负荷运转时均需调整传感器的位置和角度。

如果只是在空转或是加水空负荷运转的时候调整纠偏装置，就会发生滤布跑偏现象，此时不需停车，只需再对纠偏装置进行调整即可。

值得注意的是，在上滤布之前，要将所有的滤布托辊复查一遍，防止因运输或是其他原因造成的滤布托辊位移。保证滤布托辊的平行是很重要的。

3. 真空度偏低

出现这个问题时，在中央控制室上可以看到，整个系统真空度低，脱水后的石膏滤饼含水量明显偏高。

出现这种问题的主要原因有以下三方面。一是真空室对接处脱胶。真空室一般由高分子聚合物制造，这种材料伸缩变形很厉害，如果没有及时固定或是没有固定好，那么就有可能造成脱胶。此种情况下，只有等停车后，放下真空室重新补胶并固定每段真空室。二是真空室下方法兰连接处泄漏，通常会有吹哨声。解决这种问题时，需要停车后放下真空室，检查垫片情况，如果垫片有问题则更换垫片，如果不是垫片问题，只需将泄漏处的法兰螺栓拧紧即可。三是滤液总管泄漏，需拧紧泄漏处的螺栓，如果是垫片有问题则需要停车后更换垫片。

预防真空泄漏，需要在系统安装好后、滤布安装前进行真空度测试。这样可以把问题解决在开车之前，避免开车后的麻烦。

4. 真空度高

真空度超出正常范围，没有加装除雾器冲洗装置的系统很有可能出现这种情况。出现这种问题时，在中控室会看到真空度超出正常操作范围，并且有逐渐上升的趋势。如果没有及时解决这个问题，超过一定的真空度后，为了保护整个系统，系统会自动停车。出现这种问题的主要原因是气液分离器上的除雾器被石膏堵塞。此时需立即停车，打开气液分离器顶盖，清洗除雾器。生产车间顶部的电动葫芦在拆卸气液分离器的时候用不上，所以气液分离器顶盖打开比较麻烦。建议采取加装冲洗管道来解决这个问题。当真空度超出正常工况时，直接打开冲洗水阀门，即时清洗。或者采用远程控制，在程序上设定当真空度到达一定高位时进行冲洗。但是加装冲洗管道从理论上来讲增加了泄漏点，对真空度会有一定影响，所以这点也必须考虑。

5. 真空度成周期性变化

出现这种问题时，在中控室会看到真空度基本呈周期性变化，脱水效率随着真空度的变化也成周期性的变化，真空度高时脱水率上升，真空度低时脱水率下降。

此时，首先检查滤布对接处所涂的密封硅胶。一般情况下，这主要是由于滤布对接处脱胶所造成的，只需停车重新上胶即可。

6. 脱水效率不够

脱水效果不好主要从以下几方面分析。

（1）真空度不够，导致脱水效果不好。一般由真空泵叶轮腐蚀出力下降、真空系统密封不严、滑台水量过低等原因造成，建议对真空密封系统气密性、真空泵等进行检修维护。

（2）旋流器底流浆液的浓度过低，达不到皮带脱水机所要求的50%左右的浓度。建议调整旋流器运行状况或维修更换旋流器，确保底流浓浆达标。

（3）石膏浆液中淤泥杂质太多，污泥覆在滤饼上面，形成致密的一层污泥，隔绝了石膏滤饼和空气，滤饼中的水分无法排挤出来。对于这种情况，可以通过加装滤饼疏松器对滤饼进行适当地疏松，翻动表面的污泥加以解决。

（4）石膏氧化不好，亚硫酸钙含量太高，不易脱水，则需要对其他系统进行检修。

7. 滤饼中 Cl^- 超标

滤饼中的 Cl^- 含量是检测脱硫系统的一个重要指标。一般比较关注的是脱水率，对 Cl^- 含量没有给予应有的重视。供货商为了达到脱水率，也会有意减少滤饼冲洗水的用量，这样会造成滤饼中 Cl^- 含量超标。建议使用正常的滤饼冲洗水量冲洗滤饼，在 Cl^- 含量比较高的工况下可以考虑两级冲洗，以充分脱离 Cl^-。

8. 滤饼冲洗水管道和喷嘴堵塞

因滤布冲洗水使用的是工艺水，一般不会堵塞。而滤饼冲洗水一般使用的是工艺水 + 滤布冲洗水回水 + 真空泵循环水回水（采用水环式真空泵），主要是真空泵循环水 + 滤布冲洗水回水，工艺水只是偶尔进行补充。滤布冲洗水回水中石膏含量比较高，所以容易造成滤饼冲洗水喷嘴堵塞。建议从以下几方面来考虑。

（1）选择好的喷嘴或是更换好的喷嘴；

（2）停车后要将滤饼冲洗水箱冲洗干净，一般在系统设计时就应考虑冲洗方案；

（3）如果有可能的话，在滤布选择上尽量不要选择结构稀疏的滤布；

（4）调节滤饼刮刀，尽可能将滤布上的石膏滤饼刮干净，减少排放到滤饼冲洗水箱中的石膏；

（5）在滤饼冲洗水泵上的选择，应该选用砂浆泵，而不能选用清水泵；

（6）增加循环管道，使浆液产生扰动并在泵之间形成循环，以减少石膏的沉淀；

（7）建议优化工艺、调整水平衡，滤布滤饼冲洗水合并考虑，采用水质较好的工艺水，既简化系统又解决的堵塞等诸多问题。

9. 滤饼厚度偏厚或偏薄

在一般的系统设计里面，都加装了一个滤饼测厚仪，用来测量滤饼厚度并反馈给中央控制室。

滤饼太厚，会造成脱水效率不够；滤饼太薄，会造成局部的泄漏，脱水效率也有可能不达标。结合国内情况，一般理想的滤饼厚度在 25～30mm。滤饼太厚了，需要通过变频器调节驱动电机，加快皮带运动线速度，摊薄滤饼；滤饼太薄了，同样通过变频器调节驱动电机，减慢皮带运动线速度。

当然根据实际经验，测厚仪受到诸多因素的影响，测出来的厚度和实际厚度相比是有一定误差的，并且测量值波动很大。如果仅仅依靠滤饼测厚仪反馈的信息进行控制，实际效果不会很好。

这里还有一点要注意，在皮带机超负荷运行时，要注意减少进料量，即吸收塔泵出的石膏浆液不应过多，因为皮带运转速度是有一定限制的。

10. 皮带物料分布不均

脱水机上物料分布不均匀，容易导致皮带上局部脱水不好，黏附物料不便于冲洗。建议采用迂回折流的方式进行，即一根进料管变二根进料管、二根进料管变四根进料管，两次分流后再经过折流板和分布器，一般能够达到很好的落料效果。

11. 其他问题

其他的问题如浆液管路堵塞见彩图 2 – 4 – 13。

第五章 废水处理系统设备及选型

在湿式石灰石—石膏脱硫工艺中，不可避免地要产生一定量的废水，这主要是因为烟气中氯化物的溶解提高了脱硫吸收液中氯离子的浓度。氯离子浓度的增高会带来许多不利影响，例如降低了吸收液的 pH 值，从而引起脱硫效率的下降和 $CaSO_4$ 结垢倾向的增大。在生产商用石膏的回收工艺中，对副产品石膏的氯离子含量有一定的要求，氯离子浓度过高将影响石膏的品质；氯离子浓度的增高也对金属材料的防腐性能提出了更高的要求，故一般应控制吸收塔中氯离子含量低于 20 000mg/L。另外与氯离子一样，粉尘也会在吸收塔系统内不断积累，为保证商用石膏的纯度和系统浆液正常的物化性质，需要对系统内的微细粉尘浓度进行控制。脱硫系统内的微细粉尘主要来自烟气中携带的粉尘、石灰石中的惰性物质、停止生长的小石膏晶体及工艺水中的杂质等。脱硫系统排放的废水一般来自石膏脱水和清洗系统：石膏水力旋流器的溢流水、废水旋流器的溢流水或是真空皮带过滤机的滤液。

脱硫系统废水的水量和水质，与脱硫工艺系统、燃料成分及吸收剂等多种因素有关。燃煤中含有多种元素，包括重金属元素，这些元素在炉膛内高温条件下进行一系列的化学反应，生成了多种不同的化合物。这些化合物一部分随炉渣排出炉膛，另外一部分随烟气进入吸收塔，溶解于吸收浆液中。烟气中含有 CO_2、SO_2、HCl、HF、NO_x、N_2 等气体及灰中携带的各种重金属，这些物质进入脱硫浆液中，并在吸收液的循环使用中富集。吸收剂石灰石中含有 Ca、Mg、K、Cl 等元素，有时为了提高 SO_2 的去除率，在脱硫剂中加 Mg，因此废水中的 Mg 含量很高。一般来说，脱硫废水的超标项目主要有以下 4 项。

（1）pH 值。pH 值一般低于 6.0，呈现弱酸性。

（2）颗粒细小的悬浮物。主要为粉尘及脱硫产物等。悬浮物含量很高，大部分可直接沉淀。

（3）重金属离子。来源于脱硫剂和煤。电厂的电除尘器对小于 $0.5\mu m$ 的细颗粒脱除率很低，而这些细颗粒富集重金属的能力远高于粗颗粒，因此脱硫系统入口烟气中含有相当多的汞、铜、铅、镍、锌等重金属元素以及砷、氟等非金属元素，在吸收塔洗涤的过程中进入 FGD 浆液内富集。石灰石中也存在重金属，如 Hg、Cd 等。

（4）Ca^{2+}、Mg^{2+}、Cl^-、SO_4^{2-}、SO_3^{2-}、CO_3^{2-}、铝、铁等含量也较高。

其中，汞、砷、铅、镍等均为我国严格限制排放的物质，属于对人体、环境产生长远不利影响的第一类污染物。例如汞不仅毒性大，而且是最易挥发的重金属元素，在大气中的平均停留时间长达 1~2 年，非常容易通过长距离的大气运输形成全球性的汞污染。因此必须对脱硫废水进行处理。

表 2-5-1 列出了《火电厂石灰石—石膏湿法脱硫废水水质控制指标》（DL/T 997—2006）中规定的脱硫废水处理系统出口污染物最高允许排放浓度，对有脱硫废水产生的火电厂，在厂区废水排放口应增加硫酸盐浓度的监测。德国废水管理法规还规定了脱硫

废水的处理和排放限量：对 Cl^- 含量为 30 000mg/L 的废水，燃用优质煤（含氯 0.17%）时，每 100MW 发电容量允许排放废水量为 1.1m³/h；燃用劣质煤（含氯 0.3%）时，允许排放废水量为 4.4m³/h。

表 2 – 5 – 1　脱硫废水处理系统出口要监测的项目和最高允许排放浓度值

序号	监测项目	控制值或最高允许排放浓度值	序号	监测项目	控制值或最高允许排放浓度值
1	总汞（mg/L）	0.05	7	总锌（mg/L）	2.0
2	总镉（mg/L）	0.1	8	悬浮物（mg/L）	70
3	总铬（mg/L）	1.5	9	化学需氧量（mg/L）	150
4	总砷（mg/L）	0.5	10	氟化物（mg/L）	30
5	总铅（mg/L）	1.0	11	硫化物（mg/L）	1.0
6	总镍（mg/L）	1.0	12	pH 值	6 ~ 9

注　化学需氧量的数值要扣除随工艺水代入系统的部分。

第一节　处理工艺及流程

一、脱硫废水的产生

（一）来源

石灰石—石膏湿法脱硫工艺的脱硫废水处理的目的是控制 Cl^- 浓度，减少 F^- 浓度。而废水中的 Cl^-、F^- 主要是由于燃煤烟气中含有少量从原煤中带来的 Cl^-、F^-，进入脱硫塔后被洗涤下来进入浆液。F^- 易与浆液中的铝联合作用，对脱硫剂石灰石的溶解有屏蔽作用，影响石灰石溶解，从而降低脱硫效率。而 Cl^- 浓度增高会降低浆液 pH 值，加快系统腐蚀，引起硫酸钙结垢，降低脱硫效率，影响石膏品质。

（二）水质

脱硫废水的水质与原煤成分、吸收剂、脱硫用水水质、脱硫系统设计等因素有关。脱硫废水处理的主要问题是 pH 值低（约 4 ~ 6），悬浮物含量高（约 0.6% ~ 1%），Hg、As、Pb 等重金属含量超标。此外，Cl^-、SO_4^{2-}、Fe^{3+}、Ca^{2+}、Mg^{2+} 等浓度也较高。

（三）水量

湿法 FGD 系统工艺溶液中高浓度的氯化物主要在三个方面影响系统的运行：① 降低脱硫效率或吸收剂利用率；② 增加对结构材料的腐蚀性；③ 降低石膏副产物的质量。

湿法脱硫的废水量主要是按照脱硫浆液系统中 Cl^- 浓度的平衡进行计算，其计算参数参见图 2 – 5 – 1 和式（2 – 5 – 1）。

$$Q_1 c_1 \times 10^{-3} + Q_2 c_2 \times 10^{-3} + Q_3 c_3 \times 10^6 = Q_4 c_4 \times 10^{-3} + Q_5 c_5 \times 10^{-3} + Q_6 c_6 \times 10^6$$

$$(2 – 5 – 1)$$

式中　Q_1——进入脱硫系统的原烟气量（标况，干态，6% O_2），m³/h；

　　　　c_1——原烟气量中氯离子浓度，mg/m³（标态）；

Q_2——进入脱硫系统的脱硫工艺水量，m^3/h；

c_2——脱硫工艺水中氯离子浓度，mg/m^3；

Q_3——进入脱硫系统的吸收剂量，t；

c_3——吸收剂中氯离子质量百分数，%；

Q_4——脱硫后的净烟气量，m^3/h（标态）；

c_4——脱硫后的净烟气中氯离子浓度，mg/m^3（标态）；

Q_5——废水量，m^3/h；

c_5——废水中氯离子浓度，mg/m^3；

Q_6——脱硫石膏产量，t/h；

c_6——石膏中氯离子质量百分数，%。

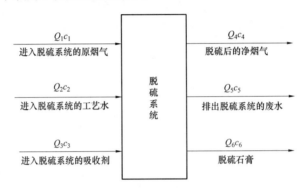

图 2 - 5 - 1　脱硫废水的计算参数

（四）处理方法

目前，石灰石—石膏湿法烟气脱硫废水的处置方法主要有以下 6 种。

1. 排放至灰场

将脱硫废水与飞灰混合是降低 FGD 系统氯化物浓度最经济的方法之一。这种处理废水的方法是在飞灰运出去作废弃处理之前，用废水来湿化飞灰，例如当从贮灰库将飞灰装入卡车或火车车皮中时，为了减少扬尘、利于填埋时压实，通常要湿化飞灰，因此可以用脱硫废水来湿化飞灰。但是，如果飞灰全部用作生产水泥或沥青制品的掺和料，飞灰通常是干态运输，而且对飞灰氯化物含量有限制，因此不能采用这种方法。但是，在美国，较少的电厂能够全部销售飞灰，因此许多电厂至少有一定量的飞灰可以采用此方法吸纳脱硫排放的废水。

此外，少数电厂仍然有水力除灰系统，可将脱硫废水排放至水力除灰系统。有水力冲灰的电厂，因灰浆碱度偏高，脱硫废水呈酸性，对灰水有中和作用。此外，废水量相对灰水量极少，基本不影响灰水成分，因此，脱硫废水可以通过水力冲灰系统直接排到灰场。但随着粉煤灰的综合利用，以及电厂"零排放"的环保要求，许多电厂均采用气力除灰。因此该处置方法的应用受限。

2. 单独处理

单独建立一套脱硫废水处理装置，处理后的废水达标排放，但目前国内运行的多套装置运行状况均不理想，其原因很多，后面将详细分析。

3. 烟道蒸发处理

因脱硫废水量较少，将脱硫废水用管路输送至电除尘器与空气预热器之间的烟道内，通过设置的喷嘴将其雾化蒸发，残留的固体物随飞灰一块被除尘设备收集。其关键是喷嘴的设置和系统控制必须要防止出现雾化湿壁和喷嘴堵塞问题，否则会影响除尘器的正常运行。

这种方法的优点是工艺简单，投资费用较低，充分利用了烟气的废热。废水在烟道内蒸发前还可以吸收烟气中的 HCl，从而减少进入 FGD 系统氯化物的数量。有些电厂还在喷入的废水中加入少量的石灰或廉价的石灰石来中和已吸收的酸性物质（主要是 HCl 和 SO_3^{2-}），在这种情况下 SO_2 很少被吸收。

蒸发废水量受空预器出口烟气流量、温度和烟气含水量的制约，为防止蒸发后的固体颗粒物堆积在蒸发区，应根据烟气流速、蒸发区长度和高度来选择最佳雾化液滴的直径。实际应用中发现两相流喷嘴比高压喷嘴喷出的液滴大小更均匀，更容易控制蒸发量。此外，还要控制除尘设备入口烟气温度至少应高于烟气绝热饱和温度 10℃，以防止形成腐蚀性冷凝物。

将废水喷入烟道蒸发的方法对除尘和飞灰处理设备有正面和负面影响，除尘设备入口烟气的增湿会降低飞灰的电阻率，这可以提高电除尘器的捕获效率，但由于会发生局部水分凝结和造成飞灰中含较高浓度的氯化物，可能会加重烟道和电除尘器/袋式过滤器的腐蚀，飞灰还可能较难从极板上脱落，飞灰中氯化物、石膏含量的增加可能影响飞灰的品质。

需要指出的是，至今向烟道喷射 FGD 排放废水的电厂的实际经验并不多。一些文献介绍了美国北印第安纳公共服务公司（NIPSCO）的巴利（Bailly）电站的废水蒸发装置（不添加碱性物质），但有关该电站废水蒸发装置性能的资料却公布得很少。

4. 废水蒸发池蒸发

当电厂所处地区气候干燥，不能或不允许排放任何废水（零排放电厂）时，可采用蒸发池利用太阳能蒸发废水。

5. 湿除渣系统混合处理

可将脱硫废水引入灰渣水闭式循环系统进行处理。因脱硫废水量较少，对除渣废水闭式循环水量影响不大，悬浮物及重金属与灰渣水相比也可以忽略不计，而且灰渣水对脱硫废水有一定的稀释中和作用，可降低 Cl^-、F^- 等的浓度，对灰渣水系统的正常运行不产生影响，此外脱硫废水连续排放，在一定程度上改善了灰渣水系统的结垢问题，并有效降低了水耗。目前国内只有少数电厂有应用，该处理方法有待进一步总结。

6. 引入电厂工业废水系统处理

也有部分电厂直接将脱硫废水引入电厂工业废水处理系统，这需要对原有系统进行改造，但部分电厂使用状况不好。

二、脱硫废水单独处理主流工艺流程

大多数电厂脱硫废水均单独建设废水处理系统，本章主要介绍脱硫废水处理主流工艺。

石灰石—石膏湿法烟气脱硫工艺产生的废水呈酸性，pH 值为 5~6，并含有一定的固体悬浮物和重金属。废水处理系统通过中和、沉淀、絮凝、浓缩澄清处理后，除去重金属离子和氟化物。处理后出水的 pH 值和浊度达到外排标准后，经出水泵排出，沉积的污泥用泵送到压滤机经脱水处理后用汽车运出。

脱硫废水处理系统主要分为废水处理系统和污泥处理系统两部分，其中废水处理系统又分为中和、沉降、絮凝、浓缩澄清 4 个工序。

（一）废水的中和

废水处理的第一道工序是中和，在脱硫废水进入中和箱的同时加入定量 5% 的石灰乳溶液，把废水的 pH 值提高到 9.0 以上，使大多数重金属离子在碱性环境中生成难溶的氢氧化物沉淀析出。

（二）重金属离子化合物的沉降

脱硫废水中加入石灰乳后，当 pH 值达到 9.0~9.5 时，大多数重金属离子可形成难溶的氢氧化物，一些常见的难溶金属化合物的溶度积见表 2-5-2。

表 2-5-2　　　　　　　　　一些常见难溶金属化学物的溶度积

分子式	溶度积	分子式	溶度积	分子式	溶度积	分子式	溶度积
$AgOH$	2.0×10^{-8}	$Cd(OH)_2$	2.5×10^{-14}	FeS	6.3×10^{-18}	$Ni(OH)_2$	2.0×10^{-15}
Ag_2S	6.3×10^{-50}	CdS	8.0×10^{-27}	$Hg(OH)_2$	4.8×10^{-26}	NiS	3.2×10^{-19}
$Al(OH)_3$	1.3×10^{-33}	CoS	4.0×10^{-21}	Hg_2S	1.0×10^{-47}	$Pb(OH)_2$	1.2×10^{-15}
Al_2S_3	2.0×10^{-7}	$Cr(OH)_3$	6.3×10^{-31}	HgS	4.0×10^{-53}	PbS	8.0×10^{-28}
$CaCO_3$	2.8×10^{-9}	$Cu(OH)_2$	2.2×10^{-20}	$MgCO_3$	3.5×10^{-8}	$Sn(OH)_2$	1.4×10^{-28}
$Ca(OH)_2$	5.5×10^{-6}	Cu_2S	2.5×10^{-48}	$Mg(OH)_2$	1.8×10^{-11}	SnS	1.0×10^{-25}
$CaSO_4$	9.1×10^{-6}	$Fe(OH)_2$	8.0×10^{-16}	$Mn(OH)_2$	1.9×10^{-13}	$Ti(OH)_3$	1.0×10^{-40}
CaF_2	2.7×10^{-11}	$Fe(OH)_3$	4.0×10^{-33}	MnS	2.5×10^{-13}	$Zn(OH)_2$	1.2×10^{-17}
						ZnS	1.6×10^{-24}

同时，石灰乳中的 Ca^{2+} 与废水中的部分 F^- 反应，生成难溶的 CaF_2，达到除氟的效果。但经中和处理后废水中的 Cd^{2+}、Hg^{2+} 的含量仍然超标，所以在沉降箱中，应加入有机硫化物 TMT15 或 Na_2S 等，使其与残余的 Cd^{2+}、Hg^{2+} 反应形成难溶的硫化物沉积下来。

以汞为例，Hg 离子与 S^{2-} 有较强的亲和力，生成溶度积极小的硫化物。其化学反应式为

$$2Hg^+ + S^{2-} \rightleftharpoons Hg_2S \downarrow$$

$$Hg^{2+} + S^{2-} \rightleftharpoons HgS \downarrow$$

由于硫化汞溶解度很小，生成后几乎全部从废水中沉淀析出，从而使上述反应不断地向右进行，直至全部汞生成硫化汞为止，反应的 pH = 8~10 为宜。

部分金属氢氧化物和硫化物的溶解度与 pH 值的关系见图 2-5-2。由图可得出以下

结论。

（1）对一定浓度的某种金属离子而言，溶液的 pH 值是沉淀金属氢氧化物的重要条件。当溶液由酸性变为弱碱性时，金属氢氧化物的溶解度下降。但许多金属离子，如 Cr、Al、Zn、Pb、Fe、Ni、Cu、Cd 等的氢氧化物为两性化合物，随着碱度进一步提高，又生成络合物，使溶解度再次上升。考虑废水排放的允许 pH 值，一般选用的废水处理 pH 值为 7～9。

（2）并非所有的重金属元素都可以以氢氧化物的形式很好地沉淀下来，如 Cd、Hg 等金属硫化物是比氢氧化物有更小溶解度的难溶沉淀物，且随 pH 值的升高，溶解度呈下降趋势。

（3）氢氧化物和硫化物沉淀法两者结合起来对重金属的去除范围广，适用于脱硫废水所含重金属的去除，且去除率较高。

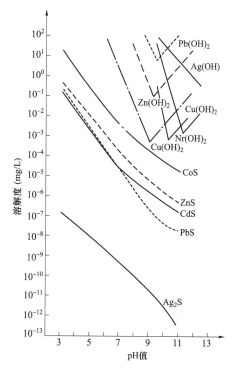

图 2-5-2　部分金属氢氧化物和硫化物的溶解度与 pH 值的关系

（三）废水的絮凝

脱硫废水中的悬浮物含量较大，设计值为 $6000～12\,000mg/L$，其中主要含有石膏颗粒、SiO_2、Al^{3+} 和 Fe^{3+} 的氢氧化物。采用絮凝方法使胶体颗粒和悬浮物颗粒发生凝聚和聚集，从而从液相中分离出来，这是一种降低悬浮物的有效方法。所以在絮凝箱中加入絮凝剂（如 $FeClSO_4$），使废水中的细小颗粒凝聚成大颗粒而沉积下来。在澄清池的入口中心管处加入阴离子混凝剂（如 PAM），进一步强化颗粒的长大过程，使细小的絮凝物慢慢变成粗大结实、更易沉积的絮凝体。

（四）废水的浓缩澄清

絮凝后的废水从反应池溢流进入装有搅拌器的澄清池中，絮凝物沉积在底部浓缩成污泥，上部则为处理出水。大部分污泥经污泥泵排到压滤机，小部分污泥作为接触污泥返回中和反应箱，提供沉淀所需的晶核。上部出水溢流到出水箱，出水箱设置了监测出水 pH 值和浊度的在线监测仪表。如果 pH 值和浊度达到排水设计标准，则通过出水泵外排；否则将加酸调节 pH 值或将其送回中和箱继续处理，直到合格为止。

为达到较好的废水处理效果，需对废水处理工艺进行控制，例如停留时间、加药量等。下面以某电厂的脱硫系统废水处理系统为例来说明，流程图如图 2-5-3 所示。

1. 停留时间

废水在反应池的停留时间直接影响废水的沉淀和絮凝效果。由于反应池的容积固定，停留时间取决于废水流量大小。从调试结果来看，保持废水在反应池内停留 1h 以上，重金属和悬浮物能较好地沉淀、絮凝下来。

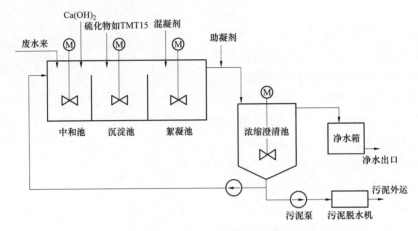

图 2－5－3　典型的废水处理系统流程

2. 加药量

处理废水所需的化学药品加入量随着废水流量的变化而变化。

（1）石灰浆液。石灰浆液是利用生石灰（CaO）粉末加水消化而成，贮存在带搅拌器的石灰浆液罐中，通过泵加到废水反应池。调试时向池内加入 10% 的石灰浆液，运行中发现，石灰浆液泵容易堵塞，并且会导致废水反应池颗粒物增多、污泥量增大、pH 值升高太快等问题。后来将石灰浆液调整为 5%，既缓解了泵的堵塞问题，又增加了石灰浆液对废水反应池 pH 值的调控能力。5% 的 Ca（OH）$_2$ 溶液 pH 值在 12.50 以上，它的加入可以快速提高反应池的 pH 值。试验表明，当进口脱硫废水 pH 值为 5.50、反应池 pH 值控制在 9.20 左右时，大部分重金属已经沉淀，此时处理 1m^3 废水需加入石灰浆液 26.8L，折算成生石灰为 1.3kg。

（2）有机硫化物。在废水反应池中加入有机硫化物 TMT－15 的目的是让汞形成硫化物沉淀下来。由于脱硫废水含 Hg^{2+} 量相对较小，每立方米废水加入 40mL 的 TMT－15（15% 水溶液）就能达到目的。

（3）絮凝剂。反应池内混合溶液的 pH 值、水温、搅拌强度等因素都会影响絮凝效果。经调试，在反应池 pH 值为 9.20、水温在 40℃ 左右时，每立方米废水加入 40% 的 FeClSO$_4$ 溶液 25mL 就可获得良好的絮凝效果。

（4）聚合电解质。粉末状的助凝剂——聚合电解质需要先配制成 0.05% 的水溶液，如果浓度过高，这种助凝剂溶液过于黏稠，容易使加药管道堵塞，而且不利于絮凝物浓缩。试验证明，每立方米废水加入 0.05% 的聚合电解质 9.4mL 就能使絮凝物很好地浓缩。

（5）盐酸。在废水反应池和净水箱中均装有在线 pH 值监测仪，其测量探头需要定时用 3% 的盐酸冲洗，其中反应池的探头每 4h 冲洗 1 次，净水箱的探头每 8h 冲洗一次，冲洗流量均为 2.8L/h。

（五）污泥处理系统

当澄清池底部污泥增至一定高度时，启动污泥输送泵将污泥输送至板框压滤机中脱水。压滤机压出的滤液经集水盘后的输送管道送至溢流坑，当溢流坑液位达到设定高位时，启动潜污泵将废液打入中和箱与新来的脱硫废水一起进入下一处理循环，压出含固率达标的滤饼由汽车运出。

第二节　处理系统设计及优化

一、设计要点

（1）脱硫废水处理方式应结合全厂水务管理、电厂除灰方式及排放条件等综合因素确定。当发电厂采用干除灰系统时，脱硫废水应经处理达到复用水水质要求后复用，也可经集中或单独处理后达标排放；当发电厂采用水力除灰系统且灰水回收时，脱硫废水可作为冲灰系统补充水排至灰场处理后不外排。

（2）处理合格后的废水应根据水质、水量情况及用水要求，按照全厂水务管理的统一规划综合利用或排放。处理后排放的废水水质应满足 GB 8978 和建厂所在地区的有关污水排放标准。

（3）脱硫废水处理工艺系统应根据废水水质、回用或排放水质要求、设备和药品供应条件等选择，宜采用中和沉淀、混凝澄清等去除水中重金属和悬浮物的措施以及 pH 值调整措施。当脱硫废水 COD 超标时还应有降低 COD 的措施，并应同时满足 DL/T 5046 的相关要求。

（4）脱硫废水处理系统出力按脱硫工艺废水排放量确定，系统宜采用连续自动运行，处理过程宜采用重力自流。泵类设备宜设备用，废水箱应装设搅拌装置。脱硫废水处理系统的加药和污泥脱水等辅助设备可视工程情况与电厂工业废水处理系统合用。

（5）脱硫废水处理系统的设备、管道及阀门等应根据接触介质情况选择防腐材质。

（6）脱硫废水排放处理系统可以单独设置，也可经预处理去除重金属、氯离子等再排入电厂废水处理系统进行处理，但不得直接混入电厂废水稀释排放。

（7）脱硫废水的处理措施及工艺选择，应符合项目环境影响报告书审批意见的要求。

（8）脱硫废水中的重金属、悬浮物和氯离子可采用中和、化学沉淀、混凝、离子交换等工艺去除。对废水含盐量有特殊要求的，应采取降低含盐量的工艺措施。

（9）脱硫废水处理系统应采取防腐措施，适应处理介质的特殊要求。

（10）处理后的废水，可按照全厂废水管理的统一规划进行回用或排放，处理后排放的废水水质应达到 GB 8978、DL/T 997—2006 和建厂所在地区的地方排放标准要求。

二、废水处理系统的优化与节能

1. 脱硫废水处理系统存在的主要问题

目前，许多脱硫废水处理系统运行不佳，部分电厂因煤质发生变化，大大偏离了原设计的 Cl⁻ 平衡，脱硫废水产量超出了系统处理能力；也有因脱硫系统运行管理不善，废水排量过大以及设计方面的问题。目前，存在的问题主要有以下 6 个方面。

（1）流程合理性问题。部分脱硫系统废水处理工艺流程欠缺，中和箱、沉降箱、絮凝箱、消石灰溶解箱的浓缩污泥排污自流入地坑再用泵抽至中和箱，造成地坑泵堵塞损坏，地坑水外溢，中和箱底部排污管堵塞；澄清污泥浓缩池污泥未设置污泥回流系统，造成池底部污泥板结，刮泥机无法运行。

（2）设计问题。中和箱、沉降箱、絮凝箱设置反应时间过长，搅拌方式和速度不当，造成中和箱、沉降箱、絮凝箱积泥严重，流水不畅和外溢，排污管堵塞。澄清污泥浓缩池出水悬浮物严重超标，刮泥机过载无法运转。

（3）药剂品质问题。如选用的消石灰杂质含量多，搅拌方式和速度不当，造成计量泵和管道堵塞，溶药箱和计量箱排污管堵塞。配制的混凝剂、助凝剂等价格较贵，费用高，而且部分药剂存放要求高、保存时间短，容易失效。

（4）设备选型问题。压滤机选型不当，造成澄清污泥浓缩池污泥大量积压，出水浑浊。计量泵、关键阀门等选择不当等。

（5）控制问题。脱硫的废水量主要取决于脱硫塔内氯离子的浓度，而塔内氯离子的浓度是不断变化的，故废水排放量不稳定而导致废水处理系统起停频繁，易引起堵塞、处理不达标等问题。

（6）能耗及维护问题。脱硫废水处理工艺链长，动力损耗高，维修量大，投资较高。

2. 脱硫废水处理系统的优化

针对当前脱硫废水处理设施存在的问题和现状，经研究分析提出如下优化改进对策和建议。

（1）将中和箱、沉降箱、絮凝箱底部的污泥排入澄清污泥浓缩池中心筒内，清水箱、消石灰溶解箱、消石灰计量箱底部的污泥排入地坑，也可用泵抽至澄清污泥浓缩池中心筒内，从而降低堵塞的可能。

（2）合理设置中和箱、沉降箱、絮凝箱的反应停留时间，选择合适的搅拌方式或搅拌设备，使箱体中悬浮物搅拌均匀，有效防止底部积泥。通过调试和试验分别确定中和箱、沉降箱、絮凝箱的搅拌机转速，以免搅拌轴转速过快引起机械和电机振动，或搅拌转速过慢造成底部积泥。

（3）对脱硫系统进行调试优化和定值梳理，实现脱硫系统物料和水量的有效平衡，避免因运行不当或脱硫主体系统的控制原因导致废水排量远超过设计值的问题。

（4）可采用价格便宜的硫化钠和硫酸亚铁代替有机硫（TMT – 15）、复合铁（$FeClSO_4$）等价格昂贵的药剂，以降低废水处理成本，提高运行效果。

（5）澄清污泥浓缩池中心筒设计高度不宜小于澄清污泥浓缩池总高度的 $1/2$，以确保废水有足够的澄清时间，出水悬浮物达标。刮泥机必须附带提升机构，合理提升刮泥机高度，确保刮泥机运行正常。澄清污泥浓缩池设置污泥回流泵，控制合理的污泥回流量，以有效防止底部积泥。

（6）结合实际，合理设置冲洗系统。如消石灰溶解箱输送泵、消石灰计量箱计量泵、污泥回流泵、板框压滤机污泥输送泵的前后须增设压力冲洗水管道，澄清污泥浓缩池底部排泥管上也须增设压力冲洗水管，防止泵和管道的堵塞。

（7）污泥脱水压滤机的选型要适当，不能单纯按常规每天满负荷运行选型，建议结合处理量按每日运行若干次的间隙运行方式，进行合理选型。

（8）建议对脱硫废水处理系统结合实际情况进行变频控制，以适应当前脱硫系统的水量、水质变化，保证废水处理系统连续、稳定运行。

（9）采用蒸发处理或与灰渣水循环共治也是脱硫废水处理比较理想的处理方法，但各厂实际情况不同，建议充分论证后实施，以免影响其他系统的正常运行。

第三节 主要设备及选型

脱硫废水处理系统的主要设备有各废水箱（如中和箱、沉降箱、絮凝箱、出水箱、澄清/浓缩池）、各废水泵及污泥泵、废水处理用药储箱、制备箱、计量箱及各加药泵、搅拌器、污泥压滤机以及一些表计等，都是一些常规设备。

第四节 主要设备故障及分析

一、设备故障分析

脱硫废水系统一般为不同机组脱硫岛的公用系统。随着机组停运，脱硫废水系统处理水量也会变化；另外，脱硫废水的排放量主要是根据吸收塔内氯离子浓度的大小决定的。因此系统排放的水量并不稳定，这样会导致脱硫废水处理系统起停比较频繁，很容易导致系统堵塞、末级澄清器无法正常工作（易翻池，导致出水浊度偏高）等故障。堵塞和不能投自动运行是废水系统不能正常投运的两个最重要原因，这里有设计和运行等各方面的因素。

（1）设计时对进入废水处理系统的浆液含固量考虑过于理想，设计裕量小，造成系统内固体大量沉积而不能运行。

（2）废水旋流器喷嘴尺寸选择不当，导致溢流和底流浆液浓度不正常。进入废水旋流器的浆液浓度过高，旋流器底部常被堵死。废水旋流器压力不足，旋流效果差。废水旋流器入口加装的滤网堵塞频繁，导致废水旋流器无法正常投运。

（3）废水系统各箱罐（中和箱、沉降箱、絮凝箱等）因来水中固体含量太高，固体沉积而堵塞。

（4）石灰乳加药管很小，设计冲洗水考虑不周或运行不当造成堵塞。

（5）废水系统自动控制要求高，任一台设备或仪表故障都会导致系统不能正常运行。

（6）废水处理作为 FGD 系统的子系统在运行中未能得到应有的重视，加上运行药品较贵，设备故障后得不到及时修理，时间一久更运行不好。因此要保证废水处理系统的正常运行，就需在设计和运行管理上共同重视。

二、设计改进措施

（1）适当加大废水处理系统的容量，如加大缓冲池容量并保持废水连续稳定排放。为了防止悬浮物的沉淀，废水缓冲箱中需要设计搅拌装置。搅拌装置分为机械搅拌和曝气搅拌两种方式。机械搅拌一般适于体积较小的水箱，而曝气搅拌除了能够提供搅拌外，因曝气过程中空气与水充分接触，能够进一步氧化水中亚硫酸盐，有利于降低系统出水的 COD 值，因此应用较广。在系统设计时，如果脱硫废水的曝气装置选用与常规工业废水相同的类型如筒式结构，曝气筒就很容易被沉降下来的泥浆堵塞，造成罗茨风机电机发热。实践表明，曝气装置采取母管支管，并在支管上打曝气孔的方式较好，但采取母管支管结构时，支管的排列密度及曝气强度应是普通工业废水的 2～4 倍。

（2）石灰乳加药系统的设计。

1）加药泵的选择。石灰乳加药泵有隔膜式加药计量泵和螺杆泵。隔膜式计量泵的进出口逆止球很容易被杂质卡塞，从而导致计量泵无法正常投运。为了保证其正常投运，需要在计量泵入口设置效率较高的过滤器，并且对过滤器滤网进行频繁冲洗。螺杆泵耐污堵能力较强，一般不会发生堵塞。

2）系统的材质选择根据火力发电厂化学设计规范的要求，石灰乳加药系统的溶药箱和管道可采用普通 Q235 材质，不需要进行防腐，但从实际工程情况看，石灰乳溶液箱体内壁锈蚀严重，因此采用衬胶更好。另外石灰乳易沉积，不宜采用磁翻板液位计而采用超声波液位计；如果采用了磁翻板液位计，建议在磁翻板液位计进口导管处加装检修阀门，并在液位计进液口加设一路冲洗水作为防堵措施。

（3）系统的冲洗设计。由于脱硫废水中悬浮物含量较高，系统每次停运后若不及时冲洗，会导致系统堵塞，无法正常运转。需考虑的具体冲洗位置为：废水泵出口至 pH 值调整槽管路；石灰乳加药系统管路；絮凝槽至澄清器管路；澄清器泥浆输送管路。此外，若 pH 值调整槽、反应槽、絮凝槽为单独的箱体，则箱体间的连接管路应适当放大，并在箱体加装液位计。

（4）系统管路的选择。脱硫废水系统中与废水接触的管线一般选用 CPVC 工程塑料、衬塑管或孔网钢塑管等耐腐蚀管材。尽管脱硫废水系统设计时考虑了系统的自动冲洗，但还存在污堵现象。一旦有污堵发生，仅靠冲洗无法解决问题时，必须对系统管路分段拆卸冲洗。对于衬塑管，因为管段间采取法兰连接，拆卸方便；而对于 CPVC 或孔网钢塑管，设计时必须考虑拆卸问题，应采用法兰连接，法兰距离以 3～5m 为宜。

（5）系统控制。设计时应考虑整个系统的变频控制，即废水泵、加药泵应采用变频控制，以保证脱硫废水处理系统的连续、正常运行。

脱硫工艺设计的废水流量系指平均流量，而在实际运行过程中，脱硫废水随石膏的生产排放，因石膏并非连续生产，这也意味着脱硫系统的废水并非连续排放。废水系统和脱水系统息息相关，废水的正常排放有助于脱水系统的正常运行，而脱水效果的好坏又影响废水旋流器的运行和排放至废水系统的石膏含量，所以要做好系统的调试工作及运行中的监控。首先对石膏旋流器和废水旋流器进行调试，对石膏浆液浓度和结晶情况进行分析，对旋流器的各部位浆液浓度和流量进行测试，确保旋流器各部分浆液浓度达到设计值，可以通过调节压力和选配恰当口径的喷嘴达到旋流效果。正常投运以后要定期对浆液化验，若发现浓度异常了，应查明原因并及时处理。在脱水系统上各级流程上加装可在线人工清理的开式滤网，这些滤网能将进入系统内的所有稍大的杂质全部过滤掉，确保各系统不会发生堵塞。由于脱硫废水悬浮物沉降性能很好，在中和、沉降、絮凝箱沉淀部分固体是必不可免的，为了防止固体物质沉淀过多将废水通道堵塞，建议定期（如 7 天）对中和沉降絮凝箱进行排污。运行中对停运的设备要及时冲洗干净，故障及时维修。

第六章 其他工艺系统设备及选型

脱硫其他工艺系统包括工艺水/冷却水系统、仪用/杂用压缩空气、辅助蒸汽系统、事故浆液及排放系统等，这些系统基本为工业常规设备，这里不作详细叙述。

第一节 工艺水/冷却水系统

脱硫系统工艺水一般从电厂循环水系统接入工艺水箱，然后由工艺水泵送至脱硫系统各用水点。工艺水系统如图 2 - 6 - 1 所示，工艺水主要用途如下所述。

（1）脱硫系统补充用水，主要有吸收塔除雾器冲洗水、石灰石浆液制备系统用水（磨机入口补充水、再循环箱补充水或石灰石粉制浆用水）等。

（2）管路和泵的冲洗用水。如真空皮带脱水机滤布、滤饼冲洗、GGH 的高/低压冲洗水、所有浆液输送设备、输送管路、贮存箱的冲洗水、pH 计、密度计、液位计、各取样点冲洗水及废水系统用水，等等。

（3）各类水泵和浆液泵的密封水。

（4）设备冷却水。如氧化风机冷却水、增压风机冷却水、氧化空气降温水等。

此外，工艺水泵一般 1 用 1 备，如果多台机组公用工艺水系统，应结合机组运行特点、负荷规律，综合考虑配置工艺水泵数量，或确定是否采用变频器，或单独设置除雾器冲洗水泵，以实现系统节能。除雾器冲洗水单独设冲洗水泵，有利于系统节能和水路压力稳定，具体应结合用水量，水压及整个系统用水情况综合确定。

根据具体情况，闭式循环冷却水一般从炉后闭式循环冷却水管接出供增压风机、氧化风机、球磨机、大型循环泵电机、球磨机主轴承、减速器电机等大设备冷却用水，其回水回收至炉后闭式循环冷却水回水管。

第二节 仪用/杂用压缩空气、辅助蒸汽系统

供仪表吹扫、气动阀门驱动、脱水机纠偏、除尘设备反吹的仪用空气和供设备检修的杂用空气可由专设的脱硫系统杂用/仪用空压机提供，或不另设，而直接从主厂房接入脱硫系统，一般应在脱硫岛设置独立的储气罐。

GGH 吹扫用压缩空气可以由专设的 GGH 空压机提供，也可采用蒸汽吹灰，所用蒸汽一般取自锅炉辅助蒸汽母管或直接取自再热蒸汽冷段，经调压后用于 GGH 吹灰。

第三节 事故浆液及排放系统

事故浆液及排放系统主要包括事故浆液箱及搅拌器、事故浆液返回泵、地沟、地坑、地坑搅拌器、地坑泵、烟囱疏水等。

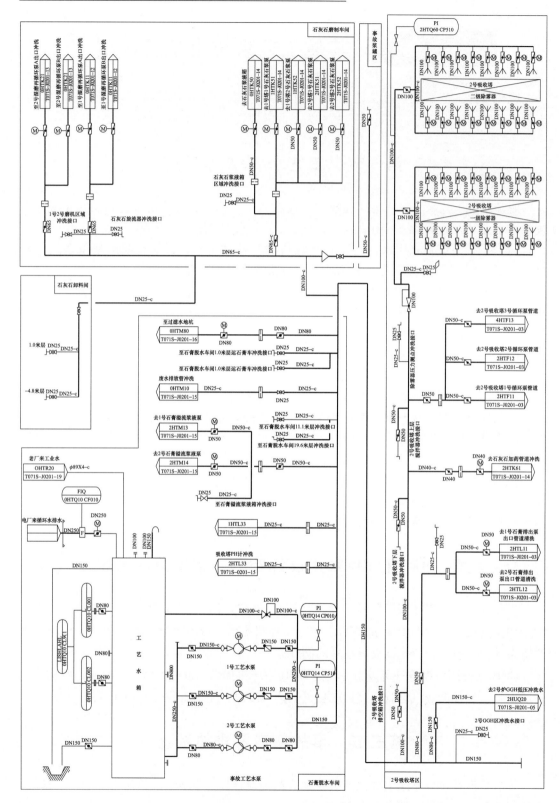

图 2 - 6 - 1 工艺水系统

1. 地坑系统

在脱硫系统正常运行、设备检修及日常清洗维护中都会产生一定的废液，如运行时各设备冲洗水、管道冲洗水、吸收塔区域冲洗水等排放至地沟，再集中到各自相应的地坑内。地坑内浆液收集到一定高度后，地坑泵就将地坑内液体输送到吸收塔内循环利用或送去制浆，或输送到事故浆液池中。在脱硫系统各区域的地坑均需要进行防腐处理并配有搅拌器，以防止浆液沉积。

2. 事故浆液系统

在脱硫系统内设置有一个公用的事故浆液箱，用于储存在吸收塔检修、小修、停运或事故情况下排放的浆液，事故浆液箱内配有搅拌器以防止浆液发生沉淀。吸收塔浆液通过吸收塔石膏浆液排出泵输送到事故浆液箱中，浆液可通过事故浆液返回泵从事故浆液箱送回到各吸收塔。

3. 烟囱疏水系统

烟囱冷凝水排放，一般在烟囱底部设置疏水管路，就近引入脱硫岛地坑，由脱硫岛回收，并设置冲洗水管路防止管路堵塞。

4. 生活污水、雨水系统

脱硫系统内生活污水是收集盥洗间、卫生设施等排放的污水，自流排放至厂区污水排放系统中。雨水排水系统是收集不含浆液和任何化学物质的雨水，纳入厂区污水排放系统中。

5. 事故浆液系统和地坑系统的其他用处

近年来，因燃煤硫分变化频繁，影响脱硫系统的运行，部分电厂采用临时买粉或添加吸收剂的办法来解决脱硫系统短期面临的硫分超标问题。事故浆液系统和地坑系统也就经常被用作买粉制浆的临时制浆系统。吸收塔地坑经常被用来向吸收塔输送添加剂。此外，也有部分电厂在事故浆液箱上增设临时粉仓，或在事故浆液箱增设氧化风系统，将其作为临时氧化浆池。

此外，当吸收剂制备和脱水系统集中布置时，可因地制宜，将吸收剂制备区地坑、脱水区地坑统一考虑设一座回收水地坑或回收水箱，以简化系统，降低投资和维护量。

第七章　电气控制系统设备及选型

第一节　电气设备和系统

脱硫电气系统为脱硫系统设备的正常运行提供动力，它一般由高压电源（6kV）、低压电源（0.4kV）、直流系统、交流保安电源和交流不停电电源（UPS）组成。脱硫电气系统的设计应从发电厂全局出发，统筹兼顾，按照脱硫装置的规模、特点，合理确定设计方案，达到安全、经济、可靠和运行维护方便的要求。电气设备选型应力求安全可靠、经济适用、技术先进、符合国情，积极慎重地采用和推广经过鉴定的新技术和新产品。电气系统的一般设计原则如下。

一、供电系统

（1）脱硫装置高压、低压厂用电电压等级应与发电厂主体工程一致。

（2）脱硫装置厂用电系统中性点接地方式应与发电厂主体工程一致。

（3）脱硫工作电源的引接。

1）脱硫高压工作电源可设脱硫高压变压器从发电机出口引接，也可直接从高压厂用工作母线引接。

2）脱硫装置与发电厂主体工程同期建设时，脱硫高压工作电源宜由高压厂用工作母线引接，当技术经济比较合理时，也可增设高压变压器。

3）脱硫装置为预留时，经技术经济比较合理时，宜采用高压厂用工作变压器预留容量的方式。

4）已建电厂加装烟气脱硫装置时，如果高压厂用工作变压器有足够备用容量，且原有高压厂用开关设备的短路动热稳定值及电动机启动的电压水平均满足要求时，脱硫高压工作电源应从高压厂用工作母线引接，否则应设高压变压器。

5）脱硫低压工作电源应单设脱硫低压工作变压器供电。

（4）脱硫高压负荷可设脱硫高压母线段供电，也可直接接于高压厂用工作母线段。当设脱硫高压母线段时，每炉宜设1段，并设置备用电源。每台炉宜设1段脱硫低压母线。

（5）脱硫高压备用电源宜由发电厂启动/备用变压器低压侧引接。当脱硫高压工作电源由高压厂用工作母线引接时，其备用电源也可由另一高压厂用工作母线引接。

（6）除满足上述要求外，其余均应符合《火力发电厂厂用电设计技术规定》（DL/T 5153）中的有关规定。

二、直流系统

（1）新建电厂同期建设烟气脱硫装置时，脱硫装置直流负荷宜由机组直流系统供电。当脱硫装置布置离主厂房较远时，也可设置脱硫直流系统。

（2）脱硫装置为预留时，机组直流系统不考虑脱硫负荷。

（3）已建电厂加装烟气脱硫装置时，宜装设脱硫直流系统向脱硫装置直流负荷供电。

（4）直流系统的设置应符合《小型电力工程直流系统设计规程》（DL/T 5120）的规定。

三、交流保安电源和交流不停电电源（UPS）

（1）200MW 及以上机组配套的脱硫装置宜设单独的交流保安母线段。当主厂房交流保安电源的容量足够时，脱硫交流保安母线段宜由主厂房交流保安电源供电，否则宜由单独设置的能快速启动的柴油发电机供电。其他要求应符合 DL/T 5153 中的有关规定。

（2）新建电厂同期建设烟气脱硫装置时，脱硫装置交流不停电负荷宜由机组 UPS 系统供电。当脱硫装置布置离主厂房较远时，也可单独设置 UPS。

（3）脱硫装置为预留时，机组 UPS 系统不考虑向脱硫负荷供电。

（4）已建电厂加装烟气脱硫装置时，宜单独设置 UPS 向脱硫装置不停电负荷供电。

（5）UPS 宜采用静态逆变装置。其他要求应符合《火力发电厂、变电所二次接线设计技术规程》（DL/T 5136）中的有关规定。

四、二次接线

（1）脱硫电气系统宜在脱硫控制室控制，并纳入 DCS 系统。

（2）脱硫电气系统控制水平应与工艺专业协调一致，宜纳入分散控制系统控制，也可采用强电控制。

（3）接于发电机出口的脱硫高压变压器的保护。

1）新建电厂同期建设烟气脱硫装置时，应将脱硫高压变压器的保护纳入发变组保护装置。

2）脱硫装置为预留时，发变组差动保护应留有脱硫高压变压器分支的接口。

3）已建电厂加装烟气脱硫装置时，脱硫高压变压器的分支应接入原有发变组差动保护。

4）脱硫高压变压器保护应符合 DL/T 5153 标准的规定。

（4）其他二次接线要求应符合 DL/T 5136 和 DL/T 5153 标准的规定。

第二节　控制系统及设备

一、概述

目前大型火电厂脱硫系统热工自动化水平与机组的自动化控制水平是相一致的，采用分散控制系统（Distributed Control System，DCS）。DCS 是基于计算机技术（Computer）、控制技术（Control）、通信技术（Communication）和图形显示技术（CRT），通过某种通信网络将分布在工业现场（附近）的现场控制站、检测站和操作站等操作控制中心的操作管理站、控制管理站及工程师站等连接起来，共同完成分散控制和集中操作、管理和综合控制。

尽管 DCS 产品很多，但其基本结构与组成却大体相同，可归纳为"三点一线"。"三点"是挂接在网络上的三种不同类型的节点，即面向被控过程的现场 I/O 控制站、面向操作人员的操作站、面向 DCS 监督管理人员的工程师站。DCS 系统"三点"的作用如下。

（1）现场控制站：是完成对现场 I/O 处理并实现直接数字控制（DDC）的网络节点。它的功能有：现场数据的周期性采集；采集数据的处理，包括滤波、转换、放大；现场数据和现场设备状态的检查和报警处理；控制算法（连续调节和顺序逻辑控制）的运算；控制输出执行；与上位机或其他站进行数据交换，接收上位机的控制给定，向上位机传递各种采集、控制和状态信息。

（2）操作员站：是处理一切与运行操作有关的人机界面功能的网络节点。它的主要功能有：现场运行的自动监视、状态报告和控制操作等；历史数据处理；优化控制功能，利用数学模型计算最佳运行条件；自适应控制功能。

（3）工程师站是对系统进行离线的配置、组态工作和在线的系统监督、控制、维护的网络节点。其主要功能是提供对 DCS 进行组态、配置工作的工具软件，并通过 DCS 在线运行实时地监视 DCS 网络上各个节点的运行情况，使系统工程师可以通过工程师站及时调整系统配置及一些系统参数的设定，使 DCS 随时处在最佳的工作状态之下。

DCS 系统网络是一个实时网络，即要求网络在确定的时限内完成信息的传送。网络的拓扑结构一般分为星形、总线型和环型三种，而且 DCS 厂家的网络多采用令牌（TOKEN）方式。一般 DCS 厂家的网络传输介质多为同轴电缆和光纤。这是 DCS 基本结构中的"一线"，它的主要作用是连接系统的各个节点（操作站、过程控制站等），进行信息的传递。

二、主要控制系统

DCS 系统基础硬件组成如下：① 现场 I/O 站，由各种 I/O 模板、信号调理板、电源组成；② 操作员站有工业微机（IPC）或工作站、工业键盘、轨迹球或鼠标、大屏幕 CRT、操作控制台、打印机等硬件组成；③ 工程师站由通用微机或工作站、标准键盘、轨迹球或鼠标、显示器等硬件组成。

DCS 的基础软件包括两大部分：第一部分是在线运行部分的软件，称为运行系软件。第二部分为生产运行系软件而离线运行的那部分软件，称为开发系软件。运行系软件是建立在实时的操作系统之上的一套应用软件，实时操作系统是专门用于实时控制的操作系统。它具有以下基本特点：多任务并行处理；按优先级的抢占处理机的任务调度方式；事件驱动；多级中断响应及处理；任务之间同步和信息交换；资源共享的互锁机制；设备与自动服务；文件管理与服务；网络通信服务。

一套完整的脱硫系统装置的 DCS 包含以下系统功能。

（1）数据采集系统（DAS），能连续采集和处理所有与脱硫系统运行有关的信号及设备状态信号，并及时向操作人员提供这些信息，实现系统的安全经济运行。一旦 FGD 发生任何异常工况，及时报警，提高脱硫系统的可利用率。

（2）模拟量控制系统（MCS），是确保脱硫系统安全、经济运行的关键控制系统，主要实现系统重要辅机如增压风机、真空皮带脱水机及重要参数的自动调节。

（3）顺序控制系统（SCS），能实现重要设备，如增压风机、循环泵等各种浆液泵、除雾器等的顺序控制，以及全系统阀门、挡板等执行机构的连锁保护与控制，以减少运行人员的常规操作。

（4）电气控制系统（ECS）。随着 DCS 技术的不断发展，DCS 所包含的功能也在不断扩大，现在的 DCS 还包含了脱硫系统电气系统大部分参数的监视以及电气设备的控制与连锁，包括脱硫 6kV/0.4kV 变压器、高低压电源回路的监视和控制以及 UPS、直流系统、6kV 电动机及重要的 0.4kV 电动机的监视等。

另外，一些辅助系统采用了专用就地控制设备，即程序控制器（PLC）加上位机的控制方式。例如石灰石或石灰石粉卸料和存储、皮带脱水机系统、湿式球磨机、GGH 吹灰、石膏存储和石膏处理（不在脱硫岛内或单独建设的除外）、脱硫系统废水处理等的控制。

当脱硫系统与单元制机组同期建设时，脱硫系统的控制可纳入到机组的 DCS 系统，单元制机组脱硫系统的公用部分的控制纳入到机组 DCS 的公用控制网。对于已建成后的机组新增加的脱硫系统或新建机组采用烟气母管制的脱硫系统（如两炉一塔）的控制，脱硫系统的 DCS 系统一般单独设置。控制室均以 LED 和键盘作为监视控制中心。

第三节　主要问题分析及处理

一、仪表故障问题分析及处理

1. pH 计故障

一般地，吸收塔石膏浆液的 pH 值测量设有 2 个 pH 计，正常同时投入运行，并能自动冲洗校验，取平均值或取某一值作为控制用。当两套仪表测量数据超过 0.1 或 0.2 时会自动报警，需要进行校正处理。

pH 计可能出现测量值变化太快或明显有偏差等问题。pH 计测量数据偏差大的原因之一是冲洗不正常，其次是探头使用时间太长，再次是设计不合理。

pH 计采用设置旁路缓冲箱安装方式可以有效解决该仪表磨损、结垢，甚至堵塞的问题。

2. 密度测量故障

若密度计的流量变小，先冲洗密度计；密度计故障时，需人工实验室测量各浆液密度；密度计需尽快修复，校准后尽快投入使用。

对于密度计常堵塞或磨坏的情况，可以采用旁路支管排空安装方式，以防止堵塞，减小磨损，延长设备使用寿命。

3. 液体流量测量故障

出现此类故障时，用工艺水清洗或重新校验仪表。

4. 液位测量故障

出现此类故障时，可用工艺水清洗或人工清洗测量管子，或重新校验液位计。

5. CEMS 故障

运行人员应立即查明 CEMS 故障原因并修复后尽快投入使用，同时做好 FGD 系统各运行参数的控制，做好相关环保备案工作。

6. 烟道压力测量故障

出现此类故障时，可用压缩空气吹扫或机械清理仪表接口，以防止堵灰。

7. 烟气流量测量故障

烟气流量测量故障一般用压缩空气对流量计进行吹扫来解决。

8. 称重设备不准确

称重设备不准确时需重新对其校验。

9. 料位计故障

料位计故障时需重新对其校验。

所有 FGD 系统的测量仪表应定期维护和校验，必要时更换。

二、电气系统故障分析及处理

1. 6kV 电源失电

6kV 失电故障主要有以下现象出现。

（1）CRT 上有电气故障报警信号，6kV 母线电压消失；

（2）运行中的脱硫设备跳闸，对应母线所带的 6kV 电机停运；

（3）该段所对应的 380V 母线自动投入备用电源，否则对应的 380V 负荷失电跳闸。

对于 6kV 失电故障，不同的电气系统设计有不同的原因，主要有以下几方面。

（1）全厂停电；

（2）6kV 脱硫段母线或电缆故障；

（3）电气保护误动作或电气人员误操作；

（4）发电机跳闸，备用电源未投入；

（5）脱硫变压器故障，备用电源未能投入。

该类故障可采用以下处理措施。

（1）运行人员应立即确认 FGD 系统连锁跳闸动作是否完成，确认烟气旁路挡板打开，FGD 原、净烟气挡板关闭，吸收塔放散阀打开。若旁路挡板动作不良应立即将其手动操作打开；确认 FGD 系统处于安全状态。

（2）确认脱硫保安段、UPS 电源、仪控电源正常，工作电源开关和备用电源开关在断开位置，并断开各负荷开关。

（3）尽快联系值长及电气检修人员，查明故障原因，争取尽快恢复供电。

（4）若给料系统连锁未动作时，应手动停止给料。

（5）注意监测烟气系统内各点温度的变化，必要时应手动开启冲洗水门。

（6）将增压风机调节挡板关到最小位置，做好重新启动 FGD 装置的准备。

（7）若 6kV 电源短时间内不能恢复，按停机相关规定处理，并尽快将管道和泵体内浆液排出以免沉积。

（8）若造成 380V 电源中断，按相关规定处理。

2. 380V 电源失电

380V 电源失电故障会出现如下现象。

（1）"380V 电源中断"报警信号发出；

（2）30V 电压指示到零；

（3）低电压电机跳闸；

（4）工作照明跳闸，事故照明自动投入。

分析 380V 电源失电故障原因有以下几方面。

（1）相应的 6kV 母线故障，备用电源未能投入；

（2）380V 母线故障；

（3）脱硫低压变压器跳闸，备用电源未能投入。

对该类故障可采用如下措施处理。

（1）若属 6kV 电源故障引起，按短期停机处理。

（2）若 380V 单段故障，应检查故障原因及设备动作情况，并断开该段电源开关及各负荷开关，及时向上级领导汇报。

（3）当 380V 电源全部中断，且电源在 8h 内不能恢复，应利用备用设备将所有泵、管道的浆液排尽并及时冲洗。

（4）电气保护动作引起的失电，严禁盲目强行送电。

三、脱硫 DCS 系统中 CRT 显示数据问题

由于设计和调试问题，一些 DCS 系统中 CRT 显示数据会欠缺或与实际不符，这需要补充设计和认真调试。由于仪表故障如 CEMS 检测元件故障等，也会使其读数不准，需加强维护和定期校验。

图 2 - 1 - 13　增压风机静叶卡涩

图 2 - 1 - 14　增压风机叶片切割

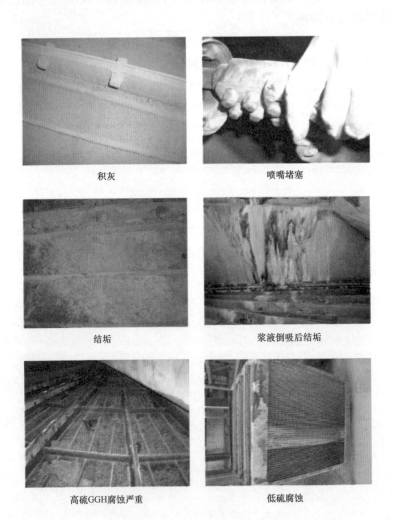

图 2 - 1 - 19　GGH 问题图片

在线冲洗

人工离线冲洗

图 2 - 1 - 20　GGH 冲洗

图 2 - 1 - 21　烟道防腐鳞片的损坏和穿孔

图 2 - 1 - 22　某厂膨胀节及风道烟气泄漏造成保温腐蚀

图 2 - 1 - 23　某厂旁路净烟气冷凝水流进密封风机腐蚀

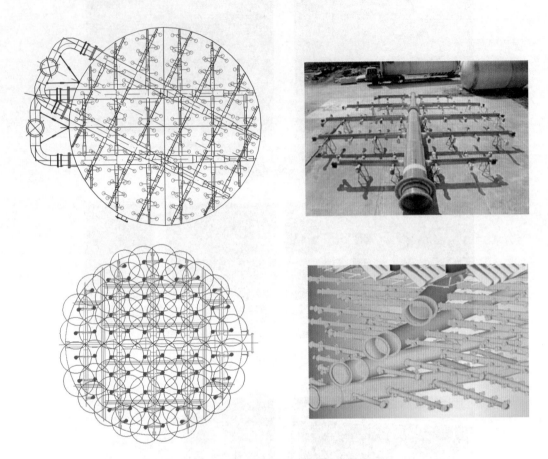

图 2-2-2 喷淋层及喷嘴布置覆盖图

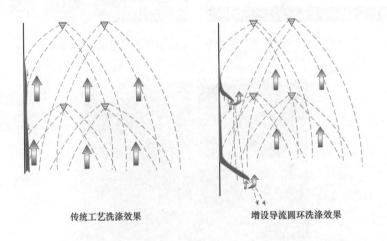

传统工艺洗涤效果　　　　　　　增设导流圆环洗涤效果

图 2-2-4 传统工艺与增设导流圆环洗涤效果示意图

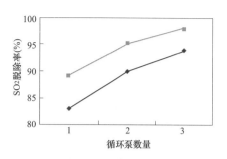

图 2 - 2 - 5　模型及某厂实例

图 2 - 2 - 6　FBE 塔结构及动态示意图

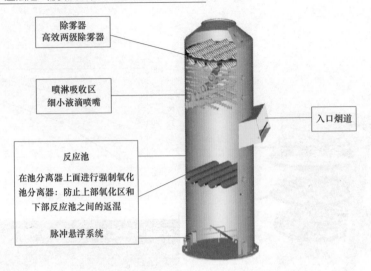

除雾器
高效两级除雾器

喷淋吸收区
细小液滴喷嘴

入口烟道

反应池

在池分离器上面进行强制氧化

池分离器：防止上部氧化区和
下部反应池之间的返混

脉冲悬浮系统

图 2-2-7　LEE 吸收塔示意图

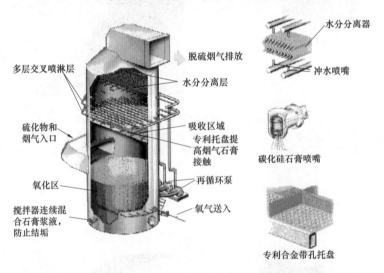

脱硫烟气排放

多层交叉喷淋层

水分分离层

水分分离器

冲水喷嘴

硫化物和
烟气入口

吸收区域
专利托盘提
高烟气石膏
接触

碳化硅石膏喷嘴

氧化区

再循环泵

搅拌器连续混
合石膏浆液，
防止结垢

氧气送入

专利合金带孔托盘

图 2-2-8　B&W 公司洗涤塔模型图

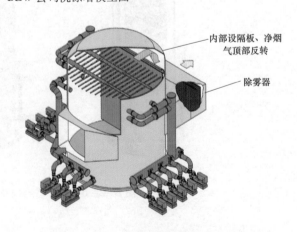

内部设隔板、净烟
气顶部反转

除雾器

图 2-2-9　马苏莱吸收塔模型　　　　　图 2-2-10　川崎喷雾塔内部构造示意图

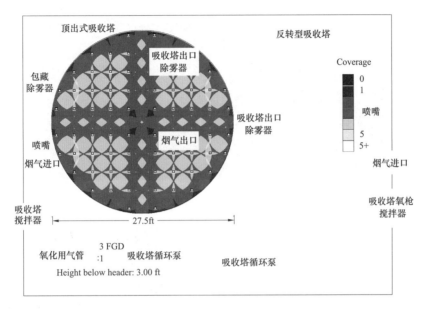

图 2 - 2 - 11　川崎新型吸收塔

顶出式吸收塔：是国内主流喷淋塔技术的塔型。其净烟道高位向斜下方延伸，从上侧进入 GGH，烟气中的残留成分易造成 GGH 的结垢和腐蚀（国内已有类似案例发生）。

反转型吸收塔：净烟道低位斜向上方爬升，从下侧进 GGH，减少或避免 GGH 结垢和腐蚀倾向。

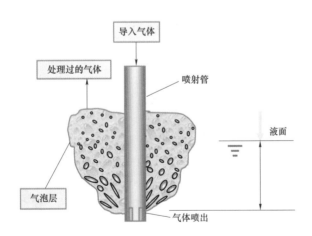

图 2 - 2 - 12　烟气喷射鼓泡原理图

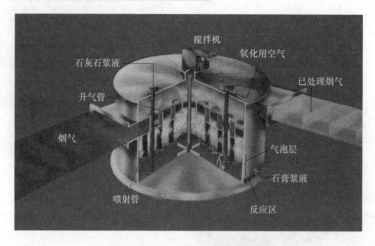

图 2 - 2 - 13　吸收塔的构造图

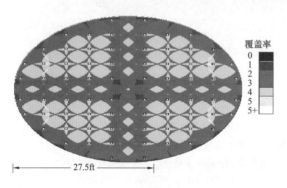

图 2 - 2 - 14　喷射鼓泡反应器

图 2 - 2 - 17　某电厂实际气体喷射管和氧化风管

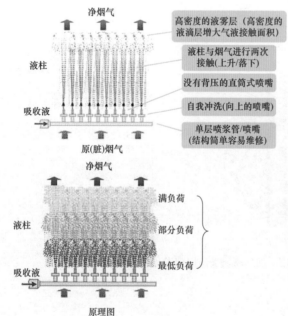

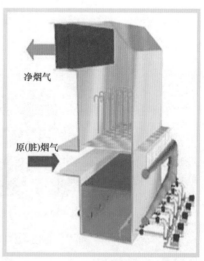

模型1

图 2 - 2 - 18　液柱塔原理及模型（一）

试验现场　　　　　　　　　　　　　　模型2

图 2 - 2 - 18　液柱塔原理及模型（二）

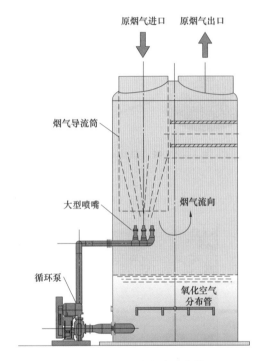

图 2 - 2 - 19　动力波吸收塔

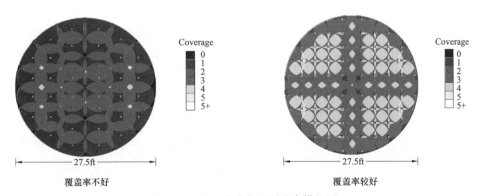

覆盖率不好　　　　　　　　　　　　覆盖率较好

图 2 - 2 - 38　喷嘴布置覆盖率模拟图

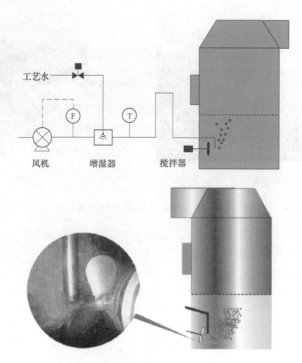

图 2-2-44　氧化喷枪示意图

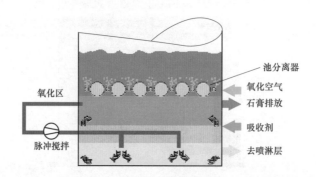

图 2-2-45　氧化风布管式示意图

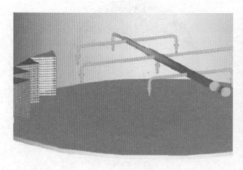

图 2-2-48　脉冲悬浮装置模型及塔内实物图

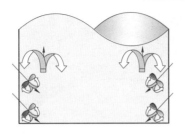

搅拌悬浮技术　　　　　　　　　　脉冲悬浮技术

图 2 - 2 - 49　搅拌脉冲悬浮系统示意图

图 2 - 2 - 50　循环泵机封泄漏

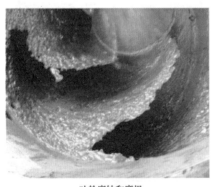

叶轮腐蚀和磨损　　　　　　　　　　　　端盖磨损

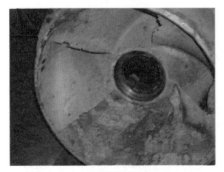

叶轮磨损腐蚀　　　　　　　　　　　　壳体腐蚀磨损

图 2 - 2 - 51　叶轮磨蚀

图 2 - 2 - 52　典型的泵汽蚀和磨损情况

图 2 - 2 - 53　减速器超温与更换

图 2 - 2 - 55　吸收塔内氧化空气管的断裂

图 2 - 2 - 56　搅拌器机封漏浆

图 2 - 2 - 57　吸收塔搅拌器叶轮的磨损

图 2 - 2 - 58　除雾器结垢堵塞

图 2 - 2 - 59　除雾器变形

图 2 - 2 - 60　除雾器坍塌　　图 2 - 2 - 61　坍塌后的除雾器和冲洗水管

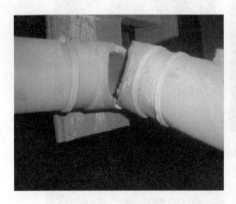

图 2 - 2 - 62　除雾器冲洗水管断裂

图 2 - 2 - 63　水平布置的除雾器入口处石膏堆积

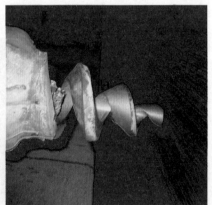

图 2 - 2 - 64　喷嘴堵塞

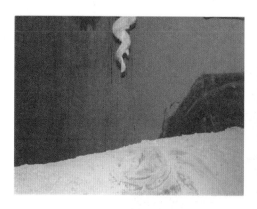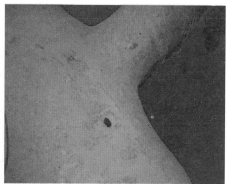

图 2 - 2 - 65　喷淋管冲刷

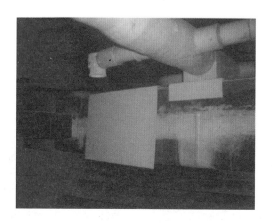

图 2 - 2 - 66　喷淋层支撑管上加 PP 板及 FRP 板防冲刷

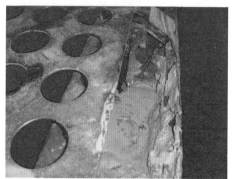

图 2 - 2 - 67　喷嘴对支撑管的损坏

图 2 - 3 - 9　湿磨橡胶衬板的损坏

进料口开始漏浆

入口机封开始漏浆

尾部机封开始漏浆

筒体密封漏浆

图 2 - 3 - 10　磨机两端密封漏浆

下料口粉尘杂质

部分石灰石粒度太大

大颗粒石灰石

带大量泥沙的吸收剂

图 2 - 3 - 11　某电厂石灰石进料品质

图 2 - 4 - 3　筒体和锥体严重破损的旋流器

图 2 - 4 - 4　疏通被堵塞的旋流子

图 2 - 4 - 5　钢制外壳内衬碳化硅的旋流器

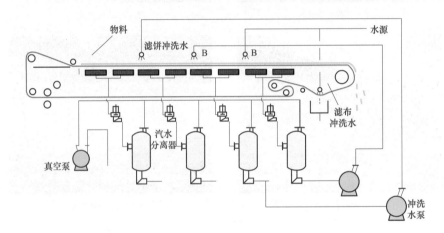

图 2 - 4 - 6　脱水机原理图

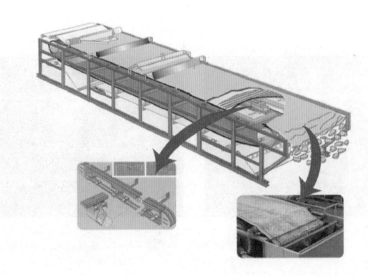

图 2 - 4 - 7　脱水机结构图

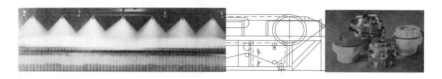

图 2 - 4 - 8　冲洗装置

图 2 - 4 - 9　石膏转运皮带输送机

图 2 - 4 - 10　石膏库和石膏仓

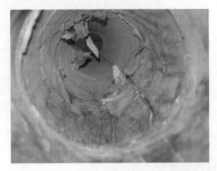

内部磨损

断裂

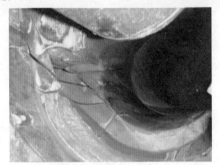

裂痕

图 2 - 4 - 11　石膏旋流子的故障

图 2 - 4 - 12　真空泵锈蚀

图 2 - 4 - 13　衬胶管堵塞

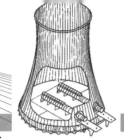

第三篇
湿法烟气脱硫常见问题分析及对策

石灰石—石膏湿法烟气脱硫技术已在国内外得到广泛应用，在建设、运行、管理等方面积累了丰富的经验，本篇就脱硫系统运行中易发生的问题进行分析，并提出应对策略或措施。

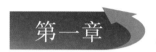 脱硫效率低的原因分析及对策

脱硫装置工艺系统复杂，影响脱硫效率的因素比较多，各因素之间又存在相互影响。因此需要对具体装置进行具体分析，抓住主要原因解决问题。本章从脱硫外部输入条件、运行及设备等方面分析脱硫装置效率不高的原因，并提供解决的办法。

第一节　外部输入条件影响分析及应对措施

一、脱硫入口参数变化

1. 入口烟尘浓度高

原烟气中的飞灰在一定程度上会阻碍 SO_2 与脱硫剂的接触，降低石灰石中 Ca^{2+} 的溶解速率，同时飞灰中不断溶出的一些重金属会抑制 Ca^{2+} 与 HSO_3^- 的反应。如烟气中粉尘含量持续超过设计允许量，则粉尘会与吸收剂相互包裹夹杂，将使脱硫效率大为下降，甚至引起喷嘴堵塞和设备磨损。一般要求脱硫系统入口粉尘含量小于 $200mg/m^3$，最好能低于 $100mg/m^3$。

2. 入口烟温偏高

吸收温度降低时，吸收液面上 SO_2 的平衡分压降低，将有助于气液传质。进入吸收塔烟气温度越低，越利于 SO_2 气体溶于浆液，形成 HSO_3^-，即低温有利于吸收，高温有利于解吸。通常，将烟气冷却到 $60℃$ 左右再进行吸收操作最为适宜，较高的吸收操作温度，会使 SO_2 的吸收效率降低。

当烟温过高时，可开启事故喷淋系统，使烟温降低后进入脱硫塔。

3. 入口烟气中 Cl^-、F^- 含量高

如入口烟气中 HF、HCl 含量高，将导致进入脱硫浆液的 Cl^-、F^- 含量高。因为氯在系统中主要以氯化钙形式存在，去除困难，因此会影响脱硫效率，导致后续处理工艺复杂。在运行中应严格控制工艺水中的 Cl^- 含量，及时排放废水，以保证系统中 Cl^- 含量（一般控制在 $20\ 000μg/g$ 以内）。F^- 会形成氟化物而包裹吸收剂，阻止其进一步溶解，降低吸

收剂利用率及脱硫效率。

二、吸收剂品质及磨制细度影响

一般而言，石灰石颗粒越细，其表面积越大，则反应越充分，吸收速率越快，石灰石的利用率越高；碳酸钙有效含量越高，活性越好。一般最低要求为 90% 通过 250 目筛，石灰石（$CaCO_3$）纯度一般要求大于 90%（详见第五篇湿法烟气脱硫吸收剂介绍的内容）。

调研分析发现，部分电厂所采用的石灰石纯度低于 90%，不符合 HJT 179 - 2005 要求，加之 SiO_2 含量高，石料坚硬，因此大大增加了磨制难度，湿磨系统的出力低、颗粒度粗，在同样液气比和钙硫比条件下，脱硫效率会下降 1% ~ 3%。

第二节　运行参数分析及调整措施

一、实际运行有效液气比低

烟气进入吸收塔后，自下而上流动，与喷淋而下的石灰石浆液雾滴接触反应，接触时间越长，反应进行得越完全，对脱硫越有利。但二氧化硫与吸收液存在气液平衡，液气比超过一定值后，脱硫效率将不再增加。

1. 有效液气比低的原因

目前，脱硫系统运行过程中，引起运行有效液气比降低而导致脱硫效率下降的主要原因有以下 3 种情况。

（1）煤质变差。2008 年以来，国内许多脱硫系统因机组燃煤变化、掺烧等原因，燃料的发热量、硫分发生变化，以致脱硫系统入口烟气量和二氧化硫浓度增加，导致实际液气比降低，脱硫效率下降。

（2）循环泵实际出力不足。因循环泵选型缺陷或运行叶轮磨蚀等原因造成出力不足，循环浆液流量不够，实际液气比下降，脱硫效率下降。

（3）喷淋层、喷嘴设计选型缺陷。部分吸收塔喷嘴设计不合理，尤其是吸收塔近塔壁一圈的喷嘴设计选型不当，导致吸收塔壁流现象严重，实际液气比下降。此外，也有喷淋层管路设计不合理，到达各个喷嘴的流量和压力不均匀，雾化效果不一致，吸收塔断面各处烟气流速差别较大，局部液气比差别大，以致影响脱硫效果。

2. 调整措施

（1）如果机组低负荷长期投运，则对其脱硫设施可采取对应于高位喷淋层的循环泵，这样有利于烟气和脱硫剂充分反应，相应的脱硫效率也高。而当 SO_2 浓度或烟气量增加时，为保证较高的脱硫效率，可加开一台循环泵以保证足够的液气比，实现高效率脱硫。

（2）如果机组运行负荷较高，硫分或烟气量增加不是很多，加之提高液气比会使设备的投资和运行能耗增加，吸收塔内阻力增大，增加风机能耗。因此，应在尽可能保证脱硫效率的前提下尽量降低液气比。可以通过加入脱硫添加剂如镁盐、钠盐、己二酸的浆液等，这样既可以弥补吸收剂活性较弱的缺点，适当降低液气比，同时还可以提高脱硫效率，也可以通过运行调整适当提高或补充吸收塔石灰石浆液含量，适度控制吸收塔高密度运行等方式来达到提高脱硫效率的目的。

（3）如果硫分或烟气量的增加超过了吸收塔调整范围，则只能进行系统增容。

二、pH 值过低

浆液的 pH 值是脱硫的重要运行参数，一方面，pH 值影响 SO_2 的吸收过程，前面已经阐述；另一方面，pH 值还影响石灰石、$CaSO_4 \cdot 2H_2O$、$CaSO_3 \cdot 1/2H_2O$ 的溶解度，溶解度的变化会形成液膜而阻碍进一步的吸收反应。

当进入吸收塔的烟气量、烟气中的 SO_2 含量以及石灰石品质、石灰石浆液浓度发生变化时，吸收塔浆液的 pH 值也会随之发生变化。为保证脱硫装置的脱硫效率并为防止 SO_2 吸收塔系统的管道发生堵塞，此时吸收塔浆液的 pH 值应在最佳范围内（5 ~ 6）。吸收塔内浆液的 pH 值是通过调节进入吸收塔的石灰石浆液流量来控制的。增加石灰石浆液流量，可以提高吸收浆液的 pH 值；减小石灰石浆液流量，吸收浆液的 pH 值也随之降低。如果 pH 值过小（pH < 4.0），需要检查石灰石浆液密度，加大石灰石浆液量，检查石灰石的反应活性。此外，应关注烟气中 HF 或浆液中 F^- 含量的变化，因为有可能是 CaF_2 包覆吸收剂而导致 pH 值下降。

三、Ca/S 调整不当

在保持液气比不变的情况下，Ca/S 增大，吸收剂的量相应增大，会使浆液 pH 值上升，进而加快中和反应速率，使 SO_2 吸收量增加，提高脱硫效率。但由于吸收剂的溶解度较低，其供给量的增加将导致浆液浓度提高，引起吸收剂过饱和聚集，最终使反应表面积减小，影响脱硫效率。实践证明，吸收塔的浆液浓度在 20% ~ 30%，Ca/S 在 1.02 ~ 1.05 之间为宜。

四、吸收塔内的石灰石浆液浓度低

为保证脱硫效率和系统的安全运行，需要从吸收塔底部的浆液池中排放浓度较高的石膏浆液。循环浆液池的浆液浓度过高，将会造成管路堵塞。浆液中既有一定浓度的石膏，也有一定浓度的石灰石。如排放量过大，会导致浆液中石灰石浓度下降，脱硫效率和石灰石利用率降低，副产品石膏品质恶化，严重时还会导致脱硫装置因吸收塔液位过低而停运。为此，需对吸收塔排出的石膏浆液流量进行调节，保证浆液停留的时间。

五、石膏氧化不好

在烟气脱硫的化学反应过程中，O_2 使 HSO_3^- 氧化为 SO_4^{2-}，随着烟气中 O_2 含量的增加，$CaSO_4 \cdot 2H_2O$ 的形成加快，脱硫效率也呈上升趋势。脱硫运行时多投运氧化风机可提高脱硫效率。考虑到脱硫的经济性，一般脱硫系统氧化空气倍率为 2 ~ 3，设计一般取 2.5。

脱硫运行中，如果实际参与氧化反应的空气量不足，则浆液中大量的亚硫酸钙不能转化成硫酸钙，以及 SO_2 向液相的溶解扩散速度减缓，导致脱硫效率下降。另外，如果硫分波动大，则部分时间内处理的硫总量增高较多将导致氧化倍率偏低，风量不够，这种情况在许多电厂普遍存在。一般可以通过增开备用氧化风机，或增设氧化风机来解决。也有部分电厂存在风机运行一段时间后效率下降，出力不够的问题。

此外，也有设计上不合理导致氧化效果不好的情况，如氧化空气的分配与搅拌设计配合不好，导致氧化空气分配不均匀，氧化效果差，这就需要结合吸收塔浆液池结构特点、氧化风配置形式、搅拌方式等综合考虑，通过优化设计加以解决。

第三节 脱硫设备及仪表故障

一、仪表不准

SO_2测量仪、pH计等仪表测量不准确，数据漂移，对脱硫设施的运行调整起不到监控和参考作用。

石灰石浆液的供浆量由吸收塔入口、出口烟气中SO_2的含量来确定。若SO_2测量仪不准确会导致供浆量过多或不足，最终引起脱硫效率下降，石膏碳酸钙含量高等问题。

烟气中SO_2与吸收塔浆液接触后发生如下一些化学反应：

$$SO_2 + H_2O = HSO_3^- + H^+$$
$$CaCO_3 + H^+ = HCO_3^- + Ca^{2+}$$
$$HSO_3^- + 1/2O_2 = SO_4^{2-} + H^+$$
$$SO_4^{2-} + Ca^{2+} + 2H_2O = CaSO_4 \cdot 2H_2O$$

从以上反应过程不难发现，高pH值的浆液环境有利于SO_2的吸收，而低pH值则有助于Ca^{2+}的析出，二者互相对立。pH值为6时，二氧化硫吸收效果最佳，但此时易发生结垢，堵塞现象。低的pH值有利于亚硫酸钙的氧化，石灰石溶解度增加，却使二氧化硫的吸收受到抑制，脱硫效率大大降低，当pH＝4时，二氧化硫的吸收几乎无法进行，且吸收液呈酸性，对设备也有腐蚀。一般pH控制在5~6之间，最合适的pH值应在调试后得出。如果pH计测量不准，会导致供浆量过多或不足，引起脱硫效率下降。

因此，计量仪表在使用时要保证校正准确，平时要加强维护，冲洗干净，以保证测量值准确。此外，电厂应加强化学分析工作管理，通过化学分析对脱硫设施的运行及表计进行监督。

二、原烟气泄漏到净烟气

旁路挡板门密封不严或密封风系统停运，部分原烟气泄漏至净烟气侧。GGH密封风机和净化风机（低泄漏风机）故障，出力不够，或GGH内部密封装置腐蚀等，造成原烟气泄漏到净烟气，以致脱硫效率低。

脱硫效率低的原因有很多，需要在实际运行中仔细考察，对症下药，才能保证脱硫系统的正常运行。

第二章 脱硫外部条件变化分析及处理

第一节 脱硫各种外部条件变化分析

脱硫系统入口烟气参数有烟气量、SO_2 浓度、烟尘浓度、烟气温度等，这些参数是脱硫装置的重要设计参数，它们决定了脱硫装置各主要设备的主要技术参数和主要辅助系统设备的容量。

大多数脱硫项目都规定了脱硫装置应在锅炉燃用设计煤种时脱硫效率能够达到保证值，但由于近年来我国电煤供需矛盾突出，电煤质量下降严重，一些电厂实际燃用煤种已与原设计煤种有较大差异，加之褐煤、泥煤等劣质煤的掺烧，入炉煤中硫含量和灰分明显增加，造成了脱硫系统烟气量、SO_2 浓度、烟尘浓度等严重超过设计要求。这不但严重影响了锅炉的安全运行，也给脱硫装置的稳定运行带来巨大影响。例如当进入吸收塔的烟气量不变而烟气中 SO_2 含量增大时，受气/液接触面积和传质速率的限制，脱硫效率将会显著下降；另一方面，进入浆液中的 SO_2 摩尔数增加使得浆液池中的吸收反应和氧化结晶的时间和空间不足，浆液的 pH 值将下降，对设备的安全性带来影响。同时，浆液中亚硫酸钙质量浓度增高，影响石膏脱水系统的正常运行。当进入吸收塔的 SO_2 质量数增大到一定数值后，整个吸收塔的动态平衡将被破坏，脱硫系统将无法维持运行，图 3-2-1 是某电厂 10 日内 SO_2 浓度的变化，SO_2 浓度低至 $1300mg/m^3$ 以下，高到 $5000mg/m^3$ 以上，而设计在 $3000mg/m^3$，可见煤质变化之剧烈。又如烟尘浓度高时，造成吸收塔内惰性物质、镁、氟等影响石灰石吸收的化学成分增加，石灰石溶解能力开始下降，逐渐失去吸收 SO_2 的能力，使 pH 值异常下降，即使长时间的补充石灰石浆液也无效，最终导致系统

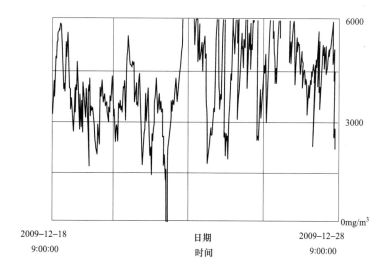

图 3-2-1 某电厂 10 天内脱硫入口 SO_2 浓度的变化

操作恶化，等等。典型案例如下所述。

某电厂 2×300MW 机组建成后，随着煤炭市场的变化，燃煤含硫量大大超过脱硫装置的设计值，入厂煤低位发热量经常低于设计值（23.5MJ/kg），最低至 7MJ/kg；燃煤折算硫分经常超出 3% 的设计范围，最高达到 8%；原烟气 SO_2 浓度实际值也经常大于脱硫装置设计最大的浓度 8000mg/m³，最高达到 14 000mg/m³。由此给脱硫装置带来了一系列问题，如下所列。

（1）脱硫装置出口 SO_2 浓度升高，脱硫效率下降。由于入口原烟气 SO_2 浓度大大增加，超出脱硫装置处理能力，在未采取措施以前，脱硫装置出口净烟气 SO_2 浓度增加，机组满负荷时脱硫装置出口 SO_2 浓度经常大于设计值（400mg/m³），脱硫效率低于设计的 95%。

（2）石膏浆液及副产品石膏品质下降。石膏浆液品质随脱硫装置入口 SO_2 浓度的增加而下降，导致脱水效果的降低和脱硫副产品石膏品质的下降，石膏中的氯离子含量、石膏含水量均有升高，石膏纯度下降；同时也造成吸收塔内石膏浆液浓度增加，石膏排出泵、吸收塔再循环泵电流增加、电机线圈温度升高，浆液泵、搅拌器、管道磨损加剧，危及设备安全运行。

（3）辅助系统运行时间大大增加，腐蚀、磨损、泄漏、结垢加剧。脱硫装置入口烟气 SO_2 浓度增加，引起石灰石消耗量增加，因而产生的石膏量相应增加，石灰石预破碎系统、制浆系统、脱水系统运行时间大大增加。系统及设备的高投入率使脱硫装置的腐蚀、磨损、泄漏、结垢等问题增多。由于亚硫酸盐含量增加，一些浆液管道出现明显结垢，最严重之处内径由原来的 65mm 变为 20mm。

（4）发电成本伴随着脱硫装置入口 SO_2 浓度的增加而增加，脱硫的各种消耗指标大大增加。石灰石消耗量、电耗、水耗、钢球消耗等基本与原烟气 SO_2 浓度同比增加。最终导致发电成本相应增加。

（5）装置检修维护困难。燃用高硫煤使脱硫辅助设备的故障率增加，且因系统出力不足，而导致备用系统投运，导致部分脱硫装置主要设备无法停运，更增加了装置检修的难度。

第二节 外部条件调整应对措施

为减少脱硫烟气量、SO_2 浓度、烟尘浓度等严重超标问题，以下措施可供同类情况参考借鉴。

（1）加强燃煤掺混工作。从入厂煤看，电厂的燃煤含硫量虽然普遍偏高，但并不是每批煤都高，其中也有含硫量低的煤种。因此，加强燃煤掺混，使入炉煤含硫量保持相对平稳，尽量降低其含硫量是解决高硫煤对脱硫装置影响的有效途径之一。为此在煤场将洗煤和高硫煤分开卸车，分开堆储，按比例掺混，并根据电网负荷计划随时调整掺混比例。

（2）更换部分石灰石。石灰石的品质是指其化学成分和石灰石活性。鉴于燃用高硫煤的实际情况，可采用提高石灰石品质来改善吸收塔内的反应，以降低高硫煤给装置带来的影响，使脱硫装置运行参数得到改善和提高。

（3）加强运行调整。在烟气含硫量有限增加时可通过调整运行控制参数的方法，尽量维持脱硫系统稳定运行。主要可采用的手段有：① 尽量保持较高的液气比。一般说来，相对较高的液气比有利于脱硫反应。实际运行中，液气比通常维持设计值，当机组负荷降低时停运 1 台吸收塔再循环泵以降低脱硫电耗。煤质改变后为了提高装置的适应能力，电厂在低负荷或 1 台炉运行阶段不再停运再循环泵，以保持较高的液气比。② 尽量保持浆液为低密度。调整浆液密度，将原来的下限 1080kg/m³ 下调为 1060kg/m³，低负荷或 1 台炉运行阶段尽量降低吸收塔浆液密度。③ 增大石膏旋流器出力。电厂石膏旋流器共 14 个旋流子，按设计运行 12 个，备用 2 个。当石膏浆液密度上涨较快时，12 个旋流子运行往往出力不够，不能降低浆液密度。将备用旋流子投入运行后，其出力能在一定程度上满足要求。④ 调整氧化空气量。脱硫装置入口烟气 SO_2 浓度增加后石膏浆液的产量随之增加，因此需要的氧化空气量相应加大。运行中根据入口烟气 SO_2 浓度随时调整氧化空气量，必要时启动备用氧化风机。并增加 1 台氧化风机，以实现备用。但氧化空气量的增加受到氧化空间和时间的限制，因此，脱硫装置对烟气含硫量增大的适应性是有限的。⑤ 加强检修维护工作，及时处理缺陷，提高设备可靠性。

另外当烟气参数大幅度和较长时间偏离设计值时，脱硫装置的运行平衡将被破坏，最终导致脱硫装置被迫退出运行。为了避免这种情况，可采取人为限制脱硫装置的进烟量，以保持脱硫装置在设计的含硫负荷下运行。这种方法可有效避免由于脱硫运行参数恶化对设备寿命带来的严重影响，也避免了由于脱硫设备被迫退出运行给环境带来的更大污染。

第三章 石膏品质影响因素分析及处理

脱硫石膏的品质取决于脱硫岛入口条件、吸收塔运行控制以及脱水系统设备相关仪表的运行情况。

吸收塔中的石膏浆液通过石膏浆液排出泵送入石膏旋流器进行浓缩分离，浓缩后的石膏浆液含固量为 50% 左右，流入或泵送到真空皮带脱水机进行脱水处理。经真空皮带脱水机脱水处理后的石膏表面含水率不超过 10% 为达标。若石膏水分过高，不仅影响脱硫系统和设备的正常运行，而且对石膏的储存、运输及后加工等都会造成一定的困难，因此，应对其加以控制。

影响石膏含水率的因素较多，如石膏晶体的颗粒形状和大小、石膏脱水设备的运行状态及参与反应控制过程的仪表的准确度等。

第一节 外部输入条件分析及处理

一、脱硫入口烟气条件

与石膏品质相关的条件主要包括烟气参数、石灰石品质、工艺水水质等。

烟尘：对于新、扩、改建机组，脱硫岛入口烟气中的烟尘质量浓度必须控制在 $100mg/m^3$ 以内；对于现有机组的改造工程，必须控制在 $200mg/m^3$ 以下，否则洗涤后烟尘留在石膏浆液中，不仅影响石膏的脱水，也降低了石膏的品质。

HCl、HF 含量：氯离子浓度过高除腐蚀系统外，还会降低脱硫效率，因此，需要定期排废水；HF 量虽然少，但随着在浆液中积累到一定程度，氟化物会在吸收剂表面形成包覆层，屏蔽吸收剂，降低脱硫效率，降低石膏品质。

二、吸收剂

石灰石的品质对脱硫效率和石膏品质都有直接的影响。石灰石中的杂质（惰性物）在吸收塔内会影响石膏结晶的粒度和纯度，在脱水过程中影响石膏含水率；石灰石的粒径、活性如果不能满足溶解度要求，系统在低 pH 值下运行，亚硫酸钙比例将增加，致使石膏品质下降。

氧化铝会与进入浆液的 F⁻ 形成氟化物，影响脱硫效率和石膏产品的黏性，以致脱水困难，石膏含水率高。

Mn、Fe 等的盐类会影响石膏色泽，如广东某电厂因石灰石中含一定量的锰，则石膏颜色发红。

彩图 3-3-1 为某电厂脱硫现场图片，因吸收剂泥沙含量多，以致石膏板结、脱水困难和含水率高。

三、工艺水

工艺水水质对石膏的影响主要是其中的氯离子，石膏中氯离子残留量增加则其品质会下降。此时，若要满足市场要求，就必须用大量的电厂工艺水对石膏进行冲洗，这样则又会影响电厂运行的经济性。

第二节　吸收塔运行控制因素分析及处理

吸收塔浆液密度控制、停留时间、pH 值、氧化风的供应量等会影响石膏的结晶，因此，运行时需综合考虑，结合实际，摸索出最佳控制参数。

1. 石膏晶体太小

在石膏的生成过程中，如果工艺条件控制不好，往往会生成层状或针状晶体。尤其是针状晶体，形成的石膏颗粒小，黏性大，难以脱水。而理想的石膏晶体（$CaSO_4 \cdot 2H_2O$）应是短柱状，比前者颗粒大，易于脱水。因此，控制好吸收塔内化学反应条件和结晶条件，使之生成粗颗粒和短柱状的石膏晶体，同时调整好系统设备的运行状态是石膏正常脱水的保证。

如果生产中发现石膏产品黏性大，含水率高，滤布粘堵等问题，可尝试增开一台氧化风机，提高氧化风量，促使更多粒径细小的亚硫酸盐转化成硫酸盐。

有时，设施重新启动时会出现上述情况，可适当补充石膏晶种，也有利于石膏晶粒涨大。

2. 石膏浆液固体含量低

吸收塔内浆液的密度直观地反映塔内反应物的浓度（固体含量）高低，密度值升高，浆液的固体含量随之增加。工艺设计中在石膏排出泵出口管道上安装石膏浆液密度表，运行中根据该密度值的高低自动控制石膏浆液的排放，即密度值低于设定值时，石膏旋流分离器双向分配器转换到吸收塔，也就是不排放石膏。一旦密度超过设定的最大值，将开始排放石膏。

石膏浆液密度设定值根据反应产物石膏的形成和结晶情况来确定，一般要求是形成大颗粒易脱水的石膏晶体，运行过程中根据浆液性质的不同，设定值有所不同，一般控制在 $1090 \sim 1100 kg/m^3$ 之间，固体含量在 12% 左右。

第三节　脱水设备及仪表问题分析及处理

一、脱水设备问题

1. 旋流器

如果石膏晶粒正常，含水率仍然超标，则要检测旋流器的旋流子底流浆液密度或含固量是否偏低，进而检查旋流子提供的压力大小，不同旋流子的压力大小不一样。调整好压力后进行旋流器底流取样化验，检查含固量是否达到 50% 以上，如果没有，检查旋流子沉砂嘴口径及其管道内部是否合理或损坏，旋流子沉砂嘴口径不合理也会导致下溢流含水过多。

定期清理石膏旋流器，保证浆液的浓缩及颗粒分离效果。运行监测中如发现石膏旋流器底流固体含量低于 40% ~45% 范围时，及时检查旋流器运行情况，如发现堵塞需及时清理。制定定期清理制度，防止由于堵塞引起的石膏浆液密度、固体含量的降低，影响石膏的后续脱水步骤。

2. 脱水机

（1）真空度不够。

石膏脱水不好，含水率超标的另外一个原因是脱水机真空度不够，真空密封箱密封不严，包括以下几种情况。

1）真空室对接处脱胶。真空室一般由高分子聚合物制造，这种材料伸缩变形很厉害，如果没有及时固定或是没有固定好，那么就有可能造成脱胶。此种情况下，只有等系统停运后，放下真空室重新补胶并固定每段真空室。

2）真空室下方法兰连接处泄漏，这种情况通常会有吹哨声。解决这种问题时，需要系统停运后放下真空室，检查垫片情况，如果垫片有问题则更换垫片，如果不是垫片问题，那么只需将泄漏处的法兰螺栓拧紧即可。

3）滤液总管泄漏，只需拧紧泄漏处的螺栓，如果是垫片有问题则需要停运装置后更换垫片。预防真空泄漏，需要在系统安装好后、滤布安装前进行真空度测试。这样可以把问题控制在系统投运之前，避免投运后的麻烦。

4）在真空泵入口如果有滤网，滤网堵塞也有可能造成真空度不够。

严密监视皮带机运行参数，控制皮带机真空。皮带机运行中真空的变化，直接反应石膏脱水的效果。真空升高时应关注塔内浆液监测指标是否在正常范围内。特别是当真空超过 -50kPa 时，应检查真空升高的原因，并及时调整，联系监测站对石膏水分进行取样分析。

（2）石膏饼厚度调节。

在运行过程中，维持真空皮带脱水机上石膏滤饼的厚度是保证石膏含水量不超标的重要条件。当石膏浆液泵排出的浆液流量发生变化时，落到脱水机上的石膏浓浆液量也随之变化。通过真空皮带脱水机变频器来调整和控制其运动速度，可以维持皮带脱水机上稳定的石膏滤饼厚度。

（3）滤饼冲洗。

合理调整好石膏饼冲洗水流量及其布置位置也很重要。冲洗水流量过大，会增大脱水难度。冲洗水太少，滤饼中的可溶盐未能被洗涤下来，会降低石膏品质。

如果真空度稍微偏高，但是没有到需要停运的地步，脱水率仍然不能达标。这个时候就要分析浆液里面的污泥问题，污泥覆在滤饼上面，形成致密的一层污泥膜，隔绝了石膏滤饼和空气，滤饼中的水分无法排挤出来。对于这种情况，可以通过加装滤饼疏松器对滤饼进行适当的疏松，翻动表面的污泥加以解决。

（4）滤布堵塞。

启动前对滤布进行冲洗，检查滤布是否堵塞，滤布冲洗水箱的水位要控制在一定范围内。滤布冲洗水箱的溢流是到滤液水箱，当滤布冲洗水箱水位降低时，采用工业水补充。如果滤布堵塞，可尝试采用一定浓度的稀盐酸浸泡，再用水冲洗。

二、pH 计等测量仪表误差

吸收塔液的 pH 测量值是参与反应控制的一个重要参数，其输出值与锅炉负荷、脱硫装置入口二氧化硫的浓度值和新鲜石灰石浆液的密度综合起来，用于确定需要输送到烟气脱硫吸收塔的新鲜反应浆液的流量。pH 值升高，新的反应浆液供应量将减少，反之，pH 值降低，新的反应浆液供应量将增加。若 pH 计测量不准，则需要添加的石灰石量就不能准确控制，而过量的石灰石使石膏纯度降低，造成石膏脱水困难。

加强在线检测仪表的维护，减小 CRT 显示与实际值的偏差。按照吸收塔中反应物计量和生成物品质要求，石灰石浆液的密度、吸收塔 pH 值与脱硫效率有直接关系。吸收塔浆液密度控制着吸收塔生成物石膏品质。因此，石灰石浆液和石膏浆液密度计以及吸收塔 pH 计都是参与化学反应和控制的重要仪表，运行中必须加强这些在线仪表的维护，保证其准确性。

第四节 废水排放及其他因素分析及处理

一、废水处理排放量

废水排放量减少将导致吸收塔浆液中 Cl^- 浓度的升高及杂质含量的增加。浆液中 Cl^- 浓度及杂质含量升高会改变浆液的理化性质，影响塔内化学反应的正常进行和石膏结晶体的长大，同时杂质夹杂在石膏结晶之间，堵塞游离水在结晶之间的通道，使石膏脱水变得困难。石膏中的水分和杂质主要集中在上层石膏中。

废水处理系统必须正常投入运行，保证废水排放，以降低吸收塔内 Cl^- 浓度及杂质含量，保证塔内化学反应的正常进行及晶体的生成和长大。塔内 Cl^- 浓度应控制在 10 000mg/L 以下，并尽量维持低运行值。

二、其他

石膏浆液中含杂质太多也会导致含水率超标，杂质太多可能是烟气中的含尘量过大，应及时联系电厂主机系统调整烟气除尘器的运行。

脱硫装置工艺系统复杂，影响石膏含水率的因素也比较多，各因素之间又相互影响。引起石膏含水率超标的根本原因是：废水处理系统设备缺陷多，投入率低，废水排放量少，导致吸收塔浆液 Cl^- 浓度及杂质含量升高，干扰了塔内脱硫化学反应的正常进行，影响了石膏的结晶和生长，使石膏结晶体颗粒大小、形状发生变化，晶体中细颗粒比例增大造成真空皮带机滤布堵塞。另外，吸收塔浆液固体含量低、pH 计波动范围大也是影响大颗粒石膏的形成的原因之一。

第四章 运行控制问题分析及处理

第一节 吸收塔内溢流及水平衡分析及处理

在脱硫运行中，吸收塔的水平衡是一个很重要的因素，如果在运行中掌握不好水平衡，会造成一些设备不能正常停运和吸收塔溢流等情况出现。吸收塔溢流装置是为保证塔内水平衡、防止液位过高倒流进烟道而设置的。

一、吸收塔内溢流水平衡失控原因分析

1. 液位计显示偏低

针对压力液位计不准现象，首先应尽量避免高液位运行；其次是经常用水冲洗检查、校验液位计。在发现液位计不准确时，应及时找检修人员维修，保证其准确性，从而避免液位计出现较大偏差。

2. 阀门内漏

阀门内漏是由于除雾器冲洗水阀关闭不严而造成塔内液位不断升高，或进入吸收塔地坑的冲洗水量过大，地坑泵频繁往吸收塔注水引起，包括因吸收塔附近泵的机械密封冲洗水量过大，或部分设备冷却水也进入吸收塔地坑等。

3. 吸收塔带浆，除雾器冲洗频繁

因工况变化或设计原因，吸收塔带浆，导致除雾器频繁堵塞，因此需对其进行频繁冲洗。

4. 吸收塔起泡

吸收塔起泡也是多数脱硫设施会发生的问题，锅炉投油、劣质燃煤、入口粉尘超标、吸收剂品质不合格、工艺水水质差、氧化风机搅拌方式等都可能会造成吸收塔内起泡的问题。若吸收塔内起泡，泡沫容易溢流，有的甚至倒流进入口烟道，会严重危害设备安全运行。泡沫也会造成虚假液位，一般可以通过添加消泡剂解决。

氧化风机风量是根据设计煤种将 HSO_3^- 充分氧化为 SO_4^{2-} 所需要的空气量，再考虑一定的裕量而确定的，扬程则是由氧化区的高度来选定的。进入吸收塔的氧化风量大大超过实际需要，这些富余的空气都以气泡的形式从氧化区底部溢至浆液的表面，从而助长了浆液动态液位的虚假值，导致吸收塔溢流。

需要特别指出的是泡沫多时，启动第三台浆液循环泵以及停止氧化风机运行时极易造成浆液溢流。

5. 浆液在溢流管道处形成虹吸现象

如果浆液在溢流管道处形成虹吸现象，可采用在溢流管最高点加装对大气的排放直管来解决。

总之，在脱硫系统设备仪器正常的情况下，运行中为了避免溢流，可用的手段大致有：适当降低浆液静态液位；坚持正常排放废水，减少塔内杂质浓度；在保证脱硫效率的前提下，停用一台浆液循环泵，以减弱液面的波动；加消泡剂，此方式的效果最好。

二、吸收塔水平衡

当脱硫装置运行时，由于水分蒸发进入烟气、生成的石膏浆液排出及反应等造成吸收塔系统的水损失，因此需要不断地向吸收塔补充水，以维持吸收塔的水平衡。

为了保证脱硫装置的正常运行，达到预期的脱硫效率，吸收塔内要维持一定的液位高度。当吸收塔浆液池的液位高度低于最低的设定值时，设置的控制系统实施连锁保护，使浆液循环泵和搅拌系统等停运；液位高于最高设定值时，石灰石浆液将产生溢流。

进入脱硫系统的水源主要有除雾器冲洗水、进入吸收塔的石灰石浆液中所含的水、其他各系统冲洗水、氧化空气冷却水等；脱硫系统的水损失主要是废水系统带走的、吸收塔内蒸发掉的和生成最终产物石膏所带走的水分。脱硫系统的水平衡即指二者之间的平衡。水平衡的直接体现就是吸收塔液位及浆液回收箱液位的稳定。吸收塔液位主要靠除雾器冲洗来维持，通过调整除雾器每一层冲洗的等待时间，来达到维持吸收塔液位的目的。而等待时间是由进入脱硫系统的烟气量与吸收塔液位共同决定的，虽然有经验计算公式，但还需要在实践中针对不同的系统进行修正、优化。

加强脱硫系统设备的运行管理，及时消除设备缺陷，提高运行及检修人员的操作及维护水平是维持脱硫系统设备安全、正常运行的保证。同时，加强脱硫化学监测分析表单的管理，建立监测数据与运行操作的紧密联系，使监测数据真正起到监测、监督、指导运行的作用，可为脱硫运行问题的解决提供宝贵的经验。

第二节 吸收塔内浆液 pH 值异常分析及处理

在 FGD 系统正常运行时，系统根据锅炉烟气量和 SO_2 浓度的变化，通过石灰石供浆量进行在线动态调整，将 pH 值控制在指定范围内，一般为 5.0~5.6，以保证设计钙硫比下的脱硫效率以及合格的石膏副产品。但在实际运行过程中，会出现吸收塔内浆液 pH 值持续下降甚至低于 4.0，即使长时间增供石灰石浆液后仍难以升高的现象，脱硫效率也维持不住，最终导致系统操作恶化。当出现该种情况时，可判定为出现了"石灰石盲区"现象，其原因大致有以下几种。

（1）FGD 进口 SO_2 浓度突变。

由于烟气量或 FGD 进口原烟气中 SO_2 含量突变，造成吸收塔内反应加剧，$CaCO_3$ 含量减少，pH 值下降。此时若石灰石供浆流量自动投入，为保证脱硫效率则自动增加石灰石供浆量以提高吸收塔的 pH 值，但由于反应加剧，吸收塔浆液中的 $CaSO_3 \cdot 1/2H_2O$ 含量大量增加，若此时不增加氧量使之迅速反应成为 $CaSO_4 \cdot 2H_2O$，则由于 $CaSO_3 \cdot 1/2H_2O$ 可溶性强先溶于水中，而 $CaCO_3$ 溶解较慢，过饱和后形成固体沉积，即出现"石灰石盲区"，这是亚硫酸盐致盲，主要是由于氧化不充分引起的。另外吸收塔浆液中的 $CaSO_4 \cdot 2H_2O$ 饱和会抑制 $CaCO_3$ 溶解反应。

（2）进入 FGD 系统中的灰粉过高，造成氟化铝致盲。

由于电除尘后粉尘含量高或重金属成分高，在吸收塔浆液内形成一个稳定的化合物

A1F$_n$（n 一般为 2~4），附着在石灰石颗粒表面，影响石灰石颗粒的溶解和反应，导致石灰石供浆对 pH 值的调节无效。

（3）石灰石粉的质量变差，纯度远低于设计值。

石灰石粉中的 CaCO$_3$ 含量降低，意味着其他成分含量增高，如惰性物、MgO 等，它们使得石灰石粉的活性大大降低，吸收塔吸收 SO$_2$ 的能力大为降低，即使大量供浆也无济于事。

（4）工艺水水质差、烟气中的氯离子浓度含量大等也会对吸收塔浆液造成影响而发生石灰石盲区。

预防出现石灰石盲区的措施有：

1）控制进入 FGD 系统中 SO$_2$ 含量，使之在设计范围内。

2）在每次锅炉负荷或原烟气 SO$_2$ 含量突变时，如需快速加大石灰石的供给量时，把石灰石供浆调节阀改为手动控制，根据人工计算缓慢加大供浆量，避免由供浆阀自动调节造成迅速加大供浆量，并根据运行参数趋势提前分析和判断，以缩短处理时间。当原烟气 SO$_2$ 含量或烟气量突然增大超出设计范围时，增开 1 台氧化风机以加强氧化效果，并掌握时机将吸收塔浆液外排脱水。

3）定期对吸收塔浆液和石灰石浆液取样进行化学分析，掌握吸收塔浆液品质动态变化，根据吸收塔浆液中的 CaCO$_3$ 和 CaSO$_3$·1/2H$_2$O 含量调整 pH 值；要坚决更换品质差的石灰石（粉）。

4）调整电除尘电场运行参数和电场振打运行方式，提高电除尘效率，使进入吸收塔的粉尘量减少，防止粉尘中的氯离子、氧化铝、二氧化硅、氟对 CaCO$_3$ 溶解产生抑制作用。

5）做好各运行仪表的维护和校验，使之真实地反映运行状况，如在线 pH 计要用便携式 pH 计每周一次进行对比，发现偏差大时及时进行标定等。

6）适当加大废水排放量。当出现严重的石灰石盲区现象时，短时最有效的办法是加强碱（如 NaOH）或换浆，即将吸收塔内原品质恶化的浆液暂时外排，更换为新鲜的石膏/石灰石浆液，但这种方式治标不治本。

吸收塔内浆液 pH 值异常的另一个表现是 pH 值过高，有的在 5.8 以上甚至超过 6.0。其原因是为了始终保持高的脱硫效率如 90% 以上而拼命往吸收塔内加石灰石浆液，造成塔内石灰石大量过剩而浪费，很不经济。一些环保部门和单位领导只关心脱硫效率，对运行人员考核很重，迫于无奈运行人员只有采取加石灰石浆液的方式，这种做法应当改变。

第三节 "石膏雨"问题分析

在一些 FGD 系统中，特别是无 GGH 的湿烟囱，烟囱附近会出现"石膏雨"现象，地面上可显见一层石膏粉。其直接原因是脱硫烟气中携带了大量的石膏，间接原因有以下几方面。

（1）除雾器问题。如除雾效率差，浆液捕捉能力差，除雾器堵塞以致局部流速过高而带浆，除雾器坍塌等。

（2）吸收塔设计流速过高，除雾器带浆多。因此吸收塔的流速设计异常重要。

（3）浆液喷嘴设计选型不当，雾化粒径分布不合理，加之泵的选型不匹配，雾化超细粒径比例偏高，浆液被带出了吸收塔，在后续烟道、烟囱里碰撞聚集后在烟囱附近沉降。

要从根本上消除"石膏雨"，良好的吸收塔设计、除雾器设计、相关设备选型匹配、运行维护等均非常重要。

第四节 脱硫废水处理不达标

脱硫装置产生的废水来自石膏旋流站溢流液，经废水旋流站由废水泵送至废水处理系统。在典型的废水处理系统中，废水经加入石灰浆控制 pH 值范围进行碱化处理，部分重金属以氢氧化物的形式沉淀出来；通过加入有机硫化物，使某些重金属如镉、汞等沉淀出来；通过添加絮凝剂及助凝剂，使固体沉淀物以更易沉降的大粒子絮凝物形式絮凝出来，在澄清浓缩器中将固形物从废水中分离后脱水外运，合格的澄清液外排或回用。在实际运行过程中，澄清液中的一些排放指标达不到设计要求，例如 COD、F^- 以及部分重金属等。

在脱硫废水中，形成 COD 的因素不是有机物，而是还原态的无机离子，一般通过氧化降低其含量。氧化剂通常采用空气，系统曝气在废水箱中完成，曝气时间为 6~8h，气水比为 2:1。实践表明，脱硫废水经曝气处理后，COD 去除率只能达到 8%~10%，因此 COD 经常超标。这源于我国对脱硫废水中的 COD 处理研究还不够，脱硫废水的 COD 处理工艺与通常的 COD 处理工艺不一致，并成为脱硫废水处理中的一个难点，国内学者对此难点的研究明显落后于国外同行。日本火电厂一般采用专用的吸附剂或专用树脂来吸附脱硫废水中的 COD，吸附剂或树脂能够再生循环利用，反复进行吸附处理。处理脱硫废水中 COD 的另外一种方法是酸解，即向脱硫废水中加入无机酸，在酸性条件下加热废水，使其中的连二硫酸、氮硫化合物分解，这种方法已在日本得到应用。日本还研究开发出一种能选择吸附氟离子的吸附剂，并正在研究将其应用于脱硫废水处理。

脱硫废水中的氟化物主要来源于煤燃烧后产生的 HF，其含量与煤质关系很大。一般采用直接加入石灰的方法对氟离子进行处理，即在调节废水 pH 值时选用石灰作为碱化剂进行除氟处理。同时，由于脱硫废水含有一定量的镁、铁、铝等金属离子，在碱性条件下生成氢氧化物沉淀。因此，当采用石灰进行碱化处理时，通过以下 3 个方面将氟离子除去：$Ca(OH)_2$ 与 F^- 直接反应生成 CaF_2 而沉淀下来；$Mg(OH)_2$ 絮凝物吸附 F^-；氟化物与 $Al(OH)_3$、$Fe(OH)_3$ 沉淀物共沉淀。上述的反应对 pH 值有很高的要求，但在实际运行过程中，因各种原因使 pH 值与设定值的偏差往往过大，造成 F^- 的去除效果不佳而超标，同样使部分重金属的排放不合格。

另外对脱硫废水的水质进行分析时，人们往往会忽略对其中的氨氮化合物的分析。

脱硫废水中的氨氮化合物也是煤燃烧后产生的，氨氮化合物含量也会超过 GB 8978—1996《污水综合排放标准》中规定的排放指标，需要经过处理后才能排放，但是目前国内还很少有人注意到此问题。

第五节　机组投油助燃稳燃问题

部分老机组因掺烧、低负荷燃烧等诸多原因，存在短时投油助燃、稳燃时脱硫不退出运行的情况。其主要会出现以下问题：

（1）吸收塔起泡，产生虚假液位；

（2）脱水滤布沾污油渍而影响脱水；

（3）油烟对防腐材料有降解破坏作用；

（4）油烟容易导致 GGH 沾污、积灰、堵塞；

（5）影响吸收剂的利用和脱硫效率。

南方某电厂投油导致泡沫及脱水不好的情况见彩图 3-4-1。建议脱硫机组（尤其是无旁路机组）尽可能采用无油点火、等离子和微油点火技术，尽可能避免大量油烟进入脱硫岛，部分老机组亦应尽可能通过改变燃烧方式或技改实现锅炉的稳定燃烧。

第五章 脱硫烟囱蓝烟/黄烟现象分析及对策

燃煤电厂锅炉在燃烧过程中产生的 SO_3，经过 SCR 和湿法 FGD 系统之后，其浓度会有所增加，且以 H_2SO_4 气溶胶的形式通过烟囱排放入大气。这不但造成了酸性烟雾的排放，而且会形成蓝色或黄色烟羽，增加了烟囱排放的烟羽浊度。酸性烟雾的排放和烟羽浊度的增加，不但对公众的健康造成威胁，而且有色烟羽的排放破坏了景观，影响了环境。下文就部分燃煤电厂在投运脱硫/脱硝系统之后，出现蓝烟/黄烟的现象进行研究分析，并提出可供选择的控制对策和建议。

第一节 "蓝烟/黄烟" 可见烟羽的生成

2000 年美国电力公司 Gavin 电厂在总容量为 2600MW 的多个机组上安装了 SCR 装置和湿法 FGD 装置后，烟囱排烟由原来几乎看不到、不明显的烟羽，改变为较为浓厚、明显的蓝色/黄色烟羽，对电厂的景观产生了严重的影响。这是首次发现的燃煤电厂出现"蓝烟/黄烟"烟羽现象。随着越来越多的 SCR 装置和湿法 FGD 装置的投运，我国部分电厂也出现了类似的现象，如江苏利港电厂、龙山电厂、韶关电厂、常熟第二电厂等在安装湿法脱硫装置后，烟囱排烟出现了明显的黄色或蓝色烟羽。

一、可见烟羽形成的原因

烟囱排烟出现可见烟羽的主要原因是：① 烟囱排出的烟气中含有硫酸的气溶胶；② 排出烟气中亚微米颗粒粉尘的存在，使得 H_2SO_4 以亚微米颗粒粉尘作为凝结中心，加强了凝结过程；③ 硫酸气溶胶的粒径非常小，对光线产生散射，由于颗粒的尺寸和可见光的波长接近，属于瑞利散射。瑞利散射的特点是：散射光的强度与波长的四次方成反比，因此短波的蓝色光线散射要比长波的红色光线散射强许多，最终使得烟囱在阳光照射的反射侧，排烟的烟羽呈现蓝色，而在烟羽的另一侧（透射侧）呈现黄褐色。

二、影响烟羽颜色及浊度的因素

影响烟羽颜色和浊度（不透明度）的主要因素是：① 气溶胶颗粒粒径的大小和浓度；② 太阳光的照射角度；③ 烟囱的排烟温度；④ 大气环境条件。

燃煤电厂建设了满足环保要求的高效除尘器、SCR 脱硝装置和烟气脱硫装置后，除了由于烟羽中水蒸气凝结所造成的白色烟羽之外，SO_3 的排放成为影响烟羽颜色和不透明度最主要的因素。在大多数情况下，当烟气中硫酸气溶胶的浓度超过 10×10^{-6} 时，会出现可见的蓝色/黄色烟羽，且硫酸气溶胶的浓度越高，烟羽的颜色越浓，烟羽的长度也越长，严重时甚至可以落地。因此，要有效控制或解决蓝烟/黄烟现象，燃煤电厂应有效控制烟气 SO_3 的排放，将其排放量降低到不会引起可见烟羽的程度。

三、酸雾对可见烟羽的贡献

燃煤电厂排烟形成可见烟羽的主要原因是硫酸雾滴的存在。硫酸雾滴的形成取决于硫酸的浓度和其在烟气中的露点温度，以及烟气中未被除尘器脱除的亚微米级固体颗粒的浓度。当硫酸和水蒸气浓度增加时，露点温度就升高。如果烟囱的温度足够低，而水蒸气和 H_2SO_4 的浓度又足够高，那么 H_2SO_4 凝结后形成的气溶胶的浓度就可能达到在烟囱出口就形成可见烟羽的程度。一旦烟气离开烟囱，由于冷却使得 H_2SO_4 完全凝结，而周围的环境空气又夹卷进入烟羽，对烟羽进行稀释，蓝烟/黄烟在一段距离之后会逐渐消失。

即便运行工况能够使烟囱出口处仍有足够高的温度（例如湿法 FGD 系统安装了 GGH），这时在烟囱的出口处，烟气中大部分的 H_2SO_4 仍然保持蒸汽状态，烟囱的出口可能看不到烟羽，但是在离烟囱出口不远的下风向上，仍然会出现一个与烟囱出口分离的蓝色/黄色的可见烟羽。这是由于在 H_2SO_4 的浓度在没有被稀释之前，烟温已经降低到了露点以下的缘故。

在大多数情况下，尤其是 H_2SO_4、水、亚微米颗粒同时存在时，凝结是主要的生成机理。烟羽的浊度主要受到烟气中可凝结物和亚微米飞灰浓度的影响。当 H_2SO_4 浓度较低或中等时，亚微米烟尘的粒径分布对烟羽的浊度有明显的影响，主要是由于这些颗粒起到了气相 H_2SO_4 凝结中心的作用。在烟气中亚微米颗粒的直径为 $0.15\,\mu m$ 时，颗粒浓度、H_2SO_4 浓度和烟羽浊度之间的关系见图 3-5-1。图中等浊度曲线是通过粗颗粒和亚微米颗粒的双模分布计算出来的。亚微米模式是假定粒子直径为 $0.15\,\mu m$（Damel 等，1987）。灰色的区域是燃煤电厂排烟中典型的亚微米颗粒的质量浓度范围。

图 3-5-1 中的曲线表明：在现实的亚微米颗粒的浓度范围内，H_2SO_4 的浓度对烟羽的浊度影响很大。即使亚微米颗粒的浓度非常低（如 $1mg/m^3$），凝结的酸粒子也还是可以作为形成新颗粒的凝结核，当 H_2SO_4 浓度从 5×10^{-6} 增加到 10×10^{-6} 时，烟羽的浊度将从 5% 增加到 10%。电厂通常安装使用的静电除尘器对于细颗粒的脱除效率很低，通常只有 80% ~ 90%。即使是布袋除尘器，对亚微米级的颗粒的脱除也很难达到 $1mg/m^3$ 以下。因此，在无

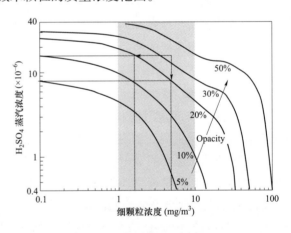

图 3-5-1 亚微米颗粒浓度与硫酸浓度的关系

法进一步降低亚微米颗粒物排放浓度的情况下，控制 SO_3 的排放（也就是降低 H_2SO_4）是唯一可行的达到烟羽浊度要求的措施。

经研究分析，在当前燃煤电厂的环保治理条件下，SO_3 的排放是影响烟羽颜色和不透明度的重要因素之一。"蓝烟/黄烟"问题主要是烟气中 SO_3 以及硫酸的气溶胶对短波长蓝色光的散射视觉效果。

第二节 SO₃的形成及潜在危害

由前述可知，SO₃是有色烟羽形成的主要原因，本节重点介绍燃煤电厂SO₃的生成途径和潜在危害。

一、SO₃生成的途径

SO₃的生成非常复杂，燃煤电厂从燃料制备、燃烧，直到最终排放，SO₃形成的主要途径有以下几种。

1. 锅炉炉膛燃烧产生SO₃

燃煤在锅炉炉膛的燃烧过程中，几乎所有的可燃性硫都被氧化成为气态SO_2和SO_3，其中绝大部分是SO_2，仅有1% ~5% 的SO_2会进一步氧化成SO_3。在火焰区的一些化学反应也可以形成或消耗部分SO_3，但是这些反应的影响较小。

2. 锅炉省煤器温度范围内产生SO₃

在锅炉省煤器为600~420℃的温度范围内，部分SO_2在烟尘和管壁中氧化铁的催化作用下生成SO_3。SO_3生成的多少取决于SO_2的浓度、烟尘成分和流量、对流段的表面积、烟气和管道表面的温度分布以及过剩空气量等。

3. 在SCR反应器中产生SO₃

随着环保要求的日趋严格，燃煤电厂已越来越多地使用SCR技术来控制NO_x的排放。SCR中以TiO_2为载体，V_2O_5或$V_2O_5 - WO_3$、$V_2O_5 - MoO_3$为活性组分的催化剂，既具有较高的脱硝效率，但同时也促进了SO_2向SO_3的转化，其转化程度取决于催化剂的配方和SCR的运行工况。一般来说，对于烟煤，每层催化剂SO_2的转化率约为0.25% ~0.5% ，对于低硫次烟煤，每层的转化率约为0.75% ~1.25% 。因此，在有2~3层催化剂的SCR系统中，SCR出口烟气中SO_3的浓度会比入口增加约50% 。

二、气溶胶在湿法脱硫系统中的生成

当含有气态SO_3或H_2SO_4的烟气通过湿法烟气脱硫（FGD）系统时，由于烟气被急速冷却到酸露点之下，且这种冷却速率比气态SO_3或H_2SO_4被吸收塔内吸收剂吸收的速率要快得多，因此，SO_3或H_2SO_4不仅不能被有效脱除，而且会快速形成难于捕集的亚微米级的H_2SO_4酸雾。一般来说，酸雾中颗粒较大的雾滴是可以被吸收塔除去的；但是对亚微米级的雾滴，吸收塔则无能为力，形成的亚微米级的雾滴只能通过烟囱排入大气。

湿法烟气脱硫系统不仅不能有效脱除烟气中的SO_3或H_2SO_4，而且会快速形成难于捕集的亚微米级的H_2SO_4酸雾，并通过烟囱直接排入大气，形成可见烟羽。

三、SO₃的潜在危害

1. 对环境的影响

目前，燃煤烟气中所排放的酸性烟雾对人类健康影响的研究尚不够深入，数据还不完整。但总的来说，低浓度的酸性气溶胶环境对年轻人、健康成年人的肺功能影响很小。有研究表明：暴露在400μg/m³或更高酸性气溶胶浓度的环境中，发现有清除黏膜纤毛改变和中等程度哮喘的支气管收缩。更为令人担忧的是酸性气溶胶和其他环境颗粒物的混合作用，包括元素碳和金属颗粒，这种混合后的协同作用会严重损害人体健康。

当 H_2SO_4 气溶胶与下沉烟羽结合在一起时，烟囱附近的环境污染浓度明显提高。结合气象条件和运行工况，在烟囱邻近区域会出现酸雾，如这种酸雾持续时间较长，则会损害建筑物和植被。有研究表明，在这种情况下人会出现眼睛和喉咙灼痛、头痛等症状。

2. 对机组设备的危害

SO_3 浓度过高会引起下游设备的低温腐蚀、硫酸盐的结垢、沾污和堵塞等。

（1）低温腐蚀：SO_3 会和烟气中的水蒸气结合形成硫酸，在露点温度之下，H_2SO_4 就会凝结，并且沉积在烟气通路上温度相对低的区域（如沉积在空气预热器内），腐蚀与之接触的金属部件。

（2）高温结垢：在 $600 \sim 650℃$ 的温度区域，SO_3 会与氧化金属表面发生催化反应，生成三硫化铁或亚硫酸盐而结垢。

（3）堵塞设备：SO_3 还会与 SCR 脱硝喷入的还原剂 NH_3 反应形成硫酸盐颗粒，尤其是硫酸铵 $[(NH_4)_2SO_4]$ 和硫酸氢铵（NH_4HSO_4），这些物质会导致低温设备部件的沾污和堵塞，如堵塞脱硝催化剂的微孔，降低脱硝效率，影响吹灰，导致空气预热器结垢而影响换热，增加阻力，加重下游除尘器和风机的负荷等。

第三节 消除烟羽及 SO_3 减排对策

SO_3 的生成非常复杂，主要取决于锅炉的燃烧、燃料成分、运行参数、设备的布置、脱硝脱硫环保设施的运行状况等。通过调整和优化燃烧方式、在锅炉炉膛至 ESP 之间的不同位置喷入碱性物质和氨、设置湿式静电除尘器、调整催化剂活性组分等措施，可有效抑制 SO_3 的生成或脱除烟气中的 SO_3，达到降低烟囱出口 SO_3 的浓度，消除可见烟羽的目的。

一、炉内喷碱性物质

在炉膛中喷入碱性物质已被证明是有效的减排 SO_3 的措施。如炉内喷钙技术，既可脱除部分 SO_2，防止 SCR 的砷中毒，又对 SO_3 的控制也十分有效，SO_3 脱除率最高可达 90%。此外，有研究表明，炉内喷射某些碱性吸收剂，如钙基和镁基的浆液，可降低炉膛内的 SO_3。

二、炉后喷碱性物质

在炉后或省煤器的出口喷入碱性物质既可减少 SO_3 对空气预热器的腐蚀，也可有效地降低 SO_3 的排放。一般来说，要控制 SO_3 的排放，碱性物质的喷入位置应设置在空气预热器之后。但对于存在空气预热器低温腐蚀的机组，应把吸收剂的喷入点选在空气预热器的上游，且应加装必要的空气预热器清洗装置。

如在除尘器前喷入碱性吸收剂，则必须考虑对除尘器产生的影响，如除尘器入口烟尘浓度的增加、烟尘比电阻的变化等。典型的 CFB 和 NID 工艺，对 SO_3 脱除率可达 80% ~90%。

三、采用 ROFA 技术降低 SO$_3$ 的生成

ROFA（Rotating Oppesed-Fired Air，旋转对冲燃烧风）把强湍流和旋转涡流结合起来，使得炉膛得到更有效的分级燃烧。它将富燃料燃烧和贫燃料燃烧在空间上分隔开来。富燃料燃烧区位于喷燃器高度，而贫燃料区则在 ROFA 风的高度。在 ROFA 的高度上，通过高速非对称对冲喷嘴加入过剩空气，产生很强的湍流，从而加强混合和旋转，使得氧得到很好的利用，达到充分的燃烧，并且减少了炉膛内产生 SO$_2$ 氧化为 SO$_3$ 的高温区。由于充分的混合和特殊的设计，ROFA 产生的 NO$_x$、CO、未燃炭、氧量和可燃物以及 SO$_3$ 要比其他的火上风（OFA）系统要低。

据报道，ROFA 在不使用任何吸收剂的前提下，通过对燃烧的调整可以在减少 50% NO$_x$ 的同时，减少 80% 的 SO$_3$ 排放。

四、脱硝催化剂配比的调整

SCR 中以 TiO$_2$ 为载体的催化剂，具有高的脱硝效率，且其中的 TiO$_2$ 具有较强的抗 SO$_2$ 性能，WO$_3$ 有助于抑制 SO$_3$ 的生成，但 V$_2$O$_5$ 或 V$_2$O$_5$ – WO$_3$、V$_2$O$_5$ – MoO$_3$ 能促进 SO$_2$ 向 SO$_3$ 的转化。此外，SO$_2$/SO$_3$ 的转换率还与 SCR 的面积速度即烟气流速与催化剂的表面积之比有关，面积速度越大，SO$_2$/SO$_3$ 的转换率越小。

因此，在选择 SCR 以 TiO$_2$ 为载体的催化剂时，可合理调整 V 和 W 的配比，适度减小催化剂的壁厚，在不影响脱硝效果的条件下，可有效控制脱硝阶段 SO$_3$ 的生成。

五、除尘器前喷氨

在空气预热器后和 ESP 之间喷入氨，一方面可有效地脱除烟气中的 SO$_3$，其脱除率约 90%；另一方面可对飞灰进行调质，通过飞灰的凝结来改善 ESP 的性能。

六、燃料切换和混煤掺烧

采用产生 SO$_3$ 较少的次烟煤和烟煤混烧，降低燃煤硫分，减少烟气 SO$_2$ 浓度，也降低炉膛和 SCR 中 SO$_2$ 向 SO$_3$ 的转化，次烟煤的高含量碱性灰分也有助于空气预热器和除尘器中 SO$_3$ 的捕集。

七、采用湿式静电除尘器

湿式静电除尘器（WESP）能有效地收集亚微米颗粒和酸雾。WESP 可以设计成立式或卧式，收集表面可以是管式或是平板式。管式 WESP 的占地面积较小，效率一般比平板式要高。WESP 可与湿式洗涤塔集成在一起，收集从洗涤塔逃逸出来的细小硫酸雾滴，其对 SO$_3$ 的脱除率可达 95%，烟羽的浊度几乎为零。

泥沙杂质多　　　　　　　　　　　　　　杂质多的石膏表面

图 3 - 3 - 1　脱硫现场图片

投油后pH计箱液面油污　　　　　　　　　脱水机石膏上的油渍

图 3 - 4 - 1　某电厂浆液系统的油污

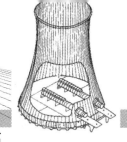

第四篇
湿法烟气脱硫工艺结构材料的选择

第一章 湿法脱硫工艺结构材料的选择

湿法脱硫系统中的腐蚀环境能迅速地毁坏绝大多数常用的工程材料，因此防腐工程亦即构件材料的选择非常重要，这将直接影响到系统的投资、运行成本和运行可靠性、使用寿命等重要技术经济指标。

防腐成本与效益的控制在系统设计和材料选择间是复杂的、互相影响的关系，因此，在设计过程中，就必须充分考虑结构材料的选择以达到在保证系统运行可靠性的前提下，投资和运行成本最小化，或者在投资和运行成本一定的条件下，系统运行可靠性最大化的目的。

第一节 脱硫腐蚀环境区域分析

烟气通过湿法 FGD 系统时，吸收剂与烟气的相互作用将产生一系列不同腐蚀环境的区域。根据 FGD 工艺湿润部分划分的腐蚀环境区见图 4 - 1 - 1 和表 4 - 1 - 1。

图 4 - 1 - 1 中，区域 1 吸收塔水平烟道附近的进口烟道是区域 0 和区域 2 间的过渡区。在区域 0 内烟气温度高于酸露点，呈干燥和热状态。在区域 1 内，含有湿态/干燥交界面，热态烟气首次接触来自吸收塔的液体，这个区域由于蒸发浓聚了酸雾和溶解盐，因此环境非常恶劣。如果 FGD 系统采用文丘里除尘，那么文丘里也属于区域 1，其磨损严重。根据吸收塔的外形结构，吸收塔的下部，烟气进口周围含有一个聚冷区，在那里烟气温度比吸收塔其他部分高，pH 值比其他部分低。这个聚冷区也包含在区域 1 内。

区域 2 反应氧化槽是吸收塔的一部分，它用来装载再循环浆液，既可以与吸收塔集为一体，也可以是独立的槽体。与吸收塔一样，氧化槽的环境相对较好，因为浆液防止了墙面与热烟气的接触，且 pH 值适中。氧化槽主要来自浆液磨损和腐蚀，氧化槽的底面易受外界物体的磨损和机械损伤，如建设或维

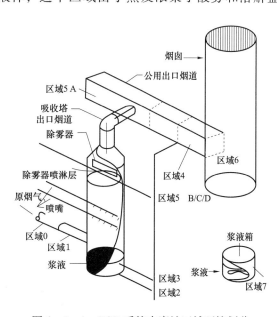

图 4 - 1 - 1 FGD 系统中腐蚀区域环境划分

修期间工具、喷嘴的掉落，检修支架支腿碰撞等。

区域 3 吸收塔是典型的环境最好的区域，烟气聚冷后，典型的温度为 52～60℃，并有丰富碱性物质来中和酸烟气，因此 pH 值适中。在区域 3 中，磨损相对较少，除非浆液的雾化喷嘴直接对容器壁面或内部结构组件进行冲刷。

区域 4 出口烟道始于除雾器，并延伸到普通的出口烟道系统。在吸收塔内或除雾器下游烟道壁形成的湿膜，将进一步吸收烟气中的 SO_2。由于除雾器没有补充碱性物质，因此任何残留的碱性物质都将迅速消耗，结果湿膜的 pH 值低于除雾器上游的 pH 值。因此，不管是否设再热器，吸收塔出口烟道（区域 4 和 5A）均应设计有效的排水装置。

用直接的方法（蒸汽或热水旋管，热空气喷射）来加热烟气，提高了烟气温度，但增加了腐蚀。经验表明：再热烟道的环境很少呈干态，气流有强烈的冷、热分层趋势。另外，在冷气流层中，常常含有从除雾器排出的细小的浆液颗粒，这些颗粒的一部分对烟道壁有影响，也会产生凝结，产生潜在的有腐蚀性的液膜和胶泥，因此，在再热器下游设置合适的排污装置比在区域 5A 更重要。

在直接旁路再热系统（区域 5C）混合区的下游，由于烟气温度的迅速提高和 pH 值小于 1，将产生极为恶劣的环境。因此，在直接旁路中有严重的腐蚀问题，新的 FGD 建设中不应采用。

烟囱的环境是普通出口烟道环境的延伸（区域 5A、5B 或 5C，这取决于选用再热器的方案）。由于烟气流与烟囱壁面垂直，不会产生凝结池，烟囱的环境优于出口烟道，在装有再热器的系统中，烟囱直径方向上的热梯度促使烟羽倾斜，而在直接旁路系统或在处理过的烟气和热旁路烟气通过各自的水平烟道进入普通烟气流的系统中，它的影响是相当严重的。

表 4－1－1　　　单回路、逆流、开路塔 FGD 系统中腐蚀的环境区域

区域	名称	位　置	说　明	优选材料
0	烟气入口烟道	烟气中水分开始凝结之前的烟道	（1）干烟气，典型温度为 93～160℃； （2）在空气预热器失效时，温度可达 315℃	无内衬碳钢
1	吸收塔入口骤冷区	从烟气中水分开始凝结到烟气与浆液达至饱和平衡之间的区域	（1）在烟气冷却至绝热饱和过程中，温度在 52～60℃之间波动； （2）在空气预热器失效时，将严重超温； （3）湿/干交替区，酸在此区域中可能严重凝结	合金钢陶瓷砖
2	反应箱/池	从吸收塔底到液浆液位的整个箱/池，包括浆液管线和浆液过程设备	（1）搅拌的浆液冲刷箱池壁； （2）典型 pH = 5.0～6.0； （3）池底须承受磨损和跌落物体的机械冲击	合金钢、碳钢加增强树脂内衬、碳钢加橡胶内衬、陶瓷砖（常用于池底）、FRP加陶瓷砖

续表

区域	名称	位　置	说　明	优选材料
3	喷淋区	区域1以上到除雾器以下的区域	（1）典型 pH = 3.5～5.5； （2）下降的浆液冲刷塔壁； （3）如果喷嘴直接冲刷塔壁，将造成磨损； （4）当空气预热器和吸收塔喷淋层停运时，温度可达 315℃	合金钢、碳钢加增强树脂内衬、碳钢加橡胶内衬、陶瓷砖
4	吸收塔出口烟道	从除雾器入口侧至公用出口烟道三叉管	（1）湿饱和气、水雾凝结在容器壁上； （2）连续吸收酸性气体，pH 值在 1.3～2； （3）当空气预热器和吸收塔喷淋层停运时，温度可达 315℃	合金钢、碳钢加增强树脂内衬
5A	公用出口烟道（无再热）	在没有再热器的系统中，此区域为从公用出口烟道到烟囱	（1）湿饱和气、水雾凝结在容器壁上； （2）连续吸收酸性气体，pH 值低； （3）酸在烟道壁上凝结； （4）当空气预热器和吸收塔喷淋层停运时，温度可达 315℃	合金钢、陶瓷砖、起泡硼酸盐玻璃块、碳钢加增强树脂内衬、增强玻璃钢 FRP
5B	公用出口烟道（间接再热）	区域5B包括从再热装置到烟囱的烟道	（1）由于停留时间不充分，再热对提高烟囱中烟气的干度帮助不大； （2）当空气预热器和吸收塔喷淋层停运时，温度可达 315℃	合金钢、陶瓷砖、起泡硼酸盐玻璃块
5C	公用出口烟道（直接旁路再热）	从旁路气体注入处到烟囱的烟道	（1）干、湿交替区域，酸凝结形成液膜，对烟道产生严重腐蚀； （2）当空气预热器和吸收塔喷淋层停运时，温度可达 315℃	（1）此种环境下，甚至最好的防腐材料有时也会失效； （2）合金钢、陶瓷砖、起泡硼酸盐玻璃块可以使用
6	烟囱		（1）在无再热的系统中，情况与区域5A相似； （2）在具有间接再热的系统中，由于烟气在出口烟道中的分层，使在烟囱的直接方向产生较大的温度梯度； （3）在具有直接再热的系统中，由于两种气体的混合，使在烟囱的直径方向产生较大的温度梯度	烧制黏土或红页岩砖、合金钢、陶瓷砖、起泡硼酸盐玻璃块、碳钢加增强树脂内衬、增强玻璃钢 FRP、玻璃陶瓷砖、碳钢（全部干烟气情况）
7	浆液池	浆液制备及储存罐的内侧	接近大气温度，碱性环境，石灰石时 pH 值接近8，石灰时 pH 值接近12	陶瓷砖、碳钢加增强树脂内衬

第二节　影响脱硫系统结构材料性能的因素

表 4 - 1 - 2 列出了影响材料性能的主要因素。注意：当烟气通过系统时，工艺的湿润部分始于烟道式容器壁面最早产生潮湿的节点，如没有任何烟气再热，湿润部分将迅速扩展到烟囱。经验表明：再热几乎不能达到完全干燥，主要是由于与烟气在烟道和烟囱中停留时间有关的液滴蒸发动力学是慢过程。

表 4 - 1 - 2　　　　　　　　　　　　影响 FGD 材料性能的工艺参数

参　数		影　响　分　析
温度	温度对材料的影响	橡胶、强化树脂和 FRP 材料有温度的限制，防腐合金在 FGD 正常运行范围内，没有温度限制，但随着温度的升高，通常将加速腐蚀
	湿态/干态过渡区	湿态/干态过渡区腐蚀强烈，原因是在这个区域，集中了腐蚀性的盐和沉降的酸
	颗粒和浆液的特性	通常浆液和颗粒特性的变化对 FGD 的材料性能影响较小，除了当颗粒尺寸太大或浆液中含有过量坚硬东西时，引起侵蚀迅速增加外
	速度	速度是浆液管道设计的重要因素，浆液从喷嘴中喷出时产生的直接碰撞将引起严重的侵蚀。搅拌浆液罐的底部，由于局部浆液流速较高，也会产生侵蚀现象
	几何形状	几何形状是与速度相关的主要因素，浓缩池的结构是不利的，应尽最大可能减至最小
化学特性	氯	在 FGD 应用中，使用的各种合金都有氯限制的临界点，即发生局部腐蚀时氯的浓度，因此氯的临界点决定了合金的选择，氯的临界点取决于 pH 值、温度和合金的组成。橡胶、强化树脂内衬、玻璃瓷砖、酸砖、泡沫硼硅酸玻璃砖和纤维强化塑料对氯的浓度不敏感，至少可达 50 000mg/L
	pH 值、酸性	降低 pH 值（增加酸性）有利于减少需要铺设不锈钢、镍合金和钛的氯离子浓度。但 pH 值的降低，一旦凹痕出现，就会迅速增长，在干/湿过渡区存在的大量酸膜不仅对合金有害，而且对橡胶和强化树脂内衬也有害
	缓冲容量（残余碱性）	缓冲容量或液膜中残余的碱性将抵消由于连续吸收 SO_2 引起的酸性增加。除雾器下游的凝结液呈酸性，其原因是残余的碱仅是从吸收塔雾中携带出的
	氟化物	在干/湿过渡区形成的酸性氟化盐，将加速镍合金和玻璃产品的腐蚀。大部分进入系统的氟化物被钙或铝混合物捕集。除了部分干/湿过渡区，氯化物可能没有什么意义
	多价金属离子	多价金属离子，如铜、铁、镁和铝浓度的变化对工艺中合金的腐蚀性能有影响，既有利的一面，也有不利的一面
	强化工艺性能的修正	强化工艺性能通常采用的有机添加剂，如乙二酸和甲酸，它们对 FGD 系统的结构材料是否有负面影响尚不知，在造纸工艺中，已证实硫代硫酸钠将促进不锈钢的腐蚀，但对合金是否不利的影响尚不清楚

第三节　脱硫系统结构材料故障的原因

美国有关部门对 1982—1993 年间，石灰石石膏湿法脱硫系统结构材料的故障进行了统计，经研究分析，材料故障的主要原因可归纳为四大类，即质量控制的失败、材料选择差、不合适的材料工艺和工艺调整不及时。图 4-1-2 给出了四类材料故障所占的比例。

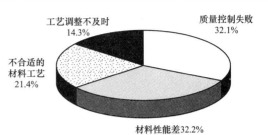

图 4-1-2　材料故障的比例

表 4-1-3 列出了对四类材料故障的进一步分析。由表 4-1-3 可以看出：① 64% 的故障是由于选用的材料较差（即在系统建设时，基于当时的技术水平所造成的故障）和设计、建设、运行过程中质量控制的问题造成的。② 14.3% 的故障是由于 FGD 建设后，结构材料的使用已超过功能极限而没有得到及时修正造成的，其中最常见的是由于浆液氯离子浓度的提高，而引起浆液循环需要调整。③ 近 1/4 故障的原因是由于不合适的材料工艺造成的。

表 4-1-3　　　　　　　　　　　　FGD 材料故障原因分析

失败分类	分　　析
质量控制的失败	（1）由于整个系统中补充的一致性设计和反馈设计修正的失败造成的设计质量的故障占 7.0%。 （2）由于不合适的材料规格和现场购买材料鉴定性检查造成的产品质量的故障占 10.6%。 （3）由于在防腐产品安装期间，不合适的质量控制造成的安装质量的故障占 7.1%。 （4）由于保持合适的工艺控制的失败，引起超出设计范围的运行，造成的工艺控制质量的故障占 7.4%
材料选择差	这种材料选择的失败是由于保守选择造成的，换句话说，这些材料的失败在考虑设计服务条件时，是可以预见的，而且在当时条件下，设计材料的信息是充分的
不合适的材料选择工艺	特定的 FGD 工艺都将对各种当前工程建设的材料进行严格的挑选，这类失败通过完善工艺设计是可以避免的
工艺调整不及时	FGD 工艺或工艺化学过程中，部件故障的根本原因是工艺调整的不及时。其中 2 个最常见的需要调整的原因：① 吸收塔内液体中氯离子浓度的大幅增长；② 添加硫代硫酸盐以加强氧化和控制规模的形成

对于防腐的环境区域无论是当时建设材料选择的不合适，还是缺乏选择合适材料的经验，大多数材料的故障都是与 FGD 系统特殊的设计特性有关。但表中至少有 2/3 的材料故障，通过优化的设计、合适的材料选择和合理的运行操作，是完全可以避免或减至最小的。

第四节 脱硫系统结构材料的选择

一、结构材料的选择步骤

材料的选择主要包括以下6个步骤：

（1）确定系统运行的工艺参数；

（2）准备 FGD 系统每个部分建设材料选择方案的目录，在材料选择时，应考虑正常运行、启动和停机条件以及系统故障最坏的情况（如空预器和循环泵故障）；

（3）充分考虑每一种选择与设计和运行的关系，包括辅助设备可能的要求，如紧急停机系统；

（4）进行经济评价，包括所有辅助设备或烟尘捕集设备材料选择的费用；

（5）考虑系统运行参数的调整是否会引起经济的调整，如是，则修正系统运行参数，回到步骤（2）；

（6）确定结构材料。

二、材料设计的决策原则

FGD 材料选择的是否成功，关键在于材料的性能能否达到预期的要求，如能达到，则选择成功。在 FGD 材料选择过程中最重要的基本设计决策原则如下所述。

（1）FGD 系统是否始终在氯离子浓度的设计值范围内运行，而不必考虑将来燃煤和氯离子控制法规的变化。一旦氯离子浓度在设计时有限制要求，系统采用合金材料建设，则必须保证氯离子浓度不超过设计的最大值。如前所述，FGD 材料失败的根本原因之一是严格的水质法规要求减少工艺过程中的废水排放，严格的必要的水平衡将引起氯离子浓度的增加，除非安装脱氯装置。在建设初期，选用防腐能力更强的合金材料或选择没有氯离子限制要求的替换材料，如强化树脂、橡胶内衬、瓷砖、纤维强化塑料等，可灵活应对未来氯离子控制的要求。

（2）减少初投资费和增加年维护费的选择。在许多情况下，需在寿命费用相似但初投资费用有明显区别间作出选择。一般来说，初投资费用低所需的维护费用要高于初投资费用高的。因此，必须在二者之间作出选择。

三、材料的技术经济分析

可以作为湿法 FGD 的有机物内衬材料主要有环氧树脂、乙烯树脂、聚酯和氟橡胶，它们的初投资费用相对较低。有机内衬的损坏是由发泡、分离和浆液磨损造成的。另外，高温烟气的温度偏移也会损坏有机内衬。氟橡胶内衬能耐受260℃的温度偏移，能抵抗化学侵蚀和磨损。有些内衬还含有特殊的抗磨损填充物如氧化铝增强耐磨性。橡胶内衬具有优异的耐磨性，但要注意产品的技术规格和用途确保衬体的质量。

合金属内衬成为湿法 FGD 材料的主要是因其在高温下的性能较好，且能大大减少维护保养的要求。奥氏体不锈钢用于氯化物浓度低于 20 000ppm 的情况，双联不锈钢可用于氯化物浓度在 45 000ppm 以下，高镍合金钢如 C－276/C－22 合金可用于 45 000ppm 以上。吸收塔材料的成本系数见表4－1－4。在干/湿界面处推荐采用碳钢和薄合金钢板

（一般 1.5mm 厚，称为贴墙纸）内衬，以降低合金材料的成本。

表 4 - 1 - 4 　　　　　　　　　FGD 吸收塔材料的成木系数

材　　料	材料/制造	安装	总　　计
碳钢	1.00	1.00	1.00
CS 橡胶内衬	6.50	1.00	2.22
CS 塑料层	5.50	1.00	2.00
316L 不锈钢	4.17	1.00	1.70
317L 不锈钢	5.00	1.00	1.89
317LM 不锈钢	5.50	1.00	2.00
317LMN 不锈钢	6.00	1.00	2.11
C - 276 合金	16.50	1.19	4.59
C - 22 合金	16.50	1.19	4.59
255 合金	8.50	1.05	2.67
CS + C - 22①	11.33	1.14	3.40
CS + C - 22②	5.33	1.43	2.30
CS W/板	6.83	1.00	2.30
混凝土/块	11.83	计入	2.63

注　基于 6.35mm 板和易拆卸建筑进行比较。

①　在制造前将镍合金板粘接在碳钢板上。

②　碳钢制成后将镍合金板焊接在响应收塔内壁上。

DoVale 等人指出在使用整体合金结构的地方，经济性考虑要求把成本与采用墙板设计进行比较。无论是奥氏体不锈钢还是双联不锈钢都比墙板的成本低。如果考虑采用中低级的整体镍合金，那么更高级别的墙板如 C - 276/C - 22 是更好的选择。不锈钢和高级合金的焊接需要特别注意，对合金墙板特别重要。Saleem 指出合金墙板在使用中要经常检查，及早发现损坏和进行修理。由于合金墙板与碳钢表面不黏接在一起，局部的小孔或裂缝会使液体流入墙板而造成碳钢的大面积腐蚀。

湿法脱硫是一个十分复杂的化学过程，由于其所处理烟气中的 SO_3、SO_2、HCl、HF、NO_x 等有害成分是在水露点附近的低温下与 pH 值为 5～6 的吸收剂浆液发生一系列的化学反应，易引起结露、结垢，特别是露点腐蚀问题，因此要求脱硫装置各部分采取合适的防腐措施，因此在设计、施工等各阶段，必须高度重视被喻为"脱硫生命线"的防腐材料，以确保脱硫系统运行的可靠性、利用率和使用寿命。

第二章 主要防腐材料

防腐材料在 FGD 装置中承受着各种负荷，主要是化学、机械、温度方面的负荷。由于湿法脱硫主要是利用石灰石（$CaCO_3$）与烟气中的 SO_2 反应来脱除 SO_2，主要涉及烟气、浆液、废水等介质环境。

1. 化学方面

（1）在强制氧化环境作用下，烟气中所含的 SO_2 首先与水反应生成 H_2SO_3 及 H_2SO_4，再与碱性吸收剂反应生成亚硫酸盐，经强制氧化生成硫酸盐沉淀分离，在此阶段，工艺环境温度正好处于稀（亚）硫酸活化腐蚀温度状态，其腐蚀速度快，渗透能力强，故其中间产物 H_2SO_3 及 H_2SO_4 是导致设备腐蚀的主体。

（2）烟气中所含的 NO_x、吸收剂浆液中的石灰石及水中所含的氯离子都具有腐蚀能力，FGD 中浆液的 pH 值一般在 4~6 之间。

2. 机械方面

FGD 内机械方面的负荷主要是烟气中的粉尘对烟风系统设备的磨损，浆液悬浮固体物引起的摩擦，搅拌器及喷淋母管层等塔内设备的作用力等。考虑到吸收塔内各种负荷的影响，FGD 装置的内衬防腐需满足下列要求：较低的渗透性、良好的抗酸和盐的腐蚀性、抗氧化和抗热性、耐磨性能好、良好的黏结性。

3. 温度方面

主要体现 FGD 烟气系统各个部分，涉及高低温烟气腐蚀及骤冷骤热温变和湿变腐蚀。如：

高温腐蚀：发生在增压风机、原烟气挡板门、旁路挡板原烟气侧、GGH 高温侧进口之前的烟道；

低温腐蚀：发生在吸收塔出口至烟囱段烟道；

变温腐蚀：发生在 GGH 至吸收塔入口的高温段、吸收塔入口干湿界面、GGH 本体、烟囱内（干湿两种工况）。

我国火力发电厂建造的 FGD 装置基本采用橡胶、增强树脂衬里、玻璃钢或其改性材料作为主要防腐材料。这类防腐蚀材料早期应用中存在维修工作量大、成本高、耐高温性能差和易着火的缺点。经过近几年的发展，材料的国产化率、生产水平、材料质量均有较大提升，有效降低了投资成本。另外，即使主选上述防腐材料，在 FGD 系统中的某些区域或某些构件仍需采用合金材料或无机防腐材料。因此本节将依次介绍有机材料、耐腐合金材料和无机材料在 FGD 装置中的应用。

第一节 有 机 材 料

一、橡胶及增强树脂

橡胶和增强树脂主要用于 FGD 系统以下区域：GGH 壳体内壁、吸收塔内壁及其内部的一些构件、与吸收塔相关的浆池和罐体、吸收塔上下游侧低温烟道、干湿交界和湿烟囱。橡胶还用作浆液管道内衬和阀门的密封材料。

吸收塔衬橡胶和增强树脂聚酯树脂预计使用寿命大约5年，5年内无需大的维修工作，但需每年1~2次检修小部分内衬表面，5~10年就需频繁地、大范围地维修或更换玻璃鳞片树脂或橡胶衬里。其使用寿命与其材料的制造质量、施工质量、工作环境有关。生产水平及过程控制直接影响材料本底质量，施工工艺及过程质量控制与材料质量同等重要。工作环境非常重要，如果循环浆液的含固量高，大范围频繁维修的周期可能要缩短1~3年。由于要彻底清除残留的衬里十分困难，更换衬里是件费时的工作。清除不彻底可能影响新衬层的黏结强度和平整度。以下衬胶或衬树脂设备和部位易被磨损：衬胶弯管、衬胶管法兰连接处、阀门阀座的衬层、阀门和节流孔板下游侧的衬胶管、喷淋母管布置区的塔壁衬层、循环泵入口浆管与塔壁相连的拐角部位。FGD系统入口高温烟道，特别是高温烟道的干湿交替区，系统出口原烟气和清洁烟气混合区以及可能输送高温原烟气的公共出口烟道以及烟囱，不推荐采用这两种材料。

（一）橡胶

橡胶衬里是把整块已加工好的橡胶板利用胶粘剂粘贴在防腐基体表面，将腐蚀介质与基体隔开，从而起到防护目的。

橡胶衬里按硫化工艺可分类为未硫化胶板、预硫化胶板和自然硫化胶板。未硫化胶板衬覆后需进行热硫化，在FGD装置中多用于可在车间衬胶的小型罐体、管道或构件。预硫化胶板是在衬前已硫化好的胶板，便于在现场直接衬覆大型设备。而自硫化胶板是在胶板中加入室温硫化剂，衬后在室温下即可自行硫化的胶板，但它在衬前必须低温冷藏。在FGD系统现场应用较多的是预硫化胶板，其优于自硫化橡胶板，但预硫化橡胶板要求黏合剂能很快产生较高的初始黏合强度，预硫胶板的另一个优点是在常温下（20℃）的保存期为18~24个月。

1. 橡胶种类及性能

橡胶衬里的种类很多，应用于FGD装置中的橡胶衬里主要有以下几种：天然橡胶（NR）、丁基橡胶（IIR）、氯化丁基橡胶（CIIR）、氯丁橡胶（CR）和自硫化溴化丁基橡胶（BIIR）。

（1）天然橡胶（NR）。

天然橡胶需要添加大量的抗氧化剂来防止开裂，而这种抗氧剂会削弱胶片与基材的粘贴强度。天然橡胶还易受FGD启动期间烟气夹带的油滴的损坏，其最大允许使用温度是66℃。因此，不推荐用天然橡胶作FGD吸收塔的衬里，但天然橡胶具有非常强的弹性，有优良的耐磨蚀性，特别能耐受粒径小于10mm颗粒物浆液磨损，因此，天然橡胶仍广泛用作泵叶轮和涡壳的衬里。

橡胶衬里的抗渗性是评价和选择橡胶性能的一个非常重要的指标，几种橡胶的抗水蒸气渗透性能见表4-2-1。从该表可看出渗透系数随温度的升高而增大，丁基类橡胶具有优良的抗水蒸气渗透性，而天然橡胶抗水蒸气渗透性较差。

（2）丁基橡胶（IIR）。

丁基橡胶是异丁烯单体与少量异戊二烯共聚合而成，代号为 IIR。这种橡胶的基本特性是：

1）最突出的特性是气体透过性小，气密性好；

2）耐水性好，对水的吸收量最少，水渗透率极低；

3）回弹性小，在较宽温度范围内（-30～+50℃）均不大于20%，因而具有吸收振动和冲击能量的特性；

4）耐热老化性优良，具有良好的耐臭氧老化、耐高温性（可用于100℃以下）和化学稳定性；

5）缺点是硫化速度慢，黏合性和自黏性差，与金属黏合性不好，工艺性能差，与不饱和橡胶兼容性差。

由于丁基橡胶不容易硫化，需要较高的硫化温度，所以丁基橡胶不适合制作预硫化和自硫化胶板，适合作在车间硫化的橡胶衬里，如小型罐体和管道等。德国一些电厂的 FGD 装置曾采用过这种橡胶内衬。

表 4 - 2 - 1　　　　　　　　　　几种橡胶对水蒸气的抗渗性能

参　　　数	丁基橡胶		氯化丁基橡胶			溴化丁基橡胶		氯丁橡胶	天然橡胶
温度（℃）	20	38	20	38	65	20	65	38	38
渗透系数 $[ng \cdot cm/(cm^2 \cdot h \cdot torr)]$	1.2	4.0	0.8	5.0	5.8	0.8	5.8	44	53

注　1torr = 133.322 4Pa

（3）氯化丁基橡胶（CIIR）。

氯化丁基橡胶属卤化丁基橡胶（XIIR）中的一类，是丁基橡胶的改性产品。目的是氯化后提高 IIR 的活性，使之与其他不饱和橡胶产生兼容性，以提高共混并用时的自黏性和互黏性，增大彼此共硫化交联能力，同时保持 IIR 的原有特性。目前仅美国、德国、日本、加拿大、比利时的一些公司生产 XIIR。CIIR 抗水蒸气渗透性优良（见表4 - 2 - 1），CIIR 除仍保持 IIR 的固有特性外，还有以下特性：硫化速度快；提高了自黏性和互黏性，与金属黏结性好，具有工艺性能好的优点，适合制作自硫化和预硫化胶板；由于硫化密致性好，提高了耐热性、耐撕裂强度和耐磨性，连续工作温度可达93℃；较 NR、CR 更耐二元酸；但比 IIR 的成本高，价格贵。

在 CIIR 内掺入一定比例的 CR 不仅不会明显增大 CIIR 的渗透性，而且可以改善 CIIR 的加工性。用掺了 CR 的 CIIR 制成的预硫化橡胶板在 FGD 装置中显示了优良的性能，已获得广泛应用。

（4）氯丁橡胶（CR）。

氯丁橡胶是氯丁二烯经乳液聚合而成，称聚氯丁二烯橡胶，简称氯丁橡胶，代号为 CR。CR 是合成橡胶中最早研究开发的胶种之一。CR 具有耐酸、耐碱、耐氧化和耐老化等性能，用 CR 制成的自硫化胶板在防腐界应用最广泛。CR 胶浆黏结力较高，并且有自硫化特点。但这种橡胶的吸水性很强，水蒸气扩散系数比丁基橡胶和氯化丁基橡胶高得多，这被认为是这类橡胶衬里使用寿命低于丁基类橡胶衬里的主要原因。另外，CR 耐寒性差，生胶稳定性差，不易保存，比天然橡胶和氯化丁基橡胶更难施工。其使用温度为70℃，短期内可为90℃，较丁基类橡胶低30℃。德国的 FGD 装置在20世纪80年代曾主要采用这种衬胶，以代替原先使用的丁基橡胶。美国的 FGD 装置通常仅因为其具有阻燃性，在规定要采用具有阻燃性衬胶时才采用该橡胶衬里。如果必须采用 CR，仅铅硫化的CR 可用于 FGD 装置，而不能采用锌硫化或镁硫化的 CR。

（5）自硫化溴化丁基橡胶（BIIR）。

自硫化溴化丁基橡胶属于 XIIR 的一种类型。BIIR 除具有 CIIR 的固有特性外，其硫化速度比 CIIR 更快，黏合性比 CIIR 更好。燃褐煤锅炉的 FGD 装置由于吸收塔的运行温度通常比燃烧烟煤的高出20~25℃，德国在这种 FGD 装置中都采用 BIIR 作吸收塔衬里。

历史上，NR、IIR、CIIR 和 CR 四种橡胶片都曾用于 FGD 装置。但目前在 FGD 装置中应用最广泛的是预硫化 CIIR。1985—1986年美国三家 FGD 装置橡胶衬里主要生产商对一直用于 FGD 装置的 NR、CIIR 和 CR 三种橡胶作了一次调查，一致推荐 CIIR 制品用作FGD 吸收塔和管道的衬里，而无一家继续赞成将 NR 和 CR 用作吸收塔和管道衬里。

我国广东连州电厂、重庆发电厂、杭州发电厂、北京一热以及石景山等电厂的 FGD吸收塔主要是采用从德国引进的预硫化氯化丁基软橡胶，胶板厚2~5mm（通常采用3.6mm），一般在吸收塔磨损较严重的部位（如吸收塔喷射区）衬覆双层胶板（6~7mm），其他部位粘贴一层胶板。对塔内支撑梁、柱采用抗压、耐磨、热稳定性和黏结性能好的双层复合式预硫化氯化丁基软胶板衬覆，面层采用经专门设计的抗压、耐磨性优良的氯化丁基橡胶，底层的胶片中掺有 PVC 以增加胶板对金属表面的黏结强度。最高使用温度为100℃、抗剥离强度≥3N/mm（DIN28055-2）、肖氏 A 硬度为55±5dB。

表4-2-2列出了某防腐厂家生产的、广泛应用于 FGD 系统的两种预硫化 CIIR 软橡胶衬里的技术性能指标。

表4-2-2 应用于 FGD 系统的 2 种 CIIR 预硫化橡胶衬里的技术性能

技术数据	检验标准	KERABUTYL BS *	KERABUTYL V * *
密度（g/cm³）	DIN 53 479	1.27 ± 0.02	上层 1.19 ± 0.02 下层 1.45 ± 0.02
肖氏硬度（肖氏 A）	DIN 53 505	53 ± 5	55 ± 5
抗拉强度（MPa）	DIN 53 504	≥2	≥4
断拉延伸率（%）	DIN 53 504	≥400	≥350
抗剥强度（N/mm）	DIN28 055 - 2	≥3	≥3
单位面积压力（MPa）		1	2
最高使用温度（℃）		90	100

* 胶板厚2~5mm。

* * 双层胶板厚3~5mm。

（6）氟橡胶。

氟橡胶在湿态下使用温度限于不超过82℃，在干态下可使用温度高达240℃，而且具有比大多数其他有机涂料更能耐受温差的能力，因此也有将氟橡胶用作原烟气和清洁烟气混合的出口烟道衬里的实例。氟橡胶虽然耐酸，但当其暴露于湿状态的石灰或石灰石浆液中时会被降解。而且由于氟橡胶较贵，施工难，在 FGD 装置中的应用并不广泛。

2. 橡胶衬里施工用辅材

衬里施工用的橡胶板是由橡胶、硫化剂和其他配合剂合成的，常用的配合剂有硫化促进剂、防老剂、填充剂、增塑剂等。其中填充剂的作用是：第一，对生胶起补强作用，提高硫化胶的强度、耐磨、定伸等各种物理机械性能；第二，由于填充剂的价格较生胶便宜，可降低成本；第三，改进未硫化胶料的工艺性能。常用的填充剂有炭黑、石灰粉、陶土、硫酸钡和碳酸盐。应用于 FGD 系统的橡胶只允许采用耐酸填充剂，例如上述前四种。应避免使用酸可溶性填充剂，例如碳酸钙。国外曾有报道，在几台吸收塔内采用同一种类的橡胶板，但使用寿命却相差甚远，原因是衬胶材料的填充剂不相同，寿命很短的胶板所采用的填充剂与具有腐蚀性的浆液发生了化学反应。国内也在进口衬胶浆泵中发生过类似情况，新更换的同一类型的涡壳衬胶运行一段时间后表面变软并发粘。因此在订购指定类型的橡胶时应说明工作环境，并要求生产厂家说明所采用的填充剂。

3. 橡胶衬里的优缺点

表 4 - 2 - 3 归纳了橡胶衬里的优缺点，可供应用时参考。

表 4 - 2 - 3 橡胶衬里优缺点

优　　点	缺　　点
1. 具有较高的化学稳定性，可耐强酸、有机酸、碱和盐溶液； 2. 橡胶衬里致密性较高、抗渗性强，即使衬层局部脱黏，仍具防腐性； 3. 有一定弹性、韧性较好，具有抵抗机械冲击和热冲击性能，适合用于受冲击或磨蚀的环境中，不受 Cl⁻ 浓度限制； 4. 橡胶衬里与钢铁的黏合力很强，比用一般树脂胶黏剂粘贴材料的黏合力强得多； 5. 未硫化的橡胶板具有良好的可塑性，对基体结构适应性强，可进行较复杂异形结构件的衬覆； 6. 橡胶衬里的整体性较好，接口可通过搭边黏合，黏接缝少，黏胶剂不产生气泡； 7. 橡胶衬里的施工条件远好于涂料、FRP 的施工条件，施工时溶剂挥发带来的毒性较小，施工方便、快捷； 8. 较低的投资成本（相对于合金材料）	1. 对强氧化性介质的化学稳定性差； 2. 使用温度一般较低，多数橡胶衬里长期使用温度 65~100℃，温度超过规定值后迅速遭受破坏； 3. 抗渗性不如玻璃鳞片树脂涂料； 4. 施工步骤要求严格； 5. 易遭受机械损伤； 6. 导热性能差； 7. 硬质橡胶的膨胀系数比金属大 3~5 倍，当温度剧变或温差较大时，衬层易剥离脱层； 8. 衬胶后不能在基材上进行焊接施工，橡胶是易燃物，易引起火灾； 9. 价格比玻璃鳞片树脂涂料稍贵些。维修工作量大，用于吸收塔的衬里 5~10 年后需大修或更换

4. 橡胶衬里施工要求

橡胶衬里虽然有许多优点，但主要缺点之一是施工过程需要严格的质量控制。可以说，橡胶衬覆的设备与零部件的使用寿命在很大程度上取决于施工过程的质量控制。橡胶衬里施工的要点很多，作为电厂 FGD 工程技术人员或监理人员，应了解和掌握的施工要点主要有：设备表面处理、施工环境、胶板搭接方法和橡胶衬里的检验。

（1）表面处理。

橡胶衬里的使用寿命在很大程度上取决于橡胶衬里与金属的结合情况。

1）喷砂。金属表面经喷砂处理，呈现粗糙度均匀的金属本色，金属表面的粗糙不仅增大了黏合表面积，而且使涂刷的胶浆在自然硫化过程中可以渗入粗糙的孔隙内，使橡胶与金属牢固地黏合在一起。

2）除污。金属表面的清洁、干燥状况对橡胶与金属的黏合强度也有直接的影响。喷砂后的设备表面往往会黏附浮尘、油污和锈片等污物，应彻底清除。可用压缩空气吹扫，然后用棉纱沾汽油或丙酮擦抹表面，进一步除净浮尘、油污，使表面呈现出均匀一致的金属本色，最低粗糙度为 $50\mu m$，达到一级标准，即符合 GB 8923—1988 中的 Sa 2½级的质量要求。衬覆金属表面的不清洁或潮湿往往是发生粘贴片脱粘或起泡的原因。

3）底涂。喷砂除污处理后，在规定的时间内必须涂敷底涂料。涂刷底涂料的作用是，增强胶黏剂与基体间的抗剥离强度，防止基体表面喷砂处理后二次生锈。

4）贴胶。在粘贴胶片前应在底涂层上涂刷两遍黏合胶，用专门的清洁剂处理胶板的黏合面，涂刷两遍胶浆，晾干适当时间后平铺在基体上，再用压辊辊压，充分压实保证无气泡。另外，金属与胶浆中的硫磺（硫化剂）发生了化学反应，生成金属硫化物，加强了橡胶与金属的黏合力。

此外，对混凝土基体表面应按实际要求进行喷砂处理，除去表面松散、易剥落的水泥渣块、泥灰以及其他杂物。表面残余湿度应低于4%。然后在基体上用刮刀和镘均匀地抹涂环氧树脂胶泥导电找平层，厚约1mm。目的是填塞并抹平混凝土基体表面的孔隙和裂纹等缺陷，使之成为均匀的粗糙表面，这样既有利提高衬胶质量，也为施工完毕后检验衬胶的致密性提供一个无气孔的平整的检测反电极。

（2）工作环境。

在衬覆过程中金属表面必须保持干燥，许多橡胶供应商要求金属表面温度在任何时候都要保持高于露点温度2.8℃。最佳施工温度为 20～25℃，相对温度不大于70%，以防产生凝结水。

（3）搭接。

胶板之间的接缝处理至关重要，一般搭接两块胶板的接缝处必须有50mm的重叠接合面，由于浆液顺壁面下淌，壁面胶片的接合面应做成上面的胶片覆盖在下面的胶片上，这样浆液不会冲刷无覆盖的搭接缝。胶片的边缘用刀割成坡口，坡口宽度为 10～20mm。割坡口对保证衬层质量很重要，其目的是使接缝严密，使用时不至于脱开。未削边的胶板在搭接处会残留空气，造成起泡。

（4）检测检验。

橡胶衬里施工中的检测项目包括：胶板抽检厚度；基体喷砂后的粗糙度检测；施工温度、湿度检测和混凝土湿度检测。衬贴胶片后的检测项目有衬里厚度、硬度、密封性，以及用样品进行抗剥离强度试验。采用电火花检测仪检测橡胶衬里的密封性，密实性不合格处在规定电压下检测时会产生放电现象。对不同类型的胶板，电火花检测电压不同。

（二）增强型树脂

增强型树脂衬里是以合成树脂为主要成膜物质，添加增强材料的涂料在一定条件下固化后形成的保护层。涂料中主要成分是具有化学活性的液态状的合成树脂，合成树脂在未固化前是线型或轻度交联的高分子化合物。涂装过程中，在涂料中加入一定量的固化剂，将具有一定流动性的涂料涂敷在防腐基体上，合成树脂的线型或轻度交联的高分子化合物在固化剂的促进与参与下转化为三维网状结构的固体涂膜，并牢固地粘贴在基体上，形成防腐衬层（或膜）。

合成树脂涂料中加入增强材料的目的是改善树脂衬层的物理性能，主要是提高抗渗透性、耐磨损性、抗拉强度，减少硬化时的收缩率和热膨胀系数。最常用的增强材料有玻璃鳞片、剪短的玻璃纤维。在 FGD 装置中，为提高防护层的耐磨性、抗变形性能（如构件拐角、混凝土表面的衬层），在防护衬层中还采用玻璃纤维布和毡作为增强材料。

各种各样的填充材料，例如氧化铝（矾土）、石英砂、碳化硅有时也被采用，特别在耐磨（AR）树脂衬里的配方中，填充材料在 82℃ 的硫酸中应呈现惰性，而且本身不应是多孔结构，禁止使用云母鳞片，因为云母能与硫氧化物反应。

增强型树脂衬里的耐蚀和耐温等性能主要取决于涂料中的树脂种类。通常应用的树脂有酚醛环氧、酚醛环氧 - 密胺 - 酚醛聚合物、双酚环氧、乙烯基酯以及双酚聚酯树脂，这些树脂的耐化学性和抗水分渗透性依上述顺序依次递增。在湿法 FGD 系统中应用最广泛的是双酚型乙烯基酯树脂和酚醛型环氧乙烯基酯树脂。间苯聚酯树脂用于 FGD 装置中耐化学性不够理想。

由于玻璃鳞片树脂涂料在 FGD 装置中获得广泛、成功的应用，因此在此重点介绍乙烯基酯玻璃鳞片涂料的主要成分、特性以及在 FGD 中的防腐应用。

1. 乙烯基酯（VE）树脂的特性

乙烯基酯（VE）简称树脂，是由环氧化合物和含有不饱和双键的一元羧酸通过开环加成聚合反应而得到的产物。其工艺性能与普通不饱和聚酯树脂相似，化学结构与环氧树脂相近，是一种结合不饱和聚酯树脂和环氧树脂两者长处而产生的一种新型树脂，是20 世纪 60 年代后期发展起来的一类新型高度耐蚀的聚酯树脂，经推广应用后，到 80 年代已在许多领域成为国内外新一代耐蚀不饱和聚酯（UP）树脂的代表。

目前，乙烯基酯树脂以其优越的耐腐蚀性、耐热性、耐疲劳性，在国内外获得了迅速发展，已被用于防腐贮罐、管道、塔、槽、器、衬里、地面、烟囱、废气脱硫和气体过滤等方面，其生产应用领域也在逐步扩大，在工业、农业、交通、建筑以及国防工业等行业有着广泛的用途。

在乙烯基酯树脂中，酯键易受化学侵蚀发生水解。因此，树脂分子中酯键的数量和分布位置决定着树脂的耐腐蚀性。乙烯基酯树脂的一般结构及其对腐蚀性的影响如图 4 - 2 - 1 所示。

（1）乙烯基酯树脂的耐腐蚀性能之所以优越，是因为端基不饱和乙烯基在分子的两端，反应性强，交联固化迅速，使乙烯基酯树脂具有较高的耐化学性能。

（2）甲基对酯键有屏蔽作用，增加了对水解的抵抗性。

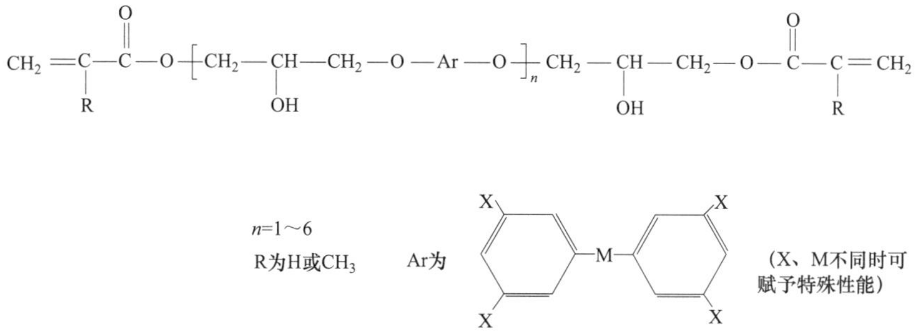

图 4-2-1 通用型环氧乙烯基酯树脂的典型化学结构

（3）由于乙烯基酯树脂中酯键含量低，因而具有较高的耐碱、耐水解性能。

（4）仲羟基对玻璃纤维的浸润力和黏结力有加强的作用，因此，乙烯基酯树脂玻璃钢具有较高强度，这与仲羟基的作用有密切关系。

（5）环氧骨架起到使乙烯基酯树脂刚性好、黏度适当的作用，环氧醚键起到使乙烯基酯树脂具有耐酸性的作用。

VE 树脂又称乙烯基酯不饱和聚酯树脂、丙烯酸类聚酯树脂或环氧丙烯酸聚酯树脂，其主要特点如下。

（1）VE 树脂通常是环氧树脂和含烯键的不饱和一元酸（如甲基丙烯酸）加成反应的产物，其反应如下：

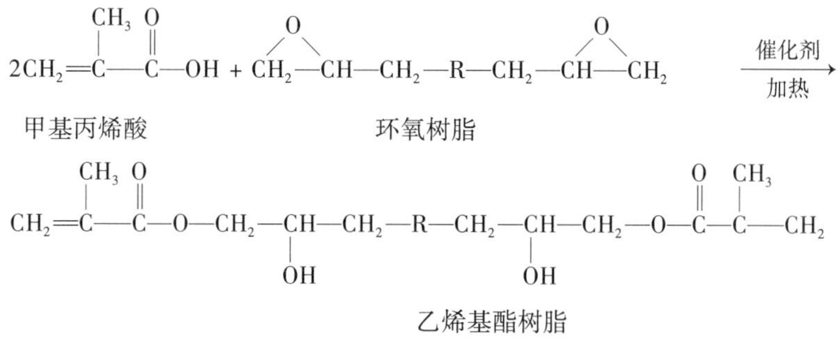

乙烯基酯树脂

从上述 VE 树脂分子结构可看出，VE 树脂的大分子中既含有环氧树脂分子（以 R 表示）的主链结构，又含有带不饱和双键的聚酯结构。因此，这类树脂既具有环氧树脂良好的黏结性、机械强度和耐热性能，又具有 UP 树脂优良的加工工艺性，尤为突出的是在耐腐蚀性能方面。

（2）酯基基团是 UP 树脂最薄弱的环节，易受酸、碱的水解破坏，使分子键裂解。而 VE 分子中只含端点酯基，酯基浓度较低，此外，它的酯基的相邻碳原子上有甲基（-CH$_3$），此甲基可起到保护酯基作用，使之对水解稳定。即使 VE 分子中的酯基受到侵蚀，环氧部分的分子键仍被保留。故 VE 较其他 UP 树脂具有更优良的耐蚀性。

（3）由于 VE 树脂分子中羟基（-OH）的存在提高了树脂对玻璃等填料的浸润性、黏结性，具有优良的施工工艺性。

（4）由于 VE 树脂大分子链中存在大量苯环（具有双酚型 VE 和酚醛环氧 VE 分子结构），且交联密度相对比一般通用 UP 高得多，因而固化后树脂具有较高的耐热性和热刚性。

（5）VE 树脂属于 UP 树脂，其具有 UP 树脂所共有的以下主要优点：① 具有优良的工艺性能。UP 树脂在室温下具有适宜的黏度，可以在常温下固化，常压下成型，因而施工方便，易保证质量，并可用多种措施来调整它的工艺性能。② UP 树脂在生产后期需经交联剂苯乙烯稀释成具有一定黏度的树脂溶液，实际使用的 UP 树脂就是这种树脂溶液。在 UP 树脂固化过程中，加入的引发剂促发线型 UP 树脂分子和上述交联剂分子之间发生自由基共聚反应，生成性能稳定的体型结构的树脂涂层。这一固化过程可以在室温下进行，而且固化过程无小分子形成。不像环氧、酚醛树脂由于其黏度大，在施工过程中需加入稀释剂，固化过程产生小分子产物，再加上稀释剂不参加固化，在树脂固化后逐渐挥发，从而给树脂固化物带来孔隙，也增加了树脂的固化收缩率。

用不同的环氧树脂与各种不同的不饱和一元羧酸相结合可得到多种 VE 树脂，但其基本型、在 FGD 装置防腐应用最多的是双酚 A 型 VE 和酚醛环氧 VE。双酚 A 型 VE 是双酚 A 型环氧树脂与不饱和一元酸（通式：$\mathrm{CH_2{=}\overset{R}{C}{-}\overset{O}{C}{-}OH}$）加成反应的产物，分子结构式如下：

酚醛环氧 VE 是酚醛环氧树脂与不饱和一元酸合成反应的产物，分子结构如下：

在合成双酚 A 型 VE 和酚醛环氧 VE 中，采用最多的不饱和一元酸是甲基丙烯酸（$\mathrm{CH_2{=}\overset{CH_3}{C}{-}\overset{O}{C}{-}OH}$）和丙烯酸（$\mathrm{CH_2{=}CH{-}\overset{O}{C}{-}OH}$）。

双酚 A 型 VE 由于仅在它的末端含有酯基和双键，有最小的酯基密度，并且酯基旁又有甲基（甲基丙烯酸）提供基团的空间障碍保护，因而具有极优良的耐酸、耐碱性和较好的韧性，其延伸率可高达6%，最适合用作玻璃鳞片涂料和 FRP。目前国外的主要牌号如美国

Derakme411、Hetron922 和日本的 R806（这类树脂的日本富士鳞片涂料牌号为 6R）；国内牌号为 YX - 931。酚醛环氧型 VE 因分子结构中含有二个以上的乙烯基端基而具有高度的交联密度，又因为链中以酚醛结构（有大量的苯环）为主，有着良好的耐酸性、耐溶剂和耐热性，是许多耐蚀环境中的最佳选择。国外主要牌号为美国的 Derakme470、Hetrom970，这类树脂的日本富士鳞片涂料牌号为 6H，国内牌号为 W - 2 和 YX - 1。

2. 玻璃鳞片（GF）

玻璃鳞片是玻璃鳞片树脂涂料中非常重要的组分，玻璃鳞片是采用专门工艺用 C 玻璃制作成的片状填充剂。玻璃鳞片的性能直接受玻璃原料成分、鳞片厚度及大小、鳞片是否经过处理等诸多因素的影响。由于 C 玻璃耐酸性和耐水性好（故称化学玻璃 Chemical Glass），因此用于制作玻璃鳞片的原料必须为 C 玻璃。

玻璃鳞片树脂涂料中的玻璃鳞片占组成的 20% ~ 30%（wt%），其在衬层中采取和基材表面平行的方向重叠排列，只有当玻璃鳞片的厚度达到要求范围（2 ~ 5μm）时才能保证在衬层中有百余层的 GF 排列（1mm 厚约 100 层）。这种结构阻止了腐蚀性离子、水和氧气等的渗透，减小了树脂硬化的收缩率和残留应力，缩小了涂层和金属基体之间热膨胀系数的差值，因此可阻止因反复、急剧的温度变化而引起的龟裂和剥落，增强了衬层的附着力，提高了衬层的机械强度、表面硬度，而且增强了衬层的耐磨性。

玻璃鳞片的片径大小影响涂层的抗渗透性。从表 4 - 2 - 4 可看出，大片径的 GF（最大达 3.2mm）可以获得明显小的渗透系数。在 FGD 应用中，喷涂较薄的涂层（例如约 1.2mm）一般采用较细的 GF（如 0.4mm）。有特别防渗要求，采用泥刀涂抹施工的厚型涂层可采用 3.2mm 的 GF。通常采用的 GF 片径为 0.2 ~ 3.2mm，但从施工性能考虑，以 0.5mm 以下为宜。

表 4 - 2 - 4　　　　　　　GF 片径对涂层水蒸气渗透性的影响

涂　　层	渗透系数 38℃ [ng. cm/(cm². h. torr)]
无玻璃鳞片 VE 树脂	15.5
0.4mm 玻璃鳞片的 VE 树脂	4.6
3.2mm 玻璃鳞片的 VE 树脂	2.8

玻璃鳞片需用硅烷偶联剂进行处理，这样可以明显增加玻璃鳞片与树脂之间的黏结力，有效地增加涂层的抗渗性，降低涂层的吸水性。此外，也有资料报道，玻璃鳞片经磷酸或表面活性剂等物质处理后可减少玻璃鳞片间的相互重叠，增加玻璃鳞片在树脂中的漂浮性，有利于玻璃鳞片与基体之间的平行排列，提高涂层的抗渗性。

3. VE 树脂玻璃鳞片衬层的性能和结构

（1）VE 树脂玻璃鳞片衬层的性能。

涂料作为防腐，其主要功能是使腐蚀介质与基体隔绝。但涂层通常均存在孔隙，一种是结构孔隙，其大小与涂料成膜物质的分子结构有关，一般在 10^{-5} ~ 10^{-7} cm 范围；另一种是涂料成膜过程由于溶剂等挥发形成的针孔，这种针孔较大，约为 10^{-2} ~ 10^{-4} cm。而介质如水、酸和碱等小分子的直径一般均比涂层的结构孔隙要小，再加上这些与涂层接触的介质都是直线地通过涂膜，而涂层又不可能涂得很厚，否则要产生裂纹，因此就一般防腐涂料而言，即使该涂料可以较好地耐受其所接触的介质腐蚀，但它抵挡不住这些介质向基体的扩散渗透。这也就是普通防腐涂料一般只能作为大气防腐而不能起到衬里的原因，尤其在液相介质和温度较高的场合。

玻璃鳞片的加入使涂料发生了两方面的变化，一是可以加工得很厚而不会发生裂纹，这是因为玻璃鳞片把涂层分割成许多小的空间而大大地降低了涂层的收缩应力和膨胀系数；二是由于玻璃鳞片的多层平行地与基体排列，使介质扩散渗透的路径变得弯弯曲曲，延长了介质渗透扩散至基体的时间。

此外，VE 树脂优良的物化特性，玻璃鳞片的良好耐磨性、耐温性和机械性能，给 VE 树脂玻璃鳞片涂料增添了新的功能，使得其具有以下突出的性能。

1）极优良的抗介质渗透性。其抗水蒸气渗透性优于橡胶和 FRP，更小于树脂浇铸体。VE 树脂玻璃鳞片涂料的抗渗性除了与上面谈到的鳞片大小以及是否经过处理有关外，还与鳞片含量、衬层厚度等有关。一般 GF 含量越高，水蒸气渗透性越低，但当 GF 含量达到20%～30%（wt%）后继续增加 GF 含量，蒸汽渗透率变化不大。衬层的抗渗透性与衬层的厚度成正比。

2）优良的耐化学腐蚀性。VE 树脂和玻璃鳞片各自的优良的耐酸、碱腐蚀性和相互结合形成的抗渗透性，使得 VE 树脂鳞片成为 FGD 中防腐蚀应用最广泛、最成功的衬里材料。就耐化学腐蚀性而言优于耐蚀合金，而酚醛环氧 VE 树脂的耐化学性和耐温性在常用的两种 VE 树脂中显得更为优越。

3）优良的耐磨损性。在无腐蚀条件下双酚 A 型 VE 玻璃鳞片衬里的耐磨性优于天然橡胶和丁基橡胶，但较氯丁橡胶略差些。然而在经过腐蚀介质的浸泡后，橡胶的耐磨性能急剧下降，玻璃鳞片涂层的耐磨性却几乎保持不变。

4）耐温性。双酚型 VE 和酚醛环氧 VE 树脂鳞片涂料在液体和干气体中的耐温性分别为90℃、100℃和120℃、150℃。这两种树脂硬化后的玻璃化转变温度（DIN53445）分别为125～130℃和155～165℃。

5）机械性能。表4-2-5列出了 VE 树脂玻璃鳞片涂层的一些典型机械性能，可看出，这种涂层比较坚硬，随着钢材基体的变形仅在有限的范围内具有较低的扯裂延伸率。

表4-2-5　　　　　　　VE 树脂玻璃鳞片涂层的机械性能

抗拉强度 DIN43455（N/mm^2）	20～40
扯裂延伸率 DIN53455（%）	<1
抗弯强度 DIN53452（N/mm^2）	30～60
由抗弯试验获得的弹性模数 DIN53454（N/mm^2）	5000～8000
抗压强度 DIN53454（N/mm^2）	50～80
巴科尔（Barcol）硬度 DIN EN59（HBa）	34～45
对钢材的黏结力 DIN ISO 4624（N/mm^2）	2～7

（2）VE 树脂玻璃鳞片衬层结构。

在 FGD 装置的应用中，有两种类型的 VE 树脂玻璃鳞片衬层结构：一种是单独 VE 树脂衬层；另一种是 VE 树脂玻璃鳞片涂膜与玻璃钢（FRP）复合结构。单独玻璃鳞片涂膜的抗渗性能、耐磨性和线膨胀性以及施工工艺性等方面优于 FRP，但 FRP 在力学性能和抗变形性能上优于玻璃鳞片涂料。因此，将两者复合起来的结构可改进单独涂膜结构的上述缺点。这种复合结构的衬里常用于 FGD 设备的拐角、烟道与伸缩节连接法兰面、梁柱、混凝土浆池表面和有特殊耐磨、耐温度要求的部位。表 4－2－6 列出了日本富士（Fuji）树脂有限公司常用于 FGD 装置的 VE 树脂玻璃鳞片衬里的结构图、用途和适用范围。可供选择玻璃鳞片衬里结构时参考。

表 4－2－6 常用于 FGD 装置的玻璃鳞片 VE 树脂衬里结构

用途	牌号	衬 里 结 构	厚度（mm）
正常温度下的耐酸腐蚀衬里 耐热： 90℃（液体） 100℃（气体）	6R	面涂层（面漆） 玻璃鳞片衬层 底涂层（底漆） 喷砂面 ISO Sa2½ 基材	0.1～0.2 1.5～2.0 （三层包括底涂层，下同） 标准：2 最小：1.5
高温耐酸腐蚀衬里 耐热： 120℃（液体） 150℃（气体）	6H	面涂层 GF 衬层 底涂层 喷砂面 ISO Sa2½ 基材	0.1～0.2 1.5～2.0 （三层） 标准：2 最小：1.5
拐角部件或有轻微磨损部位的防酸内衬 耐热： 90℃（液体） 100℃（气体）	6R－AR－2.1	面涂层 耐磨衬层（表面毡层） 耐磨衬层（玻纤厚毛毡） GF 衬层 底涂层 喷砂面 ISO Sa2½ 基材	0.1～0.2 0.3～0.4 0.7～1.0 1.5～2.0 （三层） 标准：3 最小：2.5
120℃（液体） 150℃（气体）	6H－AR－2.1		
高耐磨、防酸、碱腐蚀衬里 耐温： 90℃（液体） 100℃（气体） 120℃（液体） 150℃（气体）	6RU－AC	面涂层 AC 玻纤布层 AC 树脂砂浆层 （含陶瓷粉或石英砂） GF 衬层 底涂层 喷砂面 ISO Sa2½ 基材	0.1～0.2 3.0～4.0 （三层） 1.5～2.0 （三层） 标准：5 最小：4

续表

用途	牌号	衬里结构	厚度（mm）
含氟酸防护衬里 耐温： 正常温度 高温	6RAR - F	面涂层 酚醛表面毡衬层 玻纤厚毛毡衬层 GF衬层 底涂层 喷砂面ISO Sa2½ 基材	0.1 ~ 0.2 0.3 ~ 0.4 0.7 ~ 1.0 1.5 ~ 2.0 （三层） 标准：3 最小：2.5
混凝土表面防腐衬层，适合稀浆混凝土池和地沟防腐衬层 耐温： 70℃（液体） 80℃（气体）	CHEMEQ FX5506 - 11	#6R面涂层 表面毡衬层 玻纤厚毛毡衬层 鳞片FLEX #501树脂层 500M底涂层 Polytac #2000底涂层 喷砂层 混凝土基面	1.0 （三层） 1.0 （三层） 标准：2.0 最小：1.5
高温区拐角部件加强型衬层 耐温： 120℃（液体） 150℃（气体）	#6H - AR2.1 + C	面涂层 玻纤布层 表面毡层 玻纤厚毛毡层 GF#6H 底涂层 喷砂面ISO Sa½ 基材	1.3 （四层） 2 （三层） 标准：2.3 最小：2.5
耐高温干烟气喷涂衬层 耐温： 150 ~ 170℃（气体）	—	GF#6H 底涂层 喷砂面ISO Sa2½ 基材	0.4 × 3 0.1 标准：1.3 最小 1.1

　　玻璃鳞片树脂衬层与橡胶衬里的搭接应为后者覆盖在前者的上面，且必须有150mm的重叠接合面。重叠在玻璃鳞片树脂衬层上的胶片端头坡口应涂敷树脂涂料和面涂层，使其与玻璃鳞片树脂衬层浑为一体。

　　需要指出的是，根据树脂玻璃鳞片内衬的使用经验，应用于湿区的内衬一般应选择片径较大的玻璃鳞片，采用泥刀涂抹施工，压实涂层，减少施工带入的气泡并保证有适当的衬层厚度，湿区涂层损坏的主要原因是采用喷涂施工，且喷层太薄，或鳞片片径较小以及树脂的黏着力差等。对干区则应采用高压无空气喷涂施工，喷涂层 GF 含量在 20% 左右或更低些，应选用片径较小（＜0.4mm）的 GF，分 3 次喷涂，喷涂层总厚约 1.2mm，这种喷涂层的使用效果较好，在高温干区采用厚浆型 GF 衬层的使用效果并不理想。

玻璃鳞片树脂涂料的主要优缺点例于表 4 - 2 - 7。

表 4 - 2 - 7 玻璃鳞片树脂涂料的优缺点

优 点	缺 点
1. 具有较高的耐酸性、碱腐蚀性、耐水解性； 2. 具有较高的耐热性和耐寒性（详见表 4 - 2 - 6）； 3. 对基材表面黏着力强，耐温度骤变性好； 4. 由于增强材料的应用增加了衬层的表面硬度、抗压、抗拉强度等机械性能，使之具有优良的抗渗透性和耐磨损性； 5. 可以设计出具有各种特性的衬层结构； 6. 投资费用低于橡胶衬里和合金	1. 耐温性仍受到应用温度的限制； 2. 遭受机构撞击时易损坏，抵抗机械冲击力不如橡胶内衬，烟道壁过分振动可能使衬层开裂； 3. 施工环境恶劣，施工步骤严格； 4. 维修工作量大，对吸收塔 5 ~ 10 年需大修或更换； 5. 不能在衬层背面的基材进行焊接施工，树脂是易燃物，检修过程中的电焊易引发火灾

4. 玻璃鳞片涂料的施工要求

喷砂处理基材表面和涂敷涂料时的工作条件是：环境温度以 15 ~ 30℃ 为宜，一般应不低于 5℃，最低为 0℃，基材表面温度应高于露点温度 3℃，环境相对湿度应不高于 85%。

（1）基体的表面处理。

对涂敷基材表面的处理如橡胶衬里一样有严格要求，是涂装质量控制重要而又难以控制的一个环节。有人对影响涂膜寿命的钢材表面处理、涂膜厚度、涂料种类和涂装工艺条件等因素进行了统计分析，发现钢材表面处理质量的影响几乎占到 50%，由此可见表面处理的重要性。基材表面处理包括两方面的工作。

1）喷砂处理前基材表面的预处理。

衬里侧的焊缝应为连续焊缝，不能有重叠焊缝。焊区表面应平整、焊缝凸出高度和焊瘤高度不应超过 0.5mm，否则应打磨平整。需要进行衬里施工的阴阳拐角应有圆滑过度，凸出的拐角半径应不小于 3R（R 为拐角焊缝厚度），凹处半径应不小于 10R。

钢材表面的点焊、焊瘤、焊渣、焊接的飞溅物和毛刺均应打磨掉。应补焊打磨钢材表面的针眼、裂缝。混凝土基体或水泥砂浆抹面的基体不应有裂缝、黏附的水泥砂浆和明显的凹凸不平处，必要时应进行清除和修补。用木槌敲打检查有无夹层和松脆的表面，表面强度应不低于 150kg/cm^2。混凝土表面必须干燥，表面残余湿度应低于 4%。同样，混凝土构件的拐角也应有适当的弧度。

2）对基体表面进行喷砂处理。

喷砂处理所用的砂应采用硬度较高、洁净、无油污和杂物、粒度为 14～65 目的石英砂，石英砂含水量应小于 1%，必要时应进行烘干。喷砂的气压取 6～8kgf/cm²。喷砂应彻底清除金属表面的油脂、氧化皮、锈蚀产物等一切杂物，使钢材表面达到 ISO Sa 2½ 或我国 GB 8923—1988 除锈等级中的 Sa 2½，表面粗糙度应不小于 50μm。混凝土表面应达到清洁，无油污和无松动。

（2）涂装和检测。

基体表面喷砂处理后应尽快涂刷底涂层，最迟不应超过 8h，否则基体表面会吸湿、生锈。完成底涂层的涂刷后至少应间隔 2h（均针对表 4 - 2 - 6 所列树脂而言，下同）再进行下一道工序，以后每道工序之间的最小间隔时间均为 2h，已涂层应完全干后才能进行下一道涂层施工。如果间隔时间超过 30 天，应先用 2 号砂布砂一遍底涂层，抹上苯乙烯（清洗和软化底涂层）后再涂抹第一层 GF 树脂胶泥。

在涂抹树脂层时应掌握每层厚度和均匀性，避免过厚、过薄和漏涂。每层涂抹后应用浸有苯乙烯的滚筒全面、无遗漏地碾压一遍，使涂层密实、厚度均匀并排去施工中带入涂层的气泡。待第一层 GF 树脂涂层完全干后进行一次目视检测，看涂层有否漏涂、流挂、厚度不均以及隆起或剥离等异常现象，然后根据情况进行修补。

第一层 GF 树脂涂层应添加着色颜料，而第二层则不加着色颜料，这样方便观察第二层是否有漏涂之处。在最后一道 GF 树脂涂层完工后，除目视检查外，用 9000V 放电式针孔检测仪检测针孔，检测电刷应逐一扫过整个涂装面，不得有漏检处。用电磁测厚仪检测涂层厚度，用木槌或硬橡胶锤进行敲击检查，通过敲击异音来判断是否有涂层缺陷。在需要修补的地方做好标记，进行全面整修，整修完毕后涂刷面涂层。在涂装全部结束后应按上述检测方法作最后验收检测。用测厚仪检测时，每 2m² 抽取一个随机检测点检测涂层厚度。对较厚、层数较多的涂层，可在施工到中间厚度时，按上述方法增加一次检测。

对需要在 GF 涂层上衬覆玻璃纤维布、毡、表面毡的涂装，应将玻璃布等铺平展，吃透树脂涂料并滚压密实，玻璃布之间相互有适当的搭接。

（3）养护。

涂层施工后至能使用的这段时间称为保养期，保养期的长短取决涂层完全固化所需时间，一般夏季在室温下至少需 5 天，冬季应 10 天以上。如需提前使用，则可加温加速涂层固化，可 60℃ 固化 4h，再 80℃ 固化 2h。

（4）安全、劳动、卫生等。

玻璃鳞片涂料施工的工序多，现场有毒气体、易燃溶剂较多，施工环境较恶劣，因此注意通风，加强劳动保护，防止发生火灾是十分重要的。

（三）橡胶内衬和玻璃鳞片树脂衬里性能比较

橡胶和玻璃鳞片树脂内衬在 FGD 系统均有长期成功应用的经验，但刚接触 FGD 系统的工程技术人员往往对这两种衬层的选择提出疑问。应该说这两种衬里均可以应用于 FGD 系统，各有优缺点。至于选择哪种，在很大程度上取决于 FGD 供应商的习惯和经验，电厂也可能因为习惯或为了减少防腐材料的种类而指定采用某种防腐材料，FGD 供应商会予以满足。

但是，吸收塔采用橡胶衬里的 FGD 系统往往在 GGH 和吸收塔上、下游烟道等部位采用 GF 树脂内衬，而采用 GF 树脂内衬的 FGD 系统一般无需在现场进行橡胶衬里施工，这样可以减少采用防腐材料的种类。这两种防腐材料的主要性能比较列于表 4 – 2 – 8。

表 4 – 2 – 8 橡胶和玻璃鳞片涂料的主要性能比较

比 较 项 目	比 较 结 果
耐腐蚀性、耐 Cl⁻ 浓度	相同
对钢材的黏结力	橡胶稍强于 GF 涂料
耐高温性	橡胶低于 GF 涂料
耐温度骤变性	橡胶不如 GF 涂料
抗渗透性	橡胶稍次于 GF 涂料
耐磨损性（在腐蚀介质中）	橡胶略差于 GF 涂料，但 GF 涂料表面较粗糙可能影响耐磨性
抵抗机械冲击力	橡胶好于 GF 涂料
耐老化性	橡胶不如 GF 涂料
投资费用	橡胶略高于 GF 涂料
对施工环境的要求	橡胶要求较高，但 GF 涂料施工环境更恶劣
维修工作量	相同
衬层修补性	橡胶略次于 GF 涂料

（四）橡胶和玻璃鳞片损坏分析

橡胶和玻璃鳞片在使用过程中损坏的原因很多，以下按损坏出现的时间来分析损坏的主要原因。

1. 衬里过早损坏的原因

造成橡胶和玻璃鳞片过早损坏、最值得注意的几个方面有：原料质量不好、生产技术规范、产品的变更和替代、施工质量、工作环境骤变、机械外力破坏。

（1）原料选择不好，生产过程的技术规范不严、质量控制不好。

除了不正确的选材外，产品的变化是导致橡胶衬里损坏最为重要的因素。在美国 FGD 应用历史上，由于胶片产品技术规范过于粗放，由产品变化引起的质量问题曾相当普遍，以致美国电力研究协会（EPRI）主持制定了"用于 FGD 橡胶的技术要求导则"。曾调查发现，用于同一 FGD 模块中的三种截然不同的橡胶，却号称是同一种橡胶。此外，有些厂家已经改变了他们生产的橡胶和树脂产品的配方却没有改变牌号或产品名称，有些产品的"改进"还导致了性能下降。随着环境保护法规越来越严格，许多树脂产品正在重新制定配方，以便减少或不使用芳香胺固化剂和苯乙烯交联剂，但这些重新设计的配方对性能的长期影响，至今尚未得到证实。由经验得知，为了保证衬里质量，首先必须保证原材料的质量。合成橡胶和树脂均是高聚合物，不同批次的产品在聚合度等性能方面不尽相同，生产技术较差的小厂往往很难保证质量的稳定性，因此必须选择信誉好的厂家生产的胶片和树脂。严格按要求的条件存放这些原材料，防止胶板、树脂和各种添加剂过期。我国电力系统也应制定用于 FGD 橡胶和树脂的技术规范，以指导电厂工程技术人员选择这类材料和对这类材料进行质量检查。

（2）施工技术规范及过程控制不过关。

如前所述，要成功地应用胶板和玻璃鳞片除了原材料必须合乎要求外，还要重视施工质量。施工中任何疏忽都可能导致衬层早期黏结方面的缺陷。例如，衬层早期局部起泡的原因多为：基体有砂眼、气孔等缺陷，衬前未发现或处理不当；压贴胶板或滚压 GF 树脂胶泥或衬敷玻纤布时，局部未除去残存气体；喷砂除锈不彻底，或在衬里过程中落上了灰尘或其他污物；设备焊缝、转角的处理未达到规定的要求。多处或大面积起泡或脱层则可能是：胶板或树脂过期；粘贴橡胶板的胶浆混入水分或失效；树脂固化剂选择不适当；衬里施工时湿度过大或温度过低以及两道工序之间的间隔时间掌握不好等原因。

（3）工况骤变、工作环境太差、机械外力破坏。

运行期间或事故时温度骤变、浆液中较大垢块或机械异物、检修期间的机械碰撞都会使橡胶和树脂衬里过早损坏。在检修时不允许用铁锤等敲打衬里的外壁，在清除衬里表面的石膏垢时应格外小心，不得伤及内衬。塔内检修时足手架钢管两端应用柔软的东西包扎，立在罐底的管件应垫有木板，在清除吸收塔反应罐底部的沉积物时应格外小心，不要损伤衬层。一旦衬层破裂，很快就会发生基体被腐蚀穿孔。在喷淋塔中，喷嘴喷射出的浆液如果正对塔壁，会在较短的时间里（2~4 月）将内衬磨穿。应用在 FGD 装置中的这两种衬里有严格的温度限制，当出现不正常工况、温度异常偏高时，对衬里的损坏会逐渐显露出来。因此，当锅炉排烟温度超过一定限值（通常取 180℃）时，应有自动保护措施，如迅速隔离 FGD 系统或投入事故冷却装置，防止这两种衬里遭受高温损坏。

此外，在衬里施工过程中，所用溶剂多为易燃物，发生火灾的几率非常高，必须加强通风，特别要注意防止易燃气体积聚到危险程度。此外，大多数固化后的增强树脂和硫化后的胶片衬里是易燃的，在有衬里的吸收塔内或外壁上焊接曾引起过严重的火灾，因此衬有有机防腐材料的吸收塔应在显著的地方挂有"禁止焊接"的警示牌。在必须进行电火焊时，应有周密的防火措施。

2. 衬里最终损坏的原因

胶板和玻璃鳞片都是属于具有半渗透性的防护层，这些衬里最终失效的一个原因是，水分渗透至衬层与钢板基体之间造成脱层；另一个原因是材料的老化。

（1）防渗差。

在防渗透方面，橡胶衬层的老化比玻璃鳞片 VE 树脂要快些。涂层或衬里的局部隆起，鼓泡中充满了气体和液体证明了渗透的存在。

（2）材料老化。

橡胶衬层失去原有的弹性、变硬甚至发脆或龟裂是老化的特征。影响鼓泡产生时间的主要因素是，材料抗水分渗透性、衬里的厚度以及透过衬层的温度梯度。温度梯度的影响通常被称为"冷壁"效应。此外，树脂衬层的含树脂量、树脂对增强材料的黏结性也会影响鼓泡产生的时间。

二、玻璃钢（FRP）

（一）FRP 组成和主要特性

1. FRP 组成

以合成树脂为黏结剂，玻璃纤维及其制品作增强材料，并添加各种辅助剂而制成的复合材料称为玻璃纤维增强塑料（Fiber-Reinforced Plastic，FRP），简称玻璃钢。因其强度高，可与钢铁相比，故又称为玻璃钢。常用的合成树脂有环氧树脂、酚醛树脂、呋喃树脂以及乙烯基酯树脂，但在 FGD 系统中更多的是选用后一种合成树脂。增强材料主要有碳纤维、玻璃纤维、有机纤维，但目前 FGD 装置中使用最多、技术最成熟的 FRP 仍采用玻璃纤维及其制品作为增强材料。常用的辅助剂有固化剂、促进剂、稀释剂、引发剂、增韧剂、增塑剂、触变剂和填料。

合成树脂在 FRP 中，一方面将玻璃纤维黏合成一个整体，起着传递载荷的作用；另一方面又赋予 FRP 各种优良的综合性能，如良好的耐蚀性、电绝缘性和施工工艺性等。因此 FRP 制品的性能，往往取决于所用合成树脂的种类。换句话说，在讨论 FRP 的性能和应用时，如果不明确所采用的树脂类型是意义不大的。

玻璃纤维及其制品是 FRP 的主要承力材料，起着增强骨架的作用，对 FRP 的力学性能起主要作用，同时也减少了产品的收缩率，提高了 FRP 的热变形温度和抗冲击等性能。

各种辅助剂起着控制树脂的聚合程度、硬化时间和改善施工工艺性的作用。对固化后树脂的性能，如韧性、硬度、抗渗、耐磨等也有重要影响。

2. FRP 主要特性

FRP 的主要特点是：① 轻质高强；② 优良的耐化学腐蚀性；③ 良好的耐热性和隔热性；④ 良好的表面性能，表面少有腐蚀产物，也很少结垢，FRP 管道内阻力小，摩擦系数较低；⑤ 可设计性好，可以改变原材料种类，数量比例，纤维布排列方式，以适应各种不同要求；⑥ 良好的施工工艺性，可以加工成所需要的任何形状，最适合大型、整体和结构复杂防腐设备的施工要求，适合现场施工和组装。

FRP 的缺点是：同金属相比，FRP 的弹性模量较低，长期耐温性一般在 100℃ 以下，个别可达 150℃ 左右，仍远低于金属和无机材料的耐温性。对溶剂和强氧化性介质的耐腐蚀性也较差。FRP 在 FGD 的应用以及优缺点归纳于表 4 - 2 - 9。

表 4 - 2 - 9　　　　　　　　FRP 在 FGD 系统中的应用和优缺点

部　位	管　道	其他独立的组件
产品	推荐玻璃纤维增强热固型乙烯基酯树脂	推荐玻璃纤维增强、热固型乙烯基酯树脂或溴化乙烯基酯树脂
应用最多的地方	吸收塔内的喷淋母管，塔外的浆管，氧化空气分布管，ME 冲洗水管。应根据介质的磨损情况，决定管道的内侧或外侧或内外侧是否具有耐磨衬层	除雾器、圆筒形贮罐、烟道、烟囱内衬
较少应用的部件	其他工艺管道	圆筒形吸收塔

续表

部　位	管　道	其他独立的组件
主要优点	(1) 轻质高强，管道内阻小； (2) 相对于其他耐蚀管道费用较低； (3) 易于装配、修复； (4) 无氯化物浓度限制； (5) 不常发生磨损事故，管内外不易结垢； (6) 已在 FGD 获得广泛的应用	(1) 轻质高强； (2) 耐浆液和凝结液（高浓度酸凝结液除外）化学腐蚀； (3) 在有耐磨要求的部位可以采用耐磨配方； (4) 可在现场制作构件
主要缺点	(1) 连续运行温度低于 93℃，最高温度不超过 150℃； (2) 浆液流速低于 2.4m/s； (3) 荷重强度有限； (4) 需定期维修	(1) 浸没区和喷淋区的温度低于 93℃，干烟气温度不超过 160℃； (2) 需定期维修； (3) 用于 FGD 罐体、烟道，烟囱内衬缺乏可借鉴的资料、经验和 FGD 应用标准

（二）耐蚀 FRP 的应用

FRP 是 1932 年首先在美国出现的一种新型复合材料，到 20 世纪 60 年代末 FRP 在防腐蚀领域得到了较为广泛的应用。到 70 年代，耐蚀 FRP 已发展成美国复合材料工业第二大产品。在我国 FRP 工业应用中，耐蚀 FRP 居首位。主要应用方式是，衬里、增强和整体结构三种。表 4-2-6 示出的树脂 GF 涂料与 FRP 相结合的复合衬里，由于系手工操作，施工简单，总费用较低，在 FGD 系统中得到广泛的应用。FRP 应用于增强实际上是 FRP 与塑料等材料的复合结构，用塑料、玻璃或陶瓷为内衬，外面用 FRP 进行加强，利用塑料优良的抗渗性、耐腐蚀性和加工方便、价格较低等优点，充分发挥了 FRP 的轻质高强的特点。整体全结构 FRP 是今后发展方向，它能体现 FRP 的轻质高强度以及良好整体性等特点。以下主要介绍整体 FRP 在 FGD 系统中的应用。这种具有独立结构的整体 FRP 在 FGD 系统的应用有发展的趋势，广泛用作 FGD 装置的浆管、ME、烟道和烟囱衬里。另外，已出现了整体 FRP 气体洗涤塔或反应罐，但目前仅用于小型 FGD 系统。

1. FRP 管道

在美国，吸收塔外的浆液输送管道广泛采用 FRP 管。此外，目前大多数湿法 FGD 系统的吸收塔喷淋母管都趋向于采用 FRP 管。出现这种趋势的两个主要原因是，FRP 管质量轻、价格较低；有优良的耐腐蚀性，通过改变配方可以达到所要求的耐磨损性。由于大多数合金管道不适用于高浓度 Cl⁻ 的腐蚀环境，价格又昂贵，加之不断增加的 FRP 喷淋母管成功应用的实例，使得人们更趋向于选择 FRP 管。表 4-2-10 列出了美国巴威公司对不同材质喷淋母管费用的比较，从该表可看出，耐磨 FRP 喷淋母管的费用最低。

表 4-2-10　　　　　吸收塔喷淋母管费用比较

材　料	与 1997 年费用之比	材　料	与 1997 年费用之比
耐磨 FRP	1.0	317L 不锈钢	2.4
橡胶内外衬复碳钢管	1.5	317LMN 不锈钢	2.5
316L 不锈钢	2.1	合金 C-276/C-22	7.0

对于制作 FRP 管道的合成树脂，大多选用乙烯基酯树脂。

安装于吸收塔外部的 FRP 浆管，要求其内侧必须有耐磨树脂衬里。在吸收塔内，根据性能要求的不同有三种类型的 FRP 管：

（1）FRP 喷淋母管必须具有耐化学腐蚀性，管的内外侧表面应有抗磨性；

（2）除雾器 FRP 冲洗管，在冲洗水中固体物含量低于 5% 时，仅要求其具有耐化学腐蚀性；

（3）位于反应罐中的 FRP 氧化喷气管，主要要求其具有耐化学腐蚀性，管外侧具有耐磨性。

另外，需要特别注意的是，凡与腐蚀环境接触的 FRP 构件的表面应有一层富含树脂的涂层，这层富含树脂的涂层可以起到隔离腐蚀介质和水分的作用，阻止水分渗入纤维层中。在 FRP 中，最薄弱的地方是玻璃纤维与树脂的结合面，减少 FRP 中纤维含量，增加树脂含量是改善抗渗性的主要方法，因此，在耐蚀 FRP 中普遍采用富树脂层设计，美国曾规定富树脂层的厚度为 2.5mm，近年，在 FRP 长期实践经验的基础上，在某些苛刻应用条件（高温湿氯气和盐水等介质中）下，要保持 FRP 设备 15~25 年的寿命，其富树脂层的最小厚度要求 6mm，过薄的富树脂层往往是造成 FRP 过早损坏的原因。如果 FRP 构件表面仅暴露于大气中，那么表面富含树脂的涂层则可有可无。

通过改变富含树脂涂层的配方，还可以获得优良的耐磨性，图 4-2-2 是液柱塔内喷浆管的一种叠层结构。除了管内侧具有一般耐磨性外，其外表面有一层 3mm 左右的高耐磨层，使之能耐受大量浆液下落造成的冲刷磨损，图 4-2-2 的结构类似表 4-2-6 中 6RU-AC，如果冲刷磨损严重的喷浆管外侧没有这层高耐磨层，在数千小时后就将磨穿 FRP 管。尽管喷淋母管所处的冲刷环境要温和些，管外侧也必须有高耐磨层。

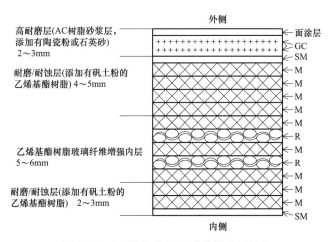

图 4-2-2 液柱塔 FRP 喷浆管叠层结构

（GC：玻纤布 230 号；SM：表面毡 30 号；M：短切毡 450 号；R：粗纱布 800 号）

采用 FRP 管对工艺有一定限制，FRP 管连续工作温度不超过 93℃（有的设计温度仅 60℃），可耐受极限偏差温度 149℃（有的设计偏差温度限值为 80℃，短时可承受

100℃）。这种设计使用温度的差异可能与所用树脂类型不同有关。浆液颗粒的平均直径不应超过150μm（100目），因此要严格控制石灰石的磨细程度和减少烟气的含尘量。浆液固体物含量不应超过25%。如果浆液局部流速超过大约6.5m/s，会产生严重磨损。一般FRP浆管的典型设计体积流速为1.5~2.5m/s，允许弯头和类似结构部位的流速稍微超过上述流速值。采用半径较大的弯头和较长的变径管能减少磨损。另外，浆液喷嘴与浆管之间的法兰连接要严密，法兰处的浆液泄漏会造成浆液成扇形状喷出而迅速磨损法兰面。

FRP管道比其他管道（如橡胶内衬碳钢管、合金管）质量轻，比较易于安装和更换。但FRP管的载重有限，在进行维修时应注意防止机械荷重超过FRP管的承载能力。特别要注意的是，绝不能将脚手架坐落在FRP管上，维修人员也不能在管道上行走。设计时应考虑支撑结构，以防止维修时荷重过大而损伤FRP管。

2. 独立的FRP构件

近年来国内外开始采用FRP来制作FGD主要组件，如浆罐、吸收剂罐、吸收塔壳体、烟道和烟囱，或作为内衬。采用缠绕机械设备在现场制作大直径组件，现场制作可直径达3.6~27m的FRP容器。国内江苏德克、连云港联众为代表的多家玻璃钢厂均能够从事脱硫非标箱罐、吸收塔、烟道、烟囱、大型管道的制作供货，业绩很多。另外，在电力系统以外，特别在冶金、纸浆和造纸工业中，各种FRP制作的组件已应用了多年。

但由于缺乏明确的设计和制造标准，这类树脂在FGD中的应用受到阻碍。由于FRP复合材料的一些典型问题还未暴露，人们也未充分认识这种材料的特性，即使在国外，也仅有少数几家非常专业的厂家设计和制造大型FRP整体件。另外，由于设计大型FRP结构件需要非常专业化的知识，这使得公共发电厂很难对这类结构件进行标书评价，这些都使得FRP整体结构件在FGD系统中的应用受到限制。但是随着FRP材料和制造技术的发展，FRP在脱硫及相关行业的应用将非常广泛。

第二节　金　属　材　料

一、金属腐蚀理论

耐腐蚀金属是FGD工艺可供选择的重要防腐材料，耐腐蚀金属所具有的以下综合性能是其他防腐材料所不能相比的：可同时具有优良的防腐耐磨性，机械强度高，防腐结构简单，耐温防火性和耐久性好，不易遭受机械损伤，易于施工和修复且维护工作量小。但是，正确、合理地选择耐腐蚀金属对于发挥其优良性能、获得较好的经济效益是至关重要的。要做好选材工作，首先应了解产生腐蚀的原因、影响腐蚀的因素以及控制的机理。本节简要地介绍金属腐蚀的基本概念，以供读者在选择FGD耐蚀金属材料时参考。

（一）腐蚀机理

金属材料或其制件和它们所处的环境介质之间发生化学、电化学和物理作用而引起的变质和破坏称为金属腐蚀。在腐蚀性流体中发生的磨损是化学腐蚀和磨损协同作用造成的，称为磨损腐蚀，也属于金属腐蚀研究的范畴。

金属的腐蚀是一个十分复杂的过程。首先，环境介质的组成、浓度、压力、流速、温度、pH 值等千差万别；其次金属材料的化学成分、组织结构、表面状态等也是各种各样的；另外，由于受力状态不同，也可能对腐蚀损伤造成很大的影响。因此，金属腐蚀的分类方法很多。按反应机理，可分为化学腐蚀和电化学腐蚀两大类；按腐蚀形态，可分为全面腐蚀与局部腐蚀两大类；还有其他一些分类方法，不一一述说，以下结合 FGD 系统的腐蚀特点来简单阐述腐蚀机理和形态。

1. 化学腐蚀

化学腐蚀指金属表面与非电解质直接发生纯化学作用而引起的破坏。其反应过程的特点为，在一定条件下腐蚀介质直接同金属表面的原子相互作用形成腐蚀产物，反应过程没有电流产生。但实际上，单纯化学腐蚀的例子是少见的。例如铝在四氯化碳、三氯甲烷或乙醇中，镁和钛在甲醇中皆属化学腐蚀；但上述介质往往因为含有少量水分而使金属的化学腐蚀转化为电化学腐蚀。

2. 电化学腐蚀

电化学腐蚀指金属与电解质溶液发生电化学作用而产生的破坏，反应过程同时有阳极反应（例如较活泼的金属失去电子）和阴极反应（例如溶液中 H^+ 离子在不太活泼的金属上获得电子）两个相对独立的过程，并有电流产生。例如金属在海水、各种酸、盐、碱溶液中发生的腐蚀属于电化学腐蚀。金属的电化学腐是最普遍、最常见的腐蚀。FGD 金属构件所遭受的腐蚀大多数都是电化学腐蚀造成的。金属电化学腐蚀有时单独由金属和介质造成腐蚀。有时和机械作用、生物作用等共同导致腐蚀。例如在 FGD 系统中，浆泵叶轮、护板同时受到电化学腐蚀和机械磨损作用而导致磨损腐蚀。又如高速旋转的泵叶轮由于在高速流体作用下产生了所谓空穴，空穴会周期性地产生和消失，当消失时因周期高压形成很大压差。在靠近空穴的金属表面发生"水锤"作用，破坏了金属表面的保护膜，加快了金属的腐蚀，造成所谓"空穴"或"空化"腐蚀。

（二）腐蚀形态和分类

1. 全面腐蚀

此类腐蚀分布在整个金属表面上，它可以是均匀的，也可以是不均匀的，但总的来看，腐蚀分布相对较均匀。这种腐蚀的危害相对比较小，因为这种腐蚀是在整个表面上以基本相同的速度向金属内部蔓延，所以可以预测它的腐蚀速度和材料的使用寿命，据此可在设计时留出一定的腐蚀裕度。

2. 局部腐蚀

此类腐蚀主要集中在金属表面局部区域，而表面的其他部分几乎没有腐蚀或腐蚀轻微。由于局部腐蚀的分布、深度和发展很不均匀，很难估算其腐蚀速度，常在整个设备较好的情况下，突然发生破坏。局部腐蚀的危害性较大，据统计分析 767 个各类腐蚀失效事故的实例，发现全面腐蚀占 17.8%，局部腐蚀占到 82%，可见局部腐蚀的危害性。常见的局部腐蚀有点蚀、缝隙腐蚀、应力腐蚀、腐蚀疲劳、磨损腐蚀、电偶腐蚀、晶间腐蚀和选择性腐蚀。前 6 种是 FGD 系统常发生的局部腐蚀，本节将简要介绍这 6 种局部腐蚀产生的主要原因和腐蚀形貌。在上述的前 6 种局部腐蚀中，前 5 种又是 FGD 系统中最常见、

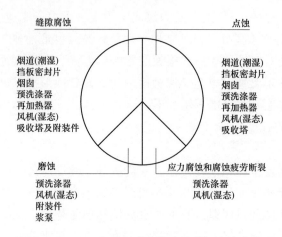

图 4 - 2 - 3　FGD 装置中常见腐蚀损坏事故分析

危害性较大的腐蚀形式，图 4 - 2 - 3 示出了 FGD 装置中腐蚀损坏部位和出现损坏的频率。从该图可看出，其中点蚀和缝隙腐蚀占了七成半以上。

（1）点蚀。

1）点腐蚀的基本概念。点腐蚀简称点蚀，也称小孔腐蚀。这种腐蚀主要集中在某些活性点上，范围小，但向金属内部深处发展，形成蚀孔状腐蚀形态。而金属的其他部位几乎不腐蚀或腐蚀轻微。它的特点是蚀孔深度大于直径，腐蚀集中在个别点上，有些较分散，有些较密集，严重时可使设备穿孔。蚀孔的形成有一个诱导期，但长短不一，蚀孔一旦形成便具有向深处自动加速进行的作用。腐蚀的孔口表面常用腐蚀产物覆盖，少数呈开放式，无腐蚀产物覆盖。

2）点蚀发生的主要条件和特征。点蚀主要表现为以下三点：其一，点蚀多发生于表面生成钝化膜的金属或合金材料上，如不锈钢、铝及铝合金、钛及其合金。当这些膜上某点发生破坏，破坏区下的金属基体与膜未破坏区之间形成了腐蚀电池，钝化表面为阴极而且面积比膜破坏区（活化区）大很多，腐蚀就在膜破坏区向深处发展形成小孔。其二，点蚀破坏多数发生在有特殊离子的介质中，如不锈钢对含有卤族离子的介质特别敏感，其作用顺序为 $Cl^- > Br^- > I^-$，这些阴离子在合金表面不均匀吸附导致钝化膜的不均匀破坏。其三，点蚀损伤往往是由于超过材料在具体介质中的腐蚀临界电位（又称点蚀电位或击破电位）造成的。在许多情况下是由于材料在给定介质中耐点蚀能力不足，更常见的原因是设计不合理以及制造失误，如造成静止状态死角和焊接缺陷等。

3）影响点蚀的因素。影响点蚀的因素有环境因素和冶金因素。环境影响因素是指材料所处介质特性，它对点蚀的形成有重要的影响。环境影响主要有以下方面：其一，介质类型。如不锈钢易在含卤族元素阴离子 Cl^-、Br^-、I^- 中发生，当溶液中含有 $FeCl_3$、$CuCl_2$ 为代表的二价以上重金属氯化物时，将大大促进点蚀的形成与发展。其二，介质浓度。以卤族离子为例，只有当卤族离子达到一定浓度时才发生点蚀，不锈钢的点蚀电位与卤族离子浓度有一定的关系，Cl^- 对点蚀电位的影响最大。介质中其他阴离子或阳离子则有些可能对点蚀起加速作用，有些起缓蚀作用。FGD 系统浆液中较多见的 SO_4^{2-} 对不锈钢点蚀起缓蚀作用。其三，介质温度。温度升高，不锈钢点蚀电位降低。在含氯介质中，各种不锈钢都有一临界点蚀温度（CPT），达到这一温度发生点蚀几率增大，并随温度上升而趋于严重。其四，介质流速。一般流速增大，点蚀倾向降低，若流速过大，则将发生冲刷腐蚀。对不锈钢有利减少点蚀的流速为 $1m/s$ 左右。

冶金因素主要指合金元素的作用。当合金表面的钝化膜局部被破损，点蚀开始后，如果被侵蚀的钝化膜不能很快地自动修复，点蚀将进一步发展。提高不锈钢耐点蚀性能

图中文字：

缝隙腐蚀　　　　　　　　点蚀

烟道(潮湿)　　　　　　　烟道(潮湿)
挡板密封片　　　　　　　挡板密封片
烟囱　　　　　　　　　　烟囱
预洗涤器　　　　　　　　预洗涤器
再加热器　　　　　　　　再加热器
风机(湿态)　　　　　　　风机(湿态)
吸收塔及附装件　　　　　吸收塔

磨蚀　　　　　　　　应力腐蚀和腐蚀疲劳断裂

预洗涤器　　　　　　　预洗涤器
风机(湿态)　　　　　　风机(湿态)
附装件
浆泵

最有效的元素是铬（Cr）和钼（Mo），氮（N）与镍（Ni）也有好的作用。增加含铬量可以提高钝化膜的稳定性。钼的作用在于能抑制 Cl^- 的破坏作用和形成保护膜，防止 Cl^- 穿透钝化膜。氮的作用在于能在初期形成的蚀孔中抑制 pH 值的降低。镍有助于修复被损坏的保护膜，还可改进合金的加工性能及焊接性能。铬、钼、氮的联合作用更为显著。不锈钢中加入适量的 V、Si 以及稀土元素对提高耐点蚀性能也稍有作用。从合金材料的组织结构来看，提高其均匀性可增强其抗点蚀能力。降低钢中 S、P、C 等杂质元素，则可降低点蚀敏感性。

耐点蚀当量数（PREN）是根据合金成分来判断其在含氯离子介质中耐点蚀能力的指数。PREN 越高，合金耐点蚀性能越好。有关合金 PREN 的计算将在后面介绍。

4）防止点蚀的措施。为了防止点蚀，可以采取以下几种措施：改善介质条件，如降低 Cl^- 含量、降低温度、提高 pH 值、减少氧化剂（如除氧、防止 Fe^{3+} 和 Cu^{2+} 的存在）；选择耐点蚀的合金材料；结构上避免出现"死区"；采用阴极保护；对合金表面进行钝化处理和使用缓蚀剂。但在 FGD 系统中主要是采用前三种方法。

（2）缝隙腐蚀。

1）缝隙腐蚀的基本概念。缝隙腐蚀是因金属与金属、金属与非金属、金属与其表面的固体沉积物、垢层等之间存在很小的缝隙，缝内介质不易流动而形成滞留状态，促使缝内的金属加速腐蚀，发生在缝隙内的局部腐蚀形态。只有缝宽大约在 0.025～0.1mm 之间，才可能形成强烈的腐蚀。在这种情况下，液体能流入，流入后呈滞流状态。缝窄了，液体进不到缝内；缝宽了，液体能进行对流。这两种情况都不会发生缝隙腐蚀。

2）缝隙腐蚀的特征。缝隙腐蚀可以发生在所有金属与合金上，特别易发生在依靠钝化耐腐蚀的金属及合金上；而且在任何侵蚀性溶液、酸性或中性溶液中都可能发生，含 Cl^- 的溶液最容易引起缝隙腐蚀。另外，与点蚀相比，对同一种合金来说，缝隙腐蚀更易发生。缝隙腐蚀的临界电位要比点蚀电位低。

3）影响缝隙腐蚀的因素。除了前面讲到的缝隙宽度是造成缝隙腐蚀的主要因素外，温度、pH 值、Cl^-、材料组成元素及含量对缝隙腐蚀的影响与其对点蚀的影响是相同的。腐蚀介质流速的影响则是：一方面会增加缝隙腐蚀；另一方面，流速加大有可能把沉积物冲掉，则会使缝隙腐蚀减轻。

4）缝隙腐蚀的预防。预防缝隙腐蚀主要是在结构设计上避免形成缝隙和能造成表面沉积的几何构形，正确进行焊接，避免出现楔形和 V 形焊缝。

（3）应力腐蚀断裂。

1）应力腐蚀断裂的基本概念。在拉应力和特定腐蚀环境共同作用而发生的脆性断裂现象，简称为应力腐蚀。由于应力腐蚀断裂往往在没有明显预兆情况下发生，所以危害性大。特别是对于压力容器和大型风机，将造成严重后果。

2）应力腐蚀断裂产生的条件。应力腐蚀只有在拉应力和特定介质的协同作用下才能发生。拉应力包括加工过程中产生的内应力和使用过程中的外加应力。并非所有的金属与介质的组合都能发生应力腐蚀。对于 FGD 环境，常用合金与产生应力腐蚀断裂的腐蚀介质的组合有：低合金高强钢—氯化物；奥氏体不锈钢—氯化物；铁素体和马氏体不锈钢（400 系列）—氯化物；马氏体时效钢—氯化物。处于湿态下的脱硫风机，如果不采取防腐措施或防腐材料选择不合适，都有可能产生应力腐蚀断裂，这是选择湿态脱硫风机时特别要引起重视的问题。

3）应力腐蚀断裂的特点和损伤原因。应力腐蚀断裂的特点和损伤原因是在金属的局部出现由表及里的裂纹。裂纹断口的形貌宏观上属于脆性断裂，常见的损伤原因是热处理不当、焊接条件不合适和出现了有利金属材料发生应力腐蚀断裂的特定腐蚀环境。

（4）腐蚀疲劳。

1）腐蚀疲劳的基本概念。疲劳是指材料在交变应力作用下，经过一定周期后发生的断裂过程。由交变应力与腐蚀环境联合作用而引起金属的断裂破坏，则称为腐蚀疲劳。腐蚀疲劳往往在很低的应力条件下即会发生断裂。腐蚀疲劳造成的破坏要比单纯的交变应力造成的破坏（即疲劳）或单纯的腐蚀作用造成的破坏严重得多。由于腐蚀作用，疲劳裂纹产生所需时间及循环周次都有减少，使裂纹扩展速度增大。

2）腐蚀疲劳的特点。与应力腐蚀不同，绝大多数金属和合金在交变应力作用下都可以发生腐蚀疲劳，而且发生腐蚀疲劳不需要材料—环境的特殊组合。也就是说，在任何腐蚀环境中，在有交变应力作用下就可能发生。

腐蚀疲劳裂纹多起源于表面腐蚀坑或表面缺陷，裂纹源往往数量较多。腐蚀疲劳裂纹多为穿晶型，裂纹分支少，断口大部分有腐蚀产物覆盖，少部分断口较光滑，呈脆性断裂，没有明显的宏观塑性变形。

3）常见腐蚀疲劳断裂的原因。腐蚀小孔和点腐蚀处往往是腐蚀疲劳的源点。同样，缺陷和焊接处也是容易出现裂纹的地方。防护方法有多种途径，最有效的办法是选择合适的防腐材料，降低受腐蚀部件的应力。后者可以通过改进设计和正确的热处理予以改善。

对于 FGD 系统，湿态风机，浆泵的轴常发生腐蚀疲劳断裂破坏。

（5）磨损腐蚀。

1）磨损腐蚀的基本概念。磨损腐蚀又称冲刷腐蚀或冲蚀，是腐蚀性流体与金属构件以较高速度相对运动而引起的金属损伤，是流体的冲刷与腐蚀协同作用的结果。当流体中含有固体颗粒、气泡时，会加剧这种腐蚀。FGD 装置中的离心浆泵叶轮、搅拌器的浆叶、填料密封及转轴等经常出现这类腐蚀。如果选材不当，或结构设计不当，或冲蚀环境过于严酷（低 pH 值、高 Cl^- 浓度和高含固体颗粒），磨损腐蚀往往在很短的时间内造成对装置的破坏。

2）磨损腐蚀种类。在 FGD 浆液系统中发生磨损腐蚀的形式主要是湍流腐蚀和空泡腐蚀（又称气蚀）。湍流腐蚀是流体速度达到湍流状态而导致腐蚀加速的一种腐蚀形式。空泡腐蚀是由于腐蚀介质与金属构件作高速相对运动时，气泡在金属表面反复形成和崩溃而引起金属破坏的一种特殊腐蚀形态。在高速流体有压力突变的区域最易发生气蚀，例如离心泵叶轮的吸入侧和叶片的出口端、螺旋浆叶的背部等。

3）磨损腐蚀的影响因素。影响磨损腐蚀的因素十分复杂。材料本身的化学成分、组织结构、机械性能、表面粗糙度、耐蚀性等；介质的温度、pH 值、溶解氧量、各种活性离子的浓度、黏度、密度、固相和气相在液相中的含量、固相的颗粒度和硬度等；过流部件的形状、流体的流速和流态等都对磨损腐蚀有很大的影响。就 FGD 浆泵而言，合金过流部件的耐腐蚀性（钝化膜的特性）、硬度对抵御流体运动引起的冲刷腐蚀是十分重要的。此外，浆液含固量较高或含有磨损性强的飞灰和由石灰石带入的石英颗粒会加剧冲刷的力学作用，使钝化膜减薄、破碎，从而加速腐蚀。腐蚀使过流件表面粗化，形成局部微湍流，又促进了冲刷过程。另外，浆液中的气泡在泵金属过流件表面的溃灭造成表面粗化，出现大量直径不等的呈火山口状的凹坑，最终使过流件丧失使用能力。

4）防止磨损腐蚀的措施。防止磨损腐蚀的措施主要是，改进设计，避免恶劣的湍流工作条件，避免截面急剧变化的设计，保持过流表面的光滑；正确选材，选择耐腐蚀、硬度大的合金材料；控制介质环境，避免过低 pH 值，降低 Cl^- 浓度和流体中的气泡和固体物含量。对多相流可考虑选用合金铸铁、双相不锈钢。降低流体流速，例如，在条件允许的情况下选择低转速的浆泵。

（6）电偶腐蚀。

1）电偶腐蚀基本概念。在同一个介质中，两种不同腐蚀电位的金属或合金互相接触而引起电位较低的金属在接触部位发生的局部腐蚀，称为电偶腐蚀，又称接触腐蚀，或称异金属腐蚀。造成加速电位较低的金属腐蚀的原因是由于不同金属构成了电偶。而且，腐蚀电位高，亦即较耐腐蚀的金属形成了大阴极，腐蚀电位低，不太耐蚀的金属成了小阳极。

2）防止电偶腐蚀的措施。有多种防止电偶腐蚀的办法，但最有效的方法是从设计上解决，一是尽量选择腐蚀电位相近的金属相组合；二是设计合理的结构，避免大阴极小阳极的结构；三是不同金属部件之间应绝缘，可有效地防止电偶腐蚀。

二、耐腐金属材料

（一）耐腐金属材料在脱硫中的应用

在 FGD 系统中得到广泛应用的耐腐金属材料有：奥氏体不锈钢、双相不锈钢、镍基 Cr—Mo 合金、钛合金、高铬铸铁以及低合金钢。特别在一些高温、严重腐蚀区域和动态设备防腐蚀区域，耐蚀金属材料成为橡胶和增强树脂衬层的主要替代物。

1. 国外 FGD 应用情况

尽管采用耐腐蚀金属材料相对于大多数有机和无机防腐材料有较高的投资成本，但如果选材合理，可以减少检修时间，降低长期的年维修费用。随着环保法规的日趋严格，美国 1990 年以后建成的一些 FGD 装置为了对付预计非常高的 Cl^- 浓度，在 FGD 装置不同部位采用不同等级的耐蚀合金材料，建成全合金的 FGD 系统。20 世纪 80 年代，欧洲的 FGD 系统也普遍由橡胶衬敷碳钢防腐结构转为采用合金结构，出现了 FGD 系统采用更耐腐蚀性、更具耐久性材料的高合金化趋势。韩国电力集团公司在近年建成的 FGD 装置中也大量采用含镍合金作为吸收塔干/湿交界区、喷淋区、烟道和烟囱的防腐材料，以期在 FGD 装置 30 年的设计寿命中无需进行大修，达到与电厂相同的使用寿命。

由于合金贴面相对纯粹采用合金钢有一定价格优势，而且可保证 FGD 运行的可靠性。

20 世纪 80 年代期间，在美国就有超过 40 套 FGD 装置采用了合金贴面。为了解决越来越严重的腐蚀问题，合金贴面多用来替代出口烟道的增强树脂内衬。现在仍然有许多 FGD 的新设计更多地采用合金贴面或其他合金结构。

在国外，一般在 FGD 系统腐蚀较严重的区域，特别是吸收塔入口干/湿区域以及公共出口烟道区域采用高性能合金（6 - Mo 超级奥氏体不锈钢、C - 级合金和钛）作为防腐结构材料或衬敷材料。对吸收塔、反应罐和烟囱则根据腐蚀环境采用不同等级的奥氏体不锈钢或镍基合金。

2. 我国 FGD 应用情况

我国由于国情所致，短期内 FGD 装置的主要防腐材料仍会是橡胶和增强树脂涂料。即使如此，以非金属防腐材料为主防腐材料的 FGD 系统也需要采用一定数量、不同等级的耐腐蚀合金。我国近年在建和拟建的 FGD 装置也在喷淋吸收塔入口干/湿交界区、吸收塔内易磨损腐蚀区以及处于腐蚀区域的烟气挡板采用整体镍基合金或镍基合金覆盖碳钢板。

（二）采用耐腐合金的优点

采用合金结构明显而独特的优点是，合金不像橡胶和树脂衬层那样对温度敏感，合金在不正常工况下不易损坏；全合金装置一般无需事故急冷装置；合金构件的清洗、除垢要比涂层容易得多，不用担心会损坏涂层；对合金表面的检查和维修也容易得多，维修时只需合格的焊工就可以进行修复工作；对合金构件的施工方法和施工环境虽有一定要求，但远不如橡胶和树脂衬里施工要求那么严格；合金产品性能的变化一般比橡胶和树脂要小，后两者有保存期。另外，合金材料的检验也较为简单。

（三）耐腐合金选型及施工关键

在合金构件的施工中焊接是关键，因为焊缝是防腐最薄弱的部位。对焊接的几何形状有严格要求，焊工必须具备焊接特定合金的资质。另外，一旦选定了某种合金材料后，对环境腐蚀介质的浓度就有一定的限制，这使得金属材料种类、等级的选择不仅要考虑投资成本、设计腐蚀环境，还要预见到今后环境保护标准的提高可能引起的腐蚀环境的变化。

（四）常用合金结构的优缺点

表 4 - 2 - 11 概括了 FGD 常用耐蚀合金结构的优缺点。

表 4 - 2 - 11　　　　　　　FGD 常用耐腐蚀合金结构的优缺点

结构	整体板结构	轧制覆盖板结构	墙纸和局部压合金属板结构
钢种	316L 317L、317LM、317LMN 4 - Mo 奥氏体不锈钢 6 - Mo 超级奥氏休不锈钢 625 级合金 C - 级合金 钛	6 - Mo 超级奥氏体不锈钢 625 级合金 C - 级合金	6 - Mo 超级奥氏体不锈钢 625 级合金 C - 级合金 钛

续表

结构	整体板结构	轧制覆盖板结构	墙纸和局部压合金属板结构
较为常用的区域	上述所有等级的材料都能用于吸收塔和反应罐中，但不采用烟气加热器的吸收塔入口水平烟道和公共出口烟道只能采用625级和C-级合金	上述三种合金覆盖板用于吸收塔和反应罐中，但仅625级合金和C-级合金用于不采用烟气加热器的吸收塔入口水平烟道和FGD公共出口烟道	625级合金、C-级合金和钛用于不采用烟气加热器的吸收塔入口水平烟道和FGD公共出口烟道
较少应用的区域	无	无	可以用于反应罐和吸收塔塔体部分，但一般不推荐
主要优点	（1）如果正确地选用合金，今后的维修工作较少； （2）修补工作一般较简单； （3）施工较简单； （4）不受温差影响； （5）耐机械损坏； （6）较少出现磨损损坏； （7）荷重构件可以直接落在容器壁上	（1）如果正确地选用合金，今后的维修工作较少； （2）修补工作一般较简单； （3）施工较简单； （4）不受温差影响； （5）耐机械损坏； （6）较少出现磨损损坏； （7）荷重构件可以直接落在容器壁上	（1）如正确地选用合金，今后的维修工作较少； （2）修补工作一般较简单； （3）不受温差影响； （4）耐机械损坏； （5）很少会发生磨损损坏
主要缺点	（1）合金的选择决定了装置最高允许Cl⁻浓度； （2）初装费高	（1）合金的选择决定了装置最高允许的Cl⁻浓度； （2）初装费高	（1）合金的选择决定了装置最高允许Cl⁻浓度； （2）初装费中等； （3）难以做到焊缝完全密实； （4）环境介质可能浸入墙纸和基体之间； （5）荷重件不能直接落在容器壁上； （6）在某些环境中可能出现金属疲劳损坏

三、合金的耐腐蚀性能

1. 合金的抗点蚀能力

所有前述合金，除了钛，它们的耐腐蚀性应归功于合金表面自身形成的、且可再生的钝化膜。按成相膜理论，当耐蚀金属溶解时，可在合金表面生成致密的、覆盖性良好的保护膜。这种保护膜作为一个独立的相存在，将金属和腐蚀介质机械地隔开，使金属的溶解速度大大降低，使金属转为钝态，这种保护膜被称为钝化膜，钝化膜很薄，厚约为$1 \sim 10\mu m$，由钼补强铬组成。只要这层钝化膜完整无损，合金的腐蚀速度极低。决定不锈钢和镍基合金表面钝化膜稳定性的主要因素是合金显微结构、合金中Cr、Mo、N的含量以及环境温度、pH 值和 Cl⁻ 浓度。其他次要因素，例如环境中各种痕量金属离子，则可能产生有利或不利的、有时是不容忽视的影响。

而钛的耐腐蚀性则归功于在金属表面自然形成的二氧化钛膜，这种二氧化钛膜的特性与不锈钢和镍基合金表面形成的钝化膜的特性是不同的，但钝化膜防腐作用的概念仍可以应用于钛。

能形成钝化膜的耐腐蚀合金的耐点蚀能力与其特有的 Cl⁻ 浓度临界值有关。当介质中 Cl⁻ 浓度高于合金的这一临界值时，钝化膜就出现非常细小的破裂。如果这种破裂发生在机械缝隙中或发生在沉积物下，就会导致缝隙腐蚀。如果钝化膜的这种破裂发生在合金暴露的表面上，就会导致合金点蚀。正如以前指出的，点蚀和缝隙腐蚀是 FGD 装置中主要腐蚀形态。

提高腐蚀环境温度或降低 pH 值都会使合金的 Cl⁻ 浓度临界值下降，而且合金从钝态到发生严重点蚀或缝隙腐蚀的过渡状态可能是十分突然的。合金的这一临界值意味着，对于某种耐腐蚀等级较低的合金，如果它暴露的腐蚀环境没有超过其这一临界值，那么其所表现出来的耐蚀性与处于同一腐蚀环境的、等级比它高的其他耐蚀合金的耐蚀性基本相同。

用于 FGD 装置中的奥氏体不锈钢和镍基合金在含 Cl⁻ 介质中的耐点蚀和耐缝隙腐蚀能力可以根据合金成分，运用耐点蚀当量值（*PREN*）来表示。合金的 *PREN* 值越高，其耐点蚀和耐缝隙腐蚀能力就越强。前面谈过，在氯化物环境中影响奥氏体不锈钢和镍基合金耐点蚀和缝隙腐蚀的主要合金元素是铬（Cr）、钼（Mo）、氮（N），为了描述合金元素含量（质量百分数）与腐蚀性能之间的关系，建立了数学关系式，其中应用最普遍的是称为耐点蚀当量值或称点蚀指数（*PREN*）的数学关系式：

$$PREN = (Cr) + 3.3(Mo) + 16(N) \qquad (4-2-1)$$

上述方程仅考虑了 3 种元素的作用，随后又建立了引入其他元素的数学关系式：

$$PREN_w = (Cr) + 3.3(Mo) + 16(N) + 1.65(W) \qquad (4-2-2)$$

$$PREN_{Mn} = (Cr) + 3.3(Mo) + 30(N) - 1(Mn) \qquad (4-2-3)$$

$$PREN_{(S+P)} = (Cr) + 3.3(Mo) + 30(N) - 123(S+P) \qquad (4-2-4)$$

上式中各元素符号表示该元素在合金中的质量百分数。

这些关系式给出了一个快捷评价合金耐点蚀能力的方法。但需要指出的是，采用不同的 *PREN* 数学关系式会得出不同的 *PREN*，因此，通常在比较合金的 *PREN* 时应注明所采用的计算公式。另外，上述公式只考虑了 Cr、Mo、N 等元素的作用，而没有考虑相组织的不均一性和析出相的影响，因此单独用 *PREN* 来评估双相不锈钢的耐点蚀能力并非最合适。

表 4-2-12 根据式（4-2-2）计算出的 *PREN*w 对最常推荐用于 FGD 的耐腐蚀合金进行了分级排序。同一级别的合金又进一步分成若干组，各组中的合金在 FGD 应用中很可能具有类似的耐腐蚀性。由于合金成分的质量百分含量允许在规定范围内变化，因此对合金的 *PREN*w 值标出了一个范围。正如上面提到的，单独用 *PREN* 来评估双相不锈钢的耐点蚀能力并非最合适的参数。因此，根据试验室加速试验的数据和在 FGD 中应用的经验，将双相不锈钢和钛插列在表 4-2-12 中。

表4-2-12 通常用于FGD的合金化学成分（%）和分级排序

合金分级	合金描述	钢种代表	化学成分（%）										$PREN_w$
			C	Si	Mn	P	S	Cr	Ni	Mo	N	其他	
2-3Mo奥氏体不锈钢	含Mo2%~3%的奥氏体不锈钢	316L (S31603)	≤0.03	≤1.00	≤2.00	≤0.045	≤0.030	16.0~18.0	10.0~14.0	2.0~3.0	—	—	23~28
		316LM (S31653)	≤0.03					16.5~18.0	11.5~14	2.5~3.0	0.14~0.22		27~31
4-Mo奥氏体不锈钢	含Mo4%~5%的奥氏体不锈钢，有些添加了N	317LM (S31725)	≤0.03	≤0.70	≤2.00	≤0.045	≤0.030	18.0~20.0	13.0~17.0	4.00~5.00	≤0.10	Cu≤0.75	31~38
		317LMN (S31726)	≤0.03	≤0.75	≤2.00	≤0.045	≤0.030	17.0~20.0	13.5~17.5	4.00~5.0	0.10~0.20	Cu≤0.75	32~40
		合金904L (N08904/1.4539)	≤0.02	≤1.00	≤2.00	≤0.045	≤0.035	19.0~23.0	23.0~28.0	4.0~5.0		Cu1.0~2.0	32~40
22-Cr双相不锈钢	名义含Cr22%的双相不锈钢	2205	≤0.03	≤1.0	≤2.00	≤0.03	≤0.02	21.0~23.0	4.5~6.5	2.5~3.5	0.08~0.20		$PREN_w$不适合，相当4Mo奥氏体不锈钢
G级合金	含Mo约6%的Cr-Mo-Fe-Ni合金	合金G	≤0.05	≤1.0	1.0~2.0	≤0.04	≤0.03	21.0~23.5	余量	5.5~7.5	—	Fe20 W≤1.00 Co≤2.5 Cu1.5~2.5 Nb1.75~2.5	41~50
		合金G-3	≤0.015	0.40	0.80			21.0~23.5	44.0	6.0~8.0	—	W≤1.5 Co≤5.0 Cu1.5~2.5 Nb/Ta0.30 Fe18~21	43~52
		合金G-30	≤0.03	≤1.0	≤2.0			29.5	余量	5.0	—	W≤2.5 Co≤5.0 Cu1.70 Nb/Ta0.7 Fe15.0	41~50

续表

合金分级	合金描述	钢种代表	C	Si	Mn	P	S	Cr	Ni	Mo	N	其他	PREN_w
6-Mo超级奥氏体不锈钢	名义含Mo 6%并加有N的奥氏体不锈钢	AL-6XN™ (N08367)	≤0.03	≤1.00	≤2.0	≤0.04	≤0.03	20.0~22.0	23.5~25.5	6.0~7.0	0.18~0.25	Fe余量 Cu~0.5	43~49
		254SMO™ (S31254)	≤0.02	≤0.80	≤1.00	≤0.03	≤0.01	19.5~20.5	17.5~18.5	6.0~6.5	0.18~0.22	Cu 0.50~1.00	42~45
		1925 hMo™ (N08926/1.4529)	0.02	0.05	1.00	≤0.045	≤0.030	19.0~21.0	24.0~26.0	6.0~7.0	0.10~0.20	Cu0.8~1.5 Fe余量	40~47
25-Cr双相不锈钢	名义含C25%和含Mo4%的双相不锈钢	25-Mo6 (N08026)	≤0.03	≤0.05	≤1.00	≤0.030	≤0.030	22.0~26.0	33.0~37.2	5.0~6.70	0.10	Cu 2.0~4.0	40~50
		Ferralium 255™ (S32550)	≤0.04	≤1.00	≤1.50	≤0.04	≤0.03	24.0~27.0	4.50~6.50	2.00~4.00	0.10~0.25	Cu 1.5~2.50	PREN_w 不适合，相当6Mo超级奥氏体不锈钢等级
		SAF2507 (S32750)	≤0.03	≤0.8	≤1.20	≤0.035	≤0.020	24.0~26.0	6.00~8.00	3.00~5.00	0.24~0.32		
625级合金	名义含Mo9%的Cr-Mo-Fe-Ni合金	合金625 (N06625/2.4856)	≤0.025	≤0.50	≤0.50			21.0~23.0	61.0	8.0~10.0		Al≤0.40 Ti≤0.40 Nb3.65	47~56
		合金H-9M™	≤0.03	≤1.0	≤1.0			22.0	余量	9.0		Cu≤5.0 W 2.5 Fe 15.0 Nb/Ta0.70	47~56
C-级合金	Mo含量不少于12%，含Cr不低于15%的Cr-Mo-Ni合金	合金C-276 (N10276/2.4819)	≤0.02	≤0.05	≤1.0			14.0~16.5	余量	15.0~17.0		W3.0~4.5 Co≤2.5 V≤0.35 Fe4.0~4.7	68~80

化学成分（%）

续表

合金分级	合金描述	钢种代表	化学成分（%）										$PREN_w$
			C	Si	Mn	P	S	Cr	Ni	Mo	N	其他	
C-1级合金	Mo 含量不少于12%，含 Cr 不低于15% 的 Cr-Mo-Ni 合金	合金 C-22™（N06022/2.4602）	≤0.015	≤0.08	≤0.50	≤0.025	≤0.010	20.0~22.5	余量	12.5~14.5		W2.5~3.5 Co≤2.5 V≤0.35 Fe2.0~6.0	65~76
		合金 59™（N06059/2.4605）	≤0.010	≤0.10				22~24	余量	15~16.5		Co≤0.3 Fe≤1.5 Al0.1~0.4	72~83
		合金 622™（N06622）						20.5	59	14.2		Fe2.3 W3.2	73
		合金 686™（N06686/2.4606）	≤0.008	≤0.008		≤0.04	≤0.02	19.0~23.0	余量（54.3~61.9）	15.0~17.0		W 3.0~4.4 Ti0.02~0.25 Fe≤1	80
		Allcorr 41T™											
钛	钛基合金	二级钛（UNS R50400 DIN 3.7035）	≤0.1					余量 Ti			≤0.03	Fe≤0.3 H≤0.015 O≤0.025	没有 $RPEN_w$，但耐氯腐蚀类似 C 级合金

注　常用 FGD 的不锈钢还有含 Mo3%~4% 的 317L（S31703）。

2. 合金耐 Cl⁻ 浓度

到目前为止还未建立合金成分与其在 FGD 应用中可耐受 Cl⁻ 浓度之间的可靠的定量关系。图 4 – 2 – 4 考虑虑了 pH 值和 Cl⁻ 浓度对耐蚀金属选择的影响，并具有相当大的保守性，对耐蚀金属材料的选择有一定的指导作用。

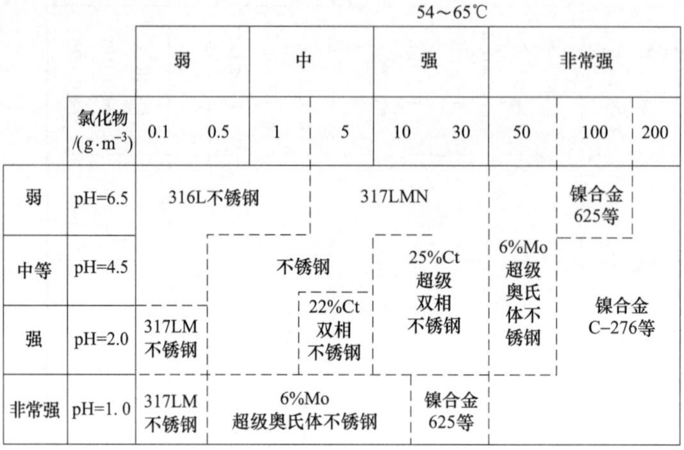

54~65℃

		弱		中		强		非常强		
氯化物 /(g·m⁻³)		0.1	0.5	1	5	10	30	50	100	200
弱	pH=6.5	316L不锈钢		317LMN				镍合金 625等		
中等	pH=4.5	不锈钢				25%Ct 超级双相不锈钢		6%Mo 超级奥氏体不锈钢	镍合金 C-276等	
强	pH=2.0	317LM 不锈钢		22%Ct 双相不锈钢						
非常强	pH=1.0	317LM 不锈钢		6%Mo 超级奥氏体不锈钢		镍合金 625等				

图 4 – 2 – 4 用于 FGD 装置的不锈钢与镍合金选择示意图

实际上，各种文献提出的合金可耐受的 Cl⁻ 浓度，即使对同一种合金来说，也可能有两个数量级的差别。造成这种差异的原因是除了 Cl⁻ 浓度外，还有许多腐蚀环境因素的影响，这些因素包括温度、pH 值、介质流速、浆液的磨损、是否有沉积物、特殊部位的设计特点以及液相中其他阴离子和高价金属离子的浓度等。

综合有关文献资料，提供 FGD 常用的几种耐腐蚀合金能耐受的 Cl⁻ 浓度值的参考数据如下：316L 不锈钢在 Cl⁻ 浓度低于 2000 ~ 3000mg/L 的吸收塔和反应罐中显现出优良的性能；合金中钼（Mo）含量的变化对合金的耐 Cl⁻ 腐蚀性非常敏感，在烟气脱硫 Cl⁻ 腐蚀环境中，在通常的情况下，含 Mo 量 2% ~ 3% 的不锈钢是允许采用的最低等级的不锈钢；304 不锈钢（不含 Mo）样片在许多现场挂片试验中都发生了严重腐蚀，国内 FGD 装置应用 304 不锈钢的经验也证明了这一点。

对于吸引塔和反应罐，一般倾向于采用较 316L 更高级的不锈钢，317LM、904L 可能是该部位最常采用的不锈钢，NiDI 认为用于该区域上述等级合金的保守 Cl⁻ 浓度限值是 6000 ~ 8000mg/L。

含 Mo 6% 的奥氏不锈钢统称为 6 – Mo 超级奥氏体不锈钢。近年，这类合金很受人们的青睐，基本上已替代了价格较贵的含 Mo 6% 的镍基 G 级合金。由于这种超级奥氏体不锈钢相对开发较晚，它们在 FGD 中应用的实际经验有限。NiDI 指出 6 – Mo 超级奥氏体不锈钢适用于 Cl⁻ 浓度高达 20 000mg/L 的 FGD 吸收塔中，625、C – 级合金以及钛是吸收塔中 Cl⁻ 浓度超过 20 000mg/L 时所选择的合金，C – 276 合金则规定可用于 Cl⁻ 浓度为 50 000mg/L 的环境，但不清楚这类合金在 FGD 应用中 Cl⁻ 浓度的上限。为此，NiDI 在 20 世纪末采用 6 – Mo 超级奥氏体不锈钢、C – 276、2205 双相不锈钢等试样，在美国和德国

6 个湿法石灰石 FGD 装置的吸收塔中进行了最长达 687 天的现场挂片试验，吸收塔浆液的 pH5.0 ~6.3、温度 49 ~69℃，试验得出的结论是，在浆液 Cl⁻ 平均浓度约为 9 ~70g/L 的范围内，6 - Mo 超级奥氏体不锈钢显现出良好的耐腐蚀性，C - 276 显现出优异的耐局部腐蚀性能；2205 双相不锈钢在浆液 Cl⁻ 平均浓度约相当为 9 ~35g/L 的范围内有良好的耐腐蚀性。

四、脱硫系统对耐腐金属的选择

1. 吸收塔入口烟道

由前所述，对于不采用 GGH 的吸收塔入口湿/干交界面和直接旁路再加热出口烟道的混合区，即使那些耐腐蚀性很强的合金通常也发生了小范围的腐蚀。应用于这些区域的 C - 22 和 C - 276 腐蚀速度大致是 100 ~250μm/a，腐蚀形貌是宽开口浅坑，钛在这一区域也遭受了类似的侵蚀。如果忽略这些问题，C 级合金和钛是这一区域可以采用的、性能最好的材料。

对于采用 GGH 的吸收塔入口烟道，由于此处烟温以降至 80 ~110℃，除了上面提到的两种 C 级合金外，耐高温玻璃鳞片酚醛乙烯基酯树脂涂料也是可供选择的防腐衬里材料。

2. 烟囱

烟囱内烟道主要采用无机材料衬里。但是，由于采用湿法 FGD 装置，含有腐蚀成分的高湿度、低温烟气通常造成每隔 6 ~7 年必须进行维修或重新衬里。有些烟囱采用 316L 或 317L 不锈钢内衬，也不能始终保持足够的耐腐蚀性，国外对于装有湿法 FGD 的电厂烟囱趋向采用高耐蚀合金与碳钢的覆盖板或采用合金贴墙纸工艺，所采用的耐蚀合金对硫酸造成的露点腐蚀和氯化物引起的局部腐蚀应具有极好的耐蚀性。据有关文献报道，在开发研制用于烟囱的不锈钢钢种中，通过实验得出合金化学成分（wt%）与其耐全面腐蚀指标（G.I.）之间有以下关系：

$$G.I. = -(Cr) + 3.6(Ni) + 4.7(Mo) + 11.5(Cu) \qquad (4 - 2 - 5)$$

合金化学成分（wt%）与其耐局部腐蚀指标（L.I.）之间的关系是：

$$L.I. = (Cr) + 0.4(Ni) + 2.7(Mo) + (Cu) + 18.7(N) \qquad (4 - 2 - 6)$$

适合用于烟囱腐蚀环境的合金，要求其 G.I. ≥60，L.I. ≥36（或 >48）。因此，可以据此判断所选合金材料是否适合用作烟囱的内衬。通常采用 1.6 ~2mm C - 276 + 6 ~8mm 碳钢的覆盖板，由于烟囱下部是潮湿区，采用 6 ~7mm 的整体 C - 276 合金板。也有采用 1.6mm × 2324mm × 6121mm 大张的 C - 276 薄片，用贴墙纸工艺内衬烟囱，以尽量减少焊缝和焊接费用。此外，59 合金和 C - 22、C - 31、C - 926、钛、钛钼合金（含钼 10% ~ 32%）也是烟囱常采用的衬里材料。1986 年日本三菱重工和新日铁联合开发了用于烟囱和烟道、可以长期使用不用维修、具有高耐腐蚀性且经济的不锈钢，牌号为 YUS260 和 YUS270，后一种不锈钢可以用于腐蚀环境更严重的区域。

3. 吸收塔

下面通过一个实例进一步介绍吸收塔各部位合金材料的选择，图 4 - 2 - 5 示出了一个双循环湿法石灰石 FGD 全金属吸收塔各部位合金材料的使用情况。该 FGD 系统是加拿大新布伦斯威克电力委员会（N. B.）Belledume 发电厂 2 号机组的配套设备，于 1993 年投入运行。该机组容量为 450MW，燃煤含硫 2%，氯化物含量 160×10^{-6}（0.016%），FGD 系统处理烟量 2 000 000m³/h（标态），脱硫效率不低于 90%，年产量石膏 100 000t。吸收塔直径 17m，采用了 6 种含镍防腐材料。

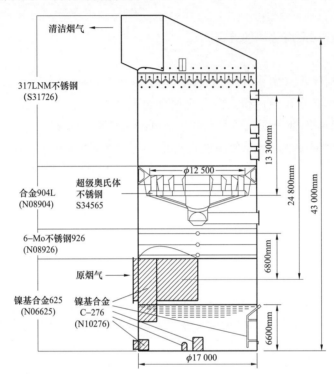

图 4 - 2 - 5   Belledume，N. B. FGD 吸收塔各部位合金材料使用情况

为了降低造价，也有的在吸收塔喷淋层以上的部位采用 316L 整体不锈钢，在吸收塔模块其他部位采用合金/碳钢覆盖板或合金贴墙纸。例如，在有磨蚀作用的喷淋区采用 2mm 厚的 6 - Mo 超级奥氏体不锈钢 1925hMo 与碳钢的覆盖板；吸收塔入口烟道的干/湿交界和急冷区是腐蚀最严重的区域，如装有 GGH，腐蚀情况要缓和得多，但如选用合金作防腐材料仍多采用 C - 276 或 59 合金，有采用这两种合金的整体板，也有采用 2mm 厚的合金 C - 276 或 59 合金与碳钢的覆盖板，或采取贴墙纸工艺，显然，后两种防腐结构更经济、实用；吸收塔反应罐全部采用 2mm 合金 625 与碳钢的覆盖板，允许吸收塔反应罐浆液 Cl⁻ 浓度最大为 $40\ 000 \times 10^{-6}$。

4. 烟道挡板门

对于处于高温、原烟气的挡板，如 FGD 系统入口挡板、双百叶旁路挡板中原烟气侧的一组挡板可以采用碳钢制作。如果在 FGD 系统入口/出口烟道设计有检修用堵板，正常运行时将检修用堵板提升出烟道，由于这类堵板大多数时间处于大气腐蚀环境中，应采用 ASTM A242 考登钢或 317L 不锈钢。处于 FGD 系统其他部位的百叶窗式挡板，过去曾采用过低合金不锈钢，现已多被含 Mo 4% ~ 6.5% 的不锈钢所代替。例如挡板的叶、片和框架采用 6 - Mo 超级奥氏体不锈钢 1925hMo 或 AL - 6XN 与碳钢的覆盖板，密封板为 C - 276 或 59 合金。

5. 增压风机

除了布置在原烟气侧的 FGD 增压风机外，其他位置的风机均需采取防腐措施，风机的涡壳可以采用衬胶防腐，叶轮应采用特殊防腐钢材，如合金 625。德国一些电力公司也有采用 2.4836 高镍合金材料。

6. 浆液泵

对于 FGD 全金属浆液泵的材料选择，既要考虑其耐腐蚀性（由 pH 值、Cl^- 含量引起的点蚀）又要兼顾材料的耐磨损性，即由浆液中固体物造起的冲刷磨损。材料的耐腐蚀性取决于 Cr、Mo 含量，耐磨损性则取决于材料的硬度。提高 Cr 含量可以提高材料的硬度，而 Mo 和 Ni 含量高会降低硬度。通过增加 Ni 的含量可以提高材料的含 Mo 量。降低合金中的含碳量就降低了碳化硅的含量，能释放出更多的铬进入金属母体，这有利提高合金的耐腐蚀性。基于这些基本认识，根据以下合金的化学成分，不难理解它们的适用范围。通常的建议是：在 pH 值高于 3.5，Cl^- 浓度低于 $50\ 000 \times 10^{-6}$ 的情况下，金属叶轮选用沃曼公司的 A49（Cr27.5%，Ni1.8%、Mo1.8%、HB430）、A51（Cr36%、Ni1.8%、Mo1.84%、HB450）、ASHMET LCHC^{TM}（Cr28%、Ni2.1%、Mo1.5%、HB550）和 ASTM A532 Ⅲ 级 A 型（Cr23 ~ 30%、Ni2.5%、Mo3%、Cu1.2% HB≥380）是较为经济和适用的。在 pH 不低于 2 值，Cl^- 浓度低于 80000×10^{-6} 的情况下，推荐 C_{26}（沃曼公司）、ASHMET CDM^{TM}325（Cr25%、Mo2%、Ni5%、Cu3%、HB 约 250）等双相不锈钢。上述双相不锈钢材料由于 Mo、Ni 含量较高，所以硬度相对较低，因此更适合酸性较高的浆液。也就是说，这类材料在 pH 值较低且具磨损性的环境中才显示出较高的耐磨损性（见图 4 - 2 - 6）。因此，过分追求材料的耐腐蚀性，忽略其硬度不一定能取较好的效果，例如采用 6 - Mo 超级奥氏体不锈钢制作的搅拌器浆叶，在含固量15% 左右的浆液中仅使用 2 年就遭到严重磨损。因此在耐磨蚀材料的选择时应根据介质特性兼顾材料的耐腐蚀性和硬度。

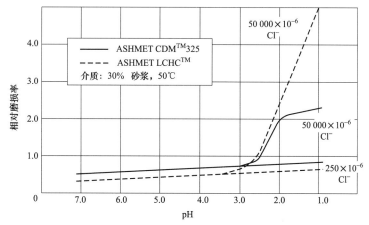

图 4 - 2 - 6 两种合金耐腐蚀/磨损性能比较

近年，德国 KSB 公司提供的应用于湿法 FGD 的浆液泵在我国电厂被广泛采用，这种全金属浆液泵的涡壳和叶轮的材质均属奥氏体－铁素体铸造双相不锈钢，化学成分（%）均为 C≤0.04、Si≤1.5、Mn≤1.5、Cr25、Ni6、Mo2.5、Cu3、N0.1~0.2。泵涡壳和叶轮材质的 KSB 专利牌号分别为 NORIDUR® 9.4460、NORIDUR® DAS，前者为含有大约 50% 奥氏体的奥氏体－铁素体铸造双相不锈钢，在各种酸性介质中，在很宽的范围内显现出优良的耐均匀腐蚀性能，耐局部腐蚀性能也有所提高，并具有可焊接性，但硬度偏低（HB30 = 230），因此适合制作流体腐蚀相对较缓的浆液泵涡壳。NORIDUR® DAS 是一种经过特殊热处理的耐磨双相不锈钢，其具有以奥氏体基体为特性的沉淀硬化显微结构，这种奥氏体基体中含有金属间相和一定量的残余铁素体。由于经过了特殊的热处理，在 NORIDUR®基材的铁素体中沉淀出高硬度、耐磨金属间相，因此具有较高的硬度（HB30≤300）。这种材料不仅在酸性含 Cl⁻ 介质中具有优良的耐腐蚀性，而且较之 NORIDUR® 9.4460 具有更好的耐流体磨蚀性。KSB 的现场试验表明，NORIDUR® DAS 制作的浆液泵，在输送含固量 15%~20%（wt%）的石膏和石灰石浆液，Cl⁻ 浓度高达 $50\,000 \times 10^{-6}$、pH 值约 5、温度为 60℃的工作环境下，使用寿命可达 45 000~50 000h。

我国近年的试验研究和实际应用也表明，Cr25 双相不锈钢具有优良的耐磨损腐蚀性能，适合用作 FGD 浆泵材料。

7. 烟道

GGH 原烟气侧出口至吸收塔入口的烟道属于低温硫酸露点腐蚀区，如采用金属材料，可采用 C－276 或 59 合金墙纸衬贴。吸收塔出口至系统出口净烟气挡板门之间的烟道可采用 316L 或 317LM 整体不锈钢板，如果采用更高等级的合金，则可改用贴墙纸工艺。旁路挡板门、净烟气挡板门和烟囱之间的烟道需要交替输送干/湿、高低温烟气，如果选用金属防腐材料，C 基合金和 6－Mo 超级奥氏体不锈钢墙纸是较为合适的选材。

五、合金板结构选择和焊接工艺

耐蚀合金结构的初期投资成本高于大多数其他防腐结构。为了降低耐蚀合金设备的费用，已开发了数种不同结构的高性能耐蚀金属板材，目前，用于 FGD 系统最常见的合金材料结构类型有：整体合金板、轧制覆盖板（Millclad plate，又称金属复合板）、贴衬板（又称贴面板）和局部压合金属板。现分别介绍如下。

1. 整体合金板

整体合金板是合金结构采用的传统板材形式，对于大多数不锈钢来说，可能仍然选用整体板。习惯上，采用厚 6.4mm 的板材对接焊制作壳体，但也有采用厚 4.8mm 板材的设计。在大多数装置中，典型的设计是外部采用碳钢作支撑构件，承受大部分结构强度。整体合金板设备的结构和施工相对轧制覆盖板和贴墙纸工艺要简单，焊接量较少，焊接槽口加工较简单，不会出现轧制覆盖板焊接时易发生的铬、镍和钼等元素被铁元素稀释的现象。但是，当选用高合金化的镍基材料和钛整体板时，这是费用最高的一种选择。一般来说，当合金的价格较高时，用整体合金板的成本就大大高于用轧制覆盖板或贴墙纸的成本。

2. 轧制覆盖板（又称复合板）

轧制覆盖板是采用抽真空热滚轧方式，将耐蚀合金薄片（典型厚为1.6mm）压合在较厚的碳钢底板上所形成的金属覆盖板。复合板压合的另一种工艺是爆炸压合，这种压合工艺是借助点燃炸药爆炸产生的高压冲击波束压合两种不同的金属，是在环境温度下进行的压接。对于复合大面积金属板，爆炸压合方式的费用相对较高，在特种不锈钢和镍基合金轧制压合覆盖金属板技术成功开发之前采用这种方法，我国目前仍仅能采用爆炸压合工艺制作合金覆盖板。

由于合金板是紧密地压合在碳钢板上，因此可以采用覆盖板的总厚度来计算结构性能。当用C级合金作覆盖层时，覆盖板的费用显着低于整体合金板，国外资料指出，厚1.6mm合金与厚6.4mm碳钢轧制覆盖板的成本较整体合金板低10%~15%，用C-276轧制的覆盖板又比C-276墙纸贵大约25%。国内FGD系统应用59合金与厚6mm碳钢采用爆炸法压合的覆盖板的费用（按2000年计）情况是，采用进口厚2mm59合金与厚6mm碳钢在国内采用爆炸法压合成的覆盖板的总费用较3mm整体59合金板（进口）低5.8%，较4mm整体59合金板低25.4%。

合金C-276轧制覆盖板已成功用于制作烟囱内烟道，现在大量新建FGD工程都要求采用这种合金覆盖板。

合金覆盖板的焊接应采用规定的高合金焊条进行焊接。对接焊的坡口形式和尺寸见表4-2-13。图4-2-7示出了两种对接焊接头设计，可供参考。具体的焊接工艺应由专业焊接工程师来确定。在轧制覆盖板的焊接中，有以下几点应予以重视：

1）从焊接的角度来说，降低耐蚀合金板的厚度将增加焊接的难度；

2）焊接的覆盖板彼此必须准确地对中、找平，这样可以使合金一侧的焊接接头覆盖均匀；

3）为使焊接有很好的耐蚀性，应尽可能减少合金成分被Fe、C稀释，典型的措施是采用窄焊道方式，用细焊丝适当多焊几层焊道。

表4-2-13　　　　　　合金覆盖钢板对接焊缝的坡口形式和尺寸

坡口名称	坡口形式	坡口尺寸（mm）
V形坡口		$\delta = 4 \sim 12$ $p = 2$ $b = 2$ $\alpha = 70°$
反V形坡口		$\delta = 8 \sim 12$ $p = 2$ $b = 2$ $\beta = 60°$

续表

坡口名称	坡口形式	坡口尺寸（mm）
带钝边双 V 形坡口		$\delta = 14 \sim 25$ $p = 2$、$b = 2$ $h = 8$、$\alpha = 60°$ $\beta = 70°$
U 形、V 形坡口		$\delta = 26 \sim 32$ $p = 2$、$b = 2$ $h = 8$、$\alpha = 15°$ $\beta = 60°$、$R = 6$

在基材接头焊好后应用树脂黏合的砂轮打磨碳钢侧的焊根，再进行合金侧的焊接。

3. 贴面工艺

贴面工艺是在现场将耐蚀合金薄板（1.6mm）覆盖在基材上面的一种施工方法。虽然在翻新改造中也有用更高级的合金面来覆盖已遭腐蚀的不锈钢和合金 G 基材的实例，但基材一般是碳钢板。

在衬敷合金板前必须清除基体上先前已有的衬层，但是，对基体清洁程度的要求不像衬敷橡胶或树脂衬里时那么严格。对新建工程，通常用电动刷清扫就可以达到要求，对基体表面，特别是基体上的焊缝应进行必要的修补、打磨，使基体的整个衬贴面有足够的平整度，无凸凹，便于平整地铺设合金面，使得合金薄板能非常平顺地贴合在基体上，便于衬板达到完全密封焊接。

对于更新改造工程，要衬贴的基材表面往往积聚有污染物，而且可能被腐蚀，有蚀坑。在衬贴合金板前必须彻底清理干净，可以采用喷砂方式，必要时还需用化学方法中和残留的腐蚀产物，然后再修补打磨平基材表面。

最常用的贴面衬层合金是 C - 276 和 C - 22。合金贴面衬覆的一般施工方法是在合金薄板的周边采取跳焊的方法将合金薄板固定在基体上，跳焊焊缝长 25mm，间隔 150mm。然后搭接铺上第二块薄板，两块薄板的搭接量至少为 50mm，合金板与合金板的搭接边采用连续密封焊。按上述工序重复进行，直到要衬贴的区域全部被合金薄板覆盖，所有暴露在外的焊缝都应是连续密封焊。为防止合金薄板颤动或容器内产生真空而损坏合金薄板，如设计有要求时，在薄板的中间往往会采取塞焊或电弧点焊将薄板加固衬贴于基体上，这种方法用于可以直接焊接在基体上的合金薄板。

塞焊是在衬贴合金板上预先冲出一个直径通常为 13 ~ 20mm 的圆孔，使用熔化极气体保护焊（GMAW）或气体保护钨极电弧焊（GTAW）封填该圆孔。为了减少焊缝被基材

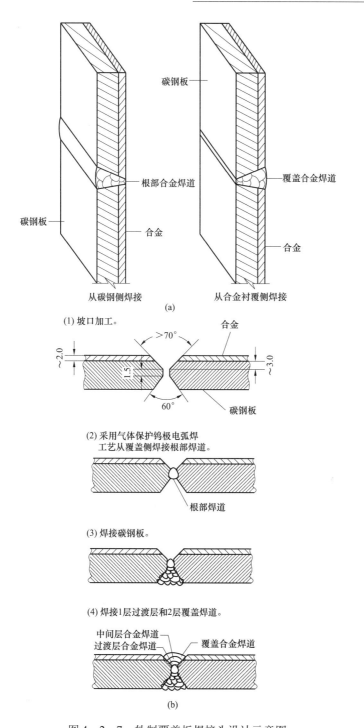

图 4-2-7 轧制覆盖板焊接头设计示意图

（a）V 形坡口单面焊接头；（b）不对称双 V 形接头坡口加工和双面焊焊接工序

稀释，采取两道焊层，如图 4-2-8（a）所示。另一种塞焊方法叫覆盖塞焊，合金板圆孔内的填角焊为单焊道，然后用一块预先冲制的合金圆板盖住塞焊孔，并密封焊接，如

图4-2-8（b）所示。点焊是使用熔化极气体保护焊熔透贴衬板，将衬板焊接在基板上，而无需事先打孔。采用两道焊层，将焊点处的合金稀释限制到最低限度。

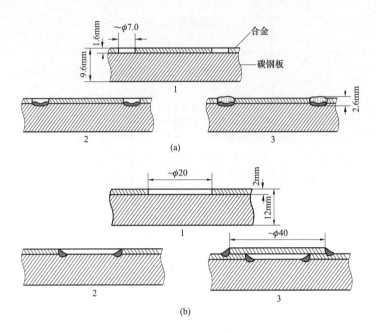

图4-2-8 衬贴合金贴面的两种塞焊方法
（a）塞焊；（b）覆盖塞焊

由于钛合金板不能直接焊接在碳钢基体上，可以如图4-2-9（a）所示的机械方法将钛合金薄板固定在基体上。典型的做法是用钛或碳钢制作的螺栓和垫片从钛合金板一侧插入预先已钻出的螺杆中，螺帽在钛合金板一侧，螺孔可以是攻丝螺杆，也可以用螺母固定。如果采用钛合金螺栓和垫片，则密封焊死螺帽，如采用碳钢螺栓和垫片，则用钛合金衬贴板预冲压成的罩帽罩住螺帽，然后密封焊接罩帽的帽檐。像其他合金衬板一样，钛板与钛板的边缘也要相互搭接并连续密封焊。

钛覆盖碳钢板还可以如图4-2-9（b）所示的方法焊接，碳钢板相互对接焊，在覆盖钛板侧的对接缝上再覆盖宽50~100mm的钛板条，钛板条与覆盖钛板之间进行密封焊。

某电厂3×600MW机组在建的3套FGD装置湿烟囱采用多管钢内烟囱，烟囱内管采用国产钛覆盖碳钢板（TA2＋Q235），钛板厚1.2mm，即采用上述焊接方法。这种焊接方法解决了钛合金板不能直接焊接在碳钢基体上的问题，但钛合金板侧的焊接工作增加了一倍，而且钛合金板的用量大。

不管采用何种贴面材料，特别要注意拐角的衬敷施工。有三种常用于拐角衬贴施工的型材：一种是用耐蚀金属或合金板条预先弯制成L形，边长至少50mm；另一种是90°圆弧衬贴板条，圆弧半径50mm，边长不小于100mm。衬贴拐角方法如图4-2-10（a）所示。第三种是斜槽形衬贴板条，衬贴方法如图4-2-10（b）所示，采用后一种衬贴板条可以减少打磨拐角结构焊缝的工作量。

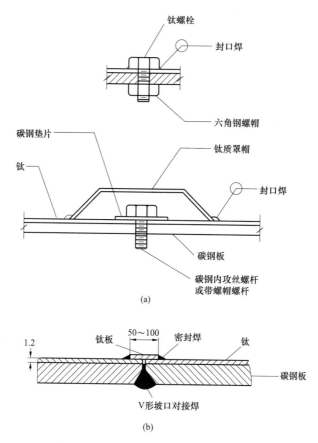

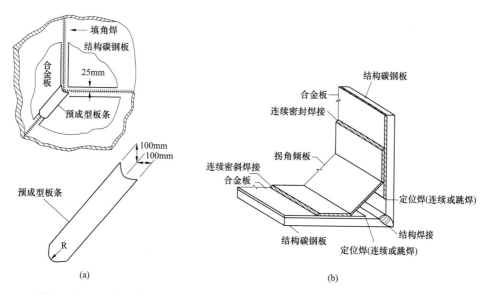

图 4－2－9 钛板衬贴的机械固定方法和钛覆盖碳钢板的焊接

（a）钛衬贴碳钢板的机械固定方法；（b）钛覆盖碳钢板焊接方法

图 4－2－10 合金贴面衬贴拐角的两种常见施工方法（可用 L 形衬贴板条代替）

（a）圆弧衬贴板条法；（b）斜槽形衬贴板条法

为了防止腐蚀介质渗过衬贴合金板造成碳钢基板的迅速腐蚀，衬贴板密封焊缝100%无泄漏是至关重要的。否则，腐蚀液会集积在衬板和基板之间，不断地腐蚀基板。有些FGD装置在基板上开渗水孔，以便尽早发现衬板渗漏或穿孔。进行真空箱试验能有效地检查焊缝是否有泄漏点，这种试验是用一个真空箱，真空箱的箱底是开口，四周用橡胶密封，箱顶装有有机玻璃板，在待查焊缝上涂上肥皂液，然后将真空盒罩住待查焊缝，对真空箱抽真空，焊缝出现鼓泡的地方即为渗漏点。

合金与合金衬板搭接处的密封焊接不能烧透，否则会出现焊缝被基板金属稀释，使焊缝的耐腐蚀性下降。采取跳焊将合金衬贴板固定于基体上的缺点是，合金贴板一旦发生腐蚀穿孔，或密封焊焊缝出现泄漏，腐蚀液可以在夹层中迁移很长的距离，以致修补时可能很难查出泄漏的位置。因而有些电厂要求对每块合金衬板的周边全部进行密封焊，或分区域采取合金板/基体密封焊，将衬板与基体之间的夹层分隔成若干个不连通的区域，限制腐蚀泄漏液在夹层中的流动范围，这样便于查找合金板泄漏点。

当贴合金工艺应用于吸收塔塔体和反应罐时，上述焊接施工方法是十分重要的，但这样将增加施工费用，而且这种做法只能应用于耐蚀合金板能直接焊在基材上的衬贴材料。因此，一般对盛浆液的罐体，例如吸收塔反应罐不推荐采用贴合金工艺。吸收塔塔体部分衬覆合金贴面是一种可行的选择，但在喷淋浆液直接冲刷的区域，墙纸的厚度不宜低于1.6mm。虽然近年以贴面形式提供的合金数量有明显增加，但贴合金工艺仍多用于烟道系统。

衬贴的合金薄板不能承受荷载，任何构件不能焊接在衬板上，不能依靠衬板来支撑任何构件。另外，如果合金薄板安装在有液体冲击的部位，固定衬板的焊点可能需要密些，因为震动很可能造成衬板损坏。例如，一台FGD吸收塔的锥形排气烟道采用317LM贴面，由于合金薄板安装不良，省除了大量的塞焊，结果造成衬板剧烈颤动，仅运行数小时后就造成衬板破裂而停止运行。

4. 局部压合金属板

就制作工艺而言，局部压合金属板类似轧制覆盖板，都是通过轧制使两种金属板压合在一起。只是轧制覆盖板的耐蚀金属或合金板是100%紧密地被压合在钢材基体上，而局部压合金属板的两种金属的压合是不连续的。但从应用的角度来看，局部压合金属板实际上是一种预贴墙纸的复合板。局部压合金属板的结构和重叠接头的处理方法如图4-2-11所示。

安装时，局部压合金属板的碳钢底板采取碳钢焊接工艺，对接焊。耐蚀金属的搭接头像传统贴墙纸工艺一样采取连续密封焊，但局部压合金属板无需定位焊和塞焊，而且消除了轧制盖板焊接时合金被稀释的问题。因此局部压合金属板综合了传统贴墙纸工艺和轧制覆盖板的优点。

采用局部压合金属板时，对拐角的处理与传统贴墙纸的施工方法相同。根据需要可以用耐蚀合金贴面板条来覆盖局部暴露的基体金属焊接缝。

六、合金的检验和焊接质量控制

全金属FGD系统需要采用大量、多种不同等级的耐蚀合金材料。虽然合金产品在运

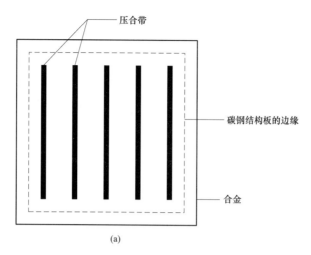

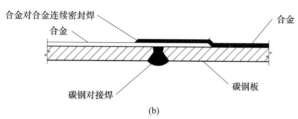

图 4 - 2 - 11 局部压合金属板结构和接头设计

（a）上视图；（b）剖面图

抵现场时都有容易识别的合金牌号标记，但这些材料在现场放置久后，往往会出现标记不易辨认的情况，因此应采用一种便携式合金分析仪检验、核实每块合金板，确保按设计要求安装规定的合金板。由于合金板表面往往有一层钝化膜，这层钝化膜的成分与合金主体成分是有区别的，偶尔这种便携式合金分析仪可能无法识别镍基合金，如果出现这种情况只要稍微打磨合金表面就可以纠正测试结果。此外，必须用便携式分析仪检查每一条焊缝，确认采用了正确的焊条。

焊接前，应根据合金的种类正确选择焊接工艺，精心加工坡口。焊接时严格遵守焊接操作规程。焊工必须经过考试取得了焊接某种特种合金的资格证书，并且有焊接过类似设备的经验，这些是保证焊接质量的关键措施。

焊接后必须严格检查所有的焊接处，除了检验焊接金属的成分外，首先是目视检查所有焊缝是否有熔渣、气孔、裂纹、未熔合、未焊透或其他瑕疵，如果发现有焊接缺陷必须打磨掉并进行修补。经过初步目检并修补了明显的缺陷后，还必须采用真空箱试验法或无损探伤检查焊缝和缝点，以保证良好的焊接效果。

为了增加耐蚀合金的耐腐蚀性，焊后应按要求进行表面处理，处理的方法有抛光和钝化。耐蚀合金焊件表面如有刻痕、凹痕、粗糙点和污点等会加快腐蚀，如将耐蚀合金表面抛光，就能提高其抗腐蚀能力，表面粗糙度越小，抗腐蚀性能就越好。钝化处理是在耐蚀合金的表面人工地形成一层氧化膜，以增加其耐腐蚀性。钝化处理的流程为：表面清理和修补→酸洗→水洗和中和→钝化→水洗和吹干。经钝化处理后的合金具有较高的耐腐蚀性。但是，并非所有的耐蚀合金都需要进行钝化处理，是否必须进行钝化处理，可以咨询合金材料生产厂家或有关专家。

第三节　无　机　材　料

用于 FGD 系统的耐腐蚀无机材料的种类有：整体喷涂胶泥、耐酸砖板、釉面陶瓷砖板、搪瓷、碳化硅砖和硼硅酸盐玻璃泡沫块。下面分别介绍这些材料。

一、胶泥

无机耐酸胶泥最典型的是水玻璃胶泥，水玻璃胶泥是以水玻璃（胶结剂）、氟硅酸钠（硬化剂）、辉绿岩粉（耐酸填料）为原材料，按一定比例调制而成，因其在固化前貌似黏土，习惯上称胶泥。将这种胶泥喷涂到钢板表面，钢板表面有机械锚固钩，胶泥最后在空气中凝结成石状材料衬覆在钢板的表面，胶泥防腐的特点及其应用情况见表 4 – 2 – 14。

表 4 – 2 – 14　　　　　　　　胶泥防腐的特点及其应用情况

优　点	材料的机械强度高，耐热性能好，耐强氧化性酸腐蚀，稍耐磨
缺　点	不耐氢氟酸以及碱的腐蚀，对水和稀酸也不太耐蚀，且抗渗性差；因防腐层较厚，增加了设备重量；损坏后不易修复，新旧层易开裂、脱落
应用部位	曾广泛用于早期湿法 FGD 装置中，主要应用于入/出口烟道、吸收塔入口、部分高磨损区、烟囱
存在问题	当构件弯曲变形时，或温差急变时会导致胶泥开裂、起层，腐蚀液渗入胶泥与基材之间造成基材严重腐蚀

目前，由于这类防腐胶泥在 FGD 装置中应用效果始终较差，已不再推荐这类材料。

二、耐酸砖

黏土质耐火砖和红板岩耐火砖非常广泛地用于建造烟囱的砖砌内烟道。在美国，在这种烟囱的外烟筒与砖砌内烟道之间的环形夹层中，采取加压气封来防止烟气漏进夹层空间。

采用黏土质耐火砖和红板岩耐火砖筑砌的内烟道的表面都出现了不可逆转的鼓胀。黏土质耐火砖比红板岩耐火砖显现出较大的吸水膨胀率，因此黏土砖的膨胀率主要取决于烟气湿度而不是烟气温度，而温度对红板岩砖膨胀率的影响更大些。因此，红板岩耐火砖更适合于烟气湿度梯度较大的烟气，而黏土质耐火砖更适用于温度梯度较大的烟囱。

需要指出的是，砖砌烟囱内烟道在超过一定的时间后易发生倾斜，特别在旁路热烟气与湿冷烟气在烟囱中混合的情况下。在大多数采用直接旁路加热的系统中，以及在已处理的湿冷烟气和干热的旁路烟气通过各自的烟道进入同一烟囱的情况下，内烟道将发生倾斜的现象。这是由于烟囱受热烟气冲击的一侧产生的不可逆膨胀最大，从而使烟囱发生歪斜。

三、耐酸釉面陶瓷砖板

耐酸釉面陶瓷砖板的特点是：表面有坚硬、光滑的釉面，耐腐蚀、耐温、耐磨且具有抵抗一定机械损坏的能力。过去这类材料在 FGD 装置中最常用于衬砌吸收塔反应罐底板和较低部位的墙体，其板材也用于衬砌反应罐、吸收塔和出口烟道的墙面。虽然这类材料可以承受 FGD 系统在最坏工况下的不正常温度和严重冲刷磨损的影响，但也存在以下缺点：材料较重，需要更牢固的钢支撑结构；衬层较厚，增大了设备体积；施工中大部分为手工操作，施工工期较长，劳动强度大；结构上胶合缝多，整体性不够好，稳定性差，易产生施工质量问题；一般耐冲击、振动以及温度剧变的性能差；修复性差，修复工作量大；另外，产品的尺寸受设备外形尺寸的制约，无标准件。因此，近年建的大型 FGD 装置很少采用这类防腐材料，多用于小型 FGD 系统，仅在增建的 FGD 装置中应用这类防腐材料来改造公共出口烟道和烟囱。但是，在反应罐底板上和较低部位的墙体上，用耐酸陶瓷砖板衬敷在树脂或橡衬里的表面，可以防止机械损伤树脂和橡胶内衬，又充分利用了树脂和橡胶内衬的防渗性能，是一种可取的防护结构。

在 FGD 装置中采用过的耐酸陶瓷砖板防腐结构有以下两种：一种是衬敷在钢板上，又称铠装陶瓷或复合衬里；另一种是自支撑结构。这两种衬里结构的优缺点列于表 4-2-15。

表 4-2-15　　　　　　耐酸釉面陶瓷砖板两种防腐结构的优缺点对比

分 类	衬 敷 钢 板	自支撑结构
防腐结构	在起支撑作用的碳钢外壳内表面依次衬敷聚氨基甲酸乙酯防渗层、水泥砂浆、耐酸釉面陶瓷砖/板	釉面陶瓷板或砖筑砌的独立结构（见图 4-2-13）
最常应用的区域	反应罐底板和罐体的腰墙板	无
较少应用的区域	吸收塔、入/出口烟道、烟囱衬里	整体式反应罐、吸收塔的壳体
主要优点	（1）具有非常强的耐磨性； （2）能耐受较高的烟气温度； （3）不受酸冷凝物影响； （4）抗机械损坏性能强； （5）隔热性好，可以省去烟道外部的保温层	（1）具有非常强的耐磨性； （2）能耐受高的烟气温度； （3）不受酸冷凝物影响； （4）抗机械损坏性能强； （5）造价低
主要缺点	（1）陶瓷砖板的尺寸受设备外形尺寸制约、除衬敷平面设备外，砖板表面必须稍带弧度； （2）单位面积的重量较大，需要加强支撑钢结构； （3）衬敷施工多为手工操作，施工工期较长，劳动强度大； （4）结构上胶合缝多，整体性不够好，稳定性差，易发生施工质量问题； （5）耐冲击、振动以及耐温度剧变性能差，修复工作量大	（1）陶瓷砖板的尺寸受设备外形尺寸制约、除衬敷平面设备外，砖板表面必须稍带弧度； （2）防腐结构较厚，设备体积大； （3）衬敷施工多为手工操作，施工工期较长，劳动强度大； （4）结构上胶合缝多，整体性不够好，稳定性差，易发生施工质量问题； （5）限于作为基础水平底板和垂直墙体，修复工作量大

1. 耐酸陶瓷砖板的形状及应用

国外应用于 FGD 系统的陶瓷板表面有坚硬、光滑的釉面，背面有燕尾槽。用于衬砌底板的是平面板材，用于墙体的板材稍带有弧形。陶瓷砖与板之间没有严格的界限，一般长与宽在 200mm，厚 30mm 以上的称砖，厚度小于 30mm 的称为板。陶瓷砖应用于苛刻、严酷的环境中能呈现出较好的防护性能，同样，应用于烟囱和墙体的陶瓷砖也稍有弧形。

2. 防腐结构

图 4 - 2 - 12 是用陶瓷板内衬钢制吸收塔和反应罐墙体的一种复合衬里结构。在衬砌陶瓷板之前，碳钢表面须经喷砂处理，然后用镘刀涂敷厚约 6.4mm 的聚氨基甲酸乙酯防渗层，待树脂固化后，用呋喃树脂胶泥作接缝材料，将衬板垂直筑砌几层，无需支撑架。待呋喃胶泥固化后将水泥砂浆灌入衬板与碳钢墙体之间，待水泥砂浆固化后依次从下向上筑砌，就形成了复合衬里防腐结构。

呋喃树脂能耐强酸、强碱和有机溶剂，耐热性可达 180 ~ 200℃，是现有耐蚀树脂中耐热性能最好的

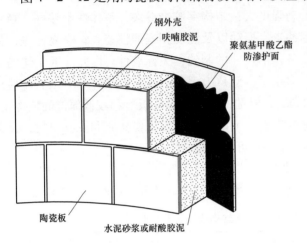

图 4 - 2 - 12　耐酸釉面陶瓷板衬敷碳钢壳体的结构

树脂之一。但呋喃树脂固化工艺不如环氧树脂和不饱和树脂那样方便。为使其固化完全，一般需要加热处理。呋喃树脂胶泥在固化过程中有假硬化现象，经初期硬化后的胶泥在热处理时，会发软而出现流动倾向，即所谓"流胶"现象。为避免或减少"流胶"，热处理前应充分进行室温养护（3 ~ 7 天），然后进行热处理。这种固化工艺使得陶瓷砖板防腐施工工序多、工期长。

无支撑钢外壳的陶瓷砖/板独立结构和施工方法如图 4 - 2 - 13 所示。这种结构也用于建造单独的反应罐和反应罐与塔体为一整体的吸收塔，板—板和砖—板筑砌的容器可以不用支撑模板进行施工，将陶瓷砖或板筑砌至已布好钢筋的预定高度，然后浇灌混凝土，重复上述过程直到整个模块建成。对于模块的锥形顶部，如果仍采用陶瓷板衬里，就需要支撑模板。板—板独立结构的费用比同类型的陶瓷板衬敷碳钢结构的大约低 15%。衬砌断面为圆柱形或圆锥形的设备必须用表面为弧形的陶瓷板，陶瓷砖比陶瓷板更多地用于衬覆出口烟道。

四、搪瓷

搪瓷又称搪玻璃，通常化工设备的搪瓷工艺是将含硅量很高的瓷釉通过 900℃ 左右的高温煅烧，使瓷釉紧密地附着于金属表面，瓷釉厚度一般为 0.8 ~ 1.5mm。搪瓷设备具有优良的耐腐蚀性能和机械性能。搪瓷能耐各种浓度的无机酸、有机酸、盐类、有机溶剂和弱碱的腐蚀，但氢氟酸和含氟离子介质除外。另外，当温度超过 200℃ 时，搪瓷设备不能耐受 10% ~ 30% 的硫酸介质的腐蚀。搪瓷表面耐磨、光滑、能缓解表面积灰，易于清除表面沉积的固体物。化工搪瓷设备由于搪瓷较厚，在缓慢加热或冷却条件下，使用温

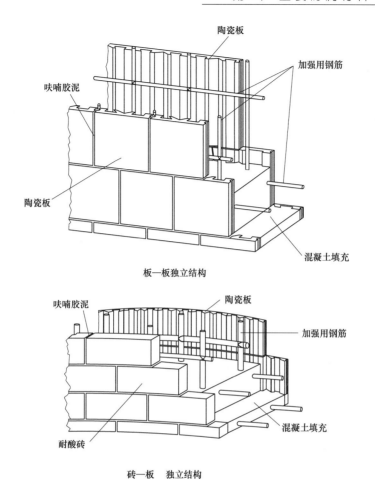

图 4 - 2 - 13 陶瓷砖/板筑砌的独立结构施工图

度为 - 30 ~ 240℃。

搪瓷设备的瓷釉与钢铁的热膨胀系数不同，搪瓷后它们之间可能会产生应力，由于制造上的缺陷、安装检修中不慎造成的机械损伤、使用中温度急变等，往往会使较薄的瓷釉层发生剥瓷、穿孔、爆瓷、裂纹等损坏现象。搪瓷工件的凸起和边缘部分往往是瓷釉层较薄弱的部位，因此这些部位是搪瓷设备出厂时应重点进行质量检查的地方。

发电厂回转式空预器的蓄热板以及管式空预器的换热管也有采用搪瓷防腐。由于上述换热器所处工况的特点，除了要求这类搪瓷传热组件具有前述化工搪瓷设备所具有的特点外，还要求其有良好的导热性、高密着力并能耐受温度急变。发电厂上述两种换热器换热组件的瓷釉层一般仅 0.1 ~ 0.4mm，因此搪瓷组件的传热性能基本上与相同形状的碳钢及考登钢相同。搪瓷传热组件表面光滑，采用蒸汽、高压空气或水冲洗易清除其表面的积灰，这对于维持换热器长期稳定运行是十分重要的。

湿法 FGD 系统中最常使用的烟气加热器是再生式 GGH，通常情况下壳体采用玻璃鳞片树脂喷涂防腐，而蓄热板进行搪釉。当搪釉质量控制不好时，蓄热板的端头和波纹板的凸起部分往往最先发生腐蚀。国内少数高硫煤电厂 FGD 系统的 GGH 采用搪瓷螺旋肋片管换热器，由于瓷釉锻烧设备对搪瓷加工件尺寸的限制，国内还无法对整排蛇形换热管进行整体搪瓷，只能将蛇形换热管分解成直管和 U 形弯管分别进行搪瓷，搪瓷层厚约 0.36mm。直管和 U 形管接头以及直管与集箱接头焊接后按照图 4-2-14 所示的方式用搪瓷套管和高温密封胶保护焊接头。这种搪瓷螺旋肋片管 GGH 运行 3~4 个月后就出现较大面积剥瓷现象，这表明薄层搪瓷的质量还不过关，瓷釉的密着力低，因此采用搪瓷管式GGH 尚有待这一技术问题的解决。焊缝的这种防腐方式最初曾令人担心，在一个管束组件中有数百个这种封堵接头，如此之多的防腐接头无疑会成为整个换热器的薄弱环节。但多年实际运行情况表明，焊缝的这种防腐方式还是可行的。

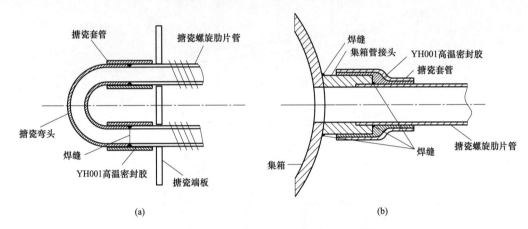

图 4-2-14　搪瓷螺旋肋管换热器接头防腐处理方法
（a）搪瓷直管与弯管的接头；（b）搪瓷直管与集箱的接头

五、碳化硅砖

碳化硅砖是一种耐磨防腐衬里材料，广泛并成功地用于衬砌口经可调式文丘里洗涤器的咽喉部位，应用时用一种碳化硅有机树脂胶泥粘贴碳化硅砖。

碳化硅还广泛用于制作吸收塔喷嘴、FGD 系统浆泵的吸入侧护板（套）和机械密封装置的密封副。

六、硼硅酸盐玻璃泡沫衬块

硼硅酸盐玻璃泡沫衬块具有封闭微孔的结构、能阻止烟气、酸冷凝物和水分的渗透。硼硅酸盐玻璃基本上是一种惰性的无机物，可以抵抗除氢氟酸以外的各种不同浓度酸、溶剂以及弱碱的侵蚀。这种衬块多孔、质轻（12.8mg/cm^3）和导热系数低，是一种优良的防腐、隔热材料，如果衬敷在钢制烟道和烟囱内可以省除外部的保温层，而且不必增加加固和支撑件。可将这种泡沫块直接粘贴在钢板、混凝土、砖或瓷砖表面，无需锚固，施工简单，不仅适用于新建烟道和烟囱，而且适用于现有烟道和烟囱的改造，施工时间短。硼硅酸盐玻璃泡沫衬块本身可耐受 390~516℃的高温，其热稳定性、热膨胀系数低和隔热性使得由其构成的衬里结构能承受反复、剧烈的温度波动。硼硅酸盐玻璃泡沫块还具有一定的柔性，其衬敷的钢制烟道壁可以承受轻微的绕曲和振动，而不会导致衬层开裂。衬块不可燃、无贮存期要求。另外，这种衬块可以在现场很方便地切割成所需要的形状。

国外一些防腐公司为电厂烟道和烟囱的防腐专门设计了一种硼硅酸盐玻璃泡沫块内衬结构。在 FGD 系统主要用于衬敷吸收塔入/出口烟道和烟囱，可以衬敷在碳钢、混凝土、砖体和玻璃钢基材表面。在美国，欧洲、韩国、菲律宾和我国台湾省的发电厂均有应用业绩，而以美国发电厂应用最多。国内陡河电厂、湛江电厂和江苏利港电厂采用进口硼硅酸盐玻璃泡沫衬块将原有的烟囱改造为湿烟囱或用于建新的湿烟囱。

电厂 FGD 系统应用的玻璃泡沫砖有 28 号和 55 号两种规格的宾高德玻璃泡沫砖，前者适用于冷热剧烈、频繁交替变化的环境，如 FGD 系统中的旁路热烟气与已洗涤的低温、饱和湿烟气混合的烟道、吸收塔入口干/湿交界处。后者适用于通常烟气条件下的烟道和烟囱。这两种玻璃泡沫砖的物理特性见表 4 - 2 - 16。

表 4 - 2 - 16　　　　　　　宾高德硼硅酸盐玻璃泡沫砖的物理特性

物理特性	宾高德 28 号玻璃砖	宾高德 55 号玻璃砖
成　　分	无机物、硼硅酸玻璃，不含黏合剂	
最高使用温度	517℃（不加载） 425℃（不加载）	199℃
平均热传导率（ASTM, C - 518） 38℃ 93℃ 149℃ 204℃	22.9W/(m·℃)[0.084W/(m·k)] 25.9W/(m·℃)[0.095W/(m·k)] 28.7W/(m·℃)[0.105W/(m·k)] 31.9W/(m·℃)[0.117W/(m·k)]	22.8W/(m·℃)[0.084W/(m·k)] 26.8W/(m·℃)[0.098W/(m·k)] 30.0W/(m·℃)[0.11W/(m·k)]
比热容	837J/(kg·℃)	837J/(kg·℃)
密度（ASTM C - 303）	12.8mg/cm^3	12.8mg/cm^3
抗压强度（ASTM C - 165，热沥青覆盖）	14.0kgf/cm^2	14.0kgf/cm^2
挠曲强度（ASTM C - 203，C - 204）	621kPa	621kPa
弹性模量（ASTM C - 623）	12600kgf/cm^2	12600kgf/cm^2
线性热膨胀系数（ASTM E - 228）	8.5×10^{-6}/℃	8.5×10^{-6}/℃
可燃性	不可燃	不可燃
毛细作用	无	无
吸湿率（ASTM C - 240）	体积的 0.2%（仅表面湿润）	体积的 0.2%（仅表面湿润）
水汽渗透	无	无
贮存期	无限期	无限期
玻璃砖外形尺寸	38mm × 152mm × 229mm	50mm × 152mm × 229mm

注　1kgf/cm^2 = 9.8 × 10^{4}Pa

硼硅酸盐玻璃泡沫块的一个主要缺点是易破碎。人在烟道中行走或用手推车运出烟道中的沉积物时会压损烟道底板上衬敷的玻璃泡沫块，手推车无意的冲撞或擦剐也会损坏墙面内衬层。有报道在出口烟道中这种材料衬里发生过严重磨损的事例，主要原因是烟道内有造成冲击目标的几何结构。另外，不允许用水力或喷砂的方法来清除这种衬层上的飞灰堆积物。表 4 - 2 - 17 汇列了这种玻璃泡沫块的优缺点。

表 4 – 2 – 17   **硼硅酸盐玻璃泡沫块优缺点**

衬层结构	用聚氨基甲酸乙酯胶泥作黏合剂和防渗层，将封闭多孔的硼硅酸盐玻璃块粘贴到钢板或混凝土等基材上
最常应用的区域	吸收塔入/出口烟道、旁路烟道、公共出口烟道和烟囱
较少应用的区域	无
主要优点	（1）重量轻； （2）易施工； （3）耐热性好，不受温度波动影响； （4）极好的隔热材料，可以省去外部隔热层； （5）有较好的不透水性，能耐受酸凝结物侵蚀（除 HF 酸）； （6）不燃烧，可长期储存
主要缺点	易碎，极易受机械损坏和冲击磨损。为防止机械损坏可在玻璃砖表面再喷涂一薄层水玻璃胶泥

硼硅酸盐玻璃泡沫块衬覆碳钢基材的衬层结构如图 4 – 2 – 15 所示。玻璃块的典型外形尺寸是 150mm×230mm×38（或 50）mm，用一种厚浆型（3.2mm）的聚氨基甲酸乙酯沥青树脂胶泥将玻璃泡沫块粘贴在基材上。施工时，将这种胶泥涂抹在块材的背面和侧面以及基材表面上，再将玻璃块平铺、压实在基材表面，衬块之间的接缝宽约为 3.2mm。

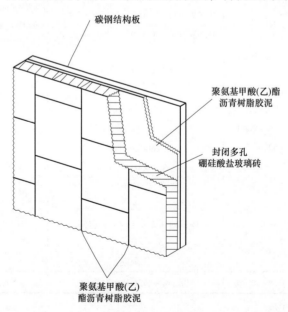

碳钢结构板

聚氨基甲酸(乙)酯
沥青树脂胶泥

封闭多孔
硼硅酸盐玻璃砖

聚氨基甲酸(乙)
酯沥青树脂胶泥

图 4 – 2 – 15   硼硅酸盐玻璃泡沫块衬覆碳钢的衬层结构

聚氨基甲酸乙酯胶泥成为防止腐蚀性水分渗入的最后一道阻隔层。由于泡沫玻璃有良好的隔热性，黏合胶泥夹在衬块和基材之间，黏合胶泥层的温度梯度大为减小，水分到达玻璃块下面时，其渗透压力大为下降，使黏合胶泥层免受高温烟气的作用。玻璃泡沫块黏结剂是一种双组分的聚氨基甲酸沥青树脂胶泥，具有弹性，可以用泥刀涂抹。这种黏结剂形成的膜对各种不同的酸、碱和盐溶液均具有较好的抗化学腐蚀性，但有一定的工作温度，处于衬块与基材之间的黏结剂膜，当温度不超过 93℃ 时，该膜能长期保持弹性。

在衬覆硼硅酸盐玻璃泡沫块之前，需对金属基材表面进行喷砂处理，喷砂表面达到较低等级标准就可以了，不必达到树脂涂装所要求的喷砂等级。金属基材经喷砂处理后也需及时涂覆底层涂料。对于混凝土和砖体基材有两种树脂底层涂料可供选用。施工中也需要做到衬覆表面无飞尘，控制施工湿度和表面温度，但不像增强树脂和橡胶内衬施工要求那么严格。

为了弥补这种材料特别易碎的缺点，一些已衬覆了玻璃泡沫块的发电厂在烟道底板和墙体较低的部位喷涂厚约 13mm 的水玻璃砂浆。喷涂的水玻璃砂浆层可能会有些裂缝，由于这层喷浆的作用是防止机械损伤玻璃泡沫块，因此，这种裂缝对于防腐无关紧要。

目前，已有一种改进后的玻璃泡沫块问市，这种改进型玻璃泡沫块的一侧有一层压碎的硼硅酸盐玻璃与硅酸盐胶泥形成的坚硬的耐磨层。

尽管玻璃泡沫块本身有很高的耐温性，但黏结剂的工作温度不超过 93℃。当这种衬层长时或经常处于高温环境中时，泡沫块之间勾缝的黏结剂将暴露在高温下，已有报道，黏结剂表面出现老化开裂。因此，在应用时应考虑其所处环境的经常性温度。

第四节　主要防腐材料经济性比较

国外已经对 FGD 不同用材选择方案所产生的费用进行了比较，并发表了许多论文，但所有这方面的文献都遇到一些共同的问题，其中一个问题是材料价格（特别是不锈钢、镍基合金以及钛）有很大波动，尤其是镍基合金的价格在近十年里变化较大，这给选材费用的比较带来了困难。在进行不同选材方案的经济比较时，很重要的一点是必须有一个共同的、相近的、可比较的基础。这一比较基础至少应包括以下几方面：① 工程基建投资，包括直接投资、间接投资和其他投资；② 使用过程中的维护和检修费用；③ 设备的折旧和贴现率；④ 使用寿命；⑤ 其他，如保险、税费等。在此假定员工工资与用材选择无关，寿命周期成本中也不包括这一项。另外，如果将增强树脂与合金结构做比较，树脂内衬的费用应包括碳钢基材。在进行其他材料的经济性比较时，类似这种情况都应采取相同的处理办法。

一般认为根据总建设费用和寿命周期成本来进行材料的经济性比较是最为合理的。在进行寿命周期成本的比较时，假定的维护和检修周期，以及假定的检修费用和其他一些经济数据方面的变量，易导致比较结果产生分歧。

一、防腐方案相对成本比较

表 4-2-18 列出了湿法 FGD 主要设备防腐方案的相对成本系数的比较结果，这些材料的相对成本系数是美国能源部于 1996 年根据 1992 年的经济评价得出的。为了得出每个方案的总建设费用和现价周期寿命成本（Present value life cycle，PVLC）的范围，考虑了基本建设费用和假定的维修费用，并假定投资费用按每年价格上升 5.0% 调整，11.5% 的

现值率（Present Value Rate）和设计寿命 30 年。另外，假定吸收塔无保温，出口烟道的费用包括外部保温，但当采用釉面陶瓷砖/板和硼硅酸盐玻璃泡沫块方案时，由于这些材料本身有保温作用，因而无需外部保温。防腐方案经济性比较时假定的维修工作见表 4 – 2 – 19。

表 4 – 2 – 18 吸收塔和出口烟道防腐方案相对成本系数的比较

材　　料	吸收塔		出口烟道	
	基本建设费用	PVLC 费用	基本建设费用	PVLC 费用
橡胶和增强树脂内衬碳钢				
玻璃鳞片树脂	1.0	1.0	1.0	1.0
6.4mm 氯化丁基橡胶	1.4 ± 0.2	1.4 ± 0.4	不适合	
釉面陶瓷和玻璃泡沫砖/板				
陶瓷砖/板衬砌混凝土	1.1 ± 0.1	0.5 ± 0.1	不适合	
陶瓷砖/板衬覆碳钢	1.3 ± 0.1	0.6 ± 0.2	1.1 ± 0.1	0.5 ± 0.2
陶瓷砖/板独立结构	1.6 ± 0.2	0.8 ± 0.2	不适合	
硼硅酸盐玻璃泡沫块衬覆碳钢	不适用于吸收塔		1.4 ± 0.1	0.7 ± 0.2
合金墙纸衬贴碳钢				
钛/碳钢局部压合金属板	无应用实例		1.5 ± 0.1	0.7 ± 0.2
H – 9M			1.4 ± 0.1	0.7 ± 0.2
螺栓固定钛板			1.8 ± 0.2	0.7 ± 0.2
合金 625	1.7 ± 0.2	0.8 ± 0.2	1.6 ± 0.2	0.7 ± 0.3
C 级合金	1.7 ± 0.2	0.8 ± 0.2	1.6 ± 0.2	0.7 ± 0.3
轧制覆盖板（1.6mm 合金覆盖在 4.8mm 厚的碳钢板上）				
合金 625 覆盖板	2.1 ± 0.2	1.0 ± 0.2	1.94 ± 0.16	0.9 ± 0.3
C 级合金覆盖板	2.1 ± 0.2	1.0 ± 0.2	1.94 ± 0.16	0.9 ± 0.3
整体合金板（6.4mm）				
6XN 超奥氏体不锈钢	1.3 ± 0.1	0.6 ± 0.1	1.26 ± 0.09	0.6 ± 0.2
合金 625 板	2.7 ± 0.3	1.3 ± 0.3	2.40 ± 0.21	1.1 ± 0.4
C 级合金板	2.7 ± 0.3	1.3 ± 0.3	2.40 ± 0.21	2.4 ± 0.4

表 4 – 2 – 19 防腐方案经济性比较时假定的维修工作

材　　料	吸收塔	出口烟道
合金方案	检修工作少	检修工作少
釉面陶瓷砖/板结构	检修工作少	检修工作少
硼硅酸盐玻璃泡沫块	不考虑	由于磨损，10 年内更换 20% 的玻璃泡沫块
氯化丁基橡胶衬覆碳钢（在最好的情况下）	在无大量修补的情况下，按每年修补 5%，10 年全部更换	不考虑

材　料	吸收塔	出口烟道
氯化丁基橡胶衬覆碳钢（在最坏的情况下）	在无大量修补的情况下，按每年修补5%，5年更换50%	不考虑
优质玻璃鳞片树脂衬覆碳钢（在最好的情况下）	在无大量修补的情况下，按每年修补5%，8年全部更换	在无大量修补的情况下，按每年修补5%，8年全部更换
优质玻璃鳞片树脂衬覆碳钢（在最坏情况下）	在无大量修补的情况下，按每年修补5%，4年更换50%	在无大量修补的情况下，按每年修补5%，4年更换50%

从表4－2－18所列数据可得出以下结论：

（1）就基建费用而言，玻璃鳞片树脂内衬碳钢的费用最低。如果考虑到现在的FGD系统除烟囱还采用陶瓷防腐外，其他部位已不再采用陶瓷防腐结构，那么，费用较低的其次是橡胶内衬方案，整体合金板的费用最高。

（2）比较几种合金墙纸工艺可看出，钛—碳钢局部压合金属板基建费仅稍高于H－9M合金墙纸，螺栓固定钛板的基建费甚至高于C级合金墙纸。

（3）比较PVLC费用则可看出，合金墙纸衬贴碳钢和轧制覆盖板有很好的经济性，PVLC费用低于玻璃鳞片树脂和橡胶内衬。

（4）另一个值得注意的情况是，碳钢衬覆硼硅酸盐玻璃泡沫块用于烟道的经济效益介于玻璃鳞片树脂和贴墙纸之间，在不能采用玻璃鳞片树脂防腐的高温烟道中，采用玻璃泡沫有较好的性价比。

整体625合金和C级合金板这两种费用系数都是最高的，因此在应用时应慎重考虑，可以采用同等级合金的复合板代替。根据腐蚀环境合理选择适当等级的整体合金板，有时费用甚至低于高等级的合金墙纸。

正如前面已提到的，各种方案假定的维修工作往往是最具争论的问题，合金墙纸和轧制覆盖板的PVLC费用所具有的经济性优势，在很大程度上取决于这种假设和维修人工费。例如，国内已有12年玻璃鳞片树脂衬里的使用经验，在树脂内衬质量较好的情况下，至少8年无需全部更换，这与表4－2－18中的假设相差较大。因此，任何一种经济性比较很难准确地反映他们的PVLC费用，但可以反映出一种趋势，即采用合适的合金材料具有相对较低的长周期寿命成本。

二、喷淋塔和塔内主要组件材料成本比较

表4－1－20列出了湿式FGD喷淋吸收塔及塔内主要组件材料的成本系数，这是美国B&W公司1997年对装有多孔塔盘的逆流喷淋空塔所作的材料经济性比较。从材料成本系数可看出，国外含Mo 2%～4%的整体奥氏体不锈钢制作的吸收塔总费用低于碳钢衬覆树脂和橡胶，这可能与国外树脂和橡胶衬里的施工费高和不锈钢价格较低有关。树脂和橡胶衬覆碳钢的总费用仍低于6Mo超级奥氏体整体不锈钢、整体双相不锈钢以及C级合金墙纸，远低于整体C级合金。C级合金墙纸的施工费用虽然很高，但总费用仅比树脂和橡胶内衬高1.3%～7.0%，因此合金贴墙纸是一种很有吸引力的内衬材料。采用C－276、

C－22 整体合金板无论总费用还是寿命周期成本都是最高的。

从我国的实际情况来看，由于人工费较低，国产耐蚀合金材料价格较贵，进口这类钢材的关税较高，在短期内大量采用耐蚀合金尚不现实，因此在满足耐磨防腐的前提下，仍应优先选用玻璃鳞片树脂、橡胶、硼硅酸盐玻璃泡沫块、聚丙烯或 FRP 等费用较低的防腐材料。

对于吸收塔托盘，则应根据吸收塔的腐蚀环境选择耐蚀金属，6Mo 超级奥氏体不锈钢或 25－Cr 双相不锈钢是性价比较为合适的选择。对于不易检修的重要部位，如湿烟囱，以及对于高温、严重腐蚀的区域或严重磨蚀件，则应侧重考虑材料的耐久性而选用合适的合金材料。应用于这些区域的合金材料一般等级较高，价格贵，如果过于侧重经济考虑而采用较低等级的合金，可能造成今后频繁检修或更换磨损件，这不仅影响装置的可靠性，而且增加了寿命周期成本。

表 4－2－20　　　　　　　　喷淋吸收塔及塔内主要组件材料的成本系数

材　　料	吸收塔			喷淋母管	除雾器	吸收塔托盘
	材料费	安装费	总费用	材料费	材料费	材料费
CS（6.4mm，带加强肋）	1.00	1.00	1.00			
CS＋玻璃鳞片树脂	4.60	1.28	2.15			
CS＋合成橡胶	5.00	1.28	2.26	1.5（内外衬胶）		
316L 不锈钢	4.00	1.00	1.79	2.1		1.0
317L	4.40	1.00	1.89	2.4		1.1
317LMN	5.30	1.00	2.13	2.5	3.0	1.3
AL－6XN/254－SMO	7.55	1.05	2.71			1.9
双相不锈钢 255	7.00	1.05	2.58			1.8
合金 C－276	14.00	1.19	4.55	7.0	7.7	3.5
合金 C－22	14.00	1.19	4.55	7.0	7.7	3.5
CS＋C－22 复合板	9.50	1.14	3.34			
CS＋C－22 墙纸	4.5	1.43	2.30			
CS＋陶瓷板	6.20	包括在材料费中	2.37			
混凝土/耐酸块材	10.00	包括在材料费中	2.63			
耐磨 FRP				1.0		
一般 FRP					2.5	
聚丙烯					1.0	

注　费用最低的材料以 1.0 作为基数费用；CS—碳钢。

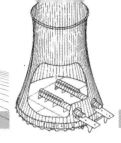

第五篇
湿法烟气脱硫专题

第一章　湿法烟气脱硫新技术

近年来随着国内烟气脱硫装置的大规模建设，脱硫技术引进过于单一的问题日见明显，尤其电力系统 92% 以上的机组采用石灰石—石膏湿法工艺。石灰石工艺无可厚非是世界上最成熟，也是最成功的脱硫工艺。但是结合各个电厂的实际情况，脱硫并非只有一条路可走。近两年来高硫烟气达标问题、脱硫副产物综合利用问题、技改项目的场地问题、脱硫装置运行的经济性问题等，是国内相当部分电厂面临的困境，在选择脱硫工艺时，以下几种脱硫新技术、新工艺可供参考。

第一节　氨　法　脱　硫

一、氨法脱硫技术原理

氨法脱硫技术以水溶液中的 SO_2 和 NH_3 的反应为基础，反应方程为

$$SO_2 + H_2O + xNH_3 = (NH_4)_xH_{2-x}SO_3 \qquad (5-1-1)$$

因此，用氨将废气中的 SO_2 脱除，得到亚硫酸铵中间产品。

将亚硫酸铵氧化为硫酸铵，反应（见式 5-1-2）。

$$(NH_4)_xH_{2-x}SO_3 + 1/2O_2 + (2-x)NH_3 = (NH_4)_2SO_4 \qquad (5-1-2)$$

采用压缩空气对亚硫酸铵直接氧化，并利用烟气的热量浓缩结晶生产硫酸铵。

二、氨法脱硫工艺

引风机来的烟气，进入脱硫塔洗涤，用氨化吸收液循环吸收生产亚硫酸铵；脱硫后的烟气经除雾使烟气中含水雾量小于 $75mg/m^3$（标态），净化后的烟气经烟气加热器升温至 70℃ 左右进入烟囱排放。

吸收剂氨与吸收液混合进入吸收塔，吸收烟气中 SO_2 而形成的亚硫酸铵在吸收塔底部被鼓入的空气氧化成硫酸铵溶液，硫酸铵溶液泵入洗涤降温段，将烟气温度降低并蒸发水分，形成含固量 3%~5% 的硫酸铵浆液。硫酸铵浆液经过进一步浓缩，生成的结晶浆液流入过滤离心机分离得到固体硫酸铵，再进入干燥器干燥后，进入料仓和包装机，即可得到成品硫酸铵。包装后的硫酸铵成品送入硫酸铵仓库。

其工艺流程见图 5-1-1。

三、氨法脱硫工艺优缺点

1. 湿式氨—硫酸铵脱硫工艺主要优点

（1）技术成熟，运行可靠性高，不会因脱硫设备而影响锅炉的正常运行；

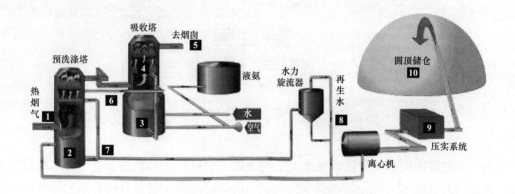

图 5 – 1 – 1　氨法脱硫流程

（2）该脱硫工艺以氨水为吸收剂，副产品为硫酸铵化肥，有很高的利用价值；

（3）脱硫塔吸收反应速度快，脱硫效率高（＞95％）；

（4）脱硫系统可以采用较小液气比，能耗低；

（5）原材料来源广泛：可以采用液氨、氨水、废氨水，还可以采用化肥级碳铵；

（6）与石灰石—石膏法相比，占地面积小，设备布置具有较大灵活性；

（7）该脱硫工艺在脱硫的同时也可以除氮，具有 20％ 以上的除氮效率；

（8）相对钙法而言，亚硫酸铵溶液不会产生结垢现象，能确保脱硫塔长周期运转；

（9）脱硫系统阻力小。

2. 氨法脱硫工艺主要缺点

（1）脱硫副产物硫酸铵化肥必须有很好的市场需求，硫酸铵化肥的销售业绩好坏直接影响到脱硫成本的高低；

（2）液氨属于化学危险品，运输及贮存过程的管理要求高。

四、氨法脱硫商业运行业绩

氨法烟气脱硫技术主要集中在日本、美国和德国。日本 NKK（日本钢管公司）于 20 世纪 70 年代中期在 200MW 及 300MW 燃煤机组上建成了两套氨法脱硫系统。美国 GE（通用环境系统公司）于 1990 年建成了多个大型氨法脱硫示范装置，规模从 50～300MW。德国 Krupp Koppers（德国克虏伯公司）于 1989 年建成 65MW 氨法脱硫示范装置。据不完全统计，全世界目前使用氨法脱硫工艺的机组大约在 10 000MW 左右。

近几年，我国氨法脱硫技术得到了迅速发展，天津碱厂 60MW 燃煤机组 210t/h 锅炉，云南解化 3×75t/h + 130t/h 锅炉及三门峡亚能天元电力有限公司 2×55MW 燃煤机组 220t/h 锅炉的氨法脱硫工艺已得到成功运行。2009—2010 年间，国电宿迁发电厂和广西田东发电厂 2×135MW 采用的氨法脱硫工艺（2 炉 1 塔）也相继投入运行，为该工艺的发展打下了坚实的基础。彩图 5 – 1 – 2 为湿式—硫酸铵脱硫系统工程应用实例。

表 5 – 1 – 1 列出了国内 5 个电厂应用该工艺的情况。

表5-1-1 国内湿式氨—硫酸铵脱硫工艺商业运行情况

序号	单 位	装机容量 （MW）	锅炉蒸发量 （t/h）	系统投 运年份	处理烟气量 （m^3/h）	入口SO_2浓度 （mg/m^3）	SO_2脱除量 （t/h）	脱硫效率 （%）
1	天津永利电厂	60	260	2004	335 000	1043	0.994	94.6
2	云南解化		75	2004	89 000	1970	0.167	94.8
3	三门峡亚能电力	55	220	2006	134 000	6160	0.809	98
4	广西田东发电厂	2×135	410	2009	910 000	5150	4.51	96.2
5	国电宿迁发电厂	2×135	410	2010	950 000	2200	2.05	96.8

第二节 双碱法脱硫

双碱法是采用钠基脱硫剂进行塔内脱硫，由于钠基脱硫剂碱性强，吸收二氧化硫后反应产物溶解度大，不会造成过饱和结晶及结垢堵塞问题。另一方面脱硫产物被排入再生池内用氢氧化钙进行还原再生，再生出的钠基脱硫剂再被打回脱硫塔循环使用。双碱法脱硫工艺降低了投资及运行费用，比较适用于中小型锅炉进行脱硫改造。

一、双碱法脱硫基本原理

双碱法烟气脱硫工艺同石灰石/石灰—石膏等其他湿法脱硫反应机理类似，主要反应为烟气中的SO_2先溶解于吸收液中，然后离解成H^+和HSO_3^-；使用Na_2CO_3或$NaOH$溶液吸收烟气中的SO_2，生成HSO_3^-、SO_3^{2-}与SO_4^{2-}，反应方程式如下。

（1）脱硫反应式为

$$Na_2CO_3 + SO_2 \rightarrow Na_2SO_3 + CO_2 \uparrow \qquad (5-1-3)$$

$$2NaOH + SO_2 \rightarrow Na_2SO_3 + H_2O \qquad (5-1-4)$$

$$Na_2SO_3 + SO_2 + H_2O \rightarrow 2NaHSO_3 \qquad (5-1-5)$$

其中：式（5-1-3）为启动阶段Na_2CO_3溶液吸收SO_2的反应；式（5-1-4）为再生液pH值较高（高于9）时，溶液吸收SO_2的主反应；式（5-1-5）为溶液pH值较低（5~9）时的主反应。

（2）氧化过程（副反应）反应式为

$$Na_2SO_3 + 1/2O_2 \rightarrow Na_2SO_4 \qquad (5-1-6)$$

$$NaHSO_3 + 1/2O_2 \rightarrow NaHSO_4 \qquad (5-1-7)$$

（3）再生过程反应式为

$$Ca(OH)_2 + Na_2SO_3 \rightarrow 2NaOH + CaSO_3 \qquad (5-1-8)$$

$$Ca(OH)_2 + 2NaHSO_3 \rightarrow Na_2SO_3 + CaSO_3 \cdot 1/2H_2O + 3/2H_2O \qquad (5-1-9)$$

（4）氧化过程反应式为

$$CaSO_3 + 1/2O_2 \rightarrow CaSO_4 \qquad (5-1-10)$$

式（5-1-8）为第一步反应的再生反应，式（5-1-9）为再生至pH>9以后继续发生的主反应。脱除的硫以亚硫酸钙、硫酸钙的形式析出，然后将其用泵打入石膏脱水处理系统，再生的 NaOH 可以循环使用。

钠钙双碱法脱硫工艺以石灰浆液作为主脱硫剂，钠碱只需少量补充添加。由于在吸收过程中以钠碱为吸收液，所以脱硫系统不会出现结垢等问题，运行安全可靠。由于钠碱吸收液和二氧化硫反应的速率比钙碱快很多，所以能在较小的液气比条件下，达到较高的二氧化硫脱除率。

二、双碱法工艺流程

双碱法烟气脱硫系统主要包括吸收剂制备和补充系统、烟气系统、SO$_2$ 吸收系统、脱硫石膏脱水处理系统和电气与控制系统五部分。

1. 吸收剂制备及补充系统

脱硫装置启动时用氢氧化钠（或碳酸钠）作为吸收剂，氢氧化钠干粉料加入碱液罐中，加水配制成氢氧化钠碱液，碱液被打入返料水池中，由泵打入脱硫塔内进行脱硫，为了将用钠基脱硫剂脱除后的产物进行再生还原，需用一个制浆罐。制浆罐中加入的是石灰粉，加水后配成石灰浆液，将石灰浆液打到再生池内与亚硫酸钠、硫酸钠发生反应。在整个运行过程中，脱硫产生的很多固体残渣等颗粒物经渣浆泵打入石膏脱水处理系统。由于排走的残渣中会损失部分氢氧化钠，所以，在碱液罐中可以定期进行氢氧化钠的补充，以保证整个脱硫系统的正常运行及烟气的达标排放。为避免再生生成的亚硫酸钙、硫酸钙也被打入脱硫塔内而造成管道及塔内发生结垢、堵塞现象，可以加装曝气装置进行强制氧化或将水池做大，再生后的脱硫剂溶液经三级沉淀池充分沉淀以保证大的颗粒物不被打回塔体。另外，还可在循环泵前加装过滤器，过滤掉大颗粒物质和液体杂质。

2. 烟气系统

锅炉烟气经烟道进入除尘器进行除尘后进入脱硫塔，洗涤脱硫后的低温烟气经两级除雾器除去雾滴后进入主烟道，经过烟气再热后由烟囱排入大气。当脱硫系统出现故障或检修停运时，系统关闭进出口挡板门，烟气经锅炉原烟道旁路进入烟囱排放。

3. SO$_2$ 吸收系统

烟气进入吸收塔内向上流动，向下喷淋的钠基洗涤液以逆流方式洗涤，气液充分接触，吸收 SO$_2$、SO$_3$、HCl 和 HF 等酸性气体，生成 Na$_2$SO$_3$、NaHSO$_3$，同时消耗了作为启动吸收剂的氢氧化钠或碳酸钠。用作补给而添加的氢氧化钠或碳酸钠碱液进入返料水池与被石灰再生过的氢氧化钠溶液一起经循环泵打入吸收塔循环吸收 SO$_2$。

在吸收塔出口处装设除雾器，用来除去烟气在洗涤过程中带出的水雾。在此过程中，烟气携带的烟尘和其他固体颗粒也被除雾器捕获，两级除雾器都设有水冲洗喷嘴，定时对其进行冲洗，避免除雾器堵塞。

吸收塔可采用喷淋塔、填料塔、旋流板塔等多种塔型。

4. 脱硫产物处理系统

脱硫系统的最终脱硫产物仍然是石膏浆（固体含量约 20%），具体成分为 CaSO$_3$、CaSO$_4$，还有部分被氧化后的钠盐（Na$_2$SO$_4$），这些产物从沉淀池底部排浆管排出，由排浆泵送入水力旋流器。由于固体产物中掺杂有各种灰分及 Na$_2$SO$_4$，严重影响了石膏品质，所以一般以抛弃为主。在水力旋流器内，石膏浆被浓缩（固体含量约 40%）之后用泵打到渣处理场，溢流液回流入再生池内。

5. 电气与控制系统

脱硫装置动力电源自电厂配电盘引出，经高压动力电缆接入脱硫电气控制室配电盘。在脱硫电气控制室，电源分为两路，一路经由配电盘、控制开关柜直接与高压电机（浆液循环泵）相连接。另一路接脱硫变压器，其输出端经配电盘、控制开关柜与低压电器相连接，低压配电采用动力中心电动机控制中心供电方式。

系统配备有低压直流电源为电动控制部分提供电源。脱硫系统的脱硫剂加料设备和旋流分离器实行现场控制，其他实行控制室内脱硫控制盘集中控制，亦可实行就地手动操作。

正常运行时，由立式控制盘自动控制各个调节阀，控制脱硫系统石灰供应量和氢氧化钠补给量，在锅炉负荷变动时要能予以自动调节。烟气量的控制是根据锅炉排烟量，由引风机入口挡板通过锅炉负荷信号转换为烟气量与实际引入脱硫装置的烟气量反馈信号控制。吸收剂浆液流量的控制是通过进入脱硫装置的 SO_2 量以及循环浆池中浆液的 pH 值来控制的。副产品浆液供给量通过吸收剂浆液的流量来控制。除雾装置清洗水的流量、吸收室入口冲洗水的压力以及脱水机排出液流量单独控制。脱硫塔底部的液位亦属于单独控制，即通过补给水量来控制。由补给水量调节给料器的转速以控制石灰加入量，从而达到控制吸收剂浆池浓度的目的。吸收室出口除雾器的清洗是按一定的时间间隔开关喷水阀，用补充给水进行。

三、双碱法技术特点

（1）用 NaOH 脱硫，循环水基本上是 NaOH 的水溶液，在循环过程中对水泵、管道、设备均无腐蚀与堵塞现象，便于设备运行与保养。

（2）吸收剂的再生和脱硫渣的沉淀发生在塔外，这样避免了塔内堵塞和磨损，提高了运行的可靠性，降低了操作费用；同时可以用高效的板式塔或填料塔代替空塔，使系统更紧凑，且可提高脱硫效率。

（3）钠基吸收液吸收 SO_2 速度快，故可用较小的液气比，达到较高的脱硫效率，一般在 95% 以上。

（4）钙基置换，钠基再生循环，可提高石灰的利用率。其缺点是：Na_2SO_3 氧化副反应产物 Na_2SO_4 较难再生，需不断地补充 NaOH 或 Na_2CO_3 而增加碱的消耗量。另外，Na_2SO_4 的存在也将降低石膏的品质。

第三节 海 水 脱 硫

一、海水脱硫的原理

海水烟气脱硫是利用海水的天然碱性吸收烟气中 SO_2 的一种脱硫工艺。由于雨水将陆地上岩层的碱性物质（碳酸盐）带到海中，天然海水通常呈碱性，pH 值一般大于 7，以重碳酸盐（HCO_3^-）计，自然碱度约为 1.2 ~ 2.5mmol/L，这使得海水具有天然的酸碱缓冲能力及吸收 SO_2 的能力。烟气中的 SO_2 与海水接触发生以下主要反应：

$$SO_2(g) + H_2O \rightarrow H_2SO_3 \rightarrow H^+ + HSO_3^- \tag{5-1-11}$$

$$HSO_3^- \rightarrow H^+ + SO_3^{2-} \tag{5-1-12}$$

$$SO_3^{2-} + 1/2O_2 \rightarrow SO_4^{2-} \tag{5-1-13}$$

上述反应为吸收和氧化过程，海水吸收烟气中气态的 SO_2 生成 H_2SO_3，H_2SO_3 不稳定将分解成 H^+ 与 HSO_3^-，HSO_3^- 不稳定将继续分解成 H^+ 与 SO_3^{2-}。SO_3^{2-} 与水中的溶解氧结合可氧化成 SO_4^{2-}。但是水中的溶解氧非常少，一般在 $7\sim8mg/L$ 左右，远远不能将吸收 SO_2 后产生的 SO_3^{2-} 氧化成 SO_4^{2-}。

吸收 SO_2 后的海水中 H^+ 浓度增加，使得海水酸性增强，pH 值一般在 3 左右，呈强酸性，需要新鲜的碱性海水与之中和而提高 pH 值，脱硫后海水中的 H^+ 与新鲜海水中的碳酸盐发生以下反应：

$$HCO_3^- + H^+ \rightarrow H_2CO_3 \rightarrow CO_2 \uparrow + H_2O \tag{5-1-14}$$

在进行上述中和反应的同时，要在海水中鼓入大量空气进行曝气，其作用主要有：① 将 SO_3^{2-} 氧化成为 SO_4^{2-}；② 利用其机械力将中和反应中产生的大量 CO_2 赶出水面；③ 提高脱硫海水的溶解氧，达标排放。

从上述反应中可以看出，海水脱硫除海水和空气外不添加任何化学脱硫剂，海水经恢复后主要增加了 SO_4^{2-}，但海水盐分的主要成分是氯化钠和硫酸盐，天然海水中硫酸盐含量一般为 $2700mg/L$，脱硫增加的硫酸盐约 $70\sim80mg/L$，属于天然海水的正常波动范围。

硫酸盐不仅是海水的天然成分，还是海洋生物不可缺少的物质，因此海水脱硫不破坏海水的天然组分，也没有副产品需要处理。

从自然界元素循环的角度来分析海水脱硫，硫元素的循环路径如图 5-1-3 所示。可见，海水脱硫工艺实质上截断了工业排放的硫进入大气造成环境污染和破坏的渠道，同时将硫以硫酸盐的形式排入大海，使硫经过循环后又回到了它的原始形态。

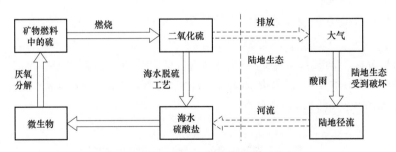

图 5-1-3　硫元素的循环路径

二、海水脱硫工艺系统

海水脱硫工艺系统主要由烟气系统、吸收塔系统、供排海水系统、海水恢复系统等四部分组成。一般一台机组配一套单元制海水脱硫系统。典型的海水脱硫工艺流程如图 5-1-4 所示。

海水脱硫的烟气系统与石灰石湿法类似，设置增压风机以克服脱硫系统的阻力，并通过烟气换热器（GGH）加热脱硫后的净烟气。原烟气经增压风机升压、烟气换热器冷却后送入吸收塔。吸收塔是海水脱硫系统的重要组成部分，SO_2 的吸收以及部分亚硫酸根的氧化都是在此完成的。自下部进入的烟气与从吸收塔上部淋下的海水接触混合，烟气中的 SO_2 与海水发生化学反应，生成 SO_3^{2-} 和 H^+，海水 pH

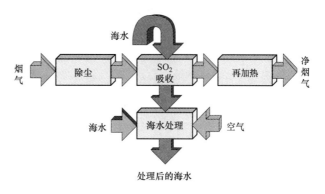

图 5 - 1 - 4　海水脱硫工艺流程

值下降成为酸性海水；脱硫后的烟气依次经过除雾器除去雾滴、烟气换热器加热升温后由烟囱排放。海水脱硫与石灰石法脱硫相比，吸收剂温度更低，尤其在冬天，北方海水温度较低，致使经海水洗涤后的烟气温度只有 30℃ 左右。为避免腐蚀，增压风机一般设计在原烟气侧，对 GGH 则要求其换热元件表面涂搪瓷。关于吸收塔的设计，一种为填料塔，其应用业绩较多，塔内设多层填料，通过不断改变水流方向延长海水滞留时间并促进烟气与海水的充分结合；还有一种吸收塔为喷淋空塔，将海水通过增压泵引至吸收塔上部的若干层喷嘴，雾状下行的海水与逆流烟气混合，有时在吸收塔下部还设计氧化空气以增加亚硫酸根的氧化。

供排海水系统的任务是将从凝汽器排出的海水抽取一部分到吸收塔，该部分海水占全部海水的 1/5 左右，吸收 SO_2 后的酸性海水通过玻璃钢管道流到海水恢复系统（简称曝气池）。从凝汽器排出的剩余海水自流到曝气池，与酸性海水中和并进行曝气处理。

为控制海水在曝气池内的停留时间和流速，曝气池一般设计 4 ~ 5 个流道，在功能上分为旁路通道、曝气通道、混合通道，池内反应分为中和、曝气、再中和，以便使海水达标排放。曝气反应需要通过曝气风机鼓入大量的空气。曝气管道和曝气喷嘴均匀布置于曝气池底部，以便对海水实施深层曝气。进入海水的氧气可使不稳定的 SO_3^{2-} 与 O_2 反应生成稳定的 SO_4^{2-}，减少海水的化学需氧量 COD，增加海水中溶解氧 DO，恢复海水的特有成分。在曝气池中鼓入的大量空气还加速了 CO_2 的生成释出，并使海水的 pH 值恢复到允许排放的正常水平。

三、海水脱硫排放的关键控制指标

海水脱硫的关键在于不仅要将烟气中的 SO_2 脱除，脱硫效率要达到 90% 以上，还要将脱硫后的海水恢复到能够达标排放的程度，整个脱硫过程中除海水和空气外，不添加任何别的物质，不改变海水的天然成分。因此，海水脱硫系统设计时对排放的海水要重点考虑如下几个指标：

（1）保持 SO_4^{2-} 增加值在天然海水 SO_4^{2-} 浓度的正常波动范围。涨、落潮时海水中 SO_4^{2-} 浓度差值为 40 ~ 150mg/L，显然，海水脱硫工艺排水中 SO_4^{2-} 浓度有 60 ~ 90mg/L 的增量，大约是海水本底总量的 3% 左右，其影响将被海水的自然变幅完全掩蔽。

（2）pH 值要符合当地排放口的水质要求。pH 值是海水排放的重要指标，一类、二类海水水质要求 pH 值达到 7.8~8.5，三类、四类海水水质要求 pH 值达到 6.8~8.8。因此，对于海水脱硫系统，其排放的海水一般都要求 pH 值大于等于 6.8。

（3）溶解氧 DO 要适于海洋生物。氧气是把脱硫过程中产生的 SO_3^{2-} 进行氧化的重要物质，脱硫后的海水 DO 含量非常低。氧气是所有海洋生物生存不可缺少的物质，缺氧会对海洋生物的活动产生严重影响。脱硫海水的曝气可以减少 COD，增加 DO。

（4）SO_3^{2-} 氧化率要保持较高水平，对海洋生物无害。脱硫海水 COD 的增加量可以反映脱硫过程中还原性物质（以 SO_3^{2-} 为主）的增加情况，COD 增加越多说明 SO_3^{2-} 氧化率越低。

另外，脱硫后排放的海水也要考虑其温升以及重金属含量增加对海洋的危害。脱硫海水温升在 1~2℃ 左右，对海洋生物的影响微乎其微。目前大型火电厂静电除尘器效率普遍较高，达 99% 以上，因此在海水脱硫工艺中，除尘后烟气中残存的飞灰将溶于海水，但这些烟尘中携带增加的悬浮物或重金属与海洋本底值比较十分微小，不会对海洋生物造成危害。

四、海水脱硫的特点及应注意的问题

海水烟气脱硫是一种湿式抛弃法脱硫工艺，适用于沿海电厂，特别是淡水资源和石灰石资源比较贫乏的情况下，其优点更为突出。由于该工艺在运行过程中只需要天然海水和空气，不需要添加任何化学物质，所以具有以下特点：

（1）海水烟气脱硫是目前唯一一种不需要添加任何化学药剂的脱硫工艺，不产生固体废弃物，无需设置陆地废弃物处理场，最大程度减轻了对环境的负面影响；

（2）脱硫效率 >92%；

（3）结构简单，运行稳定，系统可用率可高达 100%；

（4）系统无磨损、堵塞和结垢问题。

海水脱硫有很多其他脱硫方式难以具备的优点，但也应注意以下几方面的问题。

（1）海水脱硫工艺仅适用于有丰富海水资源的工程，特别适用于用海水作循环冷却水的火电厂，对直接从海域上取海水的脱硫工程需做经济分析确定；

（2）用于脱硫的海水碱度、pH 值等主要水质指标应满足工艺和环境的要求，以免造成海水的二次污染；

（3）为尽可能减少脱硫后海水中的重金属浓度，烟气尾部除尘器处理效果应较好，以减少烟气的飞灰含量；

（4）受海水的碱度和直接排水海域等影响，该工艺仅适用于燃用中低硫煤的电厂，而对燃用高硫煤的电厂需做环境和经济分析；

（5）用于脱硫后的海水对环境的长期累积影响，不同电厂还需做深入研究。

五、国内研发和建设状况

国电环境保护研究院是国内最早致力于海水脱硫技术研究的科研单位，先后开展了妈湾电厂海水脱硫试验研究、海水脱硫国产化示范国家 863 计划项目。图 5-1-5 为海水脱硫试验流程图，彩图 5-1-6 为车载可移动式海水脱硫装置。

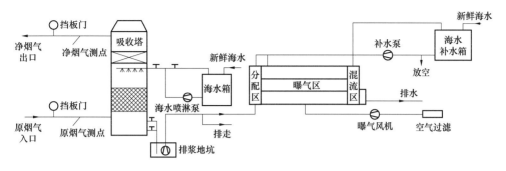

图 5-1-5 海水脱硫试验流程图

六、建议

目前国内海水脱硫以国内脱硫公司总承包，国外公司提供技术支持为主要模式。也有一些电厂直接与国外技术支持方签订合同，由国外公司提供产品和服务。但无论哪种方式，海水脱硫技术基本上由国外公司垄断，并且主要集中在一两家公司。因此实力较强、业绩较多的国外脱硫公司一般不愿意进行技术转让，而是以项目合作为主。为打破国外技术垄断，有的国内脱硫公司也开发了自己的海水脱硫技术并开始进行了工程建设。海水脱硫的主要关键部件目前主要依赖进口，如烟气换热器的蓄热元件（需要在碳钢表面热涂搪瓷）、吸收塔内的填料、除雾器、塔内海水分配元件、曝气装置等。为降低工程造价，现在也有一些脱硫项目采取由国外脱硫公司设计，在国内加工这些关键设备的方式。

电厂烟气脱硫在我国起步的时间不长，建成的脱硫系统以石灰石湿法脱硫为主，脱硫系统能够连续投运的较少，主要原因是运行费用高，电价补偿不到位，除具备社会效益外，电厂一般得不偿失。海水脱硫不需要购买石灰石等原料，也不必处理脱硫副产品，因此运行费用比石灰石湿法脱硫要低。深圳妈湾电厂已经建成投运的 4 号、5 号、6 号机组海水脱硫系统能够长期连续运行，部分得益于运行费用低。我国海岸线漫长，沿海地区经济发达，燃煤电厂众多。在电厂燃煤含硫量不太高，排放海水指标符合环保及海域要求的情况下，可以推广使用海水脱硫。如果这样，国内沿海电厂在采用烟气脱硫上就有了更多的选择。对于国内脱硫公司和设备制造厂而言，海水脱硫也是很大的市场，应该加速推进海水脱硫技术和关键设备国产化。脱硫技术国产化必须以设计技术国产化为龙头，带动脱硫设备和调试运行等国产化。应加强海水脱硫技术的研发投入，加快中试进度，使系统设计和关键设备制造自主化、产权化，尽快将自主设计的脱硫工程投入运行，形成多家海水脱硫公司、多种技术有序竞争的格局。

第四节 镁 法 脱 硫

一、Mg 脱硫原理

镁法脱硫技术的脱硫原理和石灰石—石膏法脱硫技术一致，其脱硫剂为 MgO 或 $Mg(OH)_2$。其脱硫终产物为 $MgSO_4$ 溶液，可直接排放入大海（海水中 $MgSO_4$ 的含量在

0.21% 左右）。氢氧化镁法从脱硫塔出口的烟气温度较低，烟气可以直接通过湿烟囱排放，但对于改造工程，为了尽量利用原设备，减少投资，可在脱硫塔烟气出口装设升温装置，再引至烟囱排放。脱硫终产物无副产品回收，脱硫系统较石灰石—石膏法简单很多，占地面积相应减少很多，因此初投资很低，脱硫效率高（一般在 95% 左右），该技术在日本、欧洲以及台湾地区的中小型电站应用极为普遍，我国内地已有应用。

其化学反应机理为

$$SO_2 + H_2O = H^+ + HSO_3^- \qquad (5-1-15)$$

$$MgSO_4 + H^+ + HSO_3^- = Mg^{2+} + 2HSO_3^- \qquad (5-1-16)$$

$$H^+ + HSO_3^- + 1/2O_2 = 2H^+ + SO_4^{2-} \qquad (5-1-17)$$

$$2H^+ + SO_4^{2-} + Mg(OH)_2 = MgSO_4 + 2H_2O \qquad (5-1-18)$$

$$Mg^{2+} + 2HSO_3^- + Mg(OH)_2 = 2MgSO_3 + 2H_2O \qquad (5-1-19)$$

$$MgSO_3 + 1/2O_2 = MgSO_4 \qquad (5-1-20)$$

二、Mg（OH）$_2$脱硫工艺特点

Mg(OH)$_2$ 脱硫工艺是湿法脱硫中的一种方式。主要的湿法烟气脱硫技术有湿法石灰石—石膏法、湿法氢氧化镁法、双碱法、钠基洗涤、碱性飞灰洗涤、柠檬酸盐溶液洗涤、威尔曼—洛德法等。安装湿法烟气脱硫装置最多的国家是美国，大约为 200 多套；其次是德国，大约为 150 套；日本居第三位，大约为 45 套。湿法烟气脱硫技术经过 30 年的研究发展和大量使用，得到了进一步改进和提高，并且日趋成熟。湿法脱硫的特点是脱硫效率高，可达 95% 以上；可保证与锅炉同步运行。第三代的湿法脱硫工艺过程简化；系统电耗降低，投资和运行费用比第一代的湿法脱硫工艺降低了 30%～50%。20 世纪 90 年代，我国先后从国外引进了各种类型的烟气脱硫技术，在六个电厂建造了烟气脱硫示范工程，并已投入工业化运行。近年来我国加大了烟气脱硫国产化的力度，并已取得了突破性进展。

Mg(OH)$_2$ 湿法脱硫工艺通过吸收剂的多次再循环，延长吸收剂与烟气的接触时间，大大提高了吸收剂的利用率。Mg(OH)$_2$ 脱硫工艺流程简单、占地少，而且能达 90%～95% 的脱硫效率。特别是在日本，用 Mg(OH)$_2$ 湿法脱硫已取得相当的市场占有率，实践证明，Mg(OH)$_2$ 湿法脱硫工艺投资少，对负荷变动的适应能力很强，运行可靠，维护工作量少，且具有很高的脱硫效率。

Mg（OH）$_2$ 湿法脱硫主要工艺、结构特点介绍如下。

（1）脱硫效率高。向上流动的烟气与细小雾态液滴的循环浆液密切接触，达到 95% 以上的脱硫效率。

（2）对入口烟气二氧化硫浓度的变化适应性强。当煤的含硫量或要求的脱硫效率发生变化时，无需增加任何工艺设备，仅需调节脱硫剂的耗量便可以满足更高的脱硫效率的要求。

（3）烟气在脱硫系统中的阻力小。一般小于 1300Pa（未计 GGH 的烟气阻力）。

（4）设备使用寿命长、维护量小。该脱硫工艺简单、设备少、占地面积小，系统的维护工作量很小，可以较稳定的长期运行。

（5）$Mg(OH)_2$ 湿法脱硫过程中产生的废水，可排入灰渣池与冲灰渣水一同处理。

（6）SO_2 被吸收后以 $MgSO_4$ 盐的形式溶解在废水中，系统不结垢，运行检修方便。

（7）系统有一定的除尘效果。除尘效率大约在 80%。

（8）脱硫装置布置于现有电除尘后，粉煤灰仍按照原有的除灰方式处理，不影响粉煤灰的综合利用。

（9）采用 $Mg(OH)_2$ 湿法脱硫工艺，初投资少；系统工艺流程简单、布置紧凑、占地面积少。

第五节　有机胺脱硫

有机胺循环吸收脱硫工艺采用的吸收剂是以有机阳离子、无机阴离子为主，添加少量活化剂、抗氧化剂和缓蚀剂组成的水溶液；该吸收剂对 SO_2 气体有良好的吸收和解吸能力。在低温下吸收二氧化硫，高温下将吸收剂中二氧化硫解吸出来，从而达到脱除和回收烟气中 SO_2 的目的，同时吸收剂得到再生，以重复利用。以下简要介绍一下原理及工艺。

一、有机胺脱硫化学原理

在水溶液中，溶解的 SO_2 会发生式（5-1-21）、式（5-1-22）所示的可逆水合和电离过程。

$$SO_2 + H_2O \rightleftharpoons H^+ + HSO_3^- \qquad (5-1-21)$$

$$HSO_3^- \rightleftharpoons H^+ + SO_3^{2-} \qquad (5-1-22)$$

在水中加入缓冲剂，可以增加 SO_2 的溶解量。例如胺通过和水中的氢离子发生反应，形成胺盐，反应方程式（5-1-21）、（5-1-22）向右进行，增大了 SO_2 的溶解量。

$$R_3N + SO_2 + H_2O \rightleftharpoons R_3NH^+ + HSO_3^- \qquad (5-1-23)$$

反应式（5-1-23），说明 SO_2 的浓度增多，平衡向右移动，有利于胺液脱除烟气中的 SO_2 气体。采用蒸汽加热，可以逆转方程式（5-1-21）~（5-1-23），再生吸收剂。

Cansolv 法烟气脱除 SO_2 是以一种独特的二元胺为吸收剂，使二氧化硫的吸收和再生之间的平衡关系最佳化。如果胺吸收剂的功能过于稳定，无法通过温度产生再生作用，那么一旦和 SO_2 或任何其他强酸发生反应，会形成热稳定性的胺盐，影响胺溶液的吸收效率。

二元胺在工艺过程中首先与一种强酸发生反应：

$$R_1R_2N - R_3 - NR_4R_5 + HX \rightleftharpoons R_1R_2NH^+ - R_3 - NR_4R_5 + X^- \qquad (5-1-24)$$

式（5-1-24）中 X^- 为酸离子，如 Cl^-、NO_3^-、SO_4^{2-}。胺方程式右边单质子胺基是一种结构稳定的盐，不能通过加热再生，在整个工艺过程中，它始终保持盐的化学结构。另一个胺基是强基胺，其化学性能不是很稳定，和 SO_2 发生反应后，在不同条件下可以再生，反应过程如下：

$$R_1R_2NH^+ - R_3 - NR_4R_5 + SO_2 + H_2O \rightleftharpoons R_1R_2NH^+ - R_3 - NR_4R_5H^+ + HSO_3^-$$

$$(5-1-25)$$

反应方程式（5-1-25）的吸收、再生之间的化学平衡关系，是 Cansolve FGD 技术的核心。

$$R_1R_2NH^+ - R_3 - NR_4R_5 + X^- \xrightarrow{\text{电渗透}} R_1R_2N - R_3 - NR_4R_5 + HX \qquad (5-1-26)$$

该过程通过一个滑流电渗析净化装置将吸附过程中产生的部分"热稳定性盐"排出系统，以保证系统平衡。该装置利用亚硫酸盐或亚硫酸氢盐来置换不可再生的强酸根阴离子。

二、有机胺脱硫工艺流程

有机胺烟气脱硫工艺流程如图 5-1-7 所示，其脱硫工艺由预分离器、吸收装置、解吸装置、胺净化装置组成。大致流程为：烟道气体在水喷淋预洗涤器中急冷和饱和，同时去除小颗粒灰尘及大部分强酸，预洗涤器中洗涤液 pH 值低的酸性环境，防止 SO_2 的水解并使其以气相形式进入吸收塔。贫胺与 SO_2 逆流接触反应，其中烟气中强酸与吸收剂反应。净化后的烟道气体符合环保标准并送回烟道放空。吸收 SO_2 后的富液经富液泵加压后进入溶液换热器，与热贫液换热后进入再生塔上部，在再生塔内被蒸汽汽提，并经再沸器加热再生为热贫液。热贫液经换热后进入贫液泵加压，再生出来的贫胺液返回吸收塔循环利用，其中一部分进入胺净化装置去除"热稳定性盐"，保证贫胺液浓度。从再生塔解析出来的 SO_2 经冷却、分离后纯度达到 99% 以上（干基），可作为硫酸或硫磺生产中所需原料。

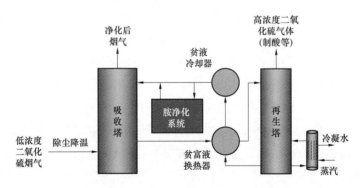

图 5-1-7 有机胺脱硫流程简图

三、技术特点

1. 技术先进性

（1）脱硫效率高：脱硫效率可达 99.5%，且脱硫效率可灵活调节。

（2）适应范围宽：在烟气中 SO_2 含量为 0.02%~5% 的范围内运行成本稳定，对各类烟气无限制。在烟气中硫含量较高时，本技术的投资和操作成本更具优势。

（3）能耗低：再生塔对所用蒸汽要求低，可利用工厂的低品位废热。

（4）系统运行可靠：工艺流程经典、简洁，自动化程度高，系统在弱酸性气液相环境中运行，腐蚀小。

（5）运行简便：设备启停方便，调试和维修费用低。

2. 环保实效性

（1）无二次污染。场地无粉尘，无强噪声，无新生固体、气体和液体排放物。

（2）吸收液可再生，循环使用，损耗低。

（3）副产品为国内相对贫缺的资源：副产品为99%干基的SO_2，可作为生产液体二氧化硫、硫酸、硫磺或其他硫化工产品的优良原料。

（4）环保前瞻性：在脱除SO_2、NO_x、Hg、As的同时，不释放NH_3、CO_2，符合环保发展趋势。

3. 经济可行性

（1）节约运力：无需常规的大量运输，无需规划运输/堆仓用地。

（2）能耗较低：电耗低，可采用废热实现再生。

（3）占地面积小：大幅减少烟气脱硫设施的土地使用面积。

（4）脱硫设施运行费用较低，且不随烟气中硫含量上升而明显增加。

（5）与传统方法相比，综合经济指标具有明显优势。

4. 缺点

需要配套下游硫磺、硫酸生产装置，一次投资高，存在有机胺的降解损耗和热稳定性盐的脱除问题，在大型火电机组上尚无业绩，是比较有前景的工艺。

第六节　离子液循环脱硫

"十一五"以来，国内烟气脱硫行业发展非常迅速，至"十一五"末，几乎95%以上的火电机组均建设了石灰石—石膏湿法脱硫装置，由此我国的环境和外交压力大大缓解，大气污染物二氧化硫的排放得到了有效控制。然而同时也消耗了大量的石灰石资源，并产生了大量石膏，副产物的综合利用问题成了多数电厂头痛的事情，尤其在云贵川渝等高硫煤地区，石膏难以综合利用，采用填埋或堆放等方式处理，造成了硫资源的浪费，而且产生了大量的"二次污染"。与此形成鲜明对比的是，我国已是世界上最大的硫磺和硫酸消费国，目前有90%依赖进口，2010年我国硫酸消耗量达到5500万t，硫磺进口量突破1000万t。如果烟气脱硫工程在净化烟气，实现达标排放的同时，回收SO_2并转化成国内紧缺的硫酸或硫磺，就可实现副产品资源化循环利用的目的，不仅不会产生二次污染，还能为企业带来一定的经济效益。

离子液循环吸收烟气脱硫是国内近年开发的烟气脱硫新技术，采用离子液作为吸收剂，该吸收剂对SO_2气体有良好的吸收和解吸能力，且吸收剂再生产生的高纯SO_2气体是液体SO_2、硫酸、硫磺和其他硫化工产品的优良原料，具有较高的回收价值和良好的市场前景。

一、离子液循环脱硫原理

本技术采用离子液作为吸收剂。离子液是以有机阳离子、无机阴离子为主，添加少量活化剂、抗氧化剂和缓蚀剂组成的水溶液，使用过程中不会产生对大气造成污染的有害气体。离子液在常温下吸收二氧化硫，高温（105～110℃）下将离子液中的二氧化硫再生出来，从而达到脱除和回收烟气中 SO_2 的目的。其脱硫机理如下：

$$SO_2 + H_2O \rightleftharpoons H^+ + HSO_3^- \qquad (5-1-27)$$

$$R + H^+ \rightleftharpoons RH^+ \qquad (5-1-28)$$

总反应式为

$$SO_2 + H_2O + R \rightleftharpoons RH^+ + HSO_3^- \qquad (5-1-29)$$

上式中 R 代表吸收剂，式（5-1-29）是可逆反应，常温下反应从左向右进行，高温下从右向左进行。离子液循环吸收法正是利用此原理达到脱除和回收烟气中 SO_2 的目的。

二、离子液循环脱硫工艺流程

如图 5-1-6 所示，烟气经吸收塔下部的水洗冷却段除尘降温后送入吸收塔上部，在吸收塔内与上部进入的离子液（贫液）逆流接触，气体中的 SO_2 与离子液反应被吸收，净化气体从吸收塔顶部的烟囱排放至大气。吸收 SO_2 后的富液由塔底经泵送入贫富液换热器，与热贫液换热后进入再生塔上部。富液在再生塔内经两段填料后进入再沸器，继续加热再生成为贫液。再沸器采用蒸汽间接加热，以保证塔底温度在 $105\sim110℃$ 左右，维持溶液再生。解吸 SO_2 后的贫液由再生塔底流出，经泵、贫富液换热器、贫液冷却器换热后，进入吸收塔上部，重新吸收 SO_2。吸收剂往返循环，构成连续吸收和解吸 SO_2 的工艺过程。

再生、冷却后的贫液通过贫液输送泵送往 SO_2 吸收塔，在管道上设有支管将一定量的离子液送往离子液过滤及净化工序。离子液过滤的主要目的是除去其中富集的超细粉尘，避免 SO_2 吸收塔因粉尘堵塞填料层而造成塔运行阻力上升，影响系统的正常运行。离子液净化是通过离子交换装置（离子交换树脂净化器、软化水冲洗及碱液制备和给液装置）来进行盐的脱除和树脂的再生，置换出的热稳定盐被冲洗水带出后作为工业废水

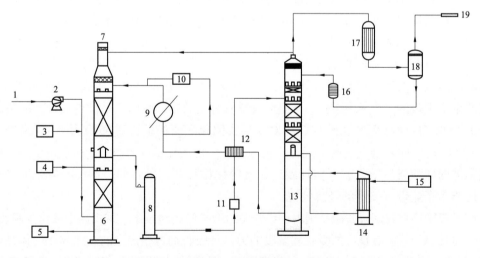

图 5-1-8 离子液体脱硫工艺流程

1—含 SO_2 烟气；2—增压风机；3—制酸尾气；4—循环水系统；5—污水处理系统；6—吸收塔；

7—烟囱；8—富液槽；9—贫液冷却器；10—离子液过滤及净化装置；11—富液泵；

12—贫富液换热器；13—再生塔；14—再沸器；15—蒸汽加热系统；16—回流泵；

17—冷凝器；18—气液分离器；19—SO_2 气体去制酸系统

送往废水处理站处理后回用。

从再生塔内解吸出的 SO_2 随同蒸汽由再生塔塔顶引出，进入冷凝器，冷却至40℃，然后经气液分离器除去水分，得到纯度为99%的产品 SO_2 气体，送至制酸工段制取98%浓硫酸。冷凝液经回流液泵送回再生塔顶以维持系统水平衡。若制酸系统出现故障，临时停运时，则再生塔顶部的旁路阀打开，解吸出的 SO_2 送至吸收塔顶放散。

采用循环经济产业化工艺路线进行燃煤烟气高效脱硫，回收的 SO_2 用于生产硫磺或制备硫酸，实现硫资源的回收利用，无副产物堆放及二次污染问题，不仅有效解决了 SO_2 环境污染问题，而且大大缓解了我国硫磺进口依存度过高的现状。目前，我国硫磺年进口量已突破1000万 t，有着广泛的市场需求，加上近年硫价飙升也给硫资源的回收提供了经济推动力。因此，该工艺技术有着广泛的应用前景。

第七节　生物脱硫回收硫磺技术

生物脱硫技术是将洗涤技术与生物脱硫技术相结合，将烟气中的二氧化硫洗涤进入液相后，通过生物技术转化成硫磺的资源化脱硫技术，具有循环经济的特点。

一、工艺原理

本工艺首先用碱液将烟气中的二氧化硫吸收，吸收液加入高浓度柠檬酸废水后进入生物反应器，经过厌氧和好氧两步反应将硫酸盐还原成单质硫，同时碱液吸收液得以再生，继续用于二氧化硫的吸收，生物脱硫工艺流程见图5-1-9。本工艺有如下特征：

（1）碱液吸收液通过生物反应再生，可以循环使用。

（2）吸收后的二氧化硫经生物反应最终转化为单质硫。

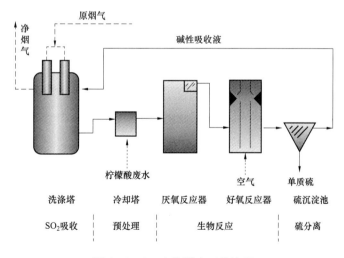

图5-1-9　生物脱硫工艺流程

从图5-1-9可知，整个工艺过程由以下四步组成：

（1）二氧化硫吸收。

以碱性吸收液吸收烟气中的二氧化硫。其主要反应原理如下：

$$SO_2 + OH^- \rightarrow HSO_3^-$$

$$SO_3 + OH^- \rightarrow SO_4^{2-} + H^+$$

由于烟气中含有氧，因此部分亚硫酸盐将被氧化为硫酸盐：

$$HSO_3^- + \frac{1}{2}O_2 \rightarrow SO_4^{2-} + H^+$$

（2）预处理。

含有 HSO_3^- 和 SO_4^{2-} 的吸收液与为生物反应提供营养源的柠檬酸废水混合，经冷却、沉淀等处理后，进入生物反应器。

（3）生物反应。

BioDeSOx 生物反应的第一步是亚硫酸盐/硫酸盐的厌氧生物还原成硫化物。主要反应原理如下：

$$HSO_3^- + COD \rightarrow HS^- + HCO_3^-$$

$$SO_4^{2-} + COD \rightarrow HS^- + HCO_3^-$$

BioDeSOx 生物反应的第二步是将第一步生成的硫化物氧化为单质硫，碱性吸收液得以再生。

$$HS^- + 0.5O_2 \rightarrow S^0_{(s)} + OH^-$$

其中，氧来自于压缩空气。

（4）硫分离。

最后一步，形成的单质硫进行沉淀分离，含有再生碱液的上清液回到洗涤塔继续用于吸收烟气中的二氧化硫。

二、生物脱硫工艺的优点

与目前广泛使用的石灰石—石膏法工艺相比，该工艺技术具有以下优势：

（1）不消耗碳酸钙等矿产资源，无硫酸钙等生成，最大限度控制了副产品的生成。

（2）由于整个处理流程为闭环设计，所以水耗低。

（3）利用高浓度 COD 废水作为微生物的营养源，达到以污治污的目的。

（4）脱硫副产品为单质硫，具有较高利用价值。

（5）脱硫剂为可再生碱液，可以循环使用，运行费用低，可靠性高。

第二章　GGH 适用条件及经济性

湿法烟气脱硫工艺是目前世界上应用最广泛、技术最成熟的 SO_2 脱除技术，约占已安装 FGD 机组容量的 87% 。虽然我国的脱硫建设起步较晚，但通过示范工程的建设、中德技术贸易合作项目的建设及中国"十一五"的工程减排，湿法烟气脱硫工艺已成为我国脱硫工程建设的主流工艺。

根据国内外 30 多年来 GGH 的运行经验：GGH 是整个 FGD 系统的故障点，对脱硫系统的可用率有较大的影响，几乎 100% 的 GGH 在运行过程中出现了故障。我国从 2003 年开始，在湿法脱硫工程中出现不设置 GGH 的现象，虽然由此会带来 3 个环境问题：① 烟气温度较低，抬升高度较小，有可能造成地面污染浓度较大，这也相当于降低了脱硫效率；② 湿烟羽排出烟囱后会发生水汽凝结，这会使烟羽的透明度变坏，烟羽呈白色甚至灰色；③ 凝结水可能在烟囱下风向的一定范围内形成降雨或降雪，从而改变局部气候。但由于没有明确的法律规定，环保部门也无法明令禁止。其后不设置 GGH 的湿法脱硫工程越来越多，到 2005 年底，在已建成投产的湿法脱硫工程中，不设置 GGH 的机组容量占 7% 左右，而在建的湿法脱硫工程中达 15% 左右。"十一五"后期，工程因减排要求基本倾向于不设 GGH。

本章主要从脱硫工艺本身和环境质量角度来介绍是否可以取消 GGH、取消 GGH 的条件是什么，取消 GGH 后又会出现什么样的问题，该采用什么样的措施加以解决。

第一节　烟 气 加 热 的 由 来

湿法脱硫工艺以石灰石/石灰为脱硫吸收剂，通过向吸收塔内喷入吸收剂浆液，使之与烟气充分接触、混合，并对烟气进行洗涤，使烟气中的 SO_2 与浆液中的碳酸钙以及鼓入的强制氧化空气发生化学反应，最后生成石膏，从而达到脱除 SO_2 的目的。

由于湿法脱硫后的烟气温度降低到 $40 \sim 50℃$ ，脱硫烟气的加热是指将吸收塔出口已净化的脱硫烟气在经烟囱排放前将烟温提升到的 80℃ 左右的工序。在国外，尤其是日本和德国，对脱硫烟气加热是一道常见的工序。在美国，虽然现有的许多电厂 FGD 装置确实采用了烟气加热器，但大量新建的电厂已不再安装烟气加热器。

用加热装置提升吸收塔出口烟温的程度取决于各国环境保护法规的要求。在德国，有关大型燃煤装置的法规中规定，在烟囱出口处的烟气温度不得低于 72℃ ，否则必须经冷却塔排放。英国规定的排烟温度为 80℃ ，而日本要求将烟气加热到 $90 \sim 110℃$ 。我国和美国则无排烟温度要求。提高 FGD 排烟温度将会显著增加 FGD 系统的投资和运行费用，因此，如果环境保护法规不要求加热烟气，通常湿烟囱工艺是较为经济的选择。

一、加热烟气的理由

历史上，电厂湿法脱硫系统安装烟气加热装置有以下 4 条理由：

（1）提高污染物的扩散程度；

（2）降低烟羽的可见度；

（3）避免烟囱降落液滴；

（4）避免对下游侧设备造成腐蚀。

就目前湿法脱硫工艺的技术水平来说，上述第（1）、（2）条理由仍然是有根据的。但是，随着烟道和烟囱设计的改进以及结构材料的发展，已使后两条理由显得有点牵强。加热烟气能有效地减少吸收塔下游侧形成的冷凝物，但是对于蒸发烟气二次带水形成的液滴通常是不起作用的。在不加热烟气的情况下，通过合理地设计烟囱也可以避免烟囱降落液滴。至于第（4）条理由，加热烟气对减缓出口烟道和内烟囱的腐蚀是有限的，而实际上，加热器本身的腐蚀反成了主要问题。下面我们就上述 4 个理由作进一步的分析。

1. 加强污染物的扩散

烟气温度的提高能增大烟羽的浮力，提高烟气离开烟囱后的抬升高度，使烟羽能更好地扩散，有利于防止发生烟羽下沉，降低污染物稀释后的落地浓度，推迟或减少水雾的形成。另外，在一定程度上能提高烟羽的能见度。

世界上有些地区，尤其在发电厂靠近人口聚居区的情况下，有些地方环保法规可能要求提升烟温高达 90℃，使排放物充分扩散，满足污染物落地浓度的限值。另外，有些电厂为了加强烟气扩散，可能规定了烟囱出口烟气最低温度。

我国虽然未明确规定火电厂 FGD 装置的排烟温度，对白色烟羽也未加限制，但提高排烟温度将增大烟囱烟气抬升高度，使火电厂能获得较高的 SO_2 最高允许排放量。因此，从加强污染物的扩散，降低污染物落地浓度来说，加热 FGD 排放的烟气仍是一种行之有效的方法。

2. 降低烟羽的能见度

如果没有将烟气加热到足够的温度，从烟囱中排放的脱硫烟气将呈现出大量的白色蒸汽，为防止出现白色蒸汽烟羽，烟温需提升的程度在一定程度上取决于环境温度和风的情况。如果烟温提升不够，将会出现白色蒸汽烟羽。但是蒸汽烟羽在离开烟囱很短的一段距离后会很快被分散而消失。在大多数天气情况下，要防止形成任何可见的蒸汽烟羽需要提升排烟温度到 50～100℃，在寒冷的天气里，需要加热到更高的温度。因此，虽然加热烟气可以降低烟羽的能见度，但是很难做到在任何气候条件下都不形成白色蒸汽烟羽。

另外，烟气的其他成分，包括颗粒物（飞灰）、H_2SO_4 和 NO_2 也可以造成烟气黑度。加热烟气可以提高烟气中这些成分的扩散率，但无助于降低这些物质造成的烟气黑度。

3. 防止降落液滴

来自湿法 FGD 系统的饱和烟气总会含有一定量的液滴，其含量的多少取决于除雾器的效率和其他一些因素。过去认为加热烟气能蒸发这些液滴和防止烟气中的水分冷凝形成液滴。实际上，由于烟气在烟道和烟囱中停留的时间很短，加热烟气只能蒸发非常小的液滴，汇集在烟道壁上的液体被烟气二次带出所形成的较大液滴在它们离开烟囱前是不会被蒸发的。当然，加热烟气可以减少甚至有可能消除烟气在烟道壁上形成的冷凝液，烟道壁面冷凝液的减少也会降低烟气中形成大液滴的几率。

以下原因会造成烟气通过烟道和烟囱时产生热损失：① 经烟道和烟囱内壁散发热量；

② 漏风；③ 烟气顺烟囱上升时的绝热膨胀。热损失导致了烟气在烟道和烟囱中的冷凝。烟气的热损失率主要取决于烟道和烟囱的结构、保温材料以及环境温度。因此，这种热损失因地而异。烟气在烟囱中因绝热膨胀造成的烟温下降可以根据烟囱高度去估算，当烟气沿着 150m 高的烟囱上升时，由于压力下降，烟气温度大约降低 0.3℃，由此产生的冷凝液大约是 18mg/kg（干烟气）。对于一个 500MW 的机组，冷凝液可能多达 1.2L/s。加热烟气对于弥补这一温度下降和降低由此形成的冷凝液是一种有效的方法。

4. 避免腐蚀

早期 FGD 系统采用烟气再加热的主要理由之一是，避免腐蚀吸收塔下游侧烟道和烟囱的内烟道。但是，许多这种加热装置下游侧的设备依然遭受了大面积的腐蚀，采用旁路加热的设备腐蚀问题特别严重。在有些情况下，加热装置下游设备的腐蚀速度和腐蚀程度实际上比采用类似材料的湿烟囱的腐蚀更厉害。这些设备的腐蚀情况清楚地说明，如果有酸性冷凝物存在，在较高的温度下材料的腐蚀要快得多。

虽然通过精心设计再加热器和改进结构材料，已减少了与加热烟气有关的腐蚀问题，但是腐蚀问题的减少还不足以认为有理由采用烟气加热器。

二、可供选择的烟气加热方法

烟气再加热系统一般是根据需要传递给烟气流的热量来设计，加热烟气的总热量等于抬升和扩散烟气、消除（或降低）烟羽可见度、蒸发液滴以及防止烟气在烟道和烟囱中发生冷凝所需热量的总和。最常见的 5 种烟气再加热方式是旁路加热、循环加热、在线加热、热空气间接加热以及直接燃烧加热。

（一）旁路加热

旁路加热方式是在吸收塔模块下游侧的烟道中，将部分未处理的温度约为 130～150℃ 的原烟气与洗涤后温度为 40～65℃ 的冷烟气混合，达到加热湿烟气的目的。图 5-2-1 所示为这种加热方式的流程图。有些设计采用多孔板或其他方式来促使这两种烟流更好地混合。过去，有些 FGD 系统设计成旁路热烟气和已洗涤的烟气沿各自的烟道直接进入烟囱，在烟囱中混合。混合后烟气

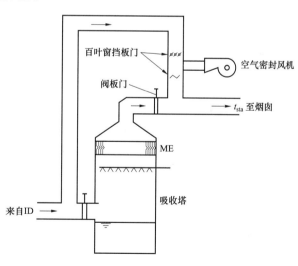

图 5-2-1　旁路加热流程

的温度取决于两种烟气的流量和温度，假定两种烟气能完全混合，可按下式估算混合后的烟气温度（t_{sta}）：

$$t_{sta} = t_1 - \frac{Q_2}{Q_1 + Q_2}(t_1 - t_2)$$

式中　t_{sta}——烟囱入口烟气温度，℃；

t_1——锅炉引风机出口烟温，℃；

t_2——吸收塔出口湿烟气温度，℃；

Q_1——旁路烟气流量，m^3/h（标态）；

Q_2——吸收塔出口湿烟气流量，m^3/h（标态）。

但是在实际运行中，冷热烟气很难达到完全混合，温差较大的两种烟气通常会形成明显的层流。如果两种烟气在进入烟囱之前混合时间短，或没有设计促使两种烟流混合的专门装置，这种层流现象就尤为严重。另外，已处理烟气所夹带的液体量也会影响加热烟气的程度，已处理烟气夹带水雾越多，混合后的烟气温度越低，因为旁路烟气的大部分热能消耗于蒸发液滴。

如图 5-2-1 所示示是一种典型的旁路加热布置方式，在旁路烟道中设置双百叶窗式挡板门来隔离和控制烟气流量。当挡板门关闭时，向双挡板门之间鼓入密封空气，可以阻止泄漏，提高挡板的密封性。图中上游侧百叶窗式挡板门的叶片是平行同方向转动，这种挡板门价格低，而且密封性较好。下游侧挡板门的叶片分成两组，两组叶片的转动方向相反，与前一种挡板门相比较，这种挡板门具有流量调节范围宽，更接近线性调节特性，适合用来调节烟气流量。

旁路加热系统的投资和运行费用相对较低，一般根据烟囱排烟要求的温度自动调节旁路挡板叶片的位置来控制旁路烟气流量。由于大多数 FGD 系统都装有旁路烟道，当锅炉启动和 FGD 事故时用来旁路原烟气，因此，只要在进行旁路烟道的设计时增加具有控制旁路烟气流量和促使冷热烟气混合的功能，就可实现用旁路烟气加热处理后的冷烟气。旁路加热方法主要的限制是，旁路未处理的烟气会降低 FGD 系统的总脱硫效率，因此，这种加热方式限于应用在脱硫效率要求不太高（低于 80%）的 FGD 系统中。当要求平均 SO_2 脱除率为 70% 时，旁路加热方式最受欢迎。但是，由于 SO_2 脱除效率要求越来越高，目前通常已不采用这种加热方法。

对于旁路烟气和饱和烟气经各自的烟道在烟囱中混合的旁路加热工艺，已有多起砖砌内烟囱发生倾斜的事故报道，内烟囱倾斜的原因是烟囱入口水平烟道对面烟囱内侧的砖和灰浆发生了鼓胀。此外，旁路加热在冷热烟气混合区形成了一个严重腐蚀的环境，这种情况也成为目前不推荐这种加热烟气方法的另一原因。

（二）循环加热

循环加热系统是将吸收塔模块上游侧未处理烟气的热量通过换热装置传递给处理后的烟气，图 5-2-2 所示为两种换热器的工作原理。

德国和日本的大多数燃煤发电机组的 FGD 系统采用循环加热方式。德国 80% 的湿法 FGD 系统安装了回转式 GGH ［见图 5-2-2（a）］。日本自 20 世纪 80 年代后，大多数湿法 FGD 装置也都安装了这种 GGH，也有些 FGD 系统采用管排式 GGH ［见图 5-2-2（b）］。我国华能珞璜电厂 4 台 350MW、贵州安顺电厂 2 台 300MW 湿式石灰石 FGD 系统采用螺旋肋片管式 GGH，而国内其他 FGD 系统则采用回旋式 GGH。

各种循环加热系统的运行费用相对较低，但由于处理烟气量大，必须采用大型换热装置，占用空间大，所用材料应能耐受严酷的腐蚀环境，所以设备投资费用高。按 2004

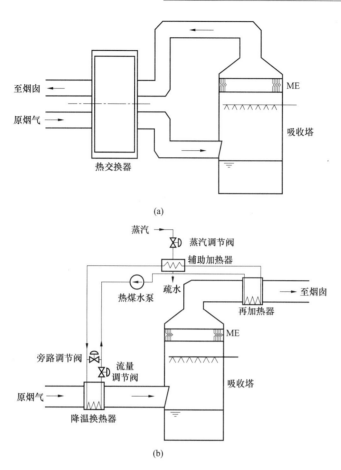

图 5 - 2 - 2　循环加热流程图

（a）回转式 GGH；（b）管式 GGH

年国内报价，用于 300～600MW 机组 FGD 系统的回转式 GGH，一台的价格在 1100 万～1700 万元左右；搪瓷螺旋肋片管式 GGH，一套的价格大约在 850 万～1200 万元，约占 FGD 系统设备费的 10%～17%。

1. 回转式 GGH

回转式 GGH 是类似锅炉尾部的容克式回转空气预热器，这类换热器可以是蓄热板转动或者固定蓄热板机壳转动。可以根据烟气垂直或水平流向来布置回转式 GGH 的方向，也有的按回转式 GGH 垂直和水平转轴来分类布置方式。采取烟气垂直流向布置需要的烟道较短，系统较为紧凑。烟气垂直流向回转式 GGH 按 GGH 冷端的朝向和其与吸收塔的相对位置有 3 种布置方式，回转式 GGH 布置图和布置方式优缺点比较列于表 5 - 2 - 1。国内绝大多数 FGD 系统的回转式 GGH 采取冷端朝上烟气垂直流向布置，不到 5% 的采取冷端朝下烟气垂直流向布置，而这两种布置方式在欧洲的 FGD 系统中各占大约 50%。烟气水平流向布置的回转式 GGH 尽管烟道布置紧凑、造价较低，吸收塔出口至 GGH 的烟道壁上的浆液和冷凝液很少直接流入 GGH 净烟气侧，但由于吹扫和冲洗 GGH 的污垢不易排出，转子以及不均匀积聚的污垢和换热元件不均匀腐蚀会造成转子的动不平衡，国内和欧洲的 GGH 还没有采用这种布置方式的。

表 5 – 2 – 1　　　　　　　　　FGD 系统回转式 GGH 几种布置方法比较

GGH 布置图	位置名称	优　点	缺　点	所占比率
FGD 吸收塔　清扫侧　GGH　风机　烟囱	冷端朝下、烟气垂直流向布置	（1）有利于水冲洗形成的灰浆水排出转子 （2）吸收塔出口烟道壁上的浆液和冷凝液不会直接流入转子	（1）烟道布置较困难，烟道造价最高 （2）必须采取措施防止换热元件仓冷端仓盒支撑梁的长期腐蚀	
清扫侧　GGH　FGD 吸收塔　风机　烟囱	冷端朝下、烟气垂直流向、积木式布置	（1）烟道易布置，烟道造价最低 （2）吸收塔出口烟道壁上的浆液和冷凝液不会直接流入转子 （3）有利于水冲洗形成的灰浆水排出转子	（1）很少 FGD 承包商有适合这种布置方式的特殊的吸收塔设计 （2）需考虑冲洗的灰浆水流入吸收塔的影响 （3）必须采取措施防止换热元件仓冷端仓盒支撑梁的长期腐蚀	欧洲 50% 中国 <5%
FGD 吸收塔　清扫侧　GGH　风机　烟囱	冷端朝上烟气垂直流向布置	（1）烟道易布置，烟道造价较低 （2）换热元件仓冷端仓盒支撑梁的长期腐蚀问题不是太严重 （3）有利于水冲洗形成的灰浆水排出转子	（1）吸收塔出口烟道壁上的浆液和冷凝液将直接流入转子 （2）原烟气向上流阻碍了灰浆水流出转子 （3）起泡吸收塔和当液位失去控制时会造成浆液溢入转子中	欧洲 50% 中国 >95%
FGD 吸收塔　清扫侧　GGH　风机　烟囱	烟气水平流向布置	（1）烟道易布置，烟道造价仅高于积木式布置 （2）吸收塔出口烟道壁上的浆液和冷凝液很少直接流入转子	（1）转子中的灰浆水不能依靠重力流出 （2）由于不均匀的污垢和腐蚀会出现严重动不平衡问题	欧洲 0 中国 0

　　回转式 GGH 的缺点是一小部分烟气会从压力高的一侧向压力低的一侧泄漏。在大多数 FGD 系统中，锅炉引风机或脱硫增压风机位于回转式 GGH 的上游侧，未处理烟气侧压力较高，造成未处理的烟气漏入已脱硫的烟气中，这种泄漏率通常可达 1% ~ 5%，因此会

降低 FGD 系统的总 SO_2 脱硫效率。当烟气中 SO_2 浓度很高，又要求较高脱硫效率时，需要吸收塔有很高的脱硫效率来弥补泄漏造成的系统脱硫效率下降。加装改进后的密封板和在密封板处喷入密封空气以及采用低泄漏风机，可使总泄漏率降至 0.5%。有一种可供选择的布置方案是将脱硫风机布置在湿烟气侧，可使总泄漏率降至低于 0.75%，但风机处于腐蚀较严重的环境中，对风机防腐要求较高。

采用与电站锅炉回转式空预器漏风率相类似的方法，GGH 的烟气泄漏率定义为，漏到净烟侧的原烟气质量占进入 GGH 的净烟气质量的百分数。GGH 的烟气泄漏率（α_{GGH}）也可以通过烟气的 SO_2 浓度来推算，公式为

$$\alpha_{GGH} = \frac{c_3 - c_2}{c_1 - c_3} \times \frac{\rho_1}{\rho_2} \times \frac{1 - c_{2H_2O}}{1 - c_{1H_2O}} \times 100\%$$

式中　c_1，c_2，c_3——分别为 GGH 入口原烟气、入口净烟气和出口净烟气 SO_2 浓度，mg/m^3；

　　　ρ_1，ρ_2——分别为 GGH 入口原烟气（即漏入净烟气侧的原烟气）及入口净烟气密度，kg/m^3；

　　　c_{1H_2O}，c_{2H_2O}——分别为 GGH 入口原烟气及入口净烟气含水量，%。

如果进行粗略估计，GGH 泄漏率每增加 1 个百分点，系统脱硫效率较之吸收塔脱硫效率将下降接近 1 个百分点。

采用回转式 GGH 的另一个缺点是换热容量不可调，当锅炉低负荷时，系统出口烟温偏低。

采用回转式 GGH 也存在堵灰结垢问题。国内大多数 FGD 系统的 GGH 采用冷端朝上的布置方式，造成 GGH 堵灰结垢的主要原因有以下几点。

（1）除雾器性能下降，烟气透过除雾器夹带的液滴过多，液滴中的石膏沉积在换热板上使压差增大。即使除雾器效率正常，烟气透过除雾器夹带的液滴在设计范围内，但由于烟气流量大，GGH 持续运行时间长，累计进入 GGH 的石膏量也相当可观。当黏附在换热板上的浆液转至原烟气侧时经高温烟气烘烤变成硬块，难以清除。

（2）当吸收塔循环浆液的 pH 值较高时，烟气透过除雾器夹带的液滴中含有未反应的 $CaCO_3$ 增多，$CaCO_3$ 与原烟气中高浓度的 SO_2 反应形成结晶石膏，即所谓石膏硬垢，牢固地黏附在换热板上，很难清除。

（3）吸收塔出口烟道壁上的浆液和冷凝液直接流入或被烟气带入 GGH 净烟气侧的冷端。

（4）当吸收塔入口烟道的倾斜度太小，烟道又较短，在吸收塔液位失去控制或出现起泡现象时，浆液可能溢流进入 GGH。

（5）当系统未进烟，循环泵在运行时，由于吸收塔入口烟道的倾斜度太小，烟道又较短，喷淋下落的浆液可能被气流带入 GGH 中。当吸收塔排空门和净烟气挡板门开启时，这种情况可能会很严重。

（6）烟气含尘量大将很快形成堵灰，差压显著上升。另外，飞灰具有水硬性，飞灰中含有由煤中石灰石在锅炉高温下煅烧产生的 CaO，CaO 的存在可以激发飞灰的活性。换

热板上沉积的硫酸钙（$CaSO_4$）、冷凝产生的 H_2SO_4、飞灰和 CaO 相互反应形成类似水泥的硅酸盐，经过长时间逐渐硬化，即使用高压水冲洗也很难清除。

（7）在 GGH 的原烟气侧，特别在其冷端，烟气中的 SO_3 将冷凝成黏稠的硫酸，黏稠的硫酸将有助于飞灰的黏附，从而加剧堵灰的形成。当燃烧高硫煤或 FGD 系统上游侧装有 SCR 反应器时（SCR 反应器可以使部分 SO_2 转化为 SO_3）或 GGH 冷端长时间运行在低于烟气露点温度的工况下时，会加剧上述情况。

基于上述情况，除了应采取相应措施防止或缓解上述情况和应定期吹灰外，即使 GGH 压差未达到需要水冲洗的程度，也应定期进行在线高压水冲洗，建议至少每月一次。此外，吹灰和冲洗效果仍然是需要改进的问题。

2. 管式 GGH

管式 GGH 有两组分开布置的热交换器，通常将吸收塔上游侧的热交换器称作降温换热器，将下游侧的换热器叫做再加热器，在这两组换热器之间通过泵送传热流体来实现热量的传递，这是一种无泄漏的 GGH。管式 GGH 通过控制热媒体的流量可以调节出口烟气温度，并可加装辅助加热器，例如蒸汽加热器，当出口烟气达不到要求的温度时，通过控制蒸汽流量来提升烟温。管式 GGH 的另一优点是布置方式灵活，可以不增加烟道的长度。其缺点是占据的空间大，防腐蚀问题不好解决，换热管一旦腐蚀穿孔必须停机处理，修复难度大，往往要割管，这样，换热效率将下降。另外，当积灰严重时只能停机冲洗，不像回转式 GGH 可以在线冲洗。

3. 热管 GGH

热管 GGH 是管式换热器的一种特殊型式。热管 GGH 无需泵送传热流体，也没有转动机械部件。图 5 – 2 – 3（a）是热管结构示意图，热管被抽成真空后充入适量的液体，热管垂直或倾斜地布置在两个紧连的热交换器中，当热烟气通过其一端时，工作液吸收烟气热量变成热流体，密度下降，由于冷热工作液的密度差，使热工作液流向另一端，向净烟气放出热量，变成冷流体，密度增大，再流回热管的热端，从而完成了在冷、热烟气之间的热传递。大多数热管 GGH 要求入/出口烟道紧靠在一起［见图 5 – 2 – 3（b）］，不过已经设计出分离型热管 GGH，其工作原理如图 5 – 2 – 3（c）所示。热管 GGH 对烟道布置的限制程度取决于吸收塔入/出口烟道以及烟囱的位置。需要指出的是，热管 GGH 应用于 FGD 系统尚不普遍，缺乏成熟的经验。

循环加热降低了吸收塔入口烟气温度，这样既降低了烟气的绝热饱和温度，也减少了吸收塔内水分蒸发量。由于吸收塔内蒸发至烟气中的水分占系统耗水量的主要部分，因此采用循环加热方式可以降低系统耗水量。

上述三种 GGH 的烟气压损较大，在清洁状况下压损 1000Pa 左右，约占系统总压损 25% 至近 40%，严重积灰污染后可达到 1700Pa，可占到系统总压损近 50%，以致会影响 FGD 系统的正常运行。由于这类 GGH 易积灰，所以都配备有换热件清洁装置，清洁方法有压缩空气吹扫、蒸汽吹扫、燃气脉冲吹灰、低压和高压水洗等，管式 GGH 还有设计采用钢球机械除灰。就国内螺旋肋片管 GGH 运行经验来看，燃气脉冲吹灰效果较好。回转式 GGH 通常配有压缩空气（或蒸汽）吹扫、在线高压水（8～12MPa）冲洗和离线大流

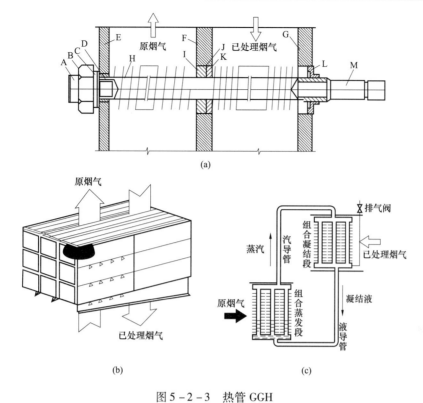

图 5 - 2 - 3 热管 GGH

（a）结构示意图；（b）实物图；（c）分离型热管 GGH 原理简图

A—喇头；B—螺母；C—弹簧垫圈；D—垫片；E—管板Ⅰ；F—管板Ⅱ；G—管板Ⅲ；

H—翅片管；I—挡环；J—密封圈；K—密封环；L—密封圈；M—针形阀

量低压水（0.5MPa 左右）冲洗装置。有些 GGH 压缩空气（或蒸汽）吹扫和低压水洗使用同一根可伸缩式吹灰器的吹管和喷嘴，高压水洗使用单独的固定式喷管和喷嘴，有些 GGH 采用一根可伸缩吹灰器实现压缩空气、低压水和高压水吹扫和冲洗。当用压缩空气或蒸汽吹扫无法将换热元件上的污垢吹扫干净或压损升高到转子洁净时压损值的 1.5 倍时，需投运在线高压水清洗，使压损恢复到正常值。停机时采用大流量低压水冲洗蓄热板上的沉积物。但实际运行发现，需要用压力水冲洗蓄热板时，GGH 的积灰已相当严重，冲洗造成短时间内大量积灰通过集水坑或直接进入吸收塔反应罐，常发生"封闭"石灰石反应活性的现象，一旦出现这种情况往往需要数小时至十余小时才能使反应罐中的反应逐渐恢复正常。当黏附在换热板上的颗粒物变成硬垢时，往往冲洗效果很差，GGH 的压差难以恢复。

管式 GGH 中管排数多，在线水冲洗效果差，如果换热管和管架等采用不耐腐蚀的金属制作，运行中水冲洗将加剧腐蚀，所以一般不装在线水冲洗装置，一旦积灰严重后只能停机冲洗。应用于高硫煤 FGD 系统中的循环加热器，积灰情况要比应用于低硫煤的严重得多，国内尚无回转式 GGH 应用于高硫煤 FGD 系统的实例，其与管式 GGH 积灰情况的对比缺乏实际经验。由于管式 GGH 换热管之间的间隙大于回转式 GGH 蓄热板之间的间隙，分析后者比前者更易积灰。这也成为燃高硫煤 FGD 系统选用管式 GGH 的理由之一。

（三）在线加热器

如图 5-2-4 所示是一种结构较为简单的在线加热器，加热媒质可以是蒸汽或热水。如采用汽机排出的低压蒸汽通过光管或肋片管束来加热脱硫后的饱和烟气，通常称为蒸汽—烟气加热器（SGH），简称蒸汽加热器。SGH 设计和运行操作较简单，但也易遭受腐蚀和堵塞，耗汽量大，运行费用高。其所处腐蚀环境类似管式 GGH 的再加热器，但是，由于 SGH 采用的加热媒质是温度较高的蒸汽，管束表面温度较高，腐蚀环境有所缓和。如能始终保持 SGH 传热表面温度高于 120℃，并将烟气饱和度降至 80%以下，可以明显降低已处理烟气对 SGH 的腐蚀速度，在这种工况下有成功应用碳钢管作换热元件的报道。

图 5-2-5 是国内电厂引进 SGH 结构和工作原理示意图。在 SGH 中有数千根加热管，分成若干组，但一般仅在迎风面设置有冲洗水管，定时冲洗。据报道冲洗效果不太理想，运行一段时间后，加热管表面有垢层，使换热效率下降。冲洗下来的浆液中的固体物堆积在加热管束的根部，阻碍传热，并使管束表面的有机氟树脂涂层热老化。而且堆积固体物含酸性物浓度高，曾测得经 SGH 底板流出的泄漏水 pH 值仅 1.5。由于防腐树脂涂层较薄，涂层易遭受机械损伤和热老化破裂，涂层一旦破损，1~2mm 厚的碳钢管将很快腐蚀穿孔，漏管停机的事故时有发生。但据了解，也有些电厂的 SGH 运行良好，很少发生漏管。因此保持除雾器处于良好工作状态，减少透过除雾器夹带过来的水雾和浆体液滴，加强 SGH 冲洗和防止检修和运行中机械损伤加热管的防腐涂层是减少漏管，延长加热管束寿命的关键。SGH 最大的缺点是蒸汽耗量大，例如某电厂 FGD 装置处理烟气量为 1 760 000m³/h（标态），SGH 将净烟气温度提升至 80℃，消耗温度为 250℃、压力为 6kgf/cm² 下的蒸汽 32.5t/h。

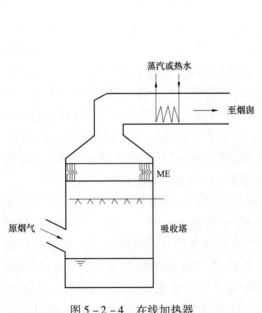

图 5-2-4　在线加热器

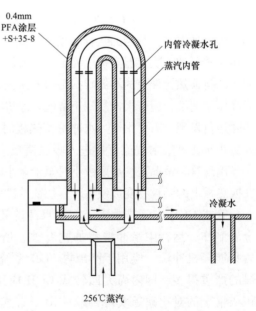

图 5-2-5　SGH 结构和工作原理示意图

（四）热空气直接加热

热空气直接加热装置也称为环境空气加热装置，如图 5 – 2 – 6 所示。热空气直接加热类似在线加热，管内的加热媒质也是蒸汽，不同的是流过翅片管束外的不是净烟气而是空气。锅炉供给的热水由于温度较低，不宜用作加热媒质。蒸汽将空气加热到 175～200℃后喷入烟气流中，这样提高了烟气温度，也增大了烟气的质量流量。如要将烟气温度提升 30℃，需要 200℃的热空气流量约为烟气流量的 12%。由于增大了烟气体积，下游侧烟道和烟囱的尺寸也需加大。

热空气加热的主要优点是空气加热管束处在环境空气流中，可以采用碳钢制作管束。另一优点是，对于改造项目，由于增加了原烟囱排烟体积，提高了烟囱出口烟气流速，增强了烟羽的扩散，由于减少了烟气中的水雾含量，可以降低烟羽的黑度。

虽然这种加热器管束可以采用价廉的碳钢管，但运行费用明显高于在线加热器，因为需要加热的气体总量（烟气和加热的空气）大，加热器鼓风机还需消耗较大电能。

（五）直接燃烧加热

直接燃烧加热（见图 5 – 2 – 7）是在靠近吸收塔出口烟道的燃烧室内燃烧低硫燃油或天然气，将燃烧后的热烟气鼓入已脱硫的净烟气中，提升烟气温度。由于直接燃烧产生的热烟气温度比间接加热的热空气高得多，所以只需较少体积的热烟气。这样就减少了加热器鼓风机的容量，烟气总排放量也增加不多。缺点是需消耗燃料，另外，燃料燃烧增加了排烟的 SO_2 浓度，降低了系统的总脱硫效率。这种加热烟气的方式在日本燃油发电机组的 FGD 系统中较为常见，一般将净烟气加热提升 80～90℃。

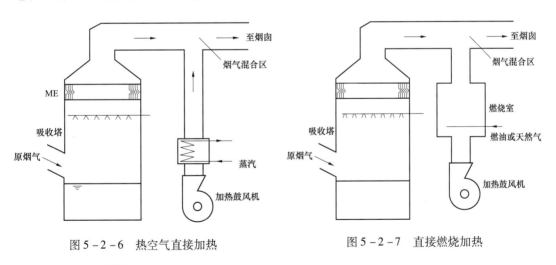

图 5 – 2 – 6　热空气直接加热　　　　　　　　图 5 – 2 – 7　直接燃烧加热

第二节　GGH 的发展及其应用状况

一、GGH 的发展

5 种烟气加热方式即旁路加热、循环加热、在线加热、热空气间接加热以及直接燃烧加热，在脱硫装置建设初期的 50～60 年代都得到了一定的应用。旁路加热和循环加热由于其利用原烟气进行加热而无需增加额外热源的特点，应用更广泛。随着环保要求的提高，旁路加热以牺牲脱硫效率来提高脱硫烟气温度，且冷热烟气混合区存在严重腐蚀环境的缺陷，日益突出，为此，从70年代开始，旁路加热逐步退出市场。而循环加热中的气气换热方式即GGH，随着德国标准规定"烟囱出口的烟气温度必须大于72℃"的出台，GGH得到了最广泛的应用。

二、国外应用状况

1. 德国

德国大规模建设FGD的时间是20世纪70~90年代，由于当时法规的要求，烟气的排放温度不得低于72℃，因此在此期间建设的FGD系统全部安装了GGH，而且主要是回转式GGH。

2. 美国

在美国，环保标准对烟囱出口排烟温度无要求，因此美国自80年代中期以后安装的脱硫系统基本都不设置GGH，脱硫电厂设置GGH的约占25%左右。美国一些电厂考虑到烟气脱硫装置不装设GGH由于烟温过低可能对周围环境产生不利影响，采用在烟囱底部安装燃烧洁净燃料的燃烧器，在气象条件不利于扩散时，对脱硫后的烟气进行临时加热。这种方法投资很低，运行费用也很低，同时，也保护了环境，是一种结合实际的解决方案，值得我们借鉴。

3. 日本

由于日本是一个面积小，地形狭长的岛国，为了减轻对日本本土的污染，一直采用高烟温排放，以增强烟气的扩散能力。因此几乎日本电厂所有的FGD装置均安装了GGH。

三、国内应用状况

我国湿法脱硫工艺的建设起步于重庆珞璜电厂的脱硫示范工程和3个中德技贸合作脱硫工程项目（重庆电厂、浙江半山电厂和北京第一热电厂），虽然我国没有烟气排放温度的要求，但由于早期建设的这4个项目采用的是日本和德国的技术，均采用了GGH，使得其后建设的脱硫项目（如石景山热电厂、北京一热电厂二期、山东黄台电厂、江阴夏港电厂、浙江钱清电厂等）仿效其设计理念，也采用GGH来对脱硫后的低温烟气进行加热，使得GGH在我国得到了广泛的应用。据统计，到2005年底，在建成投产的4000多万kW的湿法脱硫装机容量中，有93%的湿法脱硫装置安装了GGH。

第三节　GGH设置与否的依据

一、GGH设置的依据

在湿法脱硫工艺中设置GGH最重要的依据是烟气排放温度的要求。

从脱硫系统来看，设置GGH的主要目的是：① 在GGH的吸热侧将未脱硫的高温原烟气在进入吸收塔前由120~150℃降至100℃，一方面提高烟气中SO_2与脱硫吸收剂的反应几率，另一方面保护吸收塔内的防腐层免受高温的伤害；② 在GGH的放热侧将经洗涤脱硫后的净烟气温度由 50℃ 左右加热至 80℃ 后，再经烟囱排放到大气。一方面烟气排放温度虽然仍然低于亚硫酸或硫酸的露点温度 120~150℃，但高于腐蚀性极强的氯化氢和氟化氢的露点温度（65℃ 左右），从而大大降低了对下游烟道、烟囱和其他设备的腐蚀；另一方面烟气排放温度的提高对大气环境质量的改善非常有益。主要体现在：① 污染物抬升高度和扩散程度得到提高；② 烟羽的可见度得到降低；③ 降低了烟囱降落液滴。

二、不设置 GGH 的依据

在湿法脱硫工艺中不设置 GGH 最重要的依据依然是烟气排放温度的要求，其次是 GGH 难于克服的故障。

近 30 多年的运行经验表明：GGH 是整个 FGD 系统的故障点，对脱硫系统的可用率有较大的影响，几乎 100% 的 GGH 在运行过程中出现了故障。自德国加入欧盟以后，由于大部分欧盟成员国对烟气排放的温度没有法规上的要求，因此，从 2002 年开始，德国采用欧盟的标准，取消了对烟气排放温度的限制。因此，在原东德地区近期建设的 FGD 装置已有部分电厂不再安装 GGH。德国脱硫公司认为，不安装 GGH 是今后 FGD 发展的趋势。德国已经有越来越多的电厂将脱硫后的烟气通过冷却塔排放，这样既可以不安装 GGH，又可以省去湿烟囱的投资，而且也大大提高了烟气中污染物的扩散能力。

我国从 2003 年开始，在实施的湿法脱硫工程中，开始出现不设置 GGH 的现象，由于不设置 GGH 没有明确的法律规定，政府也无法明令禁止。其后不设置 GGH 的湿法脱硫工程越来越多，如 600MW 机组的常熟电厂、利港电厂、黄骅电厂、台山电厂、王滩电厂、托克托电厂、潮州电厂、乌沙山电厂、后石电厂等，虽然到 2005 年底在已建成投产的湿法 FGD 中，无 GGH 的仅占 7%，但到 2009 年底湿法 FGD 中无 GGH 的比例大幅增加，以提高到约 40%。

第四节 GGH 设置与否的利弊分析

一、设置 GGH 的优点与缺点

1. 设置 GGH 的优点

（1）提高排烟温度和抬升高度。

在火电厂的湿法烟气脱硫工艺中，烟气经吸收塔的洗涤后温度大约在 45~50℃，温度较低，且基本处于饱和状态，通常的做法是在烟道系统设置烟气热交换器将烟气温度提升到 80℃ 以上，从而提高烟气从烟囱排放时的抬升高度，有利于减小地面污染浓度。根据对某电厂的实际案例的计算，对于 2×300MW 机组合用一个烟囱，烟囱的高度为 210m，在环境湿度未饱和的条件下，安装和不安装 GGH 的烟气抬升高度分别为 524m 和 274m，有明显的差异。

但是，从环境质量的角度来看，主要的关注点是在安装和不安装 GGH 时，主要污染物（SO_2、粉尘和 NO_x）对地面浓度的贡献。在同一个案例中，对此进行了计算。计算结果见表 5-2-2。

表 5 – 2 – 2   污染物排放限值

污　染　物	SO$_2$ 国家二级标准限值 [0.15mg/m^3（标态）]		粉尘国家二级标准限值 [0.15mg/m^3（标态）]		NO$_x$ 国家二级标准限值 [0.12mg/m^3（标态）]	
	有 GGH	无 GGH	有 GGH	无 GGH	有 GGH	无 GGH
日均值/标准值	1.13%	2.57%	1.99%	4.51%	4.30%	9.74%

污染物的最大落地浓度点到烟囱的距离，安装和不安装 GGH 分别为 10529m 和 6689m。

从以上的计算结果可以看出，由于 SO$_2$ 和粉尘源的强度在除尘和脱硫之后大大降低，因此无论是否安装 GGH，它们的贡献只占环境的允许值的很小一部分。由于 FGD 不能有效脱除 NO$_x$，NO$_x$ 的源强度并没有降低，因此安装 GGH 对于 NO$_x$ 的贡献影响小，但是从表 5 – 2 – 2 看出，仍然只占环境的允许值的 10%，因此对环境的影响不会很显著。实际上，降低 NO$_x$ 对环境影响的根本措施还是在于安装脱硝装置，通过扩散来降低落地浓度只是一种权宜之计。

（2）减轻湿法脱硫后烟囱冒白烟问题。

由于安装了 FGD 系统之后从烟囱排出的烟气处于饱和状态，在环境温度较低时凝结水汽会形成白色的烟羽。在我国南方城市，这种烟羽一般只会在冬天出现；而在北方环境温度较低的地区，出现的几率会更大。

安装 FGD 之后出现白烟问题是很难彻底解决的。如果要完全消除白烟，必须将烟气加热到 100℃以上。安装 GGH 后排烟温度在 80℃左右，因此只能使得烟囱出口附近的烟气不产生凝结，使白烟在较远的地方形成。

白烟问题不是一个环境问题，而是一个公众对此的认识问题，更何况与冷却塔相比，烟囱的白烟要少得多。因此应加强对公众的宣传。

（3）关于 GGH 能否减轻下游设备的腐蚀。

在 20 世纪 80～90 年代，由于对 FGD 工艺的性能有一个逐步深化的过程，当时认为烟气通过 GGH 加热之后，烟温升高，可以降低脱硫后烟气对下游设备的腐蚀倾向。但是，经过此后的实践证明，由于烟气在经过 GGH 加热之后，烟温仍然低于其酸露点，仍然会在下游的设备中产生新酸凝结。不仅如此，由于随温度上升液体的腐蚀性会大大增强，烟温升高更加剧了凝结液的腐蚀倾向，使得经 GGH 加热后的烟气有更强的腐蚀性。因此认为采用 GGH 后可以不对下游烟道和烟囱进行防腐的概念是错误的。主要的原因如下。

1）尽管脱硫后的净烟气中 SO$_3$ 含量降低了，但 FGD 系统不能有效地去除 SO$_3$，而 SO$_3$ 是决定烟气酸气酸露点的主要成分；而且烟气的腐蚀性成分发生了很大变化，有 Cl$^-$、SO$_3^{2-}$、SO$_4^{2-}$、F$^-$ 等。净烟气中的水分较高，SO$_3$ 将全部溶于水中，烟气会在尾部烟道和烟囱内壁结露，使烟囱的腐蚀加剧。

2）安装 GGH 后，烟气中的飞灰会积聚在 GGH 的换热元件上，飞灰中的重金属会起催化剂的作用，将烟气中的部分 SO$_2$ 转为 SO$_3$，尽管数量不多，但是对升高烟气的酸露点是有影响的，有测试表明，在 GGH 后面，SO$_3$ 的含量有所增加。

3）测试发现，经过 FGD 脱硫以后的烟气的酸露点温度在 90～120℃ 范围内，而烟气再热之后的温度在 80℃ 左右，因此在 FGD 下游设备表面上，仍然会产生新的酸凝结液。

4）经 GGH 加热后的烟气温度高于烟气的水露点，因此可以防止新的凝结水的产生，但是 80℃ 这样的低温烟气，无法在很短的时间内，将已经凝结在烟道或烟囱表面上的水或穿过除雾器的浆液快速蒸干，只能使这些液滴慢慢地浓缩、干燥。这个过程使得原来这些酸性不强的液滴，变成腐蚀性很强的酸液，在烟道和烟囱上形成点腐蚀。

5）由于烟气经过 GGH 再热以后温度升高，造成烟道和烟囱中的环境温度要比不安装 GGH 时高约 30℃。酸对金属材料的腐蚀作用对温度是非常敏感的，温度升高会使得凝结酸液的腐蚀性更强。

因此，认为安装 GGH 后可以减轻脱硫烟气对下游设备的腐蚀是没有理论依据的。另外，无论是否安装 GGH，湿法 FGD 的烟囱都必须采取防腐，并按湿烟囱进行设计。这一点已经被国外几十年来的实践所证实。

2. 设置 GGH 的缺点

（1）投资和运行费用增加。

据初步推算，若按新增 FGD 容量为 30 000MW/a 计算，安装 GGH 的直接设备费用就达 11 亿元左右，如计及因安装 GGH 而增加的增压风机提高压力、控制系统增加控制点数、烟道长度增加和 GGH 支架及相应的建筑安装费用等，其总和约占 FGD 总投资的 20%。GGH 本体对烟气的压降为 1.2kPa。为了克服这些阻力，必须增加风机的压头，使 FGD 系统的运行费用大大增加。

（2）降低脱硫效率。

GGH 原烟气侧向净烟气侧的泄漏会降低系统的脱硫效率，尽管回转式 GGH 的泄漏可以控制在 1.0% 以下，但毕竟是一种损失。

（3）脱硫系统运行故障增加。

原烟气在 GGH 中由 130℃ 左右降低到 80℃，在 GGH 的热侧会产生大量黏稠的浓酸液。这些酸液不但对 GGH 的换热元件和壳体有很强的腐蚀作用，而且会黏附大量烟气中的飞灰。另外，穿过除雾器的微小浆液液滴在换热元件的表面上蒸发后，也会形成固体结垢物，这些固体物会堵塞换热元件通道进一步增加 GGH 的压降。国内已有因 GGH 粘污严重而造成增压风机振动过大的例子。实践证明，堵塞和腐蚀已成为 GGH 难于克服的致命弱点。GGH 的腐蚀和积灰分别如彩图 5－2－8、彩图 5－2－9 所示。

（4）设备庞大，烟道系统复杂，如彩图 5－2－10、彩图 5－2－11 所示。

二、不设置 GGH 的优点和存在的问题

1. 不设置 GGH 的优点

（1）降低 GGH 的投资和运行费用。

以 2×300MW 机组为例，煤耗为 280t/h，含硫量为 1%，FGD 运行时间为 8000h/a，每年脱除的 SO_2 总量为 44 800t。根据 2006 年物价水平分析 GGH 相关费用结果见表 5－2－3。

表 5-2-3　　　　　　　　　　2006 年 GGH 相关费用数据

项　目	数量	价格 （元/kWh）	年增加费用 （万元）	脱硫成本增加 （元/kg）
电耗	3000kW	0.30kW	720	0.160
固定资产投入	*	2500	125	0.028
大修费用	2.25%	—	45	0.010
合　计	—	—	890	0.198

*　年利率 5%，5 年还清本利，年增加费用按寿命期 20 年均化，表中 GGH 为 2006 年进口原装价格。

固定资产投入：按 2000 万元计，贷款利率按 5%，5 年还清，共计 2500 万元，FGD 寿命按 20 年计，平均后每年的固定资产投入为 125 万元，脱硫成本增加 0.028 元/kg SO_2。

电耗：增压风机功率增加约 1500kW，2 台机组共 3000kW，厂用电价 0.3 元/kWh，每年的电耗支出为 720 万元，脱硫成本增加 0.16 元/kg SO_2。

大修费用：按固定资产的 2.25%/年计算为每年 45 万元，脱硫成本增加 0.010 元/kg SO_2。

如果 FGD 使用期按 20 年计算，在整个寿命期内由于安装 GGH 后带来的资金投入为 1.78 亿元，几乎相当于两台 FGD 的总投资，足够用于建设两套烟气脱硝装置。

（2）取消 GGH 之后可以大大简化烟道系统，节约占地，提高 FGD 系统的运行可靠性，如彩图 5-2-12 所示。

2. 不设置 GGH 存在的问题

（1）由于对原烟气的降温幅度有所增加，FGD 系统的工艺水消耗要比装 GGH 时增加 30%~40%。

（2）由于净烟气温度较低，在环境空气中的水分接近饱和，气象扩散条件不好时，烟气离开烟囱出口时会形成冷凝液滴，形成所谓的"烟囱雨"。

（3）由于 FGD 系统不能有效脱除 NO_x，因此，需要对 NO_x 落地浓度和最大落地浓度点离烟囱的距离进行核算。

（4）对脱硫后净烟气引起的尾部烟道和烟囱的腐蚀问题，必须予以足够的重视。

（5）湿法脱硫后烟气不升温，湿烟气直接排放可能会带来 2 个潜在的问题：烟气抬升高度降低，可能造成地面污染物浓度增高和尾部烟道及烟囱的腐蚀。但脱硫后烟气抬升高度的降低可通过减少脱硫后烟气中的污染物来弥补，因而不会造成环境污染的加大；尾部烟气和烟囱的腐蚀可采取防腐措施解决。

三、GGH 设置与否的技术比较

表 5-2-4 为 GGH 设置与否的技术方案比较（2×600MW 机组），表 5-2-5 为 GGH 设置与否对烟囱排放条件的比较。

表 5-2-4　　　　　　GGH 设置与否的技术方案比较（2×600MW 机组）

项　目	设置 GGH 方案	不设 GGH 方案
厂用电率	比不设 GGH 方案增加厂用电 2×1200kW	低

项 目	设置 GGH 方案	不设 GGH 方案
水耗量	低	每套装置增加工艺水 37.8t/h
烟气泄漏率	<1%	无泄漏
布置	布置较复杂	布置简单
烟道长度	比不设 GGH 钢材重约 35%，多 256t	短
工作环境及耐腐蚀能力	烟温达不到酸露点温度，也存在腐蚀	烟气腐蚀性强，净烟道与烟囱会出现腐蚀
可靠性	故障点增加，可靠性差	好
维护	机械设备较多，维护工作量大	维护工作量较少

表 5 - 2 - 5 　　　　　　　　 GGH 设置与否对烟囱排放条件的比较

分类	项 目	年平均气温 16.3℃	最高月平均气温 28℃	极端高温 40.8℃
不脱硫时	温度 $t = 111.2℃$			
	抬升高度 ΔH （m）	205.8	187.3	171
	烟囱有效高度 H （m）	445.8	427.3	411
	SO_2 地面最大浓度点浓度 C_{SO_2} （mg/m³）	0.134	0.152	0.164
	粉尘地面最大浓度 C_{dust} （mg/m³）	0.013	0.014	0.016
脱硫有 GGH	温度 $t = 80℃$			
	抬升高度 ΔH （m）	138.4	119.9	103.6
	烟囱有效高度 H （m）	378.4	359.9	343.6
	SO_2 地面最大浓度点浓度 C_{SO_2} （mg/m³）	0.0098	0.0107	0.0118
	粉尘地面最大浓度 C_{dust} （mg/m³）	0.0192	0.0193	0.0122
脱硫无 GGH	温度 $t = 50℃$			
	抬升高度 ΔH （m）	90.3	71.78	55.5
	烟囱有效高度 H （m）	330.3	311.78	295.5
	SO_2 地面最大浓度点浓度 C_{SO_2} （mg/m³）	0.013	0.014	0.016
	粉尘地面最大浓度 C_{dust} （mg/m³）	0.024	0.027	0.030

第五节　GGH 设置与否对环境质量的影响

湿法烟气脱硫工艺中，烟气经过吸收塔的洗涤，温度通常降到 45~55℃，这样的低温湿烟气如果直接送到烟囱排放，会引起如下 3 种环境问题：① 烟气的排放温度较低，因此，其抬升高度较小，会引起下风向地面烟气浓度增大，这相当于降低了脱硫效率，可能造成污染问题；② 饱和湿烟气在传输过程中会发生水汽凝结，凝结水会在下风向形成降雨，在寒冷冬季的北方，还可能形成降雪和地面出现结冰；③ 水汽凝结会造成烟囱冒白烟。为了不带来上述环境问题，通常的做法是将烟气通过再加热器将其加热到 80℃ 左右后排放。但是，安装再加热器不仅会增加建设成本，而且也会增加运行和维护费用。

脱硫湿烟气能否不经再加热而直接排放呢？对此，国电环境保护研究院对"脱硫湿烟气直接排放的环境可行性"进行了专题研究。应用理论分析、近似计算、数值计算和风洞试验相结合的方法，对该专题进行了深入的分析和研究，通过对对各种条件下湿烟气的抬升、扩散和凝结的计算数据和实验数据的分析，对相关问题有了比较明确的认识。

一、烟气抬升与扩散

随着环境风速的增大，湿烟羽的最大抬升高度下降，但达到最大高度的距离增大；随着环境温度的升高，湿烟羽最大抬升高度下降，达到最大高度的距离也缩短；湿烟羽的抬升高度对环境湿度的变化比较敏感，环境湿度增大时，烟羽最大抬升高度增大，达到最大抬升高度的距离也增大；烟羽排放温度升高时，烟羽最大抬升高度和达到最大抬升高度的距离均增大；环境温度递减率增大时，烟羽最大抬升高度与达到最大抬升高度的距离也同时增大。

当环境湿度未饱和时，湿烟羽的抬升高度最初比同温度干烟羽的抬升高度要高，这主要是由于烟气中的水汽凝结释放出潜热，使烟羽获得额外浮力所致。但是在达到最大抬升高度之后，其抬升高度下降的速度比同温度的干烟羽要快。这主要是烟羽中液态水的再蒸发吸收潜热所致。

如果环境处于饱和状态，则湿烟羽的抬升与其处于环境未饱和时明显不同，这时它的抬升高度甚至比加热到100℃时的干烟羽还要高出很多。这主要是由于环境处于饱和状态时，烟羽中凝结的液态水不会再次蒸发。可见，从空气污染角度考虑，在这种状况下，不对烟气进行再加热也不会造成地面污染浓度的增大。相反，如果环境相对湿度很低，为了避免烟羽在近距离触地，则最好对烟羽进行加热。在我国南方，大多数情况下环境相对湿度都在80%以上，湿烟羽因凝结效应其抬升高度会有较大提高，与环境湿度为饱和时的差别不大。因此，从空气污染角度考虑，即使不对脱硫湿烟气进行加热，由于凝结而获得的额外浮力足以使其超过加热至70℃时烟羽的抬升高度，故其造成的地面污染浓度不会比加热烟羽后有明显增加。但是在北方干旱地区，环境相对湿度常在40%以下，在多数情况下湿烟气的抬升高度都会明显地低于加热烟羽后的抬升高度，尤其是凝结水的再蒸发更可造成烟羽的抬升高度在较近的距离降低到零，这将会使地面浓度比加热到100℃时增加70%以上。这意味着如果脱硫效率为90%，不加热与加热到100℃相比，相当于脱硫效率降低到83%以下。因此，从避免空气污染的角度考虑，最好是对烟气进行再加热，加热温度，到70~80℃就可以了。

二、白烟问题

湿烟羽因水汽凝结会呈白色或灰色，这种可见烟羽的长度随环境条件和排放条件而变，通常为几十米至数百米，有时甚至达千米以上。白烟长度随环境风速的增大而增长，随环境温度的升高而缩短。白烟长度对环境湿度的变化比较敏感，当环境湿度增大时，白烟长度增长且幅度较大。白烟长度对烟气排放温度的变化也相当敏感，当烟气的排放温度升高（依然保持饱和状态）时，白烟长度增长，且增长幅度很大。白烟长度对环境温度递减率的变化不敏感。

如果要消除白烟，唯一的办法是对烟气加热。但是，在北方地区，冬季温度可能降低到 0℃ 以下，这时即使将烟气加热到 100℃，也不可能完全消除白烟。另一种情况就是当环境相对湿度达到饱和时，白烟也很难完全消除。

三、凝结水量

最大凝结水量大约发生于烟囱下风向数米范围内，烟羽离开烟囱后的 1~4s 内。最大凝结水量随环境条件和排放条件而变，在 1~10g/kg 范围内，最大凝结水量不随环境风速而变。环境温度升高时，最大凝结水量减少；环境相对湿度增大时最大凝结水量增大但变化幅度不大。最大凝结水量对烟气初始温度比较敏感，烟气的初始温度升高时，最大凝结水量明显增大。当环境温度梯度递减率增大时，最大凝结水量增大，但变化幅度很小。

凝结水在大多数情况下主要产生在烟囱下风向 200m 范围以内，凝结水量最大值发生在离烟囱出口几米的范围内，而后随着距离的增加，凝结水量呈指数型递减，因此，通常不会对厂外环境造成重大影响。只有在大气处于饱和状态时，影响范围才会扩大到千米以上，这时的凝结水量通常在 0.5g/kg。对一个 600MW 的火电厂来说，这大约相当于 0.5kg/s 的液态水，而且这些水并不是全部降落到地面，只有其中的一部分才会变成降水。因此，从降水的角度看，火电厂脱硫湿烟气对局部气候和环境的影响是微乎其微的。

四、加热温度

从污染浓度的角度考虑，在南方地区因环境湿度较大，不必对湿烟气进行再加热，这在一般情况下不会引起地面烟气浓度有较大的增长；但在北方地区，最好对湿烟气进行再加热，加热至 70℃ 就可以了，这只比加热到 100℃ 时的地面最大浓度大 19% 左右，相当于将 90% 的脱硫效率减小到 88%。

从避免白烟的角度考虑，对原来温度较高的湿烟气，加热温度要高一些。如果要求当温度高于 5℃ 时不出现白烟，45℃ 的饱和湿烟气需要加热到 69℃，50℃ 的饱和湿烟气需要加热到 86℃，而 55℃ 的饱和湿烟气需要加热到 108℃；如果要求当温度高于 10℃ 时不出现白烟，则 45℃ 的饱和湿烟气需要加热到 58℃，50℃ 的饱和湿烟气需要加热到 71℃，而 55℃ 的饱和湿烟气需要加热到 88℃。

第六节 不设置 GGH 时烟道及烟囱的防腐问题

一、不设置 GGH 时 FGD 烟气的特点

1. FGD 进口原烟气

有无 GGH 对 FGD 的工艺设计、设备费用、运行维护费用、占地面积等均有较大的影响，不设置 GGH 能显著降低设备费用、运行维护费用和占地面积。本文考虑不设 GGH 时 FGD 的烟气特点，其对烟道和烟囱的腐蚀影响以及防腐措施。

图 5-2-13 是一个典型的不设 GGH 的湿法 FGD 工艺流程示意图。

从锅炉母烟道引入的烟气，经过 FGD 进口挡板门后，由增压风机升压，进入吸收塔。

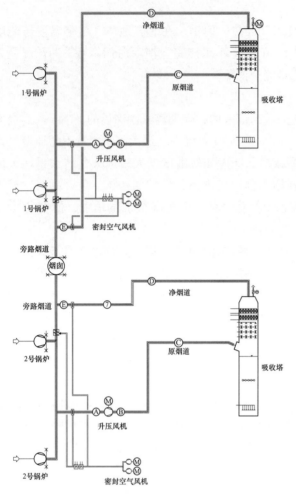

图 5 - 2 - 13　典型的不设 GGH 湿法
FGD（烟气系统部分）工艺流程示意图

增压风机前的烟气温度与锅炉引风机后烟气温度基本一致，原烟气经增压风机后，温度略有升高（小于 5℃），然后直接进入吸收塔。不设 GGH 时，FGD 进口原烟气的特点是温度和 SO_2 浓度与锅炉排烟相同。此时，由于烟气温度一般高于该烟气条件下的硫酸露点温度（约 120℃），因此不会出现酸冷凝和腐蚀。

2. FGD 出口净烟气

在设置 GGH 的系统中，原烟气中的部分热量被用来加热脱硫后的净烟气；但在不设置 GGH 的系统中，该部分热量将被吸收塔内的喷淋浆液所吸收，因此，与设置 GGH 时相比，不设置 GGH 时的吸收塔出口净烟气的温度大约高 3～5℃，相应的含水量也会增加。不设置 GGH 时，FGD 出口净烟气是饱和湿烟气。虽然 SO_2 和 SO_3 的浓度均很小，但由于饱和净烟气的温度低于该烟气条件下的硫酸露点温度，因而 FGD 出口净烟气具有较强的腐蚀性。

烟气的腐蚀主要为（硫）酸腐蚀，烟气中硫酸露点的计算方法有多种，如经验公式法、图表法等，常用的计算公式为

$$1/DP = 2.276 \times 10^{-3} - 2.943 \times 10^{-5}\ln(p_{H_2O}) - 8.85 \times 10^{-5}\ln(p_{H_2SO_4})$$
$$+ 6.20 \times 10^{-6}\ln(p_{H_2O})\ln(p_{H_2SO_4})$$

式中　DP——硫酸的露点温度，K；

p_{H_2O}——烟气中水蒸气分压，mmHg；

$p_{H_2SO_4}$——烟气中硫酸蒸汽分压，mmHg。

根据烟气中硫酸蒸汽分压和水蒸气分压，可以计算出烟气的硫酸露点温度。

二、不设 GGH 对 FGD 烟道及烟囱的腐蚀影响

1. 对原烟气烟道的影响

在不设 GGH 的系统中，由于原烟气没有降温，吸收塔进口段前原烟气烟道（包括 FGD 进口挡板门）在保温良好的情况下不会出现硫酸腐蚀。在有 GGH 的系统中，GGH

一般布置在增压风机和吸收塔之间，原烟气经 GGH 降温后，温度下降至 100℃ 以下，低于烟气的酸露点温度。因此，GGH 本身及 GGH 至吸收塔进口段之间的原烟道会出现酸冷凝和腐蚀。

2. 对吸收塔进口段的影响

吸收塔进口段由于是烟气的冷/热、干/湿交界面，其腐蚀情况十分严重。刚进入吸收塔进口段的原烟气的温度较高，经过喷淋液的喷淋冷却后很快降温，前后温差大，喷淋浆液经过反复干燥浓缩，在该表面上可能产生严重的点腐蚀，因此吸收塔进口段的防腐既要考虑热应力的影响，又要考虑酸腐蚀和氯离子腐蚀。

3. 对吸收塔出口净烟气烟道的影响

不设 GGH 时，吸收塔出口至 FGD 出口挡板门的整个净烟气烟道内通过的烟气为饱和湿烟气，具有很强的腐蚀性。由于烟气处于饱和状态，对防腐材料的耐酸性、耐湿性和黏结性都将有更高的要求。另一方面，由于烟气没有再热过程，因此，减少了酸性冷凝液因蒸发而浓缩的可能，严重点腐蚀的情况也将相应减少。

4. 对旁路烟道的影响

旁路挡板门至烟囱之间的烟道为旁路烟道。当 FGD 系统正常运行时，旁路烟道内为饱和的净烟气，此时的腐蚀主要是由酸性冷凝液产生的；在 FGD 系统停用时，原烟气要通过旁路烟道排入烟囱，由于原烟气的温度较高，故要同时考虑旁路烟道防腐材料的耐温和抗热应力性能。

5. 对烟囱的影响

在不设 GGH 时，排入烟囱的烟气为吸收塔出口的饱和净烟气。虽然 SO_2 浓度不高，但吸收塔对 SO_3 的脱除效率大约仅为 50%，此时，烟囱内烟气的温度仍处在酸露点以下，会对烟囱内壁产生腐蚀作用，并且腐蚀速率随硫酸浓度和烟囱壁温的变化而变化。

（1）当烟囱壁温达到酸露点时，硫酸开始在烟囱内壁凝结，产生腐蚀，但此时凝结酸量尚少，浓度也高，故腐蚀速度较低。

（2）烟囱壁温继续降低，凝结酸液量进一步增多，浓度却降低，进入稀硫酸的强腐蚀区，腐蚀速率达到最大。

（3）烟囱壁温进一步降低，凝结水量增加，硫酸浓度降到弱腐蚀区，同时，腐蚀速度随壁温降低而减小。

（4）烟囱壁温达到水露点时，壁温凝结膜与烟气中 SO_2 结合成 H_2SO_3 溶液，烟气中残存的 HCl/HF 也会溶于水膜中，对金属和非金属均也会产生强烈腐蚀，故随着壁温降低腐蚀重新加剧。

因此，在不设 GGH 时，烟囱内烟气温度较低，烟囱内将会出现最为不利的第（4）类腐蚀情况。

烟囱的腐蚀不仅与硫酸露点有关，还与烟囱内部压力分布密切相关，烟囱的内部压力为烟囱内烟气静压和同一高度处烟囱外大气压力之间的差值。

$$\Delta p = p - p'$$

式中 Δp——烟囱内部压力；

　　p——烟气静压；

　　p'——同一高度处的大气压力。

　　如果烟囱内部压力为正压时，腐蚀性烟气通过烟囱内部的裂缝向外扩散和逃逸，直接与烟囱材料接触，加速烟囱的腐蚀。烟囱内烟气的静压分布可以借助伯努利方程来求解：

$$\rho\frac{W_0^2}{2}+P_0+\rho H=\rho\frac{W_1^2}{2}+P_1+\sum H_f$$

式中　$\rho\dfrac{W_0^2}{2}$，$\rho\dfrac{W_1^2}{2}$——分别为烟气在烟囱进口和出口处的动压；

　　　　P_1——烟气在烟囱进口和出口处的静压；

　　　　H——烟囱高度；

　　　　$\sum H_f$——系统阻力。

　　故

$$\Delta P=\left(\frac{\lambda}{8i}+1\right)\times\left(1-\frac{d_0}{d_0+2iH}\right)\times\left(W_0^2\times\rho_g/2\right)-\left(\rho_a-\rho_g\right)gH$$

式中　λ——阻力摩擦系数；

　　　　i——烟囱斜率；

　　　　d_0——烟囱直径；

　　ρ_g，ρ_a——分别为烟气密度、烟囱外同一高度大气密度。

　　从上式可以看出，烟囱入口处是否会出现正压，与烟囱结构、烟气流速有关，还与烟气性质（密度）有关。烟气的温度越低，密度越大，越有可能出现正压值。在不设GGH时，烟囱入口处的温度在50℃以下，要比有GGH时（80℃以上）更低，因此，增加了烟囱入口处出现正压的可能性。

三、不设 GGH 的 FGD 烟道及烟囱的防腐措施

（一）烟道的防腐措施

1. 原烟气烟道的防腐措施

　　不设GGH时，原烟气烟道内烟气不会出现酸冷凝和腐蚀，原烟道可以不采取防腐措施，但要注意烟道的保温，避免出现保温不良而产生的局部降温和酸冷凝。

2. 吸收塔进口段的防腐措施

（1）选择合适的防腐材料方案。

　　由于吸收塔进口段有很强的腐蚀环境，包括冷热/干湿交界面；温度较高、强热应力；喷淋液的反复浓缩、高浓度酸/卤化物的点腐蚀。因此对该处的防腐材料的要求非常高，目前可以选取的防腐材料的方案主要有：

　　1）整板 A59/C - 276 材料。该方案使用寿命长，而且维护工作少，但成本昂贵，其材料和制作费用可能要占到整个吸收塔本体费用的1/3 ~ 1/4。

　　2）A59/C - 276 与碳钢的焊衬或复合。该方案使用寿命较长，维护工作较少，经济性比较合理，但要注意焊衬或复合的制作质量。

3）碳钢＋橡胶内衬再覆盖耐酸、耐高温的瓷砖或玻璃砖。该方案投资少，但结构复杂，施工和维护比较困难；

4）碳钢＋耐高温的鳞片树脂，部分用 FRP 补强。该方案受到使用温度的限制，具体的防腐效果也无足够的使用业绩来证明。

在不设 GGH 时，由于吸收塔进口原烟气的温度较高，一般不采用 3）和 4）方案；在前两种方案中，在保证制作质量的前提下，可以采用经济性相对合理的 2）方案；1）方案的成本较高，但从长期的运行和维护来看，仍不失为一种合理的选择。

（2）采取紧急降温措施。

在不设 GGH 时，如果发生紧急事故，温度较高的原烟气有可能直接进入吸收塔，对吸收塔内的设备、部件、防腐材料以及净烟道的防腐材料产生不利影响，甚至损坏防腐材料。例如，吸收塔内橡胶内衬的最高使用温度一般为 80～100℃。吸收塔内除雾器的材料为 PP，该材料的峰值使用温度为 85℃，5min；90℃，2min。为避免原烟气可能损坏耐热性不强的吸收塔部件和材料，在以下几种情况时，要启动吸收塔进口段原烟气的紧急降温措施：① 任何温度情况下，喷淋层无喷淋浆液时；② FGD 系统启动旁路出现故障时。

紧急降温一般采用喷淋工艺水的方式使高温烟气（如 180℃或更高）在很短的时间内（如 2min）降至规定的温度（如 80℃）以下。紧急降温一般在事故状态下启动，因此，为保证紧急降温系统能在事故（包括 FGD 系统失电）的情况下及时启动，一定要有稳定、安全的水源。采取的措施一般有：采用高位布置的水箱和直接采用电厂的消防水，喷淋管道开关阀要接保安电源。综合考虑，一般采取后一种方案。

3. 净烟气烟道和旁路烟道的防腐措施

（1）选择合适的防腐材料。

由于净烟道内为饱和湿烟气，可以用于净烟道的防腐材料主要有两种：鳞片树脂涂层和橡胶内衬。

防腐材料要充分考虑水蒸气渗透的影响。各种非金属材料虽能够阻挡大分子的渗入，但不能阻挡水分子的渗透。水分子渗入防腐材料与碳钢基材表面，冷凝后形成空隙和气泡，严重削弱防腐材料与碳钢基材之间的黏结力，引起防腐材料的脱落。水蒸气渗透率与温度、温度梯度、含水率、防腐材料的物化性质、防腐施工的方法等因素均有关。温度、基材和防腐材料之间的温度梯度及含水率越高，水蒸气渗透越快；防腐材料的非极性越强，水蒸气越不易渗透。

在选用鳞片树脂涂层的防腐材料时，鳞片树脂涂层要适当地厚一些，玻璃鳞片的直径要大一些，如采用 8.2mm 直径的玻璃鳞片，1.6mm 或更厚的鳞片树脂涂层。在施工时，采用镘刀施工，使涂层的"迷宫"效应强一些，水蒸气渗透至基材表面的时间将会相应延长。

对于橡胶内衬，可以采用自硫化的溴丁基橡胶或预硫化的氯丁基橡胶，这两种橡胶的耐温性及耐水蒸气渗透的性能良好，与碳钢基材的黏结力也能达到规定的要求。

由于旁路烟道内有时要通过温度较高的旁路烟气，其防腐材料的选择有两种：在旁路烟气温度低于鳞片树脂的许可温度时，选用耐温的鳞片树脂涂层；在旁路烟气温度高于鳞片树脂的许可温度时，选用6钼不锈钢或合金钢在碳钢烟道内进行焊衬贴面。

（2）采取冷凝水排放和周密的保温措施，防止局部腐蚀。

无论是金属材料还是非金属材料，腐蚀均是从局部腐蚀开始。引起局部腐蚀的一个主要原因是局部冷凝液浓缩，这种浓缩冷凝液的氯离子浓度非常高，pH值有可能达到1，因此应特别考虑冷凝水排放装置的布置。在每段净烟道局部最低点均要设置必要的冷凝液排放点，并且排放管道系统要采取不锈钢或合金钢材料。

避免局部保温失效。保温局部失效时，不但会出现冷凝液，而且会产生过大的温度梯度，加速防腐材料的损伤。局部保温失效最可能出现在支座与烟道接触的部位，要特别注意这些部位的保温。

（二）烟囱的防腐措施

1. 重视烟囱的选型与设计

烟气的硫酸露点与SO_3浓度和烟气的含水量密切相关。在FGD正常运行情况下，进入烟囱的烟气在硫酸露点之下，烟囱内会出现酸冷凝和腐蚀；在启动旁路系统后，烟囱要有耐较高温度的能力，因此烟囱的防腐材料和防腐施工的要求比较高。

通过对湿法除尘的秦岭二期四管烟囱、湿法烟气脱硫的广东连州电厂蒸汽加热涂层烟囱以及福建后石电厂海水脱硫不设GGH合金钢内衬烟囱的等运行情况的调研，结果表明，烟囱的选型设计对烟囱的腐蚀影响十分重大，应注意尽量避免烟囱内的正压。即使烟气正压值仅40～100Pa，也会加速对烟囱的腐蚀。为避免烟囱内出现正压，烟囱设计宜采用套筒式或多管式结构。

2. 选用合适的防腐材料

目前FGD烟囱内的防腐材料主要有耐酸防腐涂料，耐酸砖及胶泥和合金钢内衬。

广东连州电厂$2 \times 125MW$机组燃用高硫煤（$Sar = 2.5\%$），两台机组共用一套奥地利AE公司的简易石灰石—石膏湿法脱硫，脱硫效率为81%，脱硫后烟气含水量增加6%，采用蒸汽加热，烟气进入一座高为180m，出口直径为$\phi 6m$的锥形单筒烟囱，烟囱进口温度为80℃。烟囱内衬采用200mm页岩陶粒混凝土，内表面涂OM型烟囱耐酸防腐涂料，目前的运行情况如下：

（1）再热器的出口温度分布不均匀，烟道断面上、下层温差最高达20℃。由于烟道断面下层烟温低于70℃，烟囱内壁某些区域温度也低至70℃。

（2）脱硫后烟囱内部正压区增大。

（3）由于烟气含湿量增大且含有酸性气体成分，烟道和烟囱内壁温度较低，以及烟囱内部正压区的增大等因素，导致在FGD再热器出口烟道及烟囱内壁均出现了结露及腐蚀现象。

福建后石电厂$3 \times 600MW$机组采用海水脱硫工艺，不设GGH，排烟温度仅40℃左右。由于未采用烟气再热，烟气是饱和湿烟气，为了避免烟囱腐蚀，排烟筒采用钛板内衬，其造价昂贵。系统投运以来，烟囱经常出现冒白烟及带水汽现象。

不设GGH时，采用一般的耐酸涂料可能达不到良好的防腐效果。如采用一般的耐酸砖及胶泥防腐，则要特别注意选用合适的胶泥。

如果能承受其投资成本，合金钢（钛基或镍基）内衬也可作为一种防腐方案的选择。

对于新建电厂的 FGD 项目，在建设烟囱时可以采用同时具有隔热和防腐性能的玻璃砖，同时选用与玻璃砖相匹配的胶泥。优质玻璃砖能耐各种浓缩酸（除 HF 酸）和含氯离子冷凝液的腐蚀，导热性较低，恰当的设计可以使烟囱无需保温层，其热膨胀系数和水蒸气渗透率系数均很小，能够承受急剧温度变化的冲击和水蒸气的渗透。

3. 收集与排放冷凝液

烟囱内部应采取措施来收集酸液，防止流淌，这样可以最大程度地减少局部腐蚀。收集和排放冷凝液的部件和管道，一般采用不锈钢/合金钢材料或 FRP 材料。

烟囱顶部处应考虑烟气自笼罩而产生的烟气腐蚀，也可适当地设置液滴的收集和排放装置。

4. 净烟气从吸收塔顶部湿烟囱直接排放

对于现有电厂的 FGD 项目，如果原有烟囱作为旁路烟气的排放出口，同时新建 FGD 排放烟囱，那么原有烟囱可以不进行改造，新建烟囱则应按防腐烟囱设计，但可以不考虑高温烟气的影响。如可直接在吸收塔上方设置温度要求比较低的橡胶内衬的碳钢湿烟囱或 FRP 的湿烟囱，这种湿烟囱的防腐设计与吸收塔的防腐设计一致，此技术成熟可靠，国外已有许多成功应用的经验。

5. 净烟气通过冷却水塔排放

在不设 GGH 时，脱硫后的净烟气可以通过冷却水塔直接排放。

四、小结

综合以上的分析和建议，在有/无 GGH 时，防腐部位的烟气条件和防腐措施见表 5 - 2 - 6。

表 5 - 2 - 6　　　有/无 GGH 时防腐部位的烟气条件和防腐措施的比较

项目	有 GGH		无 GGH	
	烟气条件	防腐措施	烟气条件	防腐措施
原烟道	原烟气温度降至 100℃以下，低于该烟气的酸露点温度	1. 采取冷凝水排放措施； 2. 玻璃鳞片树脂涂层	温度为锅炉排烟温度的原烟气，高于该烟气的酸露点温度	
吸收塔进口段	1. 原烟气的冷/热、干湿界面； 2. 进口段原烟气的温度在 100℃以下，低于该烟气的酸露点温度	整板 A59/C - 276 材料；或 A59/C - 276 与碳钢的焊衬或复合；或碳钢 + 橡胶内衬再覆盖耐酸、耐热的瓷砖或玻璃砖；或碳钢 + 耐热的鳞片树脂，部分用 FRP 补强	1. 原烟气的冷/热、干湿界面； 2. 进口段原烟气的温度与锅炉引风机后的温度相同，一般在 100℃以上	1. 整板 A59/C - 276 材料；或 A59/C - 276 与碳钢的焊衬或复合； 2. 设置紧急降温系统； 3. 碳钢 + 橡胶内衬再覆盖耐酸、耐热的瓷砖或玻璃砖；或碳钢 + 耐热的鳞片树脂，部分用 FRP 补强

续表

项目	有 GGH		无 GGH	
	烟气条件	防腐措施	烟气条件	防腐措施
净烟道	温度在 80℃ 以上的未饱和湿烟气，低于该烟气的酸露点温度	1. 玻璃鳞片树脂涂层； 2. 采取冷凝水排放措施	温度在 50℃ 以下的饱和湿烟气，低于该烟气的酸露点温度	1. 橡胶内衬，或玻璃鳞片树脂涂层； 2. 采取冷凝水排放措施
旁路	1. 正常运行时，温度在 80℃ 以上的未饱和净烟气，低于该烟气的酸露点温度； 2. 在 FGD 停用时，烟气温度为锅炉排烟温度	1. 玻璃鳞片树脂涂层；或不锈钢/合金钢内衬； 2. 采取冷凝水排放措施	1. 正常运行时，温度在 50℃ 以下的饱和净烟气，低于该烟气的酸露点温度； 2. 在 FGD 停用时，烟气温度为锅炉排烟温度	1. 玻璃鳞片树脂涂层，或不锈钢/合金钢内衬； 2. 采取冷凝水排放措施
烟囱	1. 在 FGD 正常运行时，温度在 80℃ 以上的未饱和净烟气，低于该烟气的酸露点温度； 2. 在 FGD 停用时，烟气温度为锅炉排烟温度	1. 耐酸防腐涂料，或耐酸砖及胶泥，或玻璃砖及胶泥； 2. 采取冷凝水排放和收集措施	1. 在 FGD 正常运行时，温度在 50℃ 以下的饱和净烟气，低于该烟气的酸露点温度； 2. 在 FGD 停用时，烟囱内温度为锅炉排烟温度	1. 耐酸防腐涂料，或耐酸砖及胶泥，或玻璃砖及胶泥，或合金钢（钛基或镍基）内衬； 2. 设计合理的烟囱类型； 3. 采取冷凝水排放和收集措施

总之，若不设置 GGH，FGD 的防腐问题不存在技术上的难题，均可较经济地解决。

第七节　GGH 设置与否的经济性分析

现以某电厂 2×600MW 燃煤机组建设湿法烟气脱硫工程为例，对不设 GGH 方案的投资.运行费用进行全面的经济分析。

此工程燃煤硫分为 0.7%，采用石灰石—石膏湿法脱硫工艺，1 炉 1 塔，全烟气脱硫，脱硫效率不低于 95%。2 台炉合用 1 座 210m 双管烟囱，烟筒直径为 6m。

脱硫前后的烟气参数见表 5－2－7。

表 5－2－7　　　　　　　　某电厂脱硫前后的烟气参数（1 台炉）

项　目	升压风机入口	烟囱入口（有 GGH）	烟囱入口（无 GGH）
总体积流量（湿）（$m^3 \cdot h^{-1}$）	2 127 240	2 219 956	2 266 957
总体积流量（干）（$m^3 \cdot h^{-1}$）	1 962 720	1 981 726	1 981 726

续表

项　目	升压风机入口	烟囱入口（有 GGH）	烟囱入口（无 GGH）
温度（℃）	125.0	80.0	52
SO_2（mg·m^{-3}）	1710	86	86
SO_3（干）（mg·m^{-3}）	34	24	24
NO_x（干）（mg·m^{-3}）	350	-350	-350
灰（干）（mg·m^{-3}）	150	32	31

一、投资

（1）取消 GGH 可节省 FGD 建设投资约 2200 万元，其中 2 台 GGH 设备费约 1500 万元，GGH 支架、减少的烟道支架，以及相应的安装、土建费用等约 600 万元。

（2）烟囱防腐需增加费用 1000 万元（衬镍基合金板方案）。

因此，2 套脱硫装置不设 GGH，可节省投资费用约 1200 万元。

二、运行费用

（1）电费：电价按 0.35 元/kWh 计，不设 GGH 可节省电费 2000×5500×0.35 = 3 850 000（元/a）。

（2）水费：水价按 1.0 元/m³ 计，不设 GGH 将增加水费 76×5500×1.0 = 418 000（元/a）。

（3）维护费：按设备费的 2.5% 计，不设 GGH 可节省维护费 2200×2.5% = 55（万元）。

综上所述，2×600MW 机组烟气脱硫装置采用不设 GGH 方案，2 台炉可节省运行维护费约 481.8 万元/a。

三、技术经济性综合比较

2×600MW 机组烟气脱硫 GGH 设置与否的技术经济性比较见表 5-2-8。

由表 5-2-8 可以看出，脱硫装置不设 GGH 的经济性十分显著。

表 5-2-8　　　　　GGH 设置与否的技术经济性比较（2×600MW）

项目	内　容	设置 GGH	不设 GGH	备　注
技术	排烟温度（℃）	80	52	
	厂用电耗（kW）	12 000	10 000	
	耗水量（t·h^{-1}）	132	208	
	烟气泄漏率（%）	0.5~1.5	0	
	净烟气腐蚀性	弱	强	
投资费用	GGH 投资费	+1500 万元	基础价格	采用进口转子及热换密封元件
	烟囱防腐	基础价格	+1000 万元	内衬耐酸转更便宜，约 1500 万元
	脱硫烟道投资	+300 万元	基础价格	钢材差价：231 万；防腐差价：69 万
	GGH 支架	+300 万元	基础价格	单台 GGH 钢结构增加 150 万左右

续表

项目	内　容	设置 GGH	不设 GGH	备　注
年运行维护费用（年运行6000h）	设 GGH 引起的年厂用电增加	385 万元	基础价格	GGH 增加阻力约 1kPa，2 台炉 2 台增压风机电机轴功率增加 1200 × 2 = 2400（kW）。电价：0.40 元/kWh
	水耗	基础价格	+23 万元	工艺水耗增加 37.8t/h，水价：1.0 元/t
	年维护费用（一）	+12 万元	土建基础价格	GGH 方案为 4 年大修期换陶瓷换热片及不锈钢换热元件
	年维护费用（二）	基础价格	+5 万元	不设 GGH 方案吸收塔后冷烟道工作条件恶劣，需要的玻璃鳞片维护量增大

第八节　不设置 GGH 后的技术举措

由于 GGH 自身存在严重的堵塞、腐蚀等难于解决的问题，且会影响整个脱硫系统的稳定、安全、可靠运行，已日益成为湿法烟气脱硫工艺非必不可少的设备，但要去掉 GGH 并不是简单的免设，克服其缺陷才是真正的目的。

免设 GGH 首先要考虑湿烟气的问题，在出口烟道和烟囱内壁应该采取相同的措施。无论有无 GGH，都要对烟囱内部进行防腐处理，湿烟囱的内壁暴露于碳酸钙、硫酸钙、硫酸、亚硫酸、氯化物和氟化物等的冷凝物和固形物等较低 pH 值环境中，遇到脱硫系统停运或定期排放旁路烟气的情况，还要遭受高温、高酸性和高浓度氯化物、氟化物等侵蚀，因此制约湿烟囱防腐材料选择的主要因素是旁路烟气的输送方式、水雾夹带情况和经济性。例如，排放部分未处理烟气、未处理旁路延期或启停期间的旁路烟气的烟道，均不能采用 FRP、有机改性树脂衬覆钢板等材料。

一、FGD 系统腐蚀和结垢的分析

1. GGH 及烟道腐蚀的原因

电厂烟气脱硫系统中，GGH 设备的腐蚀问题较为突出。脱硫装置的烟气换热装置多采用闭式水循环热量交换装置（MGGH）或蓄热式烟气/烟气换热器（GGH）。烟气进入脱硫装置后首先经过热交换器降温，并达到吸收塔设计的进口烟气温度以保护吸收塔防腐层。脱硫设计时换热器的降温幅度一般为由 150℃降到 120℃以下，根据热量平衡计算，出口烟气温度一般由 50℃上升到 80℃左右，由于原烟气降温过程中会有大量的 SO_2 和 SO_3 在管束表面凝结（原烟气因为没有脱硫而含 SO_2 很高），使设备长期处于一种强酸性的环境中，特别是 SO_3 的含量随烟温的降低而增加的幅度较大，换热器管束的腐蚀极为明显，在每次设备大修中都需要投入较多的资金进行维护或更换管束以保证设备能够正常运行。

煤在燃烧时产生烟气，烟气中的水蒸气含量取决于所用燃料、过剩空气量和空气中的水分，蒸汽吹灰也增大了烟气中的水蒸气。如果水蒸气不与其他物质化合，在燃料中水分不多的情况下，因其分压力低，水蒸气的露点（即水露点）也很低，大约在 30 ~ 40℃，一般低温受热面上不会结露。实际上煤在燃烧过程中，特别是燃用高硫煤时，除了部分硫酸盐留在灰中外，大部分硫燃烧生成 SO_2，其中约有 0.5% ~ 5% 的 SO_2 在烟气中的过剩氧量及积灰的 Fe_2O_3 的催化作用下生成 SO_3，SO_3 与烟气中的水蒸气形成硫酸蒸汽。而硫酸蒸汽的露点（也叫酸露点或烟气露点）则较高，烟气中只要有少量的 SO_3，烟气的露点就会提高很多，从而使大量硫酸蒸汽凝结在低于烟气酸露点的低温受热面上，引起腐蚀。

2. GGH 结垢的原因

在 GGH 换热器与烟气接触的壁面，通常情况下，壁温低于烟气中水蒸气的露点，这会导致部分水蒸气及稀硫酸液凝结。而烟气中含有大量灰分，灰分沉积在换热器壁面时，与水及酸液起化学作用后发生结块，这种结块如果不及时清理，很容易产生堆积。如果周围环境持续维持在低温状态，将会使得换热元件表面积灰更加严重，甚至将部分换热器烟气通道堵塞，导致压力降上升，以致系统被迫停运。目前，GGH 换热器传热元件一般采用表面镀搪瓷的加工工艺，为了尽可能增大换热面积，换热元件往往布置非常紧密，这样烟气中的飞灰很容易沉积在换热元件的表面，使传热系数急速下降，换热效率也越来越低。同时，由于酸性蒸汽能透过灰层扩散到金属壁上形成硫酸，使积灰变硬，更难清除和更加剧了堵塞的可能性。

需要说明的是，通过对 GGH 换热器采取各种防腐措施，可以在一定程度上缓解其自身的腐蚀问题，但无法从根本上解决烟气的腐蚀和堵塞的问题，所以，目前的 GGH 供应商往往不提供长期运行过程中 GGH 的压力降保证值。

二、不设置 GGH 采取的措施

GGH 换热器的设计意图是合理的，由于存在着上述问题，FGD 的设计者和使用者往往希望能取消 GGH，但是取消并不是简单的免设，发扬其优点克服其缺陷才是真正的目的。免设 GGH 首先要考虑湿烟气的问题，由于吸收塔出来的气体接近于饱和状态，烟气顺着烟囱上升时压力下降，绝热膨胀使烟气变冷达到饱和，形成直径大约为 1 μm 的水滴。另外，热饱和烟气接触到较冷的烟道和烟囱内壁形成冷凝物，由于受惯性力的作用，烟气夹带较大的水滴撞到烟道和烟囱壁上，并与壁上冷凝液结合，并重新被带入烟气，这些重新被带出的液滴直径通常在 1000 ~ 5000 μm 之间，其量取决于壁面的特性和烟气流速。粗糙的壁面、较高的烟气流速会使夹带量增加。因此在出口烟道和烟囱内壁应该采取措施加以克服。

1. 出口烟道应采取的措施

接触湿烟气的烟道壁、导流板、支撑加固件上会留有液体，因此，烟道的设计应考虑尽量减少淤积，要有利于冷凝液排往吸收塔或收集池；膨胀节和挡板不能布置在低位点，同时要设计排水设施。为尽量减少烟气夹带液体，甚至不允许烟道内有加固件。

每种材料都有其特有的烟气重新夹带液体的临界速度，如果烟气流速始终低于所用结构材料的临界流速，就可最大限度地减少夹带液体。对大多数出口烟道材料来说，开始明显重新夹带液体的烟气流速是 12 ~ 30m/s，对于内表面平整光滑、不连续、结构少的烟道，临界流速可取该范围的上限,烟囱入口烟道应避免采用内部加固件,一般主张烟囱入口烟道的宽度等于烟囱半径,这样可以加剧烟气的旋流,有利于液滴沉积到烟囱壁上。

对出口烟道和烟囱的烟气流进模拟试验有助于确定烟道尺寸、走向、导流板和集液设施的最佳位置,还可预测液体沉积和烟气夹带的情况。

2. 烟囱内烟道应采取的措施

烟囱结构设计要求能有效地收集烟气带入的较大液滴,防止烟囱壁上的液体被烟气重新带走,最大限度地减少烟囱排放液体。当烟气进入烟囱时,烟气由水平流急转成垂直流,惯性力使较大的液滴撞向烟囱入口烟道对面的内烟囱壁上,因此,在此位置上布置集液装置能有效地收集液滴。此外,烟囱的底部应低于烟囱入口烟道的底部,形成一个集液槽,并配以疏水排放管道和防淤塞装置。

无论有无 GGH,都要对烟囱内部进行防腐处理:湿烟囱的内壁暴露于碳酸钙、硫酸钙、硫酸、亚硫酸、氯化物和氟化物的冷凝物和固形物等较低 pH 值环境中,遇到脱硫系统停车或定期排放旁路烟气的情况,还要遭受高温、高酸性和高浓度氯化物、氟化物等侵蚀,制约湿烟囱防腐材料选择的主要因素是旁路烟气的输送方式,水雾夹带和经济性。例如,排放部分未处理烟气、未处理旁路烟气或启停机期间的旁路烟气的烟道,均不能采用 FRP、有机改性树脂衬复钢板等材料。

3. 目前国际上采用的替代湿烟囱的方法

德国采用的湿烟囱是将烟气直接排放物双曲线冷却塔的水雾中,冷却塔的空气流量大约是烟气流量的 20 倍,这种情况下更不需要 GGH。目前,德国已有超过 15 座电厂采用此设计方案。当然,对于新建电厂可以预先考虑 FGD 和冷却塔的位置,而改建电厂可能会受场地限制。例如德国 RWE Wesweiler 电厂(总装机容量 1500MW)在 20 世纪 80 年代中期将 3 个冷却塔排放原有的烟囱用于排放旁路烟气,少建 1 个湿烟囱,3 套 FGD 至今运行良好。

美国基于其 20 多年对湿烟囱的研究和实际运行经验,在湿烟囱材料和烟气临界流速方面积累了经验。表 5 - 2 - 9 列出了运用模拟试验测得的几种烟囱材料的烟气临界流速(表中数据有裕量)。如果烟气中的液体量较少或在靠近烟囱入口烟道处能有效地收集水滴,烟气流速可以再高些。实践表明,参考表中数据设计的烟囱,确实可以避免排放液体。

表 5 - 2 - 9 不同材料烟道内的烟气临界流速

材　料	内烟囱形状	烟气临界流速（m·s^{-1}）	材　料	内烟囱形状	烟气临界流速（m·s^{-1}）
合金		21	CXL - 2000 内衬		18
塑料内衬		21	耐酸砖	垂直光滑	17
FRP		18	耐酸砖	8.2mm 斜度	9

第九节　GGH 的 适 用 条 件

一、从脱硫装置技术本身来看

从湿法脱硫装置技术本身来看,GGH 设置与否都不会影响到脱硫装置的整体性能和安全。因此，脱硫装置本身是不需要 GGH 的。设置 GGH 是为了大气扩散的需要和烟囱防腐蚀的需要。

（1）无论设置 GGH 与否，经过湿法脱硫工艺处理后的烟气均存在对其下游烟道、设备和烟囱的腐蚀问题，只是设置 GGH 后的烟气温度高于 HCl 和 HF 的露点温度（65℃左右），降低了 HCl 和 HF 的酸腐蚀，但依然远低于酸露点温度（120℃左右），其防止腐蚀措施仍必不可少。

（2）设置 GGH 的脱硫装置，由于 GGH 自身存在严重的堵塞、腐蚀等难于解决的问题，且会影响整个脱硫系统的稳定、安全、可靠运行，使得 GGH 成为整个脱硫系统事故停机的主要故障点，运行维护成本高，已日益成为湿法脱硫工艺非必不可少的设备。

（3）设置 GGH 不仅不能从根本上解决脱硫后烟气中 SO_2、NO_x 和烟尘的排放总量，减轻对大气环境污染的源强度，反而由于 GGH 难于克服的原烟气向净烟气的泄露，导致脱硫效率下降 0.5%～1%，增加了 SO_2 的排放。

（4）根据技术经济分析，不设置 GGH 而采用提高下游烟道、设备和烟囱的防腐材料等级来解决问题，不仅技术上可行，而且经济效益非常显著。

总之，设置 GGH 弊大于利，从湿法脱硫装置技术本身来看，完全可以取消 GGH。

二、从电厂的清洁生产指标来看

从电厂的清洁生产指标来看，排烟中 SO_2、NO_x 和烟尘的有效降低，主要取决于其相应减排设备的减排效率，而 GGH 的设置对其影响很小，几乎可以忽略不计。

三、从大气环境质量来看

从大气环境质量的角度来看，主要关注的是湿法脱硫装置设置 GGH 前后，其排放到大气的主要污染物对地面浓度的贡献。经计算：烟尘和 SO_2 经过除尘器和脱硫装置后已大大降低，无论设置 GGH 与否，它们对大气环境的贡献只占环境允许值的很小部分，由于湿法脱硫不能有效脱除 NO_x，NO_x 的源强度并没有有效降低，是否安装 GGH 对 NO_x 的贡献虽有较大影响，但只占环境允许值的 10%，对环境影响不大。降低 NO_x 对环境影响的根本措施是安装脱硝装置，通过扩散降低落地浓度，只能减轻局部环境污染。

（1）国内湿法脱硫电厂的实际应用状况表明：在环境湿度饱和的条件下，不设置 GGH 也不会造成地面污染浓度的增大；在环境湿度未饱的条件下，设与不设 GGH 烟气抬升高度有一定差异。

（2）实践证明，大型电厂烟囱出口风速对烟气抬升高度的影响远大于排烟温度的影响，因此，设置 GGH 后，虽然排烟温度由 45℃提高到 80℃，但对烟气的抬升高度并没有决定性的影响，也不会造成地面污染物浓度的增大。

（3）脱硫湿烟气的白烟现象对大气环境并无污染，只是公众意识问题。在湿法脱硫装置中设置 GGH，虽能有效缓解白烟现象，但对解决总体的大气环境污染没有实质性的效果。

（4）湿法脱硫工艺中设置 GGH 的主要目的是在一定条件和程度上提高烟气的抬升高度和有效源高，进而在一定程度上改善烟气扩散条件，对对污染物的排放浓度和排放量没有影响。

总之，大气环境质量的改善主要取决于脱硫装置的脱硫效率，设置 GGH 虽能进一步改善大气环境质量，但其贡献较小。

四、GGH 的适用条件

（1）由于不设置 GGH，湿法脱硫工艺的水耗将增加 30%～40%，因此，对于严重缺水的地区，从节约水资源的角度出发，应设置 GGH。

（2）由于湿法脱硫工艺不设置 GGH 后，会出现较严重的白烟现象，因此，如电厂周围 50km 以内有任何一种正常投用的机场，应设置 GGH。

（3）对于燃煤电厂密集的地区、对环境质量有特殊要求的地区（京津地区、城市及近郊、风景名胜区或有特殊景观要求的区域）以及位于城市的现有电厂的改造等，在景观要求和环境质量等要求下，应设置 GGH。

（4）对于新建、扩建、改造的火电厂，是否设置 GGH 应根据区域环境质量指标的要求，通过项目的环境影响评价确定。

（5）在有环境容量的地区，比如农村地区、部分海边地区的火电厂，在满足达标排放、总量控制和环境要求的条件下，可不设置 GGH。

五、不设置 GGH 后的技术措施

（1）为有效减轻因不设置 GGH 对大气环境质量的影响，应进一步提高脱硫装置的脱硫效率，如由 95% 提高到 97%，至于提高多少，应根据环境质量指标和环境条件，因地制宜，通过项目的环境影响评价来确定。

（2）不设置 GGH 并不意味着不可以采用其他对脱硫烟气加热的方式，如在线加热、热空气间接加热、直接燃烧加热等。这些加热方式虽然需要利用额外的资源，但它可根据大气环境条件来决定是否需要加热，什么时候加热，加热到多少度，从而在成本最小化的条件下，实现大气环境质量的要求。

（3）提高下游烟道、设备和烟囱的防腐材料等级来解决腐蚀问题。

第三章　脱硫吸收剂

第一节　概　　述

锅炉排烟中的 SO_2 是一种酸性气体，通常采用酸碱中和反应或中强酸置换弱碱盐的化学反应来脱除。目前国内外烟气脱硫中采用最多的是分布广泛、储量丰富、可以就地取材、价廉的石灰石。

石灰石—石膏脱硫系统的设计中，石灰石的品质是重要的指标之一，因为石灰石的品质对脱硫系统的脱硫效率、石灰石耗量、副产品石膏的品质、设备的磨损腐蚀、运行功耗等有着直接影响。

石灰石的品质随矿源产地的不同而有差别，用于湿法脱硫系统以及用来生产石灰的石灰石中主要成分是碳酸钙。纯碳酸钙为白色晶体或粉末，分子量100.09，溶于酸而放出 CO_2，极难溶于水，在以 CO_2 饱和的水中溶解而成碳酸氢钙，加热至825℃左右分解为 CaO 和 CO_2。此外，石灰石中还含有一些杂质，这些杂质会影响脱硫系统的性能和可靠性。

本书以下章节中主要介绍石灰石—石膏湿法烟气脱硫主要采用的吸收剂——石灰石。

第二节　石灰石的组成

一、矿物组成及种类

石灰石是由以自然形态存在的碳酸钙所组成的沉积岩，在组成地壳的物质中，就丰富度而言，石灰石仅次于硅酸盐岩石，居第二位，几乎在世界各地都能找到这种矿石。由于碳酸钙随着时间的变迁发生重结晶，依重结晶过程进行的条件可生成晶体分散度不一的岩石，具有微晶或粗晶结构，例如，大理石是粗晶结构，白垩是最细散晶体结构。形成时间愈久，石灰石愈致密而坚硬；形成时间愈短，结构愈松软。因此，石灰石的化学成分、矿物组成及物理性质变动极大。我国多数石灰石矿的大致成分及其含量范围是：CaO 为 $45\% \sim 53\%$，MgO 为 $0.1\% \sim 2.5\%$，Al_2O_3 为 $0.2\% \sim 2.5\%$，Fe_2O_3 为 $0.1\% \sim 2.0\%$，SiO_2 为 $0.2\% \sim 10\%$，烧失量为 $36\% \sim 43\%$。

石灰石主要由方解石组成，常混有白云石、砂和黏土矿等杂质。石灰石因所含杂质不同而呈灰色、灰白色、灰黑色、浅黄色、褐色或浅红色等，密度为 $2.0 \sim 2.9$。方解石的主要成分是 $CaCO_3$，常呈白色，含杂质时呈淡黄色、玫瑰色、褐色等，密度为 $2.6 \sim 2.8$，硬度3，加入10%稀盐酸能产生二氧化碳气体。白云石的主要成分是 $CaMg(CO_3)_2$，或写成 $CaCO_3 \cdot MgCO_3$，常呈各种颜色，大都是白色、黄色和灰白色，常呈致密块状，相对密度 $2.8 \sim 2.95$，硬度为 $3.5 \sim 4.0$，与10%的稀盐酸不起反应，因此，在脱硫系统工艺过程中基本呈现为惰性物质。大理石和汉白玉是颗粒状方解石的密集块体，就烟气脱硫的化学反应环境而言，大理石和汉白玉的反应性能比较差。还有一种方解石叫白垩，也是可供电厂选择的、性能较好的钙性吸收剂。白垩是一种微细碳酸钙的沉积物，是由方解石质点与有孔虫、软骨动物和球菌类的方解石质碎屑组成的沉积岩，白色至灰色，松软而易粉碎，所以吸收速率较石灰石好。石灰石中的砂、黏土等也属杂质成分，这些物质即使在强酸中也不是非常易溶解，故往往将这类物质以及上面提到的白云石称为酸不溶物或称酸惰性物。石灰石还有一种普遍存在的杂质是碳酸镁（$MgCO_3$）。在现有湿法脱硫系统工况下，石灰石中的部分 $MgCO_3$ 是可溶性的，因此，往往对脱硫系统的性能产生一定的影响。

石灰石的平均比热约为 0.59kJ/（kg·℃），$CaCO_3$ 在 50℃ 时溶解度为 0.038kg/m³，吸水率为 0.6%~16.6%。吸水率最高的是微晶白云石和含黏土较多的石灰石，微晶石灰石吸水率最低。在无 CO_2 的纯净水中，$CaCO_3$ 溶液的 pH 值在常温下为 9.5~10.2，在饱含空气的水中略低，为 8.0~8.6。$CaCO_3$ 在含碳酸水中的溶解度比在无 CO_2 的水中高得多，因为这时它形成了比较易溶的 Ca（HCO_3）$_2$。

在纯水中，石灰石和白云石溶解速度非常缓慢。然而，石灰石几乎与所有强酸都发生反应，生成相应的钙盐，同时放出二氧化碳。反应速度主要取决于石灰石的杂质含量及其晶体的大小。杂质含量越高，晶体越大，反应速度愈慢，如白云石的反应速度就较慢。当稀释的盐酸加热后，才缓慢对白云石起反应，而纯石灰石则在很稀的冷态盐酸中就冒泡。图 5-3-1 为不同石灰石的反应活性。

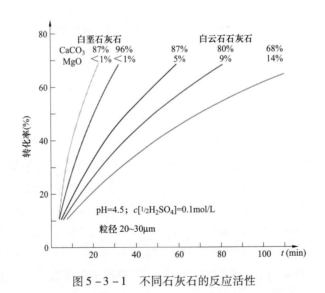

图 5-3-1　不同石灰石的反应活性

二、碳酸镁

1. 碳酸镁在石灰石中的存在形态

石灰石矿物中的碳酸镁一般以两种主要形态存在，即固溶体碳酸镁和白云石形态。

固溶体碳酸镁可以看成是镁离子取代了碳酸钙结晶结构（方解石）中的钙离子形成的碳酸钙与碳酸镁的固溶体的一部分，这种方解石结晶结构中可容纳固溶体形态的碳酸镁最高大约是 5% 。在湿法脱硫系统工艺条件下，固溶体中的 $MgCO_3$ 是可溶的，能向洗涤浆液中贡献 Mg^{2+} 。

白云石形态的碳酸镁在石灰石中，是一种化合物（$CaCO_3 \cdot MgCO_3$），含有等摩尔的碳酸钙和碳酸镁，与固溶体中的 $MgCO_3$ 相对比较，在脱硫系统现有工况下，白云石基本上是不溶解的，不能为脱硫工艺提供钙镁离子，可视为惰性物质。

2. 碳酸镁对脱硫影响

固溶体碳酸镁在湿法脱硫系统工艺条件下是可溶的，对脱硫系统存在两方面影响。

一方面，在多数情况下，溶解的 Mg^{2+} 可以提高 SO_2 的脱除效率，而且在其他条件不变时，随着 Mg^{2+} 浓度的增大，脱硫效率的提高是相当大的。

另一方面，镁含量过高，会产生过多的 Mg^{2+} ，抑制石灰石的溶解，恶化未完全氧化的固体物的沉降和脱水特性，对于生产商业等级石膏的系统，需要耗用较多的工业水来冲洗石膏滤饼，以降低石膏固体副产物中可溶性 Mg^{2+} 的含量，因为可溶性镁盐主要以 $MgSO_4$ 的形式存在，其次以 $MgCl_2$ 的形式存在于液相中。

而碳酸镁以白云石形态存在，其相对不溶性使得白云石中的 $CaCO_3$ 和 $MgCO_3$ 不能被利用，最终以固体废物的形式留在脱硫系统中，这样就增加了石灰石的耗量，降低了商业石膏的纯度。另外，白云石的存在还阻碍了石灰石主要活性部分的溶解，因此白云石含量较高的石灰石一般反应活性较低。

三、其他杂质

石灰石中往往含有像砂、黏土和淤泥之类的杂质，这类杂质主要由二氧化硅（SiO_2）、高岭石（$Al_2O_3 \cdot 2SiO_2 \cdot 2H_2O$）和少量氧化铝、氧化铁、氧化锰组成。高岭石是铝硅酸盐矿物经风化或水热变化的产物，是高岭土（又称瓷土）和黏土的主要成分。上述杂质对 FGD 系统性能的主要影响简述如下。

1. SiO_2

SiO_2 会增加球磨机、浆泵、喷嘴和浆液管道的磨损，增加研磨能耗，降低研磨设备的实际出力。

2. 酸惰性物

酸惰性物会降低石膏纯度，而且类似于白云石，酸惰性物会降低石灰石的反应活性。

3. 杂质

由石灰石中的杂质带入系统中的可溶性铝和铁可能会降低脱硫系统的性能，可溶性铝与浆液中的氟离子（F^-）可以形成 AlF_x 络合物。当 AlF_x 浓度达到一定程度时会抑制石灰石的溶解速度，降低石灰石的反应活性，即所谓"石灰石致盲"现象，其特征是尽管加入过量石灰石浆液，pH 值依然呈下降趋势，使 pH 值失去控制，脱硫效率也随之下降。

实际测试发现，出现这种情况时吸收塔浆液中 Al^{3+} 含量通常超过 $8 \sim 15 mg/kg$。而且还发现，运行 pH 值对 AlF_x 抑制石灰石活性的发展有决定性的影响，在高 pH 值时，AlF_x 络合物包裹在石灰石颗粒表面使之暂时失去活性。

电厂可以通过测试和分析建立自己的 Al^{3+}、F^- 临界浓度示警值，以便及时采取措施。当出现石灰石被"封闭"的迹象时，应降低进烟量，加大废水排放量，严格控制 pH 值，严重时还要添加 NaOH 或其他强碱。此外，铁和锰的存在会影响副产物石膏的色泽，影响其综合利用。

因此，在选择石灰石矿源时，应检测石灰石中酸可溶性铝含量，特别是富含铝矿区的石灰石。可溶性铁具有催化亚硫酸盐氧化的作用，在自然氧化或抑制氧化系统中可能造成石膏结垢。

第三节　石灰石的品质

一、有效含量

石灰石中的脱硫有效成分主要为可溶解或可消溶的碳酸钙和碳酸镁。当石灰石中可溶性碳酸镁含量较高时，可考虑作为设计参数来看待。在脱硫系统物料平衡计算中可以考虑石灰石中酸可溶性 $MgCO_3$ 带来的碱度，也有的出于保守设计不考虑这部分碱度。当考虑这部分碱度时，石灰石中可参与脱硫反应的 $CaCO_3$ 和 $MgCO_3$ 含量，可以用 $CaCO_3$ 有效含量表示，即将 $MgCO_3$ 折算成 $CaCO_3$，$CaCO_3$ 分子质量为 100.09，$MgCO_3$ 分子质量为 84，则 $CaCO_3$ 有效含量可按式（5-3-1）近似计算：

$$CaCO_3(\%) = 石灰石中 CaCO_3 含量(\%) + 0.75$$
$$\times 石灰石中 MgCO_3 含量(\%) \times 100.09/84 \qquad (5-3-1)$$

二、粒径

电厂脱硫系统吸收剂浆液的制备可以采取将石灰石碎石运抵电厂，用球磨机或其他类型的磨机将石灰石磨成由石灰石细小颗粒组成的吸收剂浆液，或干磨成一定细度的石灰石粉，再配制成浆液使用。如果电厂附近有符合要求的石灰石粉供应，可以直接购入粉状石灰石配制成一定浓度的浆液供脱硫使用。这些方法都涉及石灰石应磨细的程度，表示颗粒物细度的参数是粒径或粒径分布（Particle Size Distribution，PSD）。对于单一颗粒，如果将其视为球形体，粒径就是颗粒的直径。但实际上颗粒物不仅大小不同，而且形状各异，这样往往由于粒径测定方法不同，其定义也不同，得到的粒径数值常差别很大，因而实际上大多根据应用目的来选择粒径的测定和定义方法。对于颗粒群，往往用平均粒径来表示其物理特性和平均尺寸大小，常用的平均粒径有算术平均直径、中位直径、众径及几何平均直径等。PSD 是指细小颗粒物中各种粒径的颗粒所占的比例。对脱硫吸收剂细度多用 PSD 表示，即用某一筛号的筛网筛分石灰石粉，用过筛的质量百分数来表示石灰石粉的细度。有时也用不同筛号的筛子筛分石灰石粉，测出小于各粒径的累积质量百分数，应用对数概率坐标纸（其横坐标为对数刻度，表示粒径，纵坐标表示累积质量百分数，为正态概率刻度），绘出对数正态分布曲线，以累积过筛质量百分数为 50% 时对应的粒径即中位直径 d_{50} 来表示石灰石粉的平均粒径。

石灰石的 PSD 是一个重要的设计和运行参数。由于石灰石在 FGD 工艺条件下的反应性相对较低，石灰石的 PSD 决定了石灰石溶解表面积，它影响吸收塔浆液池 pH 值与石灰石利用率之间的相互关系。

1. 石灰石粒径对脱硫系统性能的影响

脱硫系统中固体石灰石溶解的总表面积直接影响到循环浆液的运行 pH 值和吸收塔内溶解石灰石的总量，这些变量决定了脱硫效率。改变石灰石总表面的一种方法是改变研磨细度，磨细石灰石可以提高单位质量石灰石的表面积。另一种方法是改变单位体积洗涤浆液中过剩固体石灰石的质量，实际上就是通过改变石灰石利用率来改变石灰石的总表面积。

如果将石灰石研磨得较细些，那么在维持吸收塔浆液池相同 pH 值和相同脱硫效率的情况下，脱硫系统可以在一个较高的石灰石利用率的工况下运行。如果采用粒径较大的石灰石，通过提高浆液池 pH 值（即降低石灰石利用率）也可以达到相同的脱硫效率。因此，应比较研磨设备的投资、运行成本和改变石灰石利用率引起的费用变化，依此来选择石灰石最佳粒径分布。例如，要研磨出较细的石灰石，就需要较大的球磨机，生产单位质量的石灰石就要消耗较高的电能，同时较细的石灰石带来高利用率，即低石灰石用量、较高品质的石膏副产品，对于固体副产物作废弃处理的工艺则可减少废弃物总量。对品质较低的石灰石，欲获得较高品质的石膏，提高石灰石的细度是必由之路。

从总体来看，目前大多数脱硫系统设计趋向于将石灰石研磨得相对较细些，例如，美、日、德石灰石细度的典型技术要求是 90% ~ 95% 通过 325 目的金属筛网，筛孔净宽大约 44μm。也就是说单位质量的石灰石中 90% ~ 95% 的颗粒物直径小于 44μm。虽然国外现有的一些系统，特别是较老的系统，曾设计采用较粗的石灰石，例如 200 目，60% 通过，筛孔净宽 74μm，但这种粒度可能是脱硫系统装置运行的极端情况。我国目前已投运的脱硫系统装置中多数采用 250 ~ 325 目，90% ~ 95% 通过的石灰石；仅有个别为 100 目，95% 以上通过，其筛孔净宽达 147μm。如此粗的石灰石，其利用率和石膏纯度很难达到较高的设计值。即便是对于 CT – 121 脱硫系统工艺（鼓泡塔），运行 pH 值较低（5.0 左右），也不适合采用粒径较粗的石灰石浆液。

2. 石灰石粒径的测量

为了保证石灰石研磨、分级装置的正常运行，或为了检验进厂石灰石粉的细度，应定期监测石灰石的 *PSD*。有多种测定石灰石粒径分布的方法，如金属网筛分法、各种仪器测试方法（如显微镜法、沉降分析法、光散射法、超声波法、吸附法等）以及在线 *PSD* 监测仪方式。

脱硫系统实验室普遍采用金属网筛分法（或称标准筛法）来监测石灰石的 *PSD*。此方法是采集石灰石样品进行筛分，测定通过某筛号筛网的石灰石质量。根据要求研磨的细度来选择筛号，筛号表示筛子上筛孔的数量，对应一定的丝径和筛网孔径（参见表 5 – 3 – 1）。这种方法测出的结果是以某一孔径值来表示 *PSD*，这一孔径值通常在 *PSD* 范围的高端。例如研磨细度为 90% 通过 325 目的筛网，那么大于该筛网孔径的颗粒物仅占 10%，这样来表示石灰石的细度，较适合对石灰石的细度进行控制，因为粒径较大的石灰石对其利用率的影响最大。

表 5 - 3 - 1　　　　　　　　　　　各国常用筛网的主要尺寸　　　　　　　　　　μm

中国		美国 ASIM		美国 Tylor		英国 BS		日本 JIS		苏联 ГОСТ		
筛号	孔径	筛号	孔径	筛号	孔径	筛号	孔径	筛号	孔径	筛号	孔径	目数
100	147	100	149	100	147	100	147	100	149	015	150	100
150	104	140	105	150	104	150	104	145	105	010	100	140
170	89											
200	74	200	74	200	74	200	74	200	74	0080	80	180
250	61	230	62	250	61	240	66	250	62	0063	063	225
270	53	270	53	270	53							
325	44	325	44	325	44	300	53	325	44	0056	56	215
400	37	400	37	400	37					004	40	

　　工业发达国家已日益广泛地采用粒度分析仪来测量 *PSD*。这些方法得出的是整个粒径分布的平均值，而不仅仅是测出小于某一粒径的颗粒物的百分率。激光衍射目前被广泛用于测定浮液和干态粉末的粒径分布，可测定粒径范围为 $0.1\mu m$ 至几毫米。但由于该技术是利用光的传送并要求确保颗粒单颗分散，所以只限于测量稀释的试样。超声波声谱测定法采用声波测量样品，可以对高浓度的颗粒试样进行粒径分析。声波对颗粒的相互作用与光波类似，但优点是声波可通过像石膏浆液这样的高浓度试样。超声波声谱测定法是采用不同频率的超声波来检测样品，频率通常为 $1\sim200MHz$，可测定 $0.1\%\sim60\%$ 浓度的悬浮液，粒径范围为 $0.01\sim3000\mu m$。图 5 - 3 - 2 为国内某电厂采用激光粒径分析仪进行石灰石浆液粒径测试及测试结果。

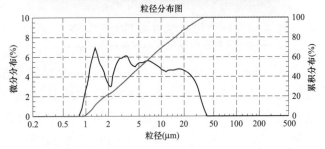

图 5 - 3 - 2　某电厂采用激光粒径分析仪进行石灰石浆液粒径测试及测试结果

不同类型的粒度分析仪采用不同的测量原理，仪器的价格相差很大。电厂可以购置这类仪器，也可以将待测样品委托厂外的试验室分析。

由于筛分和仪器测量方法都不能实时提供 *PSD* 数据，在国外采用在线 *PSD* 分析仪的脱硫系统在逐渐增多。这类分析仪有助于脱硫系统操作人员建立最佳研磨工况，及时发现研磨、分级装置的异常情况。顺便要提到的是，粒度分析除了应用于石灰石浆液的制备外，还应用于对吸收浆液中石膏结晶的生长、水力旋流分离器的性能监控。

三、可磨系数（*BWI*）

硬度是石灰石的一个重要特性，这是因为石灰石硬度对石灰石的 *PSD* 有重要影响。虽然习惯上也采用可研磨指数来表示石灰石的硬度，但石灰石的硬度通常用 *BWI*（Bond Work Index）表示。*BWI* 是用实验室小型球磨机将 3.36mm 的石灰石块磨成 80% 通过 100μm 所需的能耗来定义的，是石灰石球磨系统的一个重要参数，*BWI* 越大，其硬度越高，越难磨，球磨机的能耗正比于 *BWI*。石灰石 *BWI* 的典型范围是 4~14，石灰石研磨至一定细度的能耗正比于 *BWI*，即如果一种石灰石的 *BWI* 是另一种的 2 倍，那么研磨至相同细度所消耗的电能是另一种石灰石的 2 倍。微晶白云石、富含黏土的石灰石、鲕粒岩和粗纹理化石石灰石 *BWI* 较小，而微晶石灰石、石英质石灰石和粗晶白云石一般较硬，*BWI* 较大。

在实际生产中，石灰石 *BWI* 的变化会改变 *PSD*，或者说达到规定的细度，*BWI* 的变化将影响到研磨和分级设备的最大出力。"闭路"系统中，球磨机的能耗与硬度粒度的关系可用式（5-3-2）估算：

$$W = \left(\frac{11BWI}{\sqrt{P_{80}}} - \frac{11BWI}{\sqrt{F_{80}}} \right) \times C_F \qquad (5-3-2)$$

式中 W——磨制能耗，kWh/t；

P_{80}——80% 的产品可通过的筛网孔径，μm；

F_{80}——80% 的入料可通过的筛网孔径，μm；

C_F——无量纲修正系数。

修正系数 C_F 可用于多种不同的球磨场合。例如，在"闭路"石灰石浆液制备系统中，当产品粒径很小时，如果 P_{80} 小于 75μm，可用下式计算修正系数 C_F 为

$$C_F = \frac{P_{80} + 10.3}{1.145P_{80}} \qquad (5-3-3)$$

表 5-3-2 列出了一些常用的石灰石给料尺寸、成品粒径和成品 80% 通过的筛孔尺寸，可根据表中比照查得 C_F。

表 5-3-2   **典型的石灰石给料尺寸和成品粒径的关系**

给 料 尺 寸		成 品 粒 径			
尺寸范围 （mm）	F_{80} （μm）	通过率 （%）	筛孔尺寸 （μm）	筛孔尺寸 （目）	P_{80} （μm）
3~25	19 000	80	74	200	74
12~19	15 000	80	44	325	44

给 料 尺 寸		成 品 粒 径			
尺寸范围 （mm）	F_{80} （μm）	通过率 （%）	筛孔尺寸 （μm）	筛孔尺寸 （目）	P_{80} （μm）
0～19	14 000	85	44	325	37
0～12.7	9400	90	44	325	31
0～9.5	6400	95	44	325	32

球磨机、分级设备制造商应用设计计算公式对假定的石灰石研磨系统推算 PSD，重要的设计变量是研磨和分级设备的类型、研磨原料和产生物的 PSD 以及石灰石的硬度。这些变量的相互关系在一定程度上要依赖实验来建立，由于石灰石的特性变化很大，因此实际经验是非常重要的。图 5-3-3 及图 5-3-4 是典型球磨机成品尺寸、出力与可磨指数 BWI 的关系。

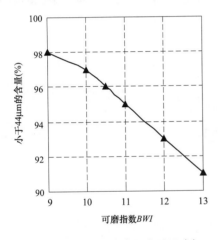

图 5-3-3　典型球磨机成品尺寸与
可磨指数的关系

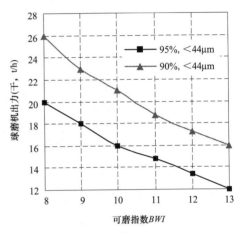

图 5-3-4　典型球磨机出力与
可磨指数的关系

四、活性

湿法脱硫系统的性能不仅在很大程度上取决于吸收塔中的流体力学状况和烟气成分，而且也取决于所采用吸收剂的特性。吸收剂的特性不仅包括其化学成分，也包括其反应活性。

石灰石的反应活性表示石灰石在一种酸性环境中的转化特性，是脱硫系统设计中的一个重要参数，决定石灰石反应活性的是石灰石种类、物化特性和与其反应的酸性环境等。石灰石的物化特性包括纯度、晶体结构、杂质含量、粒径分布、包括内表面（即孔隙率）在内的单位总表面积和颗粒密度。

石灰石的活性会影响石灰石的溶解速度和溶解度，影响脱硫效率、石灰石利用率和吸收塔 pH 值之间的相互关系，是衡量石灰石吸收 SO_2 能力的一个综合指标，石灰石的活性越好，其脱硫性能就越好。

如果其他因素相同，活性较高的石灰石在保持相同石灰石利用率的情况下，可以达到较高的 SO_2 脱除效率。换句话说，在获得相同脱硫效率的情况下，活性高的石灰石利用率效较高。如果要求达到相同的石灰石利用率，反应活性低的石灰石则需要在浆液池中有较长的停留时间，也就是说浆液池的有效体积要大些。石灰石反应活性的另一个重要影响是对商业等级石膏纯度的影响，在获得相同脱硫效率的情况下，石灰石反应性高，石灰石利用率也高，石膏中过剩 $CaCO_3$ 含量低，即石膏的纯度高。

（一）石灰石活性的测定简介

1. 在恒定 pH 值下测试石灰石的反应活性

通过向石灰石浆液中滴定酸的速度来维持 pH 值不变，考察石灰石消溶速率（溶解速率）的大小。消溶速率定义为单位时间内被消溶的石灰石的量，消溶率定义为被消溶的石灰石的量占石灰石总量的百分比。单位时间内溶解的石灰石越多，石灰石的消溶速率越大，石灰石的活性也越高。早期的研究者几乎都采用这种方法，在这种试验方法下得出了影响石灰石溶解率的众多内外部因素，例如石灰石的品种、颗粒分布、浆液的温度、pH 值、CO_2 分压、反应器的搅拌条件、各种添加剂与离子等因素。测定时可以参照美国标准 ASTMC 1318 - 95。

2. 在恒定加酸率下测试石灰石的反应活性

将具有一定细度、定量的石灰石粉悬浮于定量的蒸馏水中，在恒温不断搅拌的情况下，用一定浓度的稀硫酸连续以固定加酸率的方式进行滴定分析，测试期间连续自动记录反应槽中的 pH 值，一旦反应槽中 pH 值达到 4.5 即停止加酸。停止加酸后多余的酸和剩下未反应完的石灰石会继续反应，pH 值会出现回升。做出 pH 值与滴定时间的关系图 pH - t 曲线，并与标准石灰石样的 pH - t 曲线比较来判定石灰石活性的好坏。

3. 石灰石粉反应速率测定方法

石灰石粉反应速率测定方法参照国家发展和改革委员会发布的电力行业标准《烟气湿法脱硫用石灰石粉反应速率的测定》（DL/T 943—2005）。

（二）石灰石活性的影响因素

1. 石灰石的纯度

石灰石的品种不同，活性也不同。石灰石中主要有效成分是 $CaCO_3$，因此石灰石中 $CaCO_3$ 的含量对活性有重要影响，$CaCO_3$ 含量越高，其活性越大。图 5 - 3 - 5 是两种石灰石的消溶率，石灰石 A 的 $CaCO_3$ 含量为 94.06%，石灰石 B 的 $CaCO_3$ 含量为 83.93%，可见 A 的消溶特性好于 B。

2. 消溶时间

从图 5 - 3 - 5 可以看出，石灰石

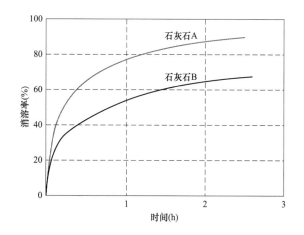

图 5 - 3 - 5　不同石灰石的消溶率

的消溶率随消溶时间的延长而增大，对于实际运行的脱硫系统，消溶时间可以用石灰石在消溶设备中的平均停留时间来表示。在反应初期，石灰石的消溶率随消溶时间的延长增加很快，随着反应进行，石灰石的消溶率增加、幅度减小。因此，较长的消溶时间可以使更多的石灰石消溶，对提高石灰石的利用率是有利的。但是，在实际的石灰石浆液制备系统中，过长的消溶时间并非有利。这是因为：一方面，过长的消溶时间并不会进一步显著提高石灰石的消溶率；另一方面，较长的消溶时间必然要求相关反应设备有较大的容积，这不仅增加占地面积和投资成本，而且也将导致消溶单位质量石灰石的能耗增大，从而增加运行成本。同样，过短的消溶时间不能保证消溶反应的充分进行，将导致石灰石的利用率下降，而且由于石膏中会含有未溶解的石灰石颗粒造成石膏品质的恶化。因此，对于某一种石灰石，在一定的消溶条件下，需有一个适宜的消溶时间或平均停留时间。

3. 不同地质年代的石灰石

图 5-3-6 给出了不同的地质年代石灰石的溶解速率，所有石灰石的平均粒径均小于

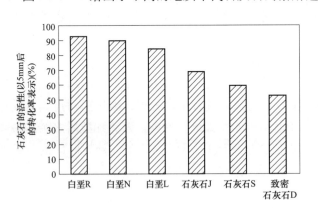

图 5-3-6 石灰石特性对活性的影响

20μm。从图中可见，地质年代越久远，其活性越差，反之亦然。石灰石的活性与石灰石的组织结构（如矿石断片、方解石的微晶晶格构造、晶石质胶结物、非化石纹理等）有关，微晶石灰石或微晶灰岩含量高的石灰石活性较低，这是由于这些石灰石包含紧密的结合沉淀物，相连的方解石晶体孔隙很低。经过多次重结晶、结构致密的大理石，在同等组分和粒径分布的条件下，其活性较方解石差。反应活性最好的为鲕粒岩石灰石、含丰富苔藓虫的石灰石和含有微晶晶格的粗纹石灰石。苔藓虫类石灰石的高活性是因为晶格结构中含有大量的微孔。

4. 石灰石粒径

石灰石粒径越小，其比表面积越大，液固接触越充分，从而能有效降低液相阻力，石灰石活性就越好，从图 5-3-7 所示的在相同的实验条件下同一种石灰石不同粒径的溶解特性曲线，可充分说明这一点。

5. pH 值的影响

pH 值不仅影响 SO_2 的吸收和

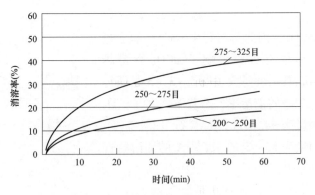

图 5-3-7 石灰石粒径对活性的影响

亚硫酸钙的氧化，也影响石灰石的溶解，因此对石灰石活性有极重要的影响。根据石灰石溶解反应式和 SO_2 吸收反应式可看出，H^+ 扩散对石灰石溶解有重要影响。石灰石浆液 H^+ 扩散驱动力与浆液的 pH 值成比例关系，pH 值越低，液相阻力越低，越有利于石灰石的溶解。图 5-3-8 反映了这一点。

6. 温度的影响

根据化学反应动力学的观点，温度升高时，分子运动加强，化学反应速率提高。研究发现石灰石浆液温度升高时石灰石的溶解率提高，且在高 pH 值时作用更明显。图 5-3-9 是不同温度下石灰石的消溶率随时间的变化关系，可以看出，在相同的消溶时间下，随着消溶温度的增加，石灰石的消溶率增大。因此，提高消溶温度对石灰石的消溶是有利的。实际 FGD 系统中，石灰石的消溶主要在石灰石浆液罐中进行，其温度取决于所加入水的温度。

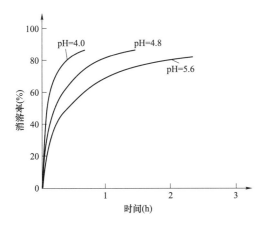

图 5-3-8 pH 值对石灰石活性的影响

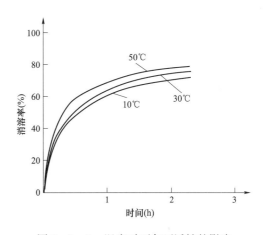

图 5-3-9 温度对石灰石活性的影响

7. SO_2 浓度的影响

含有 SO_2 的烟气经石灰石浆液洗涤，对石灰石的消溶有正面影响。一方面，SO_2 溶于水可为浆液提供 H^+，浆液 pH 值降低，有利于石灰石的消溶。另一方面，SO_2 溶于水后生成的 HSO_3^-，可进一步氧化为 SO_4^{2-}，SO_3^{2-} 和 SO_4^{2-} 与 Ca^{2+} 反应生成的 $CaSO_3$ 和 $CaSO_4$ 沉淀物从溶液中析出，消耗 Ca^{2+}，使反应向有利于石灰石消溶的方向进行，促进石灰石的消溶。因此，在其他条件一定的情况下，随着烟气中 SO_2 浓度的增大，石灰石的消溶率增大。图 5-3-10 是烟气中 SO_2 浓度对石灰石消溶率的影响，从中可以看

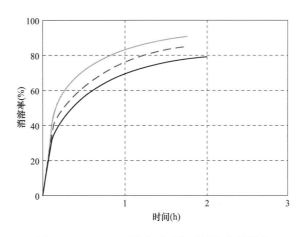

图 5-3-10 SO_2 浓度对石灰石消溶率的影响

到，当烟气中 SO_2 浓度升高时，石灰石的消溶率大幅度增加。

8. 氧量的影响

烟气中氧量对石灰石的消溶特性有正面影响。当氧量较高时，随着氧量的增大，石灰石消溶率明显增加。这是因为增加氧量可以加快 HSO_3^- 向 SO_4^{2-} 的氧化进程，导致浆液中 H^+ 浓度增大，pH 值降低，石灰石消溶率增大；同时，由于 $CaSO_4$ 的溶度积比 $CaSO_3$ 小得多，亦即 $CaSO_4$ 有更小的溶解度。因此，SO_4^{2-} 与 Ca^{2+} 反应生成的 $CaSO_4$ 沉淀物从溶液中析出可以消耗更多的 Ca^{2+}，使反应向有利于石灰石消溶的方向进行，促进石灰石的消溶，消溶率增加。图 5 – 3 – 11 是烟气中氧量对石灰石消溶率的影响，石灰石消溶率随着氧量的增大而增加。

9. CO_2 浓度的影响

pH 值范围在 4.5 ~ 5.5 之间时，CO_2 分压增加会促进石灰石的溶解，但在 pH 值较低时效果不明显。一方面，烟气中 CO_2 浓度较高，则气相中 CO_2 分压较大，根据亨利定律，液相中 CO_2 浓度较高，由于 H_2CO_3 是很弱的酸，在液相中电离产生 H^+ 浓度略有升高，pH 值略有降低，对石灰石消溶起促进作用，但这种促进作用不大；另一方面，由于石灰石消溶过程也产生 CO_2，烟气中 CO_2 分压较大，达到溶解平衡时液相中 CO_2 浓度较高，对石灰石的消溶有抑制作用。研究发现 CO_2 分压对石灰石的促溶作用仅在无其他缓冲剂且针对大粒径（ $>50\mu m$ ）的颗粒时效果才明显。在火电厂锅炉排烟中 CO_2 浓度的范围内，烟气中 CO_2 浓度对石灰石的消溶率影响很小。图 5 – 3 – 12 是烟气中 CO_2 浓度对石灰石消溶率的影响。随着 CO_2 浓度的增大，石灰石消溶率稍有增加。实际运行中，为保持 CO_2 的分压，需要加强搅拌和曝气。

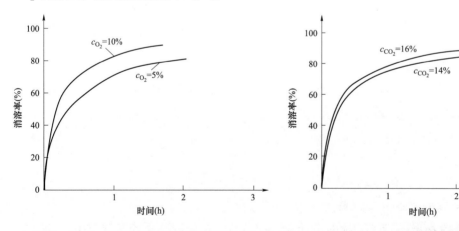

图 5 – 3 – 11　氧量对石灰石消溶率的影响　　图 5 – 3 – 12　CO_2 浓度对石灰石消溶率的影响

10. 浆液中可溶性化合物的影响

研究表明，一些溶解于液相中的化学物质也会影响石灰石溶解速率。这些物质中最重要的是可溶性亚硫酸盐、Mg^{2+}、AlF_x 络合物和 Cl^-。

在任何一种脱硫系统装置的循环浆液中都不同程度地存在有可溶性亚硫酸盐（包括 H_2SO_3、HSO_3^- 和 SO_3^{2-} ）。亚硫酸盐的一种作用是提供可溶性碱量，这种作用可提高

SO_2脱除性能；另一种作用是会抑制$CaCO_3$的溶解。在强制氧化系统中，由于鼓入的氧化空气量不足，或鼓气点距液面没有足够深度等原因，浆液中亚硫酸盐含量将增加。当亚硫酸盐相对饱和度较高时，会发生亚硫酸盐严重抑制石灰石溶解（或称"致盲"）作用。其现象是：运行pH值下降，脱硫效率下降，运行pH值出现失去控制，即使在设定的pH值下运行，也无法维持所希望的石灰石利用率，浆液中未反应的石灰石浓度增大。

有试验表明，在浆液pH值为5.5、温度50℃、浆液中可溶性亚硫酸盐浓度为0.1～10mmol/L的试验条件下，随着可溶性亚硫酸盐浓度的增加，$CaCO_3$溶解速度下降，并引起脱硫效率降低。试验还显示，当可溶性亚硫酸盐浓度为1mmol/L时，对$CaCO_3$的溶解速度已显现出有明显的影响，超过2mmol/L时，$CaCO_3$溶解速度急速下降。

可溶性镁盐也会抑制石灰石的溶解，在这种情况下，随着可溶性镁盐浓度的增加，运行pH值下降。在许多脱硫系统设计中，由于可溶性镁盐提高了液相的碱度，所以能提高FGD系统的性能。但可溶性镁盐有一最佳浓度，在最佳浓度下，可溶性Mg^{2+}提供的碱量较之其对石灰石溶解的抑制作用更为重要。超过最佳浓度继续增加Mg^{2+}浓度，脱硫效率不但不会提高，而且产生的抑制作用可能造成脱硫效率下降。

由石灰石带入脱硫系统浆液中的Al^{3+}可能"致盲"石灰石活性，但浆液中的Al^{3+}、F^-离子可能更多来源于烟气中的HF和飞灰中酸可溶性Al。也就是说，在实际运行中，烟气中飞灰浓度较高是引起"石灰石致盲"更常见的主要原因。要防止这类原因引起对石灰石活性的"致盲"，应保持FGD系统上游侧除尘设备的正常运行，应该让管理除尘设备的工程技术人员了解，虽然脱硫系统装置具有除尘能力，但除尘设备投运不正常将给脱硫系统的正常运行带来严重的影响。

11. 搅拌速率的影响

石灰石浆液搅拌强度的增加，液固相之间接触更充分，因而强化了石灰石的溶解。研究发现搅拌速率加快，石灰石的溶解速率常数随之加快。

12. 脱硫添加剂的影响

脱硫系统的添加剂对石灰石的溶解也有很大影响，例如己二酸、无机盐等的添加可促进$CaCO_3$的溶解，从而能提高脱硫效率。具体在脱硫添加剂部分介绍。

第四节　吸收剂选择要求

石灰石品质直接影响脱硫系统的设计和可靠运行，根据脱硫系统多年来设计和运行的经验积累，总体上包括以下几方面的要求。

（1）纯度的要求。通常，石灰石中$CaCO_3$的质量百分含量应高于90%，含量太低则会由于杂质较多给运行带来一些问题，造成吸收剂耗量和运输费用增加、石膏纯度下降，对抛弃工艺还将增加固体物废弃费用。

（2）$MgCO_3$的含量要求。石灰石中$MgCO_3$典型含量范围是0～5%，$MgCO_3$含量较高时，其中有相当部分是相对不溶解的白云石，不溶性白云石带来的后果会超过可溶性镁带来的好处。一般而言，石灰石中的 $MgCO_3$ 会对石灰石反应产生负面效果，$MgCO_3$ 的反应活性及溶解度均比 $CaCO_3$ 低，从而使石灰石总体反应能力下降，因此脱硫系统使用的石灰石中 $MgCO_3$ 的含量应尽可能低。

（3）酸不溶性物的要求。为了尽可能减少设备磨损，酸不溶性物应保持低于 10%，然而，确也有些脱硫系统装置成功地采用了惰性物质超过 10% 的石灰石，但多数是采用抛弃法工艺。如果必须采用纯度较低的石灰石，那么提高石灰石的研磨细度，将这些惰性物质完全研细是有益的，在其他条件不变的情况下，提高石灰石的细度将增大脱硫效率、降低惰性物质的磨损性。

（4）石灰石细度的要求。石灰石颗粒越细，各种相关反应速率就越高，脱硫效率及石灰石利用率就高，同时由于副产品脱硫石膏中石灰石含量低，有利于提高石膏的品质。但石灰石磨细的能耗越大，综合考虑粒径对溶解的影响和磨制能耗问题，一般要求石灰石粉细度 90% 通过 325 目（$44\mu m$）筛。当石灰石中杂质含量较高时，石灰石粉要磨制得更细一些。

（5）石灰石硬度的要求。石灰石越硬，磨成相同细度所需能耗就越大，也即硬度较低的石灰石越容易磨成细粒径的石灰石粉末，这对于脱硫系统是十分有益的，因此电厂应尽可能地采购易于碾磨的石灰石，做到节能降耗。

（6）石灰石活性的要求。石灰石活性越高，脱硫反应速率越快，脱硫效率越高，吸收剂利用率也越高。而多数电厂在选择脱硫吸收剂时往往忽略该因素，部分电厂尽管运行时 Ca/S 高，但脱硫效率却不理想。

第五节　脱硫添加剂

一、脱硫添加剂及其作用

SO_2 吸收过程的主要阻力来自于液膜扩散。当 SO_2 吸收过程处于"液膜限制"时，使用提高浆液碱度的添加剂可以非常经济地大幅度提高洗涤效率。其原理为：在脱硫过程中，SO_2 吸收的限制因素之一是液体一侧的气液传质状况，在气液界面上 HCO_3^- 与 SO_3^{2-} 按下式与溶解的 SO_2 进行反应，即

$$SO_3^{2-} + SO_2 + H_2O \rightleftharpoons 2HSO_3^- \qquad (5-3-4)$$

$$HCO_3^- + SO_2 \rightleftharpoons CO_2 + HSO_3^- \qquad (5-3-5)$$

HCO_3^- 与 SO_3^{2-} 可通过 $CaCO_3$ 和 $CaSO_3$ 溶解在固液界面而连续产生。因此 SO_2 的气液相传质很大程度上依赖液相中溶解的碱性物质的量。脱硫添加剂就能达到增大液相主体中溶解的碱性物质的量的效果，从而提高脱硫效率。

用于石灰石—石膏法的脱硫添加剂主要分为无机添加剂和有机添加剂两大类。无机添加剂如镁添加剂、钠添加剂等，此类添加剂可强化吸收过程，提高脱硫效率。有机添加剂又称为缓冲添加剂，多为有机酸，如苯甲酸、间苯二甲酸、甲酸钠等。

在烟气脱硫中，采用脱硫添加剂对烟气脱硫有以下几个方面的作用：

（1）减小 pH 值波动，起到缓冲剂的作用；

（2）增强洗涤能力，提高脱硫效率；

（3）增强碳酸钙的反应活性，提高吸收剂利用率；

（4）防止浆液结垢和堵塞，提高系统可靠性和稳定性；

（5）同比条件下，可降低液气比，实现系统节能降耗。

二、无机添加剂

无机添加剂以镁盐为例，研究表明，向石灰石浆液添加硫酸镁可有效提高脱硫效率。其作用机理解释如下：在石灰石 FGD 系统中，SO_2 转化为 SO_3^{2-} 和 HSO_3^-，当存在可溶性钙时，SO_3^{2-} 的溶解能力较低，但在工艺流程中补充足够的能与石灰石反应剂起关联反应的可溶性镁以后，形成了可溶性的 $MgSO_3$，而 $MgSO_3$ 的溶解度约为 $CaSO_3$ 的 630 倍，能很大程度地提高浆液中的亚硫酸根碱度（由于浆液中生成了可溶性的 $MgSO_3$）。作用机理为

$$MgSO_4 \rightleftharpoons Mg^{2+} + SO_4^{2-} \qquad (5-3-6)$$

$$Mg^{2+} + SO_3^{2-} \rightleftharpoons MgSO_3 \qquad (5-3-7)$$

上述反应向右进行到 $MgSO_3$ 浓度较高时，SO_3^{2-} 也达到了一定浓度。

$$SO_2 + SO_3^{2-} + H_2O \rightarrow 2HSO_3^- \qquad (5-3-8)$$

脱硫反应生成的固相产物主要是溶解度较小的 $CaSO_3 \cdot 1/2H_2O$，反应式如下

$$Ca^{2+} + SO_3^{2-} + 1/2H_2O \rightarrow CaSO_3 \cdot 1/2H_2O \downarrow \qquad (5-3-9)$$

另一部分被烟气中的 O_2 氧化生成的 SO_4^{2-} 与式（5-3-6）生成的 SO_4^{2-} 一起与 Ca^{2+} 生成石膏，即

$$Ca^{2+} + SO_4^{2-} + 2H_2O \rightarrow CaSO_4 \cdot 2H_2O \downarrow \qquad (5-3-10)$$

硫酸镁的加入和中性物质 $MgSO_3$ 的形成能够有效地提高脱硫有效成分 SO_3^{2-} 的浓度，进而可有效地促进 SO_2 的吸收和石灰石的溶解，从而提高 SO_2 的吸收率。

三、有机酸添加剂

1. 二元羧基酸

二元羧基酸的通式是 $HOOC—(CH_2)_n—COOH$。己二酸（$n=4$）是最先被验证具有提高脱硫效率的有机酸，随后 DBA（Dibasic Acid）也被证实。DBA 是丁二酸（$n=2$）、戊二酸（$n=3$）和己二酸三种二元羧基酸的混合物，是己二酸的副产品，其费用比己二酸以及后面将要谈到的甲酸、甲酸钠便宜。

根据酸碱的质子理论，酸愈强，它们的共轭碱越弱，酸越弱，它们的共轭碱愈强，可以用下式来表达这种共轭关系：

$$HOOC—(CH_2)_n—COOH \rightleftharpoons {}^-OOC—(CH_2)_n—COO^- + 2H^+$$
$$\text{弱酸} \qquad\qquad \text{强碱} \qquad\quad \text{质子} \qquad (5-3-11)$$

$^-OOC—(CH_2)_n—COO^-$ 能提高脱硫效率主要基于两点：

（1）其本身的强碱性提高了液相碱度。当浆液吸收 SO_2 产生 H^+ 时，DBA 通过结合 H^+ 来起到提高脱硫效率的作用：

$$^-OOC—(CH_2)_n—COO^- + H^+ \rightleftharpoons HOOC—(CH_2)_n—COO^- \qquad (5-3-12)$$

$$HOOC—(CH_2)_n—COO^- + H^+ \rightleftharpoons HOOC—(CH_2)_n—COOH \qquad (5-3-13)$$

（2）pH 值缓冲作用，减轻 pH 值的波动，抑制气液界面上因 SO_2 溶解而导致 pH 值的降低。

在反应罐中由于石灰石的溶解，中和了 DBA 结合的 H^+，提升了浆液的 pH 值，反应式（5-3-12）、式（5-3-13）发生逆向反应，重新变成具有强碱性的 $^-OOC—(CH_2)_n—COO^-$。

加入二羧酸 H_2A ［A 为 $^-OOC—(CH_2)_n—COO^-$］ 在吸收前可增加石灰石的溶解度（这是提高浆液碱度的必然结果）。

$$CaCO_3(固) \rightleftharpoons CaCO_3(溶液) \rightleftharpoons Ca^{2+} + CO_3^{2-} \qquad (5-3-14)$$

$$H_2A \rightleftharpoons H^+ + HA^- \qquad (5-3-15)$$

$$HA^- \rightleftharpoons H^+ + A^{2-} \qquad (5-3-16)$$

$$CO_3^{2-} + H^+ \rightleftharpoons HCO_3^- \qquad (5-3-17)$$

在 SO_2 吸收过程中二羧酸还可起到缓冲剂的作用，吸收剂的 pH 值不会因 SO_2 溶解而快速下降。

$$SO_2(气) \rightleftharpoons SO_2(溶液) \qquad (5-3-18)$$

$$SO_2(溶液) + H_2O \rightleftharpoons H_2SO_3 \rightleftharpoons H^+ + HSO_3^- \qquad (5-3-19)$$

$$H^+ + A^{2-} \rightleftharpoons HA^- \qquad (5-3-20)$$

$$H^+ + HA^- \rightleftharpoons H_2A \qquad (5-3-21)$$

理论上，任何酸度介于碳酸与亚硫酸之间的钙盐，且具有适当溶解度的有机酸都可以作为添加剂原料。此作用机理可用图 5-3-13 双膜模型直观表示。双膜理论认为，气体吸收过程是吸收质通过气液膜的稳定扩散，从气相传递到气液界面的吸收质的通量等于从界面传递到液相空间的吸收质的通量，在界面上无吸收质的积累和亏损。

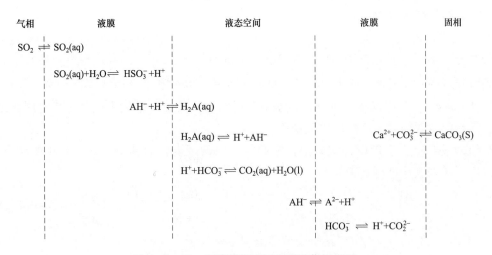

图 5-3-13　双膜模型表示有机酸作用机理

图 5-3-14 是计算所得 DBA 成分分布与浆液 pH 值变化平衡关系，体现了 DBA 对 pH 值的缓冲作用。图中烷基团被简写成 "R"。可以看出在低 pH 值时，大多数 DBA 以不溶性酸（HOOC—R—COOH）形式存在。当 pH 值升高时，这种酸开始溶解。大约在 pH 值等于 4 时，这种酸的浓度与一价阴离子形式（HOOC—R—

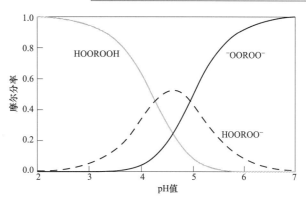

图 5-3-14 典型 DBA 平衡曲线图

COO⁻）的浓度相等。随 pH 值的进一步增加，开始进行第二步离子化反应，在 pH 值大于 6 时，则主要以完全电离的离子形式（⁻OOC—R—COO⁻）存在。因此，在浆液循环到吸收塔之前，DBA 实际上已在反应罐中完全电离。

从 20 世纪中叶开始，国外就有学者研究己二酸作为添加剂的优越性。1986 年 Mobley 通过诸多方面的分析提出己二酸为最好的脱硫添加剂。实验表明用 440mg/L 的己二酸能够将脱硫效率从 83% 提高到 90%，并使石膏产物中石灰石的残留水平从 4.6%（wt%）降低到 1.4%（wt%）。尽管己二酸强化脱硫效果很好，但是由于其制取成本偏高，商业应用受到了限制，进而人们对己二酸和环丙酮的副产品 DBA 进行了研究。研究表明，DBA 作为添加剂增强效果与己二酸相似，但成本减少 30% 以上，还达到了以废治废的功效。

从理论上讲，一次添加 DBA 后可反复使用，无需再补加，但实际上由于 DBA 被氧化裂解，随固体物沉淀以及随排放液排出 FGD 系统，因而需要定时补加 DBA。

图 5-3-15 显示了添加 DBA 对石灰石基 FGD 系统性能提高的典型趋势。从该图可看出，DBA 浓度在 0~1000mg/L 范围内，随着 DBA 浓度的增加，脱硫效率明显提高。继续增大 DBA 浓度，NTU［图 5-3-15（a）］的增大仍很明显，但 SO₂ 脱除效率提高变缓慢，已趋近气膜控制的最大值［图 5-3-15（b）］。对于不同的吸收塔这一最大值是不

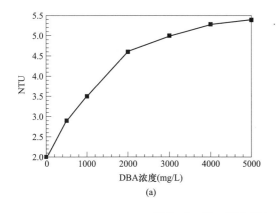

(a)

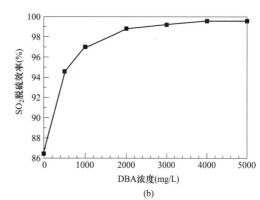

(b)

图 5-3-15 DBA 添加剂提高性能的典型趋势图

（a）对 NTU 的影响；（b）对脱硫效率的影响

同的。对同一吸收塔，DBA 浓度对脱硫效率的影响还受浆液中未溶解的石灰石含量的影响，因为未溶解的石灰石同样具有缓冲作用。DBA 最佳添加量应综合考虑对脱硫效率的提高和添加剂费用，通过试验来确定。在运行 FGD 系统中的试验表明，未添加 DBA，设计脱硫效率为 85%~90% 的石灰石基吸收塔，添加经济上合算的 DBA 量，脱硫效率可提升到 95%~97%，未添加 DBA 脱硫效率为 90%~95% 的可达到 98%~99%。

2. 甲酸和甲酸钠

甲酸又称蚁酸，是一种比碳酸更强的一元羧酸，可用来提高石灰石 FGD 系统的性能。可以用粉状甲酸钠替代甲酸，优点是使用安全、卫生。甲酸和甲酸钠的中和作用类似 DBA，只是一个甲酸根离子（HCOO⁻）仅能结合一个 H⁺：

$$HOOC^- + H^+ \rightleftharpoons HCOOH \tag{5-3-22}$$

根据式（5-3-22）计算得出的不同 pH 值、HCOOH 与 HCOO⁻ 的平衡关系曲线如

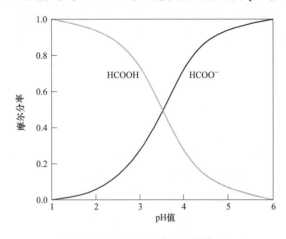

图 5-3-16　甲酸典型平衡曲线

图 5-3-16 所示。从该图可看到，当 pH 值大约高于 3.6 时，大部分甲酸以甲酸根 HCOO⁻ 形式存在于溶液中。比较电离平衡式 5-3-12、式 5-3-13 和式 5-3-22 可看出，一个二级电离的 DBA 酸根离子（⁻OOC—R—COO⁻）可结合 2 个 H⁺，而一个甲酸根离子（HCOO⁻）仅能结合一个 H⁺，即前者比后者的中和能力强。但是如果以相同质量的 DBA 和甲酸（例如均为 1g）来比较他们的中和能力，则会得出完全相反的结论。对典型的三种酸混合物的 DBA 来说，1g 分子的 DBA 质量大约 130g，而 1 克分子甲酸质量是 4.6g，即 1g 甲酸能中和 22mmol 的 H⁺，而 1g DBA 只能中和 15mmol 的 H⁺，也就是说甲酸的中和能力大约是 DBA 的 1.5 倍。然而，从图 5-3-14 和图 5-3-16 可看出 DBA 和甲酸的实际中和能力还取决于特定的 FGD 装置运行的 pH 值范围。

从图 5-3-14 可看到，要完全利用 DBA 的中和容量，反应罐浆液 pH 值需高于 6，离开吸收塔的浆液 pH 值应低于 3。从图 5-3-16 可看出，要完全利用甲酸的中和容量，相应的 pH 值范围是反应罐 pH 值高于 5，离开吸收塔的浆液 pH 值低于 2。因此，当运行 pH 值较低时采用甲酸更有利。

美国 20 世纪 80、90 年代对添加剂做了大量现场试验，主要用于提高早期建成的 FGD 装置性能，以满足日趋严格的环保标准。在一些实际运行的石灰石 FGD 装置中的试验表明，尽管理论分析甲酸的中和能力强于 DBA，但在相同质量浓度情况下，DBA 对 FGD 系统性能的提高稍好于甲酸。但在实际选择时，更多地考虑这两种添加剂的相对费用。

四、添加剂耗量

采用添加剂进行高效洗涤的经济性主要取决于添加剂的价格和消耗。因此，在许多

商业 FGD 系统中仔细测算过添加剂的消耗量。

总的来说，在石灰石湿法烟气脱硫工艺流程中，添加剂的消耗可以分为溶解消耗和非溶解消耗两部分。

1. 非溶解消耗

非溶解消耗主要包括随固体共析、蒸发损失、化学分解损失，如石膏析出带走、浆液蒸发随烟气带走、化学降解均会造成添加剂流失。

2. 溶解消耗

溶解消耗来自于 FGD 系统的排浆过程，如部分脱水的副产品带走（排废水）、浆液抛弃带走两部分，即固体中携带液体。对镁添加剂来讲，这是唯一的消耗途径。对于任何特定的 FGD 系统和添加剂来讲，溶解消耗很容易估计。例如，添加剂在浆液中的浓度为 1000mg/L 时，溶解消耗一般在 $0.5 \sim 2.0$ kg/t（SO_2）的范围内，具体消耗量取决于添加剂分子量和 FGD 副产品中的固体含量。

而 DBA 和蚁酸等有机酸添加剂也可能消耗在化学品质下降、共析（副产品中包含有添加剂）以及蚁酸蒸发等方面，这些都属于非溶解消耗。DBA 在 FGD 系统不会产生任何明显的蒸发，而甲酸和蚁酸添加剂的挥发性都比 DBA 高，蒸发损耗也大。在石灰石强制氧化工艺中，化学降解是缓冲剂损耗的主要因素，如各种有机添加剂的氧化脱羧作用。在抑制氧化工艺中，该问题不会发生。试验结果也表明，在同样的运行条件下，DBA 的共析消耗（主要是与亚硫酸固形物形成的共析）比蚁酸大。

第四章　脱硫副产物

第一节　概　　述

石灰石—石膏湿法烟气脱硫是我国火电机组脱硫的主导工艺，约占脱硫机组容量的90%，其脱硫副产物为脱硫石膏。据统计，到2009年底，全国已投运燃煤烟气脱硫机组超过4.7亿kW，其中90%以上采用石灰石—石膏湿法烟气脱硫工艺，产生的脱硫石膏约4300万t，比上年增加23%。

近年来我国脱硫产业飞速增长，而脱硫石膏的综合利用途径没有及时跟进，部分电力企业已出现脱硫石膏无处消纳，而只能堆放和抛弃的现象，这不仅占用大量土地，增加灰场的投资，而且处理不好还会对周围环境造成二次污染。

2010年的《政府工作报告》中提出"所有燃煤机组都要加快建设并运行烟气脱硫设施"，预计在"十一五"末及"十二五"期间，仍有一大批机组或建设脱硫装置或进行脱硫增容改造。在全国二氧化硫减排取得显著成效的同时，脱硫石膏产量将大幅提高，脱硫石膏综合利用问题不容忽视。

第二节　脱硫石膏的物理化学特性

石灰石—石膏湿法烟气脱硫的脱硫副产物为脱硫石膏，又称排烟脱硫石膏、硫石膏或FGD石膏（Flue Gas Desulphurizaton Gypsum），其主要成分为湿态二水硫酸钙晶体。

典型石灰石—石膏湿式烟气脱硫工艺的脱硫石膏呈颗粒粉状，颗粒较细，平均粒径约30~60μm。颗粒呈短柱状，径长比在1.5~2.5之间，颜色呈白色、灰色或黄色。其主要成分二水硫酸钙（$CaSO_4 \cdot 2H_2O$）的含量一般在90%左右，其游离水含量一般在10%左右，其他化学成分还有飞灰、有机碳、碳酸钙、亚硫酸钙以及由钠、钾、镁的硫酸盐或氯化物组成的可溶性盐等杂质。

脱硫装置正常运行时，产生的脱硫石膏颜色近乎白色。当除尘器运行不稳定，带进较多的飞灰等杂质时，颜色发灰。当石灰石的纯度较高时，脱硫石膏的纯度一般在90%~95%之间，含碱低，有害杂质较少。脱硫石膏的主要成分和天然石膏一样，都是二水硫酸钙晶体（$CaSO_4 \cdot 2H_2O$）。其物理化学性质和天然石膏具有共同规律，但作为一种工业副产物石膏，它具有再生石膏的一些特点，和天然石膏有一定的差异。表5-4-1和表5-4-2分别列出了脱硫石膏与天然石膏的成分比较和颗粒粒径分布对比，表5-4-3列出了某电厂脱硫石膏密度与比表面积分析，表5-4-4列出了国内外脱硫石膏主要特性的对比，图5-4-1、图5-4-2、图5-4-3、分别给出了A、B电厂脱硫石膏的SEM照片、XRD图谱和粒径分布。

表 5－4－1　　　　　　脱硫石膏和天然石膏、磷石膏化学成分比较

类　别	SiO_2	Al_2O_3	Fe_2O_3	CaO	MgO	Na_2O	K_2O	SO_3	结晶水
天然石膏	—	0.48	0.48	31.25	—	—	—	43.15	19.06
脱硫石膏1	1.82	0.39	0.2	31.24	0.64	0.05	0.13	44.23	18.56
脱硫石膏2	3.26	1.90	0.97	31.93		0.09	0.15	40.09	16.64
磷石膏	—	0.39	0.34	28.89	0.40			40.54	17.89

表 5－4－2　　　　　　脱硫石膏与天然石膏颗粒粒径分布对比

粒度（μm）	80	60	50	40	30	20	10	5
天然石膏筛余（%）	10.9	4.7	9.5	4.9	14.4	15.5	20.0	12.7
脱硫石膏筛余（%）	5.0	15.5	8.3	21.9	31.0	15.7	1.7	0.4

注　天然石膏中未计入8.8%大于80μm的颗粒。

表 5－4－3　　　　　　某电厂脱硫石膏的密度与比表面积分析

项　目	密度（g/cm³）	比表面积（cm³/g）
A 电厂脱硫石膏	2.29	1621
B 电厂脱硫石膏	2.30	1462

表 5－4－4　　　　　　国内外脱硫石膏的特性对比

项　目	日本脱硫石膏	英国脱硫石膏	德国脱硫石膏	中国脱硫石膏1	中国脱硫石膏2	杂质极限值
游离水（%）	10	10	10	9	15	<10
品位（%）	97.5	98.0	98.0	91.0	87.0	>85.0
可溶 MgO（%）	0.06	0.02	0.02	0.01	0.02	0.01
Na_2O（%）	0.02	0.02	0.02	0.04	0.04	0.06
Cl（×10^{-6}）	20	60	60	100	100	100
SO_2（%）	0.14	0.15	0.15	0.10	0.20	0.25
pH 值	7.0	7.0	7.0	6.9	6.5	5～9
颜色	白	白	白	近乎白	浅灰白	浅灰
气味	无味	无味	无时差	无味	无味	无味
密度	750	1200	900	850	1000	—
使用范围	纸面石膏板、水泥缓凝剂	纸面石膏板、水泥缓凝剂	建筑石膏、粉刷石膏	建筑石膏、水泥缓凝剂	建筑石膏、粉刷石膏	

图 5 - 4 - 1 A、B 电厂脱硫石膏的 SEM 照片

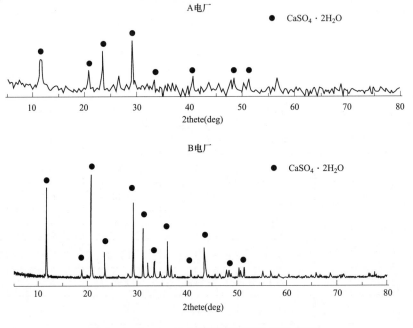

图 5 - 4 - 2 A、B 电厂脱硫石膏的 XRD 图谱

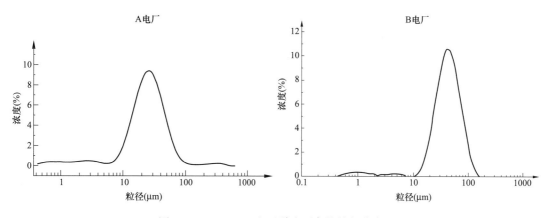

图 5 - 4 - 3 A、B 电厂脱硫石膏的粒径分布图

分析结果表明：

（1）脱硫石膏与天然石膏化学组成相差不大，品质相当；但天然石膏的杂质以黏土矿物为主，磨细后颗粒较大，在水化时一般不能参加反应，因此性能在一定程度上不及脱硫石膏。

（2）脱硫石膏与天然石膏相比，带有更多的附着水，但其纯度比天然石膏要高得多。不同地区、不同种类的脱硫石膏在矿物组成上具有一定的相似性，主要矿物均为二水硫酸钙并且含有少量的二氧化硅。脱硫石膏中含有一定量的氯化物，在使用前必须进行相关处理。

（3）脱硫石膏与天然石膏的不同点主要有：脱硫石膏以单独的结晶颗粒存在，天然石膏在原始状态下粘合在一起；脱硫石膏杂质与石膏之间的易磨性相差较大，天然石膏经过粉磨后的粗颗粒多为杂质，而脱硫石膏的粗颗粒多为石膏，细颗粒为杂质，其特征与天然石膏正好相反；脱硫石膏的颗粒大小较为平均，其分布带很窄，粒径主要集中在 $30 \sim 60 \mu m$ 之间，级配远远差于天然石膏磨细后的石膏粉。

第三节　脱硫石膏的综合利用

由于天然石膏是以石膏石为原始态的，而脱硫石膏是以含自由水 10% 左右的湿粉状态存在，因此在利用上各有利弊。如煅烧建筑石膏粉，天然石膏需要破碎、制粉等多道预处理工序，脱硫石膏因为有更多的游离子，煅烧消耗的热量更多，甚至需要预干燥处理工序，另外因为其级配不好，在应用上应该考虑研磨问题。

目前，脱硫石膏利用途径主要可分为两类，一是脱硫石膏直接利用，主要用作水泥缓凝剂、盐碱地土壤改良等；二是将原状脱硫石膏经焙烧成建筑石膏后应用，可用于生产纸面石膏板、石膏砌块、粉刷石膏、石膏条板等石膏制品。

一、国外的利用和处置

当前世界上工业发达国家对 SO_2 制定了严格的排放标准，许多火力发电厂都安装了烟气脱硫装置，脱硫石膏的排放量随之大量增加，对其利用受到各国的普遍重视。目前日本和德国是世界上最主要的两个脱硫石膏生产国和利用国。其次为美国，英国，奥地利，荷兰等国。

日本是世界上最早大规模利用脱硫石膏的国家之一。由于该国天然石膏匮乏，因此很重视这方面的研究。该国采用湿式石灰石—石膏湿法脱硫的机组占总装机容量的75%以上，脱硫石膏年产量约为250万t，其品质较好，平均石膏含量超过97%，表面自由水分<10%，综合利用率接近100%。其主要利用途径为石膏墙板、建筑水泥、工艺水泥、粘接剂、石膏天花板等。其中，石膏板约占52.2%，水泥占34.7%。另外，日本还将脱硫石膏与粉煤灰及少量石灰混合，形成烟灰材料，作为路基、路面下基层或平整土地所需砂土。这一技术由美国C.S.I公司开发，作为能廉价大量处理粉煤灰和脱硫石膏的先进技术被引进到日本，有50多家工厂从事这种材料的生产。

德国是脱硫石膏开发和应用最发达的国家。目前，德国的脱硫石膏能够全部实现资源化利用。原西德地区采用石灰石—石膏湿法工艺脱硫的机组占总装机容量的90%以上；东德地区90%以上的燃煤锅炉安装了烟气脱硫装置，其中80%左右产生脱硫石膏。目前，德国脱硫石膏年产量约400万t，基本都能得到综合利用。其主要利用途径是生产建材制品和水泥缓凝剂。建筑制品主要是纸面石膏板，石膏抹灰，纤维石膏板和矿渣石膏板。由于采用大量的相对便宜的脱硫石膏，德国两个主要石膏公司（Knanr和Rigips）已将部分生产能力迁至电厂附近。在德国脱硫石膏已形成代替天然石膏。

美国天然石膏资源丰富，对于脱硫石膏的定性和利用经历了一个转变过程。早期美国安装的石灰石—石膏法烟气脱硫工艺多采用自然氧化方式，副产物是亚硫酸钙，性能不稳定、综合利用价值不大，基本上全部抛弃处理；后来开始重视利用脱硫石膏资源，越来越多的脱硫石膏应用于墙体建材业，脱硫石膏的利用也替代了部分天然石膏资源的开采。截至2008年，美国有1.4亿千瓦烟气脱硫机组投运，约占燃煤发电机组容量的42%；产生脱硫石膏约1775万吨，其中约1065万吨得到有效利用，综合利用率约为60%，主要用于生产石膏板，近15%用于生产混凝土和水泥，2%用于农业。2006—2008年美国脱硫石膏综合利用情况见表5-4-5。

表5-4-5　　　　　　　　2006—2008年美国脱硫石膏综合利用情况

年 份	2006	2007	2008
烟气脱硫机组容量（万kW）	—	11 905	14 026
脱硫石膏产生量（万t）	1210	1230	1775
脱硫石膏利用量（万t）	956	923	1065
脱硫石膏综合利用率（%）	79	75	60

二、我国的利用情况

近几年我国脱硫石膏产量快速增长，2009年底达到4300万t，为此，相关研究机构对其综合利用的途径进行了深入的研究，主要包括：脱硫石膏的各种性能试验、脱硫石膏作为水泥缓凝剂对水泥性能的影响试验等，以下是一些试验结果。

表 5 - 4 - 6 脱硫石膏性能试验结果（由中国硅酸盐学会提供）

序号	试 验 项 目	试 验 结 果
1	建筑石膏物理性能	建筑石膏的性能达到建筑石膏国家标准
2	水泥缓凝剂	用于配制硅酸盐水泥和普通硅酸盐水泥，性能优于或等于天然石膏
3	纸面石膏板	板材的性能均达到相应厚度板材国家标准规定的优等品指标
4	石膏矿渣板	试体强度与天然石膏相同
5	充气石膏保温板	性能稍优于品位相近的天然石膏制作的试体和复合保温板，满足使用要求
6	粉刷石膏	石膏—石灰型粉饰石膏性能达到日本 JIS6904 - 1976 标准；半水石膏—硬石膏型粉饰石膏达到技术标准的要求
7	Ⅱ型硬石膏饰面胶结料	性能达到新疆地区的要求（白度除外）
8	饰面石膏	基本性能达到技术标准规定的指标
9	刮墙腻子	性能达到京 Q/JCH03 - 88（SG - 88）企业标准的要求
10	石膏板嵌缝腻子	性能达到北京市石膏板厂制定的企业质量标准的要求
11	黏结石膏	性能达到技术标准的要求
12	石膏黏结剂	性能可以满足技术要求

表 5 - 4 - 7 各种水泥添加剂的化学成分

原材料 \ 分析项目	烧失量	SiO_2	Al_2O_3	Fe_3O_2	CaO	MgO	SO_3	R_2
硅酸盐熟料	0.38	21.18	5.51	4.94	65.49	0.99	0.21	0.50
水淬矿渣	—	34.31	12.20	1.54	24.02	20.73	—	—
脱硫石膏（A）	33.3	2.25	0.56	0.38	26.63	0.84	35.76	—
脱硫石膏（B）	24.26	1.08	0.55	0.21	33.80	0.28	40.04	—

表 5 - 4 - 8 各种水泥的配比

水泥编号	水泥品种	熟料（%）	矿渣（%）	石膏（外掺）
硅 - T	硅酸盐水泥	100	0	天然石膏 5
硅 - H（B）	硅酸盐水泥	100	0	B 样 5
普 - T	普通硅酸盐水泥	85	15	天然石膏 5
硅 - H（A）	普通硅酸盐水泥	85	15	A 样 5
硅 - H（B）	普通硅酸盐水泥	85	15	B 样 5

表 5 - 4 - 9 各种水泥的性能指标

水泥编号	细度 0.08mm 筛余（%）	标稠（%）	凝结时间 初	凝结时间 终	抗压强度（MPa） 3 天	7 天	28 天	抗折强度（MPa） 3 天	7 天	28 天	达到的标号
硅 - T	1.4	23.25	1h31	2h12	33.3	44.8	58.1	5.8	6.9	7.7	525R
硅 - H（B）	1.0	25.25	1h36	2h16	39.4	53.5	72.4	7.2	7.9	9.3	725R

续表

水泥编号	细度0.08mm筛余（%）	标稠（%）	凝结时间		抗压强度（MPa）			抗折强度（MPa）			达到的标号
			初	终	3天	7天	28天	3天	7天	28天	
普－T	1.0	26.25	2h11	3h06	31.0	44.5	63.0	5.9	7.5	8.4	625R
硅－H（A）	2.6	26.25	2h08	3h17	29.3	41.7	63.1	5.6	6.9	8.8	625R
硅－H（B）	1.0	26.25	1h48	2h57	34.3	48.2	68.2	6.3	7.3	8.6	625R

表 5－4－10　　　　　水泥国家标准 GB 175—1985 中规定的指标

品种	水泥编号	抗压强度（MPa）			抗折强度（MPa）		
		3天	7天	28天	3天	7天	28天
硅酸盐水泥	525	22.6	33.0	51.5	4.1	5.3	7.1
	525R	27.0	—	51.5	4.9	—	7.1
	625	28.4	—	61.3	4.9	—	7.8
	625R	32.0	—	61.3	5.5	—	7.8
	725	37	—	71.7	6.2	—	8.6
普通硅酸盐水泥	525	20.6	31.4	51.5	4.1	—	7.1
	525R	26.0	—	51.5	4.9	—	7.1
	625	26.5	—	61.3	4.9	—	7.8
	625R	31.0	—	61.3	5.5	—	7.8
	725R	36.0	—	71.7	6.2	—	8.6

　　由以上试验结果与国家标准的比较可以看到：脱硫石膏作为水泥缓凝剂是可行的，而且效果不低于天然石膏，甚至比天然石膏更好。

　　除用作水泥缓凝剂外，脱硫石膏作为纸面石膏板的主要原材料是脱硫石膏综合利用的一个重要发展方向，目前这方面已有应用实绩：上海拉法基小野田（LAFARGE ONODA）石膏建材有限公司是一家中外合资的大型石膏建材企业，其主要产品为各种型号、规格及用途的石膏板。其主要原材料石膏以前一直采用天然石膏，且运途较远，需从山东运至上海，目前已几乎全部采用脱硫石膏。与天然石膏相比，脱硫石膏存在以下的优势：

　　与天然石膏相比，脱硫石膏的品质较为稳定，对石膏板生产线的影响较少。天然石膏来料都是块料，需进行粉碎和磨细才能投入使用，增加了工艺过程和耗电量；而脱硫石膏本身就是粒度很细的粉状物，可直接投入使用，无需磨制，减少了工作流程和电力的使用。但其对脱硫石膏的品质也有明确的要求（见表 5－4－11）。

表 5－4－11　　　　　　　　　　　　拉法基对脱硫石膏品质要求

项目	单位	拉法基的标准
颜色		白色或淡象牙色
表面水分	%	<10
含结晶水	%	—
平均粒径	μm	见下
pH 值		6～8
$CaSO_3 \cdot 1/2H_2O$	%	<1
$CaSO_4 \cdot 2H_2O$	%	>95
Cl^-	%	<0.01
F^-	%	<0.01
Mg	%	<0.012 5
$CaCO_3$	%	<4
其他杂质	%	<4
飞灰	%	<1
Na_2O	ppm	<350
SO_2	ppm	<2500
MgO	ppm	<210
K_2O	ppm	<700
亚硫酸盐	ppm	<1250
熟石灰	ppm	<125
可溶性 Na^+	ppm	<125
可溶性 Mg^{2+}	ppm	<100
NH_4	ppm	<0.5
放射性	pci/g	<1
重金属		Nil
d50 激光	μm	10～40
<10μm	%	<5
>100μm	%	<10

目前，我国脱硫石膏的主要利用途径有：

（1）用作水泥缓凝剂。石膏用作硅酸盐水泥的缓凝剂，其掺量一般为 2%～5%，用来调节水泥的凝结时间，以达到水泥性能的要求。由于水泥厂加入含有一定游离水的脱硫石膏在输送提升设备中易发生堵料、黏料的问题，因此，使用前须将脱硫石膏制成直径为 ϕ20～40mm 的球，且需具有一定的强度。我国年产水泥 7 亿多 t，用作水泥缓凝剂的石膏用量约为 2800 万 t。另外，对于石膏矿渣水泥、硫铝酸盐水泥、自应力水泥和膨胀水泥等，石膏更是不可缺少的重要组成材料。并且石膏还可以作为加气混凝土的调节剂，可增加强度、减少收缩、提高抗冻性。

水泥缓凝剂：硅酸盐水泥中一般加入 5% 左右的石膏来调节水泥的凝结时间，以达到水泥性能的要求。由于水泥厂加入含有一定游离水的脱硫石膏在输送提升设备中易发生堵料、黏料的问题，因此，使用前须将脱硫石膏制成直径为 $\phi20\sim40mm$ 的球，且需具有一定的强度。

（2）用于生产石膏制品与石膏胶凝材料。以石膏为主要原料生产的石膏制品有纸面石膏板、石膏砌块、石膏条板、纤维石膏板、石膏刨花板、石膏装饰板、石膏矿渣、墙体覆面板（保温、防火、吸音用）、粉刷石膏、自流平材料用石膏、黏结石膏、石膏刮墙腻子、石膏嵌缝腻子、建筑卫生陶瓷模具、特种石膏板以及装饰线角、花盘、石膏柱、主体雕塑、浮雕等。

石膏胶凝材料有：建筑石膏、高强石膏、无水石膏胶凝材料石膏和石膏复合胶凝材料。石膏与水泥、石灰一起被称为三大传统胶凝材料之一。在美国，水泥、石灰、石膏三大胶凝材料的比例是 $100:22:26$，而我国仅为 $100:32:0.14$。在 80 年代，原西德已有70% 左右的内墙粉刷工程采用粉刷石膏。在我国，经过近二十年的攻关研究，粉刷石膏已有小批量生产，其优良的材料能已经逐渐被人们接受，其用量正在逐步增加。

1）防水纸面：石膏板分普通板与防水板，普通纸面石膏板采用建筑石膏掺以纸纤维和玻璃纤维及其他外加剂，再注入上下两层纸之间压制而成。而防水纸面石膏板则在板芯料浆中掺入有机防水剂，并采用溶剂型有机防水剂喷涂普通护面纸表层，护面纸与板芯黏结牢固，强度不低于普通纸面石膏板，板材浸水 2h 的吸水率小于 5%，可直接用于潮湿环境作隔墙或天花板等。

2）纤维石膏板：以石膏粉为主要原料，以木材纤维为加强筋，配以适量的化学添加剂，经一定生产工艺而得的一种优质板材。它强度高，握钉力强，具有良好的防潮性能。

目前，我国石膏板生产企业主要有：山东泰和集团、北新建材（集团）有限公司以及部分外资独资或合资企业。欧洲三大石膏公司，即英国的 BPB 公司、法国的 Lafarge（拉法基）公司和德国的 Knauf（可耐福）公司均在中国有较大的投资。我国主要石膏板生产企业见表 5 - 4 - 12。

表 5 - 4 - 12　　　　　　　　　中国主要石膏板生产企业

序号	企 业 名 称	石膏板产量	序号	企 业 名 称	石膏板产量
1	山东泰和集团北新建材（集团）有限公司	100 000 万 m^2/a	3	可耐福石膏板（芜湖）有限公司	2000 万 m^2/a
2	上海拉法基小野田石膏建材有限公司	2500 万 m^2/a	4	可耐福石膏板（天津）有限公司	600 万 m^2/a

3）石膏矿渣板：商业上称为埃特尼特板，它是以二水脱硫石膏和水淬矿渣为主要原料，掺入有机或无机纤维，经碱性材料激发，通过一定的工艺成型的薄板。这种板材具有轻质、耐火、可加工等特点，特别是具有很好的耐水性能，故可用于厨房、厕所、浴室的隔墙或天花板等。

4）石膏砌块：按 666mm×500mm 规格设计，砌块的厚度一般为 80mm。

5）石膏空心条板：有石膏硅酸盐空心条板、石膏珍珠岩空心条板、石膏粉煤灰陶粒空心条板。

6）粉刷石膏：是一种高效节能的新型抹灰材料，它主要代替传统的水泥、石灰抹灰。粉刷石膏是脱硫石膏脱水干燥后，分别进行低温和高温煅烧而成为基础石膏，再加以砂子或膨胀珍珠岩以及各种化学外加剂，组合而成。

7）α-高强石膏：比一般建筑石膏强度高 5～7 倍，广泛用于陶瓷工业模型、铸造工业、精密铸造以及建筑工艺石膏等。它是二水脱硫石膏通过高温蒸压而成，具有密实的结晶结构和较好的防潮性能。

8）自流平石膏：此产品以 20～40cm 厚用作房屋地面底层作为防潮层、楼板地面底层的隔音层和屋面底板的隔热层。这在国外应用也较普遍。它是将脱硫石膏在高于 500℃下煅烧，制成Ⅱ型无水石膏，再加入碱性激活剂、减水剂、保水剂等混合而成。有时还加少量脱硫半水石膏、增强剂、增塑剂等。掺水量控制在 40% 左右，流动度为 200mm，初凝时间 8h，终凝时间 16h。

（3）路基或工业填料。利用石膏与水泥配合加固软土地基或改善半刚性路基材料，其加固强度比单纯用水泥加固成倍提高，且可节省大量水泥。降低固化成本。特别是对单纯用水泥加固效果不好的泥炭质土，石膏的增强效果更加突出，从而拓宽了水泥加固技术适用的土质条件范围。而直接用石膏、石灰、粉煤灰生产的固结材料，凝结硬化能获得较高的早期强度，具有较好的抗裂性能，并能节省一定数量的石灰，节约了工程造价。美国佛罗里达磷酸盐研究所将石膏用于露天停车场，将石膏和土的混合料用于 Polk 县附属公路路基，取得了良好的效果。

（4）石膏在其他领域的应用。在农业上，石膏可用来改良土壤，施用于碱性或微碱性的盐碱地上，可以显著降低土壤碱度，对土壤的酸碱度能起缓冲作用，甚至消除碱性。石膏也可用作硫、钙含量少的土壤的肥料，成为硫肥和钙肥。

据农业部统计，我国西北、华北、东北共有 34.6 万 km² 的盐碱土地，严重时寸草不生、长年荒芜，极大地影响了我国的农业生产和生态环境。石膏作为盐碱地的改良剂，已经有百年历史，但天然石膏价格高，改良盐碱地成本大，影响了推广应用。脱硫石膏的重金属含量以及污染物含量远远低于国家有关标准，脱硫石膏的出现开辟了盐碱地改良技术的新途径。

利用脱硫石膏改良盐碱土壤，可使不毛之地变为绿洲，减少水土流失，防止沙尘暴，使生态环境得到极大改善。利用脱硫石膏改良后的土地，农作物长势良好，经检测，农作物重金属含量是安全的。

按每亩加脱硫石膏 1.5t 计，则土壤改良需要的脱硫石膏约 7 亿 t。但由于受运输的限制，脱硫石膏用于土壤改良的量是有限的。在火电厂距盐碱地较近的地区，应该优先考虑用脱硫石膏改良土壤。

在化工方面，利用石膏生产硫酸并联产水泥和生产硫酸钾、硫酸铵等高效肥与复合肥。石膏的主要成分是 $CaSO_4$，在高温下可以分解出 CaO 与 SO_2 气体，CaO 与其他的 SiO_2、Al_2O_3、Fe_2O_3 形成水泥熟料，SO_2 气体送入硫酸装置制取硫酸。纯化后的石膏还可用作各种工业填料，如作造纸填料，可改善纸张的白度、机械强度和印刷性质；作干燥剂,可吸收各种液体和有机化合物;作铸造模具及玻璃工业的抛光材料,可降低易耗材料成本。

第四节　影响脱硫石膏品质的因素

石膏浆液的品质直接影响到最终石膏的质量。表 5 – 4 – 13 列举的是石膏浆液品质的各项标准。

表 5 – 4 – 13　　　　　　　　　　石膏浆液品质标准

项　目	理 想 指 标	控 制 指 标
硫酸盐质量分数(%)	92 ~ 95	≥90
碳酸盐质量分数(%)	< 0.5	< 1.0
亚硫酸盐质量分数(%)	< 0.5	< 3.0
Cl⁻(%)	< 0.1	< 0.1
pH 值	< 7	< 7
晶体形状,粒径(μm)	短柱块状,> 50	短柱块状,> 25
浆液密度(kg·m⁻³)	1080 ~ 1150	1080 ~ 1150
粉尘及其他杂质	较少,石膏黄白色	较少,石膏黄白色

1. 石灰石品质

石灰石品质的好坏直接影响到脱硫效率和石膏浆液中硫酸盐和亚硫酸盐的含量。石灰石品质主要指石灰石的化学成分、粒径、表面积、活性等。脱硫系统一般要求 $CaCO_3$ 高于 90%。石灰石中含有的少量 $MgCO_3$ 通常以溶解形式或白云石形式存在,吸收塔中的白云石往往不溶解,而是随副产物离开系统,所以 $MgCO_3$ 的含量越高,石灰石的活性越低,系统的脱硫性能及石膏品质越不利。石灰石粒径及表面积是影响脱硫性能的重要因素。颗粒越大,其表面积越小,越难溶解,使得接触反应不彻底,此时吸收反应需在低 pH 值工况下进行,而这又损害了脱硫性能及石膏浆液品质。

2. 浆液 pH 值

脱硫塔内的浆液 pH 值对石膏的生成、石灰石的溶解和亚硫酸钙的氧化都有着不同的影响。通过和现场运行参数比较,作者认为 pH 值控制在 5.5 ~ 6.0 效果比较好。

3. 石膏排出时间

石膏排出时间指吸收塔氧化池浆液最大容积与单位时间排出石膏量之比。晶体形成空间,以及浆液在吸收塔形成晶体及停留总时间取决于浆池容积与石膏排出时间。浆池容积大,石膏排出时间长,亚硫酸盐更易氧化,利于晶体长大。但若石膏排出时间过长,则会造成循环泵对已有晶体的破坏。

4. 氧化风量及其利用率

氧化风量对石膏浆液的氧化效果影响较大。应保证足够的氧化风量,使浆液中的亚硫酸钙氧化成硫酸钙，否则石膏中的亚硫酸钙含量过高将会影响其品质。同时，脱硫塔中氧化空气管道分布和开孔的多少也会影响到氧化风的使用率。

5. 杂质

石膏中的杂质主要有两个来源：一是烟气中的飞灰；二是石灰石中的杂质。这些杂质不参与吸收反应，但会有一部分进入石膏，当石膏中杂质含量增加时，其脱水性能下降。此外，氯离子含量对石膏脱水效果也有重要影响，当氯离子含量过高时，石膏脱水性能急剧下降。

三门峡亚能电力 55MW 机组脱硫系统

天津永利热电有限公司 60MW 机组脱硫系统

云南解化 75t/h 锅炉脱硫吸收塔

云南解化 75t/h 锅炉脱硫系统硫铵化肥包装车间

田东电厂吸收塔

田东电厂脱硫产品打包

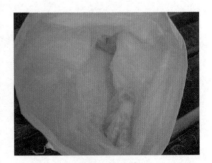

田东电厂硫铵产品

图 5 - 1 - 2　湿式氨 - 硫酸铵脱硫系统工程应用实例

图 5 - 1 - 6　车载可移动式海水脱硫试验装置

图 5 - 2 - 8　GGH 热侧的腐蚀状况

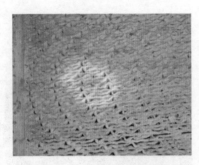

图 5 - 2 - 9　GGH 的积灰状况

图 5 - 2 - 10　庞大的 GGH

图 5 - 2 - 11　GGH 使烟气系统复杂

图 5 - 2 - 12　FGD 系统简单化

附录　脱硫相关标准和条文列表

指标类标准及规范

GB 13223—2003　中华人民共和国国家标准火电厂大气污染物排放标准

DL/T 997—2006　火电厂石灰石—石膏湿法脱硫废水水质控制指标

设计类规范及规程

DL/T 5196—2004　火力发电厂烟气脱硫设计技术规程

HJ/T 179—2005　火电厂烟气脱硫工程技术规范：石灰石、石灰－石膏法

施工类规范

DL/T 5418—2009　火电厂烟气脱硫吸收塔施工及验收规程

验收类规范

DL/T 998—2006　石灰石—石膏湿法烟气脱硫装置性能验收试验规范

DL/T 986—2005　湿法烟气脱硫工艺性能检测技术规范

DL/T 5403—2007　火电厂烟气脱硫工程调整试运及质量验收评定规程
　　　　　　　　火电厂烟气脱硫装置验收技术规范

DL/T 5417—2009　火电厂烟气脱硫工程施工质量验收及评定规程

DL/T 5418—2009　火电厂烟气脱硫吸收塔施工及验收规程

化学分析、检测、测试类规范

GB/T 3286.1—1998　石灰石、白云石化学分析方法　氧化钙量和氧化镁量的测定

GB/T 3286.2—1998　石灰石、白云石化学分析方法　二氧化硅量的测定

GB/T 5762—2000　建材用石灰石化学分析方法

GB/T 5484—2000　石膏化学分析方法

DL/T 943—2005　烟气湿法脱硫用石灰石粉反应速率的测定

HJ/T 56—2000　固定污染源排气中二氧化硫的测定碘量法

HJ/T 57—2000　固定污染源排气中二氧化硫的测定电位电解法

GB/T 21508—2008　燃煤烟气脱硫设备性能测试方法

DL 414—2004　火电厂环境监测技术规范

HJ/T 76—2007　固定污染源烟气排放连续监测系统技术要求及检测方法（试行）

HJ/T 75—2007　固定污染源烟气排放连续监测系统技术规范

GB 16157—1996　固定污染源排气中颗粒物测定与气态污染物采样方法

GBJ 122—1988　工业企业噪声测量规范

HJ/T 47—1999　烟气采样器技术条件

HJ/T 1—1992　气体参数测量和采样的固定位装置

设备类规范

DL/T 901—2004　火电发电厂烟囱（烟道）内衬防腐材料

JB/T 10731—2007　脱硫用湿式石灰石球磨机

评价类规范及标准

《火电厂烟气脱硫工程后评估管理暂行办法》国家发改委

其他相关文件及资料

燃煤发电机组脱硫电价及脱硫设施运行管理办法（试行）（发改价格〔2007〕1176号）

参 考 文 献

［1］周至祥，段建中，薛建明．火电厂湿法烟气脱硫技术手册．北京：中国电力出版社，2006．

［2］薛建明，陈焱，张亚伟．火电厂脱硫工艺模糊综合评价技术的研究．电力建设，2004（12）：
53～56．

［3］薛建明，张荀，曹瑞芝，等．脱硫工程招标书的技术经济评估．中国电力，2004（12）：14～17．

［4］杨柳，王世和，王小明，等．火电厂烟气脱硫项目后评价方法研究．中国电力，2006（1）：
70～73．

［5］曾庭华，廖永进，郭斌．湿法烟气脱硫系统的调试、试验及运行．北京：中国电力出版社，2006．

［6］毛健雄，毛健全，赵树名．煤的清洁燃烧技术．北京：科学技术出版社，1998．

［7］中国电力企业联合会/美国环保协会．中国燃煤电厂大气污染物控制现状．北京：中国电力出版
社，2010．

［8］孙克勤，钟秦．火电厂烟气脱硫系统设计、建造及运行．北京：化学工业出版社，2005．

［9］曾庭华，杨华，马斌，等．湿法烟气脱硫系统的安全性及优化．北京：中国电力出版社，2004．

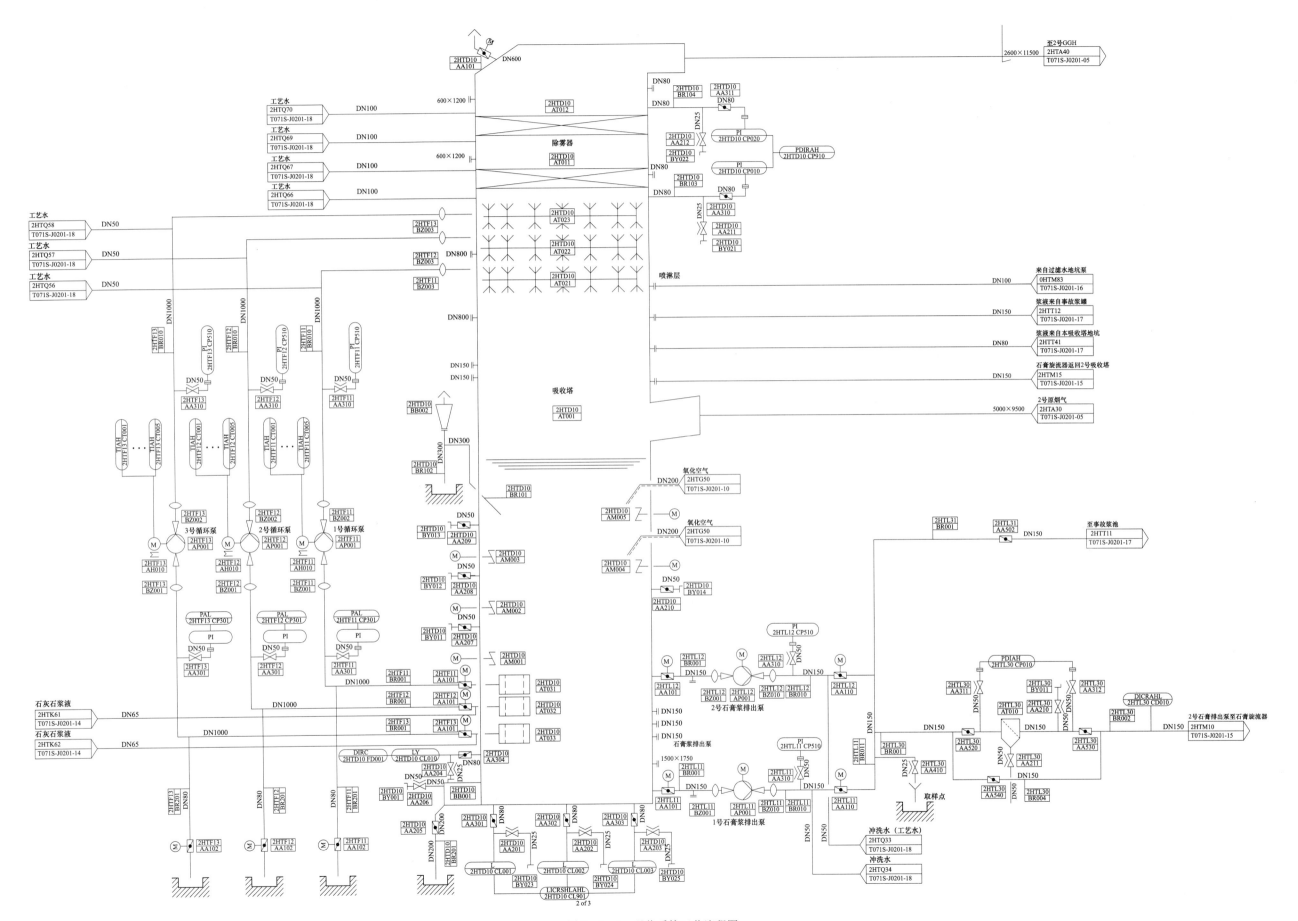

图 2-2-1 吸收系统工艺流程图

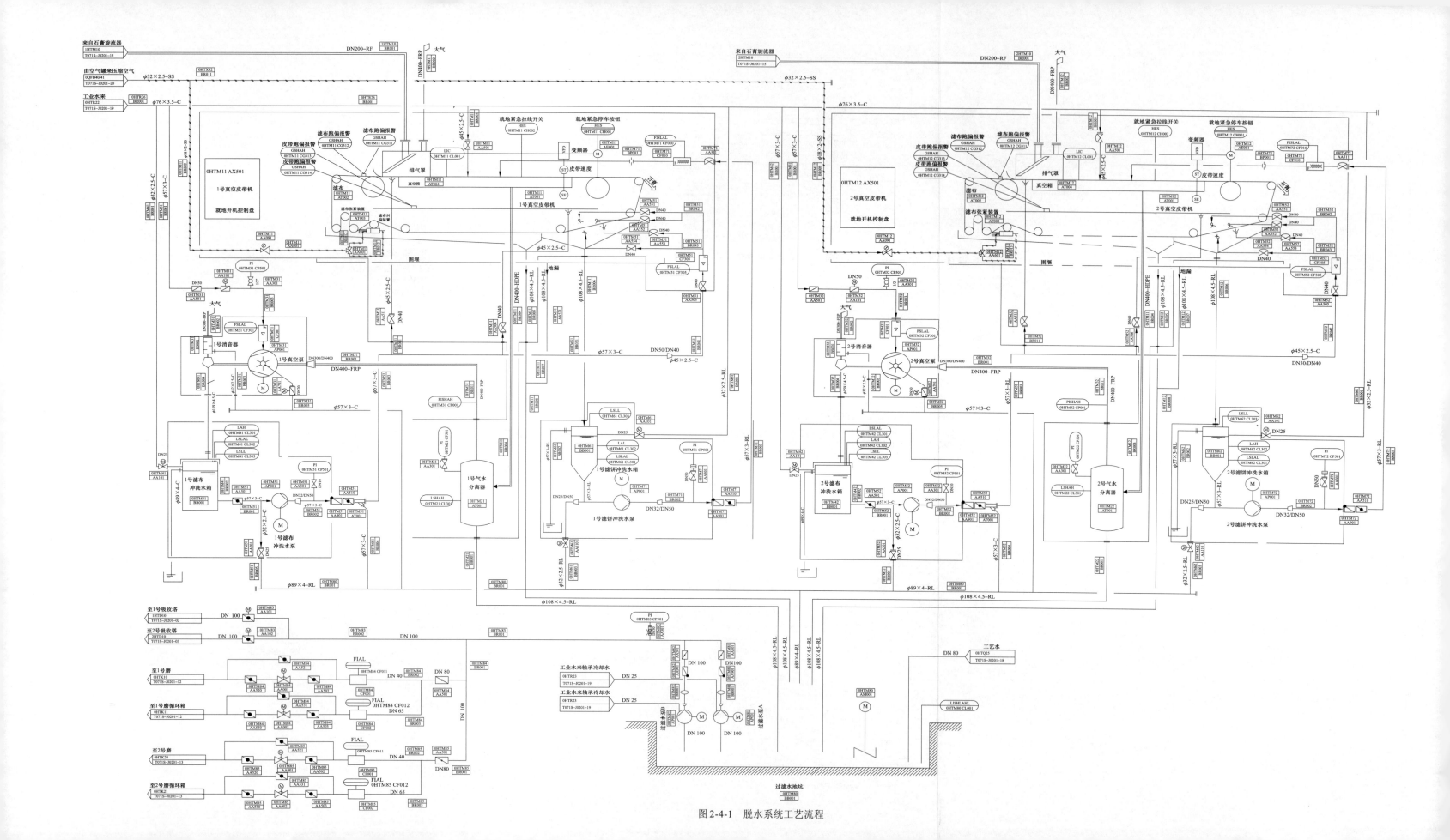

图 2-4-1 脱水系统工艺流程